高等院校材料类创新型应用人才培养规划教材

金属组织控制技术与设备

主　编　邵红红　纪嘉明

北京大学出版社
PEKING UNIVERSITY PRESS

内 容 简 介

本书分金属组织控制技术(第1～5章)、热处理设备(第6～13章)两篇，共13章，分别包括退火与正火、淬火与回火、钢的表面淬火、金属的化学热处理、热处理新技术与新工艺；传热学基础、热处理炉用材料、热处理电阻炉设计概要、热处理电阻炉的基本类型、热处理浴炉和流动粒子炉、真空炉、感应热处理设备及其他表面加热设备、冷却设备及热处理辅助设备。

本书重点突出，详细介绍与热处理生产密切相关的工艺与设备。同时，根据国内外相关技术的发展，补充了新的内容，对使用典型的工艺所获得的金属组织提供了对比用的原始组织照片，以方便读者学习与掌握。

本书既可以作为材料类本科专业的教材，也可以供从事材料科学与工程领域研究工作的技术人员参考。

图书在版编目(CIP)数据

金属组织控制技术与设备/邵红红，纪嘉明主编. —北京：北京大学出版社，2011.9
高等院校材料类创新型应用人才培养规划教材
ISBN 978-7-301-16331-3

Ⅰ.①金… Ⅱ.①邵…②纪… Ⅲ.①金属材料—高等学校—教材 Ⅳ.①TG14

中国版本图书馆CIP数据核字(2011)第183322号

书　　名：**金属组织控制技术与设备**
著作责任者：邵红红　纪嘉明　主编
策 划 编 辑：童君鑫
责 任 编 辑：郭穗娟
标 准 书 号：ISBN 978-7-301-16331-3/TG·0023
出　版　者：北京大学出版社
地　　址：北京市海淀区成府路205号　100871
网　　址：http://www.pup.cn　http://www.pup6.cn
电　　话：邮购部010-62752015　发行部010-62750672　编辑部010-62750667
电 子 邮 箱：pup_6@163.com
印　刷　者：北京虎彩文化传播有限公司
发　行　者：北京大学出版社
经　销　者：新华书店
787毫米×1092毫米　16开本　19.75印张　453千字
2011年9月第1版　2023年6月第3次印刷
定　　价：59.00元

高等院校材料类创新型应用人才培养规划教材

编审指导与建设委员会

前　言

当前，我国经济进入快速发展时期。材料生产产业既是基础产业，又是朝阳产业，对我国经济发展起着不可替代的作用。虽然各种新型材料品种不断涌现、性能不断提高，但金属材料仍将是21世纪的主流材料。金属材料应用面广用量大，发展的同时还要做到节约资源、降低能耗、综合利用、减少对环境的污染等。要实现这样的目标，就必须发展热处理新技术、新工艺和新设备。

我国工业发展水平和人才的需求资料显示，大部分企业都迫切需要大量创新型应用人才。本教材正是以创新型应用人才为培养目标而编写的，适用于高校材料类本科专业的教学。

1998年之前，即在教育部颁布新专业目录以前，热处理工艺、热处理设备是金属材料及热处理等专业的主干课程。现在，金属材料工程等新专业的内涵增加了，课程体系与教材的内容也相应地改变，所以我们为本教材取名为《金属组织控制技术与设备》。本课程是“金属组织控制原理”的后续课程。关于这类课程的已出版教材，有的部分内容与前期课程内容重复，不够简练；有的部分内容滞后，不能反映热处理发展现状；还有的所提供的金属组织图片质量不高，缺乏热处理炉结构图；这些都降低了教材的实用性和先进性。为此，我们根据十几年的教学积累与实践，编写了本教材。

本教材编写的主要原则是，保持本学科的体系，简化过于繁杂的内容，关注那些与热处理生产密切相关的工艺与设备，反映热处理学科的最新研究成果与进展。本教材分金属组织控制技术、热处理设备两篇。第1篇金属组织控制技术由邵红红编写，第2篇热处理设备由纪嘉明编写。

本教材为江苏大学金属材料工程国家特色专业建设的项目，也是江苏大学金属材料优秀教学团队教学改革与建设的内容之一。

北京大学出版社对本教材从选题到编写都非常关注，相关编辑在本教材出版的过程中付出了辛勤的劳动，在此表示感谢。本教材在编写过程中参考了许多文献资料，我们已将主要文献列于书后，在此谨向所有参考文献的作者表示诚挚的谢意。

限于编者水平，不足之处在所难免，恳请同行和读者批评指正。

编　者

2011年9月

目 录

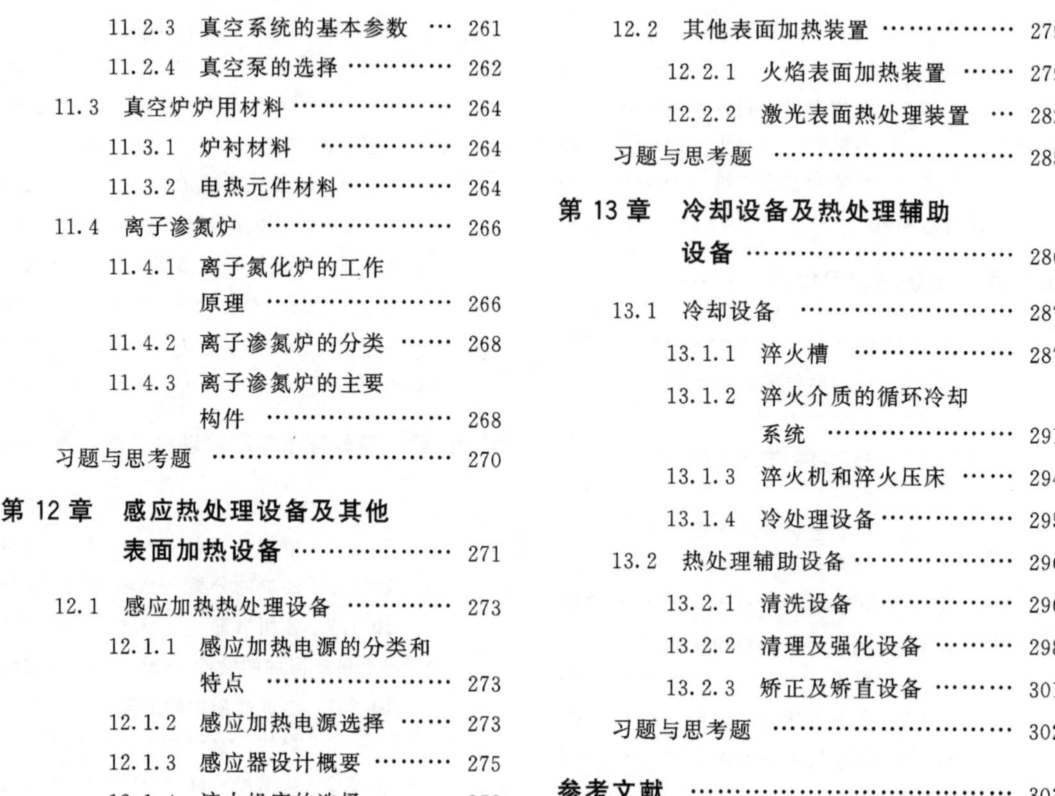

第1篇

金属组织控制技术

众所周知，材料的性能取决于组织状态。为了使材料得到所希望的性能，人们必须在加工、制备等过程中控制材料的宏观与微观组织状态。组织控制的最优化目的，就是通过一定的方法与途径，合理安排材料中合金元素的存在形式与分布，获得所期望的组织结构及其状态，使材料的潜力得到充分的发挥。

金属组织控制技术就是通过热处理的方法，改变材料表面或内部的组织结构，来控制其性能的一种综合工艺过程。金属组织控制原理揭示了金属在加热和冷却过程中的组织结构转变规律，为热处理提供了理论依据，而金属组织控制技术则是热处理的具体操作过程。

本篇重点介绍三大类金属热处理工艺，即普通热处理、表面热处理和化学热处理，以及它们的工艺特点和工艺原理。

第1章 退火与正火

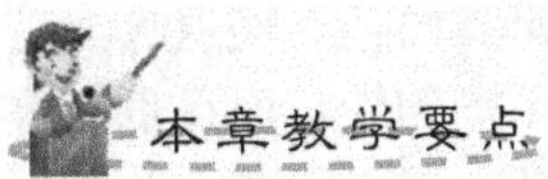

本章教学要点

知识要点	掌握程度	相关知识
退火的概念及目的	熟练掌握各种退火的工艺特点及应用	常用金属材料室温下的平衡组织
正火的概念及目的	掌握正火的工艺特点及原理	奥氏体的形成过程、奥氏体的晶粒大小及其影响因素
预备热处理的作用	熟练掌握退火与正火工艺的正确选择及质量控制	不同的冷却速度对金属组织与性能的影响

导入案例

热处理是一门古老的加工技艺，人类的祖先很早就已经知道“百炼成钢”，即采用铸铁脱碳退火及反复锻打炼钢。热处理更是一门新兴学科，是现代制造业不可缺少并且是提高金属材料内在性能的工艺技术，也是增强企业市场竞争力的重要手段。另一方面，人们也必须而且已经注意到，热处理又是能耗和污染大户。可以说，热处理强化实质上是以能源换资源。因此，将绿色制造技术应用到热处理行业中是从事热处理技术人员的首要任务。

退火与正火约占整体热处理的30%，尽管这两种工艺有着各自不同的特点，但在针对低中碳钢或低中碳合金钢进行有关处理时，则可以达到相近的工艺目的。在这种情况下，可以应用绿色制造的方法和理念来进行更合理的选择，从而改变传统的选择方式，使热处理工艺的选择满足绿色制造的要求。

退火和正火是最基本的热处理工序，大部分机器零件及工、模具的毛坯经退火或正火后，不仅可以消除铸件、锻件及焊接件的内应力及成分和组织的不均匀性，而且也能改善和调整钢的力学性能和工艺性能，为下道工序作好组织准备。因此，通常把退火和正火称为预备热处理。此外，由于正火可以细化组织，适当提高强度，所以也可作为一些受力不大、性能要求不高的工件的最后热处理工艺。

1.1 钢的退火

将组织偏离平衡状态的钢加热到适当的温度，保温一定时间，然后缓慢冷却，以获得平衡状态组织的热处理工艺称为退火。

钢件退火工艺种类很多，不同的退火工艺具有不同的退火目的。根据加热温度的不同，退火可分为在临界温度(A_{c1}或A_{c3})以上的退火和临界温度以下的退火。前者又称为相变重结晶退火，即将工件加热至相变温度以上，使其发生组织、结构变化，从而改变工件的性能，包括完全退火、不完全退火、扩散退火、球化退火等；后者由于工件的加热温度在相变温度以下，所以主要目的是消除内应力、降低硬度和消除加工硬化等，包括去应力退火、软化退火以及再结晶退火等。各种退火方法的加热温度与$Fe-Fe_3C$相图的关系如图1.1所示。

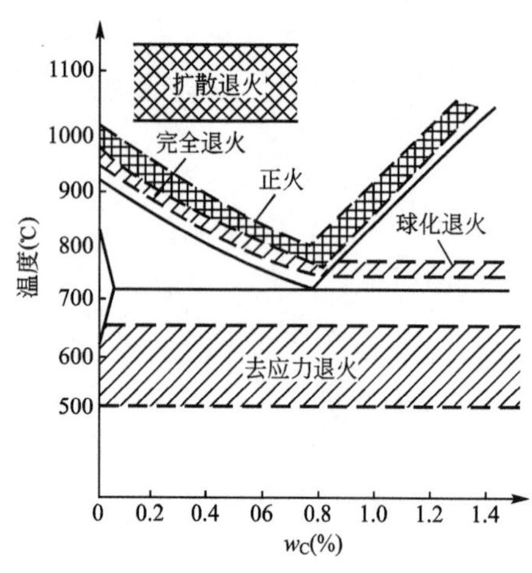

图1.1 各类退火工艺加热温度示意图

在机器制造加工工艺过程中，退火工序总是安排在毛坯成型与粗加工之间，但为了冷热加工工序之间相互衔接以及工件本身性能的要求，在总的加工工艺过程中，还经常采用多次目的不同的退火。

1.2 常用退火工艺方法

1.2.1 扩散退火

扩散退火又称均匀化退火，它是将钢锭、铸件或锻坯加热到略低于固相线的温度下长时间保温，然后缓慢冷却以消除化学成分不均匀现象的热处理工艺。其目的是消除铸锭或铸件在凝固过程中产生的枝晶偏析及区域偏析，使成分和组织均匀化。

铸件凝固时要发生偏析，造成组织和成分的不均匀。对于铸锭，这种不均匀性在轧制成钢材时，将沿着轧制方向拉长而呈方向性，最常见的是带状组织。图1.2为中碳钢经过热轧后形成的带状组织。由于枝晶偏析使合金元素的富化区和贫化区在形变过程中沿变形方向伸长，含合金元素少的奥氏体在慢速冷却时由于在较高温度下首先分解析出部分铁素体而使该区域的碳向合金富化区域排挤，从而在继续冷却后使合金富化区形成以珠光体为主的带状组织，而合金贫化区形成以铁素体为主的带状组织。

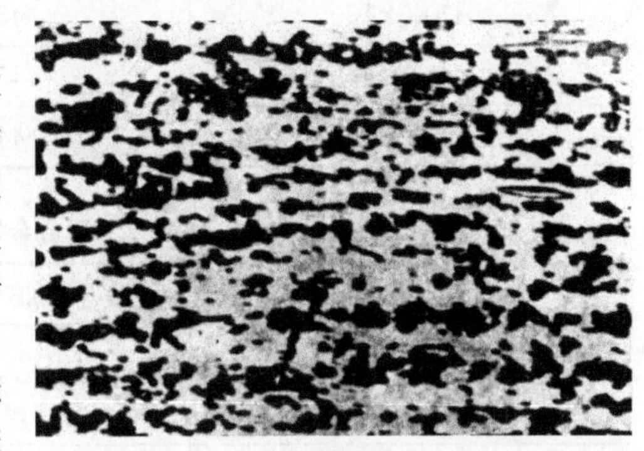

图1.2 45钢带状组织 200×

扩散退火的实质是使钢中各元素的原子在奥氏体中进行充分扩散。所以扩散退火的加热温度高，保温时间长。具体加热温度和保温时间应视偏析程度和钢种而定，但一般要低于平衡相图固相线100℃左右，以防止过烧。碳钢扩散退火的温度一般为1100～1200℃，合金钢多采用1200～1300℃。一般扩散退火的保温时间可根据经验公式进行估算，即按1.5～2.5min/mm来计算。一般保温时间不超过15h，否则氧化损失严重。保温后随炉冷却，待冷到350℃以下出炉。

工件高温长时间扩散退火后，奥氏体晶粒十分粗大，如不进行热轧，则必须进行一次完全退火或正火来细化晶粒。应该指出，扩散退火使加热炉长时间处于高温状态，导致设备使用寿命短，且工件烧损严重，因此，只有在必要时才使用。碳钢一般没有必要进行扩散退火，因为碳在奥氏体中的扩散速度比一些合金元素快得多，所以在热加工过程中，碳在奥氏体中迅速扩散而使偏析得以消除。高合金钢锭晶内偏析严重采用扩散退火消除偏析，但由于合金钢扩散退火能耗大，金属氧化损失严重，所以只用于优质钢材，一般情况下不单独采用。

实际上钢厂很少对钢锭进行单独的扩散退火，大多是在锻轧前对钢锭加热时，适当延长保温时间，这样既可消除或减轻偏析，又大大简化工序，提高生产效率。

扩散退火除了在钢中应用外，有色金属的铸锭也进行扩散退火。表1-1、表1-2给出了铝合金、铜合金铸锭扩散退火工艺制度。

表1-1 常用铝合金铸锭扩散退火工艺制度

合金牌号	加热温度/℃	保温时间/h
5A02，5A03，5A05	465～475	12～24
3A21	595～620	4～12

（续）

合金牌号	加热温度/℃	保温时间/h
2A06	475～490	24
2A11，2A12，2A14	480～495	10～15
2A16	515～530	12～24
2A10	500～515	20
6A02	525～540	12
2A50，2B50	515～530	12
2A70，2A80	485～500	12
7A04	450～465	12～38
7A09	445～470	24

表 1-2　铜合金铸锭扩散退火工艺制度

合金牌号	加热温度/℃	保温时间/h
QSn6.5-0.1	465～475	4～8
QSn6.5-0.4		
B19，B30	1000～1050	2～4.2
BMn40-1.5	1050～1150	2～4.2
BMn15-20	940～970	2～3.5

1.2.2　完全退火

完全退火是将钢件或钢材加热至 A_{c3} 以上 30～50℃，保温一定时间后缓慢冷却，获得接近平衡组织的热处理工艺。所谓“完全”是指在加热和冷却过程中钢的内部组织全部进行了相变重结晶。

完全退火主要用于亚共析钢的铸件、锻件和热轧钢材等。其目的是细化晶粒和改善组织(如消除中碳结构钢铸件和锻轧件中常见的魏氏组织、过热组织和带状组织)、消除内应力、降低硬度和改善钢的切削加工性能。

工件在完全退火温度下的保温时间是指工件心部获得均匀奥氏体组织所要求的时间。它不仅取决于工件烧透的时间，即工件心部也达到要求的加热温度，而且还取决于完成组织转变所需要的时间。完全退火保温时间与钢材成分、工件厚度、装炉量和装炉方式等因素有关。通常保温时间以工件的有效厚度来计算。一般碳素钢或低合金钢工件，当装炉量不大时，在箱式电阻炉中退火的保温时间可按下式计算：$t=KD$(单位为 min)，式中的 D 是工件有效厚度(单位为 mm)；K 是加热系数，一般 $K=1.5\sim2.0$min/mm。若装炉量过大，则应根据具体情况延长保温时间。

工件有效厚度 D 可按下述原则确定：圆柱体取直径，正方形截面取边长，长方形截面取短边长，板件取板厚，套筒类工件取壁厚，圆锥体取离小头 2/3 长度处直径，球体取球径的 0.6 倍作为有效厚度 D。

完全退火随炉缓冷的冷却速度一般小于 30℃/h。在实际生产中，为了提高生产效率，随炉冷到 500℃左右即可出炉空冷。

1.2.3 不完全退火

将钢件加热到 A_{c1} 和 A_{c3}（或 A_{ccm}）之间，保温足够时间后缓慢冷却，以获得接近平衡组织的热处理工艺称为不完全退火。

不完全退火的目的是消除热加工导致的内应力，改善钢的切削加工性能。由于加热到两相区温度，仅使珠光体发生重结晶，故基本上不改变先共析铁素体或渗碳体的形态及分布。如果亚共析钢的终锻温度适当，铁素体均匀细小，只是珠光体片间距小，硬度偏高，内应力较大，那么只要在 A_{c1} 以上、A_{c3} 以下温度进行不完全退火即可达到降低硬度、消除内应力的目的。

亚共析钢不完全退火温度通常为 740～780℃。由于不完全退火的加热温度比完全退火低，过程时间也较短，节省燃料和时间，因而是比较经济的一种工艺。一般对锻造工艺正常的亚共析钢件，均采用不完全退火来代替完全退火。不完全退火的保温时间与完全退火相同。

过共析钢的不完全退火，实质上是球化退火的一种。

1.2.4 球化退火

球化退火是使钢中碳化物球状化，获得球化体的一种热处理工艺。球化退火主要用于共析钢、过共析钢和合金工具钢等，其目的是降低硬度、均匀组织、改善切削加工性，并为淬火作组织准备，因为球状组织不易过热，即球体溶入奥氏体较慢，所以奥氏体晶粒不易长大，淬火后组织为隐晶马氏体，且淬火开裂倾向小。

常用的几种球化退火工艺如图 1.3 所示。图 1.3(a)的工艺特点是将钢加热到 A_{c1} 以上 20～30℃保温后以 3～5℃/ h 的缓慢速度冷却，以保证碳化物充分球化，冷至 600℃时出炉空冷。这种一次加热球化退火工艺，要求退火前的原始组织为细片状珠光体，不允许有网状渗碳体存在。图 1.3(b)是目前生产上应用较多的球化退火工艺，即将钢加热到 A_{c1} 以上 20～30℃保温 4h 后，再快冷至 A_{r1} 以下 20℃左右等温 3～6h，又称等温球化退火工艺。图 1.3(c)是将钢加热到略高于 A_{c1} 点的温度，而后又冷却至略低于 A_{r1} 温度保温，并反复加热和冷却多次，最后空冷至室温，又称往复球化退火工艺。此工艺可加速球化过程，提高球化质量。图 1.4 为 T12 钢等温球化退火后的组织。

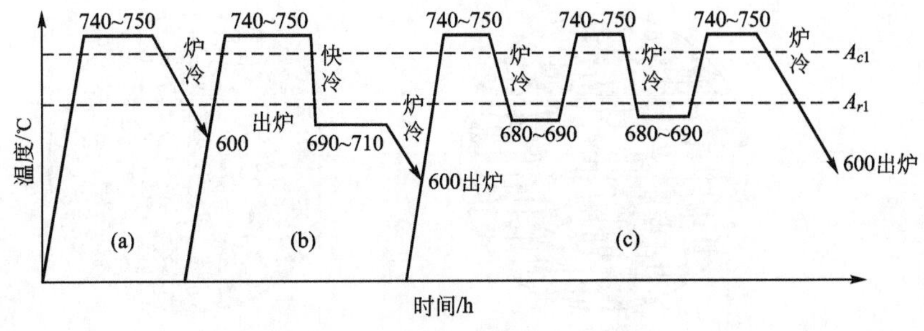

图 1.3 常见球化退火工艺示意图

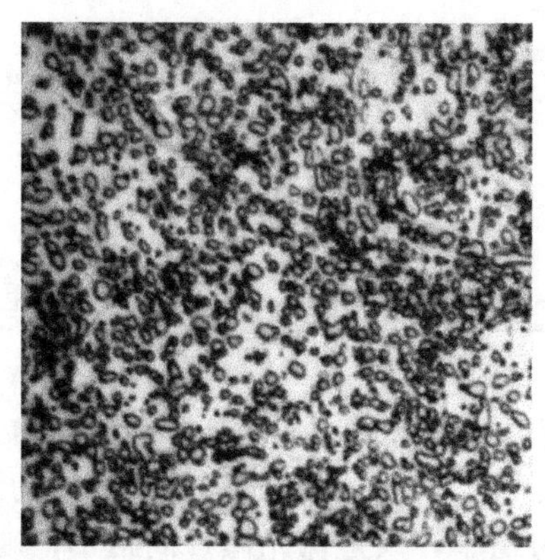
图 1.4　T12 钢球化退火组织　500×

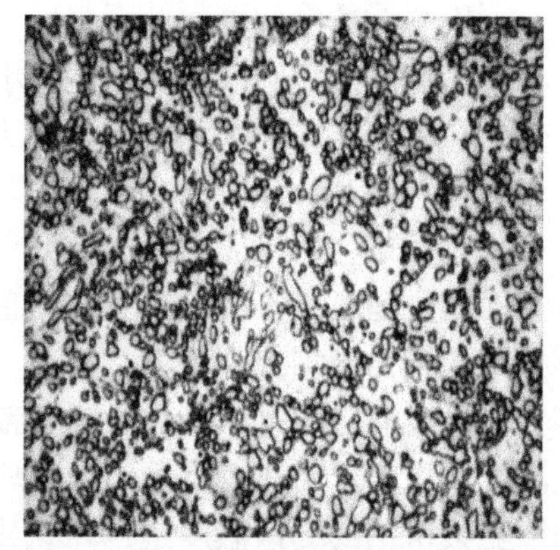
图 1.5　T12 钢球化不完全组织　500×

过共析钢中如有网状渗碳体必须用正火来加以消除，否则很难球化(图 1.5)。对于工具钢也可以采用调质来代替球化退火，这样不但省电、省时，完全可以达到球化目的，而且经调质后的粒状珠光体，比球化退火后的粒状珠光体更细小，更均匀，更有利于最后的淬火。虽然球化退火主要用于含碳大于 0.6%(质量分数)的碳素工具钢及合金工(模)具钢，但有时为改善低中碳钢的冷成型性能，也采用球化退火。

近几年，利用形变加速球化过程的工艺(形变球化退火)得到了发展。通常形变球化退火是将钢加热到略高于 A_{c1} 温度，在增加奥氏体成分的不均匀性同时保留了较多的未溶碳化物质点，然后再进行大变形量的形变，此时晶体缺陷和结构不均匀性将显著增加，残留的碳化物质点更弥散细小，非均匀形核过程明显加快，促进了珠光体的形核和长大过程，最后缓慢冷却或在 A_{c1} 温度以下等温保持一段时间再冷却至室温，将得到比较理想的粒状珠光体组织。图 1.6 是 T8 钢形变球化退火的模型示意图。

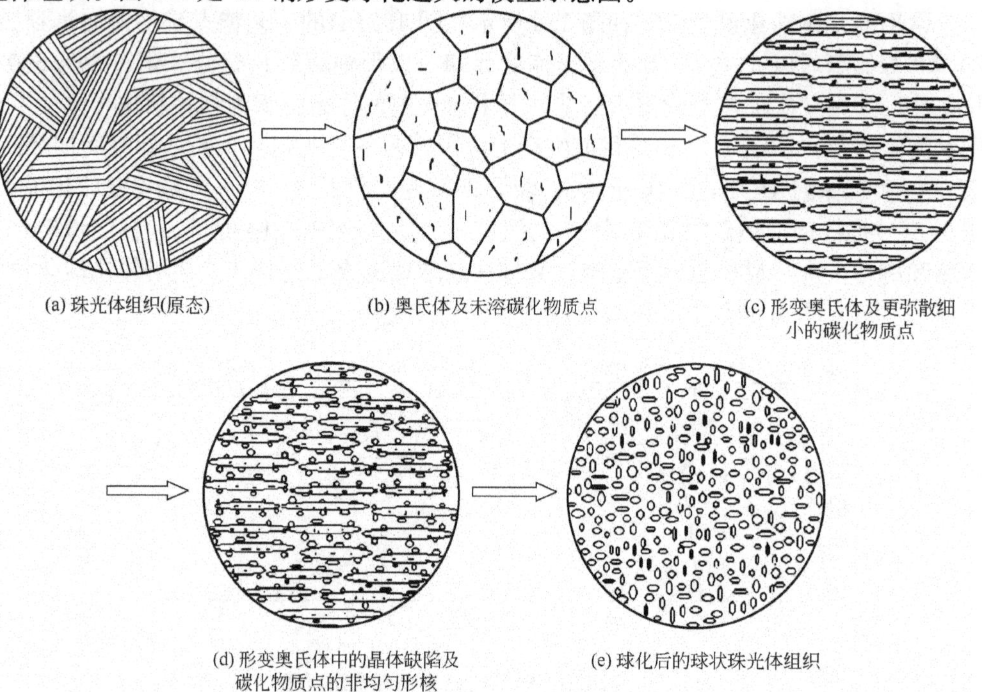

图 1.6　形变球化处理示意图

形变球化退火与普通球化退火相比可明显缩短退火时间，从而达到节能和提高生产效率的目的。

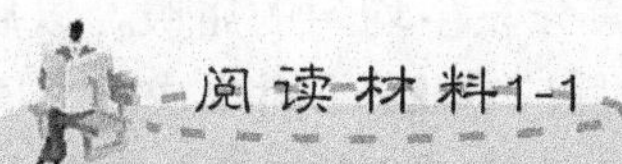

高碳钢在后续加工之前需要进行球化退火，无论是连续的球化退火工艺还是等温的球化退火工艺都需要较长的退火时间，从而降低生产效率、耗费大量能源。因此快速球化退火得到了广泛的应用。

实现碳化物快速球化的关键在于通过控制相变的热力学和动力学来改变奥氏体向珠光体转变的模式-从传统的片层状转变机制改变为"离异共析"的转变形式。"离异共析"的转变形式是将奥氏体直接转变成球状珠光体，转变时间大为缩短。为此，在加热过程中奥氏体转变完成之后必须在奥氏体基体上残留足够的未溶碳化物颗粒作为随后冷却过程中珠光体离异共析转变的核心。

采用快速球化退火工艺去除加热时间和冷却时间，奥氏体化保温时间和等温转变时间总和仅需约2h(时间与工件大小无关)。而传统工艺奥氏体化保温时间和等温转变时间总和需要10～16h，两者相比，可节约能源50%以上。

来源：汪东红等．GCr15钢的快速球化退火工艺［J］．安徽工业大学学报，2009，26(3)：239～242.

1.2.5 等温退火

钢加热到A_{c3}以上30～50℃保温后以较快的冷却速度冷至稍低于A_{r1}的温度等温，使奥氏体转变为珠光体，再空冷至室温的热处理工艺。它具有时间短、组织均匀和力学性能均匀的特点，适合于亚共析钢、过共析钢尤其是中、高合金钢铸件和锻件的退火处理。此外，对某些合金钢如Cr－Ni钢及Cr－Ni－Mn钢锻件等温退火可用来防止钢中白点的形成。

等温退火是完全退火的特殊形式，也是完全退火的发展。对于大截面工件和大批量生产的工件，由于等温退火不易使工件心部达到等温温度，所以不宜采用此工艺但仍可采用完全退火。

1.2.6 再结晶退火

再结晶退火是将冷变形后的金属加热到再结晶温度以上，保持适当时间，使形变晶粒重新转变为均匀的等轴晶粒，以消除形变强化和残余应力的热处理工艺。

再结晶退火的加热温度通常为T_R以上150～250℃，T_R为再结晶温度(大约为$0.4T_m$)。再结晶温度与金属的化学成分和冷变形量等因素有关。一般来说，变形量越大，金属的再结晶温度越低。特别注意的是，当金属处于临界变形度时(钢的临界变形度为2%～10%)，此时要采用正火或完全退火来代替再结晶退火，否则会使金属的塑性大幅度下降。其原因是临界变形度下再结晶退火会导致再结晶晶粒异常粗大。一般钢的再结晶退火温度为650～700℃，保温时间为1～3h。再结晶退火后通常在空气中冷却。

近年来，为提高钢材质量，在结构钢生产中控制再结晶晶粒大小逐渐引起人们的注意。如广泛用于交通工具、电器及其他器件中的冲制外壳、机匣等的低碳钢薄板，这种钢板强度要求不高，但必须有较好的塑性和成型性，特别要求成型后的工件具有光滑的表面。为此，需要控制晶粒尺寸和再结晶织构这两个主要因素。低碳钢板的轧制实践证明，若晶粒直径大于 40μm 时，会出现肉眼可见的表面粗糙，故晶粒应小于 40μm。此外，低碳钢有明显的屈服点，轧制时会呈现吕德丝带的变形特征，也会使轧制件表面出现不平整现象。为了避免此弊端，可将钢板在成型前预先冷轧，使之首先发生均匀的屈服，以后轧制时就会产生均匀塑性变形，防止吕德丝带的形成。预轧制后应在 24 小时内成型，否则由于应变时效而使吕德丝带重现。为达到良好的成型效果，钢板应具有 {111} 再结晶织构，这种织构的特征是各晶粒的 {111} 面平行于板面。具有 {111} 织构的板材具有良好的深拉性能，不会出现制耳现象，因而轧制成型较为理想。

再结晶退火既可作为钢或其他合金多道次冷变形之间的中间退火，也可作为冷变形钢或其他合金成品的最终热处理。表 1-3 给出了主要有色金属的再结晶退火温度。

表 1-3 主要有色金属的再结晶退火温度

合金名称	牌号	再结晶退火温度/℃
普通黄铜	H96	540～600
	H90	650～720
	H80	650～700
	H70，H68	520～650
	H62	600～700
	H59	600～670
锡黄铜	HSn70-1	560～580
	HSn62-1	550～650
铝黄铜	HA177-2	600～650
锰黄铜	HMn58-2	600～650
铁黄铜	HFe59-1-1	600～650
铅黄铜	H Pb59-1	600～650
镍黄铜	HNi65-5	600～650
铝青铜	QA15	600～700
	QA17，QA19-2	650～750
	QAl9-4，QAl10-4-4	700～750
变形铝合金	2A11，2A12，7A04，2A14	350～420
	5A05，5A06	310～335
变形镁合金	MB1	340～400
	MB2	280～350
	MB3	250～280
	MB5	320～350
	MB7	350～380
	MB8	280～320
	MB15	380～420

1.2.7 去应力退火

为了消除铸件、锻件、焊接件、冷冲压件以及机械加工过程中引起的残余内应力而进行的退火称为去应力退火。

钢的去应力退火加热温度较宽，但不超过 A_{c1} 点，一般在 500～650℃之间。铸铁件去应力退火温度一般为 500～550℃，超过 550℃容易造成珠光体的石墨化。焊接工件的退火温度一般为 500～600℃。对切削加工量大，形状复杂而要求严格的刀具、模具等，淬火之前常进行 600～700℃、2～4h 的去应力退火。一些大的焊接构件，难以在加热炉内进行去应力退火，常常采用火焰或工频感应加热局部退火，其退火加热温度一般略高于炉内加热。

除了消除内应力外，去应力退火可以提高工件的尺寸稳定性，防止变形和开裂。此外，对于过冷奥氏体稳定性高的合金钢如 18Cr2Ni4WA，为了降低硬度便于切削加工可采用 600～650℃的退火加热温度。

去应力退火后的冷却应尽量缓慢，以免产生新的应力，随炉冷到 200～300℃后空冷至室温。

1.2.8 真空退火

真空退火是最早在工业中得到应用的真空热处理工艺。真空退火是在低于一个大气压的环境中进行退火的工艺，其主要工艺参数是加热温度与真空度。真空度是根据表面状态的要求来进行选择的。

真空退火的优点是可以防止工件氧化脱碳、除气脱脂、使氧化物蒸发，提高工件表面光亮度和力学性能。真空退火主要应用于活性与难熔金属的退火与除气，电工钢及电磁合金、不锈钢及耐热合金、铜及其合金以及钢铁材料的退火等。

1. 钢铁材料的真空退火

一般钢铁材料的光亮度随退火温度的上升而提高，在 950℃以上温度退火，光亮度可达到 80%。对锈蚀表面可以在 1000℃进行退火，借助于蒸发使表面净化。一般质量的结构钢产品只要求 60%以上的光亮度，在 $1.3 \sim 1.3\times10^{-1}$ Pa 下退火就可达到要求。进行中温退火的重要工件和工具，尤其是含铬的合金工具钢，表面的含铬氧化膜需要在 $1.3\times10^{-1} \sim 1.33\times10^{-2}$ Pa 以上的真空中才得以蒸发，工件才可以获得光洁的表面。因此，处理温度应该比常规退火温度略高。一般钢材的真空退火工艺参数见表 1-4。

表 1-4 钢的真空退火工艺参数

材料	真空度/Pa	退火温度/℃	冷却方式
45	$1.3 \sim 1.3\times10^{-1}$	850～870	炉冷或气冷，大约 300℃出炉
0.35～0.6 卷钢丝	1.3×10^{-1}	750～800	炉冷、气冷，大约 200℃出炉
40Cr	1.3×10^{-1}	890～910	缓冷，大约 300℃出炉
Cr12Mo	$1.3 \sim 1.3\times10^{-1}$以上	850～870	720～750℃等温 4～5h，炉冷
W18Cr4V	1.3×10^{-1}	870～890	720～750℃等温 4～5h，炉冷

（续）

材料	真空度/Pa	退火温度/℃	冷却方式
空冷低合金模具钢	1.3	730～870	缓冷
高碳铬冷作模具钢	1.3	870～900	缓冷
W9～W18 热作模具钢	1.3	815～900	缓冷

2. 不锈钢、耐热钢的真空退火

不锈钢、耐热钢含有在高温与氧亲和力强且化学稳定性高的铬、锰、钛等元素。在空气中加热时，由于表面的铬氧化，内部的铬向外扩散，因而在一定范围内产生了贫铬现象。在含碳的保护气氛中退火时，由于增碳往往使不锈钢易产生晶间腐蚀。因此，这类合金在真空中退火比在常用的低露点氢中退火更易于获得洁净和高质量的表面并保持耐腐蚀性。由于真空退火冷速较高，因而生产率高，对于尺寸小、精度高的细丝，如高纯镍丝、镍合金丝、ϕ0.03mm 镍铬-镍铝热偶丝等进行真空退火时，能保证这类产品的电学性能，且不易于粘连。

1.3 钢的正火

正火是将钢加热到 A_{c3}（或 A_{ccm}）以上适当温度，保温一定时间，使之完全奥氏体化，然后在空气中冷却得到珠光体类组织的热处理工艺。

正火工艺的实质是完全奥氏体化加上伪共析转变。与完全退火相比，二者的加热温度和保温时间相同，但正火的冷却速度较快，转变温度较低。因此，对于亚共析钢来说，相同钢正火后组织中析出的铁素体较少，珠光体数量较多，且珠光体片间距较小。例如，45钢退火后组织为 45%F＋55%P；而正火后组织为 30%F＋70%P。此外，由于转变温度低，珠光体成核率较大，因而珠光体团的尺寸较小。对于过共析钢来说，正火可以抑制先共析网状渗碳体的析出。当钢的含碳量在 0.6% ～ 1.4%(质量)时，在正火组织中不出现先共析相，全部是伪共析珠光体。

由于正火后获得的组织比相同钢材退火的要细小，因此，强度、硬度及韧性较高。只有球化退火的钢件，因其所得组织为粒状珠光体，所以其综合性能优于正火的钢件。

正火的目的和应用如下。

(1) 提高低碳钢工件的硬度，防止“粘刀”，改善切削加工性能。对于含碳量小于0.2%(质量) 的钢，按通常的加热温度正火后，硬度过低，切削性能仍很差。为了适当提高硬度，应提高加热温度即 A_{c3} 以上 100℃，增大冷却速度，以获得较细的珠光体和分散度较大的铁素体。

(2) 消除热加工缺陷。有些锻件、铸件和焊接件的过热组织、魏氏组织以及带状组织，通过正火可以消除这些缺陷，达到细化晶粒、均匀组织、消除内应力的目的。但有时对于特别粗大的铸造组织，一次正火不能达到细化组织的目的，为此采用二次正火，可获得良好的效果。第一次为高温正火即加热温度在高于 A_{c3} 以上 150～200℃，以扩散方法消除粗大组织，使成分均匀；第二次正火以普通条件进行，其目的是细化晶粒。

(3) 消除过共析钢的网状碳化物。为抑制过共析钢中二次渗碳体的析出，使其获得伪共析组织，加热时必须保证碳化物全部溶入奥氏体中，冷却时必须采用较大的冷却速度，如鼓风冷却、喷雾冷却等。

(4) 提高普通结构件的力学性能。对于一些受力不大、性能要求不高的碳钢和合金钢结构件，可以采用正火来代替调质作为最终热处理，以简化工序，缩短生产周期，提高经济效益。

1.4 退火与正火的选择

退火与正火是钢预先热处理的一种形式，其工艺类型很多，如何选用其工艺，应当根据钢种、冷热加工工艺、工件的使用性能及经济性综合考虑。

(1) 含碳量小于0.25%(质量)的低碳钢和低碳合金钢选用正火。因为较快的冷却速度可以防止低碳钢沿晶界析出游离三次渗碳体，从而提高冲压件的冷变形性能。用正火可以细化晶粒，提高钢的硬度，改善低碳钢的切削加工性能。

(2) 含碳量为0.25%～0.5%(质量)的中碳钢也可以用正火代替退火，虽然接近上限碳量的中碳钢正火后硬度偏高，但尚能进行切削加工，而且正火成本低、生产率高。有些中碳合金结构钢如40CrMn、30CrMnSi、38CrMoAlA等奥氏体稳定性较高，当工件小或薄时，可选用正火＋高温回火。

(3) 含碳量为0. 5%～0.75%(质量)的中高碳钢，因含碳量较高，正火后的硬度显著高于退火的硬度，难以进行切削加工，故一般采用完全退火或不完全退火，降低硬度，改善切削加工性能。

(4) 含碳量大于0.75%(质量)的高碳钢或工具钢一般均采用球化退火作为预备热处理，如有二次网状渗碳体存在，则应先进行正火消除网状渗碳体。

阅读材料1-2

据统计，正火与退火工艺的成本差在0.2元/千克～0.45元/千克，若恰当地选择正火工艺代替退火工艺，可为热处理企业在实现绿色制造的同时带来可观的经济效益。例如，重庆市年生产退火件35000吨/年，设将其中五分之一的退火件改为正火处理，仅此一项就可节约电能19×10^5千瓦·小时/年，可带来直接经济效益约180万元/年。

再如：20钢三点焊接垫圈，采用850℃×0.5h正火和720℃×3h不完全退火，硬度125～165HBW基本相近，正火比不完全退火节省生产周期，效率高。因此，随着先进技术的推广，节能降耗将摆在第一位，正火工艺的绿色特征相对于退火工艺，将会更加明显和突出。

来源：廖兰，刘先斌．面向绿色制造的正火与退火工艺的比较与抉择[J]．金属热处理，2007，32(2)：100～102.

1. 确定下列工件的退火方法，并指出退火目的及退火后的组织。

(1) 经冷轧后的 15 钢板要求降低硬度。

(2) ZG35 铸造齿轮。

(3) 锻造过热的 60 钢坯。

(4) 具有片状渗碳体的 T12 钢坯。

2. 热轧空冷的 45 钢在正常加热超过临界点 A_{c3} 后再冷下来，组织为什么能细化?

3. 正火和退火有何不同? 如何进行选择?

4. 球化退火的目的是什么? 说明球化退火的原理及常用的 3 种球化退火的工艺。

5. 今有一批 20CrMnTi 钢制造的拖拉机传动齿轮，锻造要进行车内孔、拉花键及滚齿等机械加工，然后进行渗碳、回火。试问锻后及机加工前是否需要进行热处理? 若需要，则应进行什么热处理? 其主要工艺参数如何选择?

第2章 淬火与回火

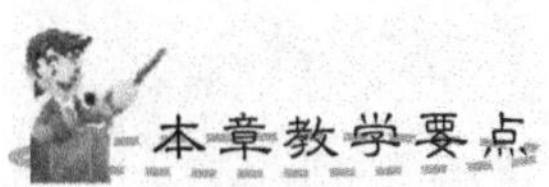

知识要点	掌握程度	相关知识
淬火的概念及目的	掌握淬火介质的分类、特性、影响因素与应用	钢加热与冷却时的组织转变
淬透性的概念	掌握淬透性的测试方法以及淬透性在生产中的应用	影响淬透性的因素，淬透性与淬硬性的区别
组织应力与热应力	掌握热应力与组织应力的变化规律、淬火时工件的变形与开裂特点	影响淬火应力与工件开裂的因素
淬火工艺确定	熟练掌握淬火工艺参数的确定原则、淬火方法与应用	相变点及过冷奥氏体等温或连续冷却转变曲线、端淬曲线
回火的概念及目的	熟练掌握回火工艺的制定、选择及其应用	回火组织与力学性能、回火脆性及影响因素

导入案例

1974 年河北易县燕下都出土了一批战国中、晚期钢铁兵器。其中的两把剑和一把戟都经过淬火处理，金相组织中有马氏体存在，这说明那时我国已发明了淬火技术。从汉代开始，我国的热处理技术已有文字记载，即我国热处理工艺历史悠久，其技艺曾发展到非常高超的程度，这是当时其他国家所不及的，作为中国的热处理工作者应引以为荣。

随着科学技术的发展，如今热处理技术已遍及各个生产部门，其中淬火是实现金属强化最常用的热处理技术。

汽车拖曳钩淬火场景

淬火是将合金在高温下所具有的状态，通过快速冷却以过饱和状态固定至室温，或使基体转变成晶体结构不同于高温状态的亚稳定状态的热处理工艺。根据淬火时合金组织、结构变化的特点，可将淬火分为两类：有同素异构转变合金的淬火和无同素异构转变合金的淬火。大部分钢的淬火属于第一类，而奥氏体高锰钢的水韧处理、奥氏体不锈钢、马氏体时效钢以及铝合金的高温固溶处理等属于第二类。两类合金淬火本质上有很大的差别。

由于淬火后大多数合金得到亚稳定的过饱和固溶体，所以存在自发分解趋势。尽管有些合金室温就可以分解，但它们中的大多数需要加热到一定温度分解才能进行。这种室温保持或加热到一定温度以使过饱和固溶体分解的热处理工艺称为时效或回火。由于历史的原因，铝合金习惯用“时效”，钢习惯用“回火”，而铜合金及钛合金两个名称都使用[3]。

钢的淬火是热处理工艺中最重要的工序，它可以显著提高钢的强度和硬度。如果与不同温度的回火配合，则可以得到不同的强度、塑性和韧性的配合，获得不同的应用。本章重点介绍钢淬火过程的本质，如何衡量和控制淬火质量以及在淬火过程中所产生的应力、变形和开裂。

2.1 淬火的定义及目的

把钢加热到临界点 A_{c1} 或 A_{c3} 以上，保温并随之以大于临界冷却速度冷却，以得到亚稳状态的马氏体或下贝氏体组织的热处理工艺称为淬火[4]。

根据钢淬火的含义，实现淬火过程的必要条件是加热温度必须高于临界点以上(亚共析钢 A_{c3}，过共析钢 A_{c1})，以获得奥氏体组织，其后的冷却速度必须大于临界冷却速度，而淬火得到的组织是马氏体或下贝氏体，后者是淬火的本质。因此，不能只根据冷却速度的快慢来判别是否是淬火。例如低碳钢水冷往往只得到珠光体类的组织，此时就不能称为淬火，只能说是水冷正火；又如高速钢空冷可以得到马氏体组织，则此时就应该称为淬火，而不是正火。

钢的淬火目的主要有以下几个方面。

(1) 提高工件的硬度和耐磨性。一些工具、模具、量具、轴承以及渗碳工件等要求具有高的硬度和耐磨性能。

(2) 提高工件综合力学性能。一些结构工件如主轴、齿轮、连杆、螺栓等要求强度、硬度、塑性、韧性的良好配合，往往采用淬火＋高温回火。再如中碳钢制成的弹簧，为了获得高的弹性极限，一般采用淬火＋中温回火。

(3) 改善钢的特殊性能。磁钢要求具有高的矫顽力，不锈钢要求提高耐蚀性能，耐热钢要求提高高温强度等，这些均需经过淬火来得到改善。

2.2 淬火介质

淬火冷却是整个淬火过程中的重要环节，直接影响到工件最终所获得的性能。影响冷却过程的主要因素就是淬火冷却介质。实现淬火目的所采用的冷却介质称为淬火介质。

2.2.1 淬火介质的要求

由过冷奥氏体连续冷却转变曲线可知，淬火介质首先必须具有足够的冷却速度，其冷却能力既要保证工件的冷却速度大于临界冷却速度，以获得一定深度的淬硬层，又要保证冷却时工件不变形与开裂。为此最好能采用“理想淬火冷却速度”。理想的淬火介质的冷却能力应如图2.1所示，即在过冷奥氏体最不稳定的区域具有较快的冷却速度，而在接近马氏体点时具有缓慢的冷却速度，这样既可保持较高的淬火冷却速度，又不至于形成太大的淬火应力，避免淬火变形、开裂的发生。

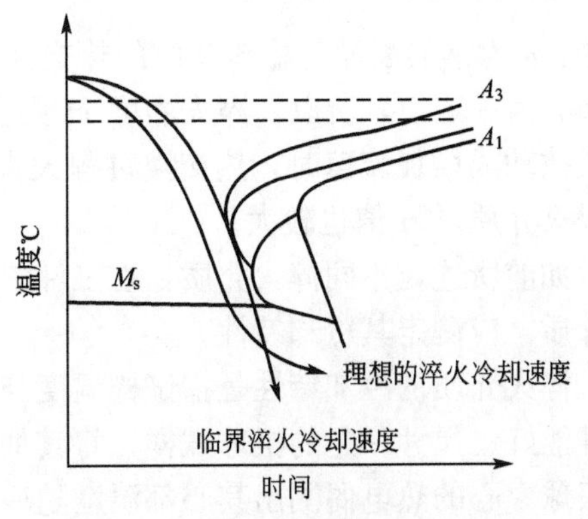

图2.1 淬火介质理想的冷却曲线

淬火冷却时怎样才能既得到马氏体而又减小变形与避免裂纹呢？这是淬火工艺中最主要的一个问题。要解决这个问题，可以从两方面着手，其一是寻找一种比较理想的淬火介质，其二是改进淬火的冷却方法。由于各种钢的过冷奥氏体稳定性不同以及实际工件尺寸形状的差异，要找到同时能适合各种钢材不同尺寸工件的淬火介质是不现实的。目前对淬火介质的广泛深入研究，已出现了种类繁多的淬火介质以满足不同材料、不同热处理工艺的要求。

对淬火介质的一般要求是：环保、无毒、无味、价廉、安全、可靠。要求淬火介质适用的钢种范围应尽可能的宽而变形开裂倾向小，在使用过程中不变质、不腐蚀工件、不粘工件、易清洗，不易燃易爆、无公害，来源充分便于推广。

2.2.2 淬火介质冷却能力评定与测定

一个工件淬火硬化的结果，取决于钢的淬透性、淬硬性以及工件在淬火介质中冷却的激烈程度。若工件尺寸及所用钢材均不变，则淬火硬化结果就取决于淬火介质对工件的淬火的能力，这种能力是通过硬度变化的情况反映出来的，称为淬火介质的淬硬能力。

淬硬能力通常用淬火烈度 H 来进行评定，它是一种用钢硬化层深度来评定淬火介质冷却能力的方法。规定静止水的淬火烈度 $H=1$，其他淬火介质的淬火烈度是通过与静止水的冷却能力比较而得的。几种常用淬火介质的淬火烈度 H 值见表 2-1。

表 2-1 淬火烈度 *H* 值

搅拌程度	不同淬火介质的 H 值				
	空气	油	水	盐水	盐浴(204℃)
静止	0.008	0.25 ~ 0.30	0.90 ~ 1.1	2.0	0.50 ~ 0.80
轻微搅动	—	0.30 ~ 0.35	1.0 ~ 1.1	2.0 ~ 3.2	—
适当搅动	—	0.35 ~ 0.40	1.2 ~ 1.3	—	—
中等搅动	—	0.40 ~ 0.50	1.4 ~ 1.5	—	—
强烈搅动	—	0.50 ~ 0.80	1.6 ~ 2.0	—	—
激烈搅动	0.2	0.80 ~ 1.10	4	5	2.25

淬火烈度 H 实质上是钢的表面与冷却介质的热交换系数与钢的导热系数的比值。

$$H=\frac{\alpha}{\lambda} \quad (\mathrm{cm}^{-1}) \tag{2-1}$$

式中：α 为钢的表面与冷却介质的热交换系数；λ 为钢的导热系数。对一般钢来说，导热系数 λ 为一定值，所以，淬火烈度 H 则主要取决于钢与冷却介质之间的热交换情况。当介质搅动或增加流速时，热交换过程大大加速，此时淬火烈度 H 值升高。冷却能力较大的淬火介质，H 值也较大。

如前所述，不同淬火介质，在工件淬火过程中其冷却能力是变化的。为了合理选择淬火介质，应测定其冷却特性。

淬火介质的冷却特性是指试样温度与冷却速度之间的关系。测定冷却特性通常采用导热性能好、尺寸一定的银球试样，将其加热到一定温度后迅速放入淬火介质中，利用安放在银球中心的热电偶测出其心部温度随冷却时间的变化，然后根据这种温度—时间曲线换算获得冷却速度—温度关系曲线，如图 2.2 所示。

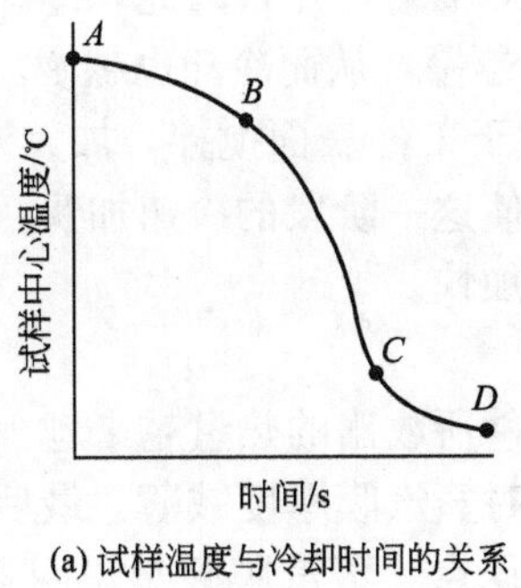

(a) 试样温度与冷却时间的关系

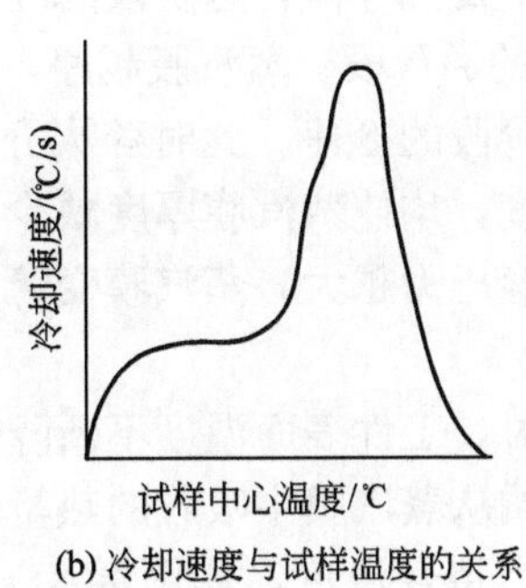

(b) 冷却速度与试样温度的关系

图 2.2 淬火介质冷却特性曲线示意图

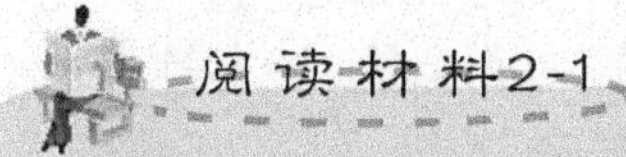

采用冷却曲线估测淬火介质冷却能力已被普遍认同和接受。其优点是测试简便，数据重复性好，不但可以直观地反映冷却机理，而且还敏感于影响介质从工件表面吸取热量的诸多因素，如介质类型、介质的物理性能、介质的温度和介质的搅拌状态。但是，由于冷却曲线给出的是反映探头心部或某一固定位置热电偶的温度-时间曲线，仅凭这一点的冷却曲线很难对不同介质和不同搅拌状态下介质的冷却能力差异做出定量的评价。应该说，目前冷却曲线仍处于相互之间定性比较的阶段，尚没有一个被普遍接受的方法去定量评价冷却曲线。为此，人们进行了大量的研究工作，其目的是建立冷却曲线的定量评价方法，将冷却曲线与工件淬火后的冶金性能联系起来，实现淬火后的组织、硬度和力学性能的预测。

来源：陈乃生，潘健生，廖波．淬火冷却技术的研究进展．热处理［J］，2004，19(3)：17～22

2.2.3 淬火介质的分类与特性

生产中最常用的淬火介质是液态介质，因为工件淬火时温度很高，高温工件放入低温液态介质中，不仅发生传热作用，还可能引起淬火介质的物态变化。因此，工件淬火的冷却过程不仅是简单传热学的问题，尚应考虑淬火介质的物态变化问题。此外，根据某些工件的精度与性能要求不同，还可采用熔盐、熔碱以及空气。

根据工件淬火冷却过程中，淬火介质是否发生物态变化，可把淬火介质分成两类，一类是有物态变化的，另一类是无物态变化的。

1. 有物态变化的淬火介质

有物态变化的淬火介质是目前国内外广泛发展的类型。按基本组成可分为水基与油基两大类。这类淬火介质的沸点远比赤热的工件温度低，当工件淬火后迅速使工件周围的淬火介质发生物态变化，并通过汽化带走工件大量的热量。这类淬火介质的冷却过程分为3个阶段。

1）蒸汽膜阶段

高温赤热工件投入淬火介质后，一瞬间就在工件表面产生大量的过热蒸汽，由于蒸汽来不及凝结与排除，就形成连续的蒸汽膜。蒸汽膜紧紧包住工件，使工件与液体分开。由于蒸汽膜是一种不良热导体，这阶段的冷却主要靠辐射传热，因此，冷却速度比较慢，相当于图 2.2(a)中的 AB 段。蒸汽膜越厚，则散热越慢，从而冷却也越慢。蒸汽膜的性质和厚度决定了这一阶段的冷速。此时淬火介质相对于工件表面搅拌，加大淬火介质的压力，降低淬火介质温度，均使蒸汽膜厚度减少，从而使这一阶段的冷速加快。此外，工件淬入介质中越深，其静压力越大，蒸汽膜变薄，冷速加快。

2）沸腾阶段

进一步冷却时，工件表面温度不断降低，工件所放出的热量越来越少。当工件散发的热量小于淬火介质从蒸汽膜中吸收的热量时，此时蒸汽膜厚度减薄，最后破裂。蒸汽膜破裂的极限温度称为特性温度，如图 2.2(a)中的 B 点。蒸汽膜破裂说明蒸汽膜阶段结束，此时工件与淬火介质直接接触，形成大量的气泡逸出液体。由于介质的不断汽化和更新，带走大量的热量，所以这阶段的冷却速度较快，相当于图 2.2(a)中的 BC 段。这阶段的冷却速度取决于淬火介质的汽化热，汽化热越大，则从工件带走的热量越多，冷却速度也越快。当工件的温度降至介质的沸点或分解温度时，沸腾停止。

3）对流阶段

当工件表面的温度已降到淬火介质的沸点时，工件的冷却主要靠介质的对流进行。图 2.2(a)中的 C 点就是对流冷却开始温度。随着工件和介质之间的温度差减少，冷却速度也逐渐降低，相当于图 2.2(a)中的 CD 段。此时影响对流传热的因素起主导作用，如介质的比热，热传导系数和黏度等。

对于有物态变化的淬火介质冷却时通常要求：蒸汽膜阶段要短，沸腾阶段冷却要剧烈，使工件能迅速冷却，以避开过冷奥氏体转变的不稳定区域；对流阶段的开始阶段要略高于马氏体转变点，工件在马氏体转变的范围内冷却应比较缓慢，以减少变形与开裂。

2. *无物态变化的淬火介质*

无物态变化的淬火介质主要指熔盐、熔碱、熔化金属以及空气。这类介质大多用于分级淬火和等温淬火，其共同特点是依靠周围介质的传导和对流将工件的热量带走。因此介质的冷却能力除取决于介质本身的物理性质外，还与工件与淬火介质间的温度差有关。淬火介质的导热性好，赤热工件的热量就能迅速被带走；淬火介质比热大，工件的热量就可迅速被淬火介质所吸收；淬火介质粘度小，工件淬入后，流动性好的介质就可将工件热量迅速带走；淬火介质温度低，淬火后介质能吸收工件大量的热而使工件加快冷却，这些都说明淬火介质的冷却能力强。

无物态变化的淬火介质在较高温度下冷却速度很高，而在工件接近介质温度时冷速迅速降低。表 2-2 给出了常用的一些分级、等温淬火介质的成分。

表 2-2　常用分级、等温淬火介质

介质	成分(质量分数)(%)	熔点/℃	使用温度/℃
碱浴	80%KOH+20%NaOH，另加 3%KNO_3+3%$NaNO_2$+6%H_2O	120	140 ～ 180
	85%KOH+15% $NaNO_2$，另加 3%～6% H_2O	130	150 ～ 180
硝盐浴	53% KNO_3+40% $NaNO_2$+7% $NaNO_3$，另加 3% H_2O	100	120 ～ 200
	55% KNO_3+45% $NaNO_2$，另加 3%～5% H_2O	130	150 ～ 200
	55% KNO_3+45% $NaNO_2$	137	155 ～ 550
	50% KNO_3+50% $NaNO_2$	145	165 ～ 500

(续)

介质	成分(质量分数)(%)	熔点/℃	使用温度/℃
金属浴	100%Pb 63%Sn+37%Pb 15%Sn+85%Pb	327 183 280	335 190 ～ 350 300 ～ 500

3. 影响淬火介质冷却能力的因素

对有物态变化的淬火介质，通常希望特性温度高一些，沸点低一些，这样可缩短蒸汽膜与对流阶段，显示出淬火介质具有较强的冷却能力。特性温度与沸点高低取决于淬火介质的性质与外界的影响。影响淬火介质冷却能力的因素有以下几点。

1) 内在因素

介质本身的因素，即比热、汽化热、蒸汽压、导热性、黏度、表面张力。由前所述，淬火介质的比热和汽化热大、蒸汽压低、导热性好、黏度和表面张力越小，则淬火介质的冷却能力就越强。

2) 外界因素

外界因素指添加物、淬火介质温度、搅拌、工件投入淬火介质的温度以及淬火工件的尺寸等。

(1) 添加物。根据对水的蒸汽膜稳定性不同的影响，可分为两大类：一类是提高蒸汽膜的稳定性，一类是降低蒸汽膜的稳定性。

所有不溶或微溶于水的物质，如油、肥皂等，均属于第一类。它们与水混合形成悬浮液，这些物质多数是表面活性剂，起蒸汽核心的作用，从而加速蒸汽膜的形成，增加蒸汽膜的稳定性，使特性温度降低。反之，所有溶于水并与之形成水溶液的物质，如盐、碱等，均降低蒸汽膜的稳定性，其原因是它们的加入改变了水的物理性能，在水急剧汽化的时候，它们以微小的晶体颗粒沉积在工件的表面，促使蒸汽膜迅速破裂，使特性温度升高，从而增强其冷却能力。

(2) 淬火介质温度。水及水溶液温度升高时会增加蒸汽膜的稳定性，降低其冷却能力。油温升高，会使油的黏度减小，流动性增加，从而提高油的冷却能力。

(3) 搅拌。淬火介质的搅拌可通过工件搅动或介质循环来实现，它可加速蒸汽膜破裂，较明显地提高蒸汽膜阶段及对流阶段的冷却速度并使冷却均匀。一定速度的搅拌对消除软点、变形及开裂等缺陷均有良好的效果。

(4) 工件投入淬火介质的温度。降低工件投入淬火介质温度，可缩短蒸汽膜阶段，但并不影响沸腾阶段的冷却能力，其影响如图 2.3 所示。降低工件投入淬火介质的温度，可看成淬火过程的预冷，它对减少工件的变形很有利。

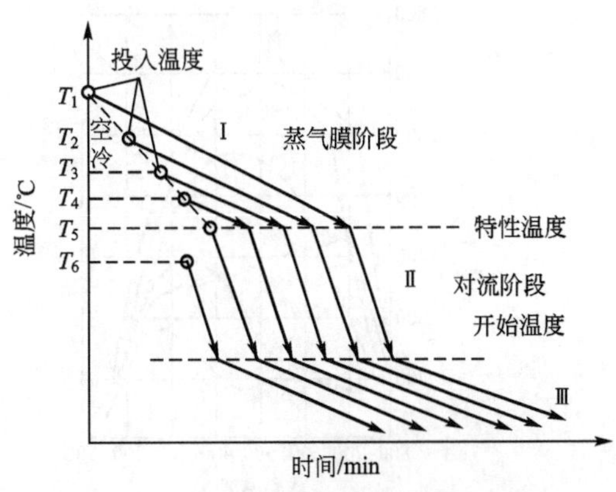

图 2.3 工件投入淬火介质温度对冷却过程的影响

2.2.4 常用淬火介质的冷却特性

1. 水

水是最常用且又经济的淬火介质，不仅来源丰富，而且具有良好的物理化学性能。水的热容量较大，在室温时为钢的 8 倍。水的沸点较低，其汽化热随温度升高而降低。图 2.4为不同温度和不同运动状态纯水的冷却特性，由图可得以下结论。

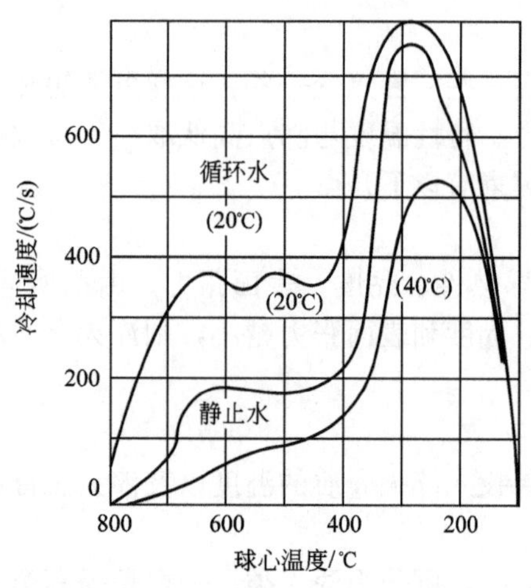

图 2.4 不同温度纯水的冷却特性

(1) 水的冷却特性不理想。就其冷却速度来看(静止水)，在高温区冷却速度很慢，即在过冷奥氏体最不稳定的区域冷却速度不超过 200℃/s；在低温区，即马氏体转变区冷却速度很高可达 770℃/s。水的冷却特性与理想的淬火介质的冷却特性恰好相反。

(2) 水的特性温度很低，20℃ 静止水中约 300℃左右。因此水在过冷奥氏体最不稳定区是处于蒸汽膜阶段，而在马氏体转变区冷速太快，易使工件发生变形与开裂。

(3) 水温升高，高温区冷却能力降低；而低温区冷却能力不变，对淬火不利。常说“热水淬不上火”，其原因就是水温升高，蒸汽膜变厚，水的特性温度移向低温。

(4) 增加水的搅拌，促使蒸汽膜稳定性降低，增加高温区的冷却速度，但低温区冷速仍很大，所以不会减少工件的开裂倾向。

根据水的冷却特性，水作为淬火介质一般只适用于形状简单、尺寸不大的碳钢工件。

2. 盐水和碱水

水中溶入盐、碱等物质可使特性温度移向高温，提高冷却能力。其原因是工件淬火时盐、碱以小晶体析出在工件表面引发小的爆破，机械地破坏蒸汽膜，使蒸汽膜阶段缩短，特性温度提高，从而加速冷却速度。图 2.5 为不同成分的盐水、碱水溶液的冷却特性。

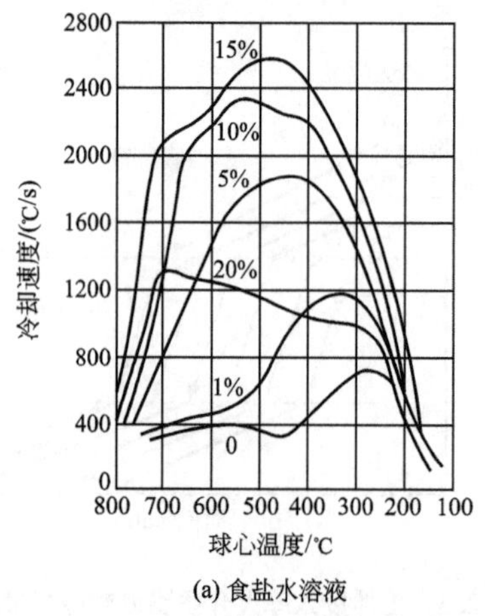

(a) 食盐水溶液

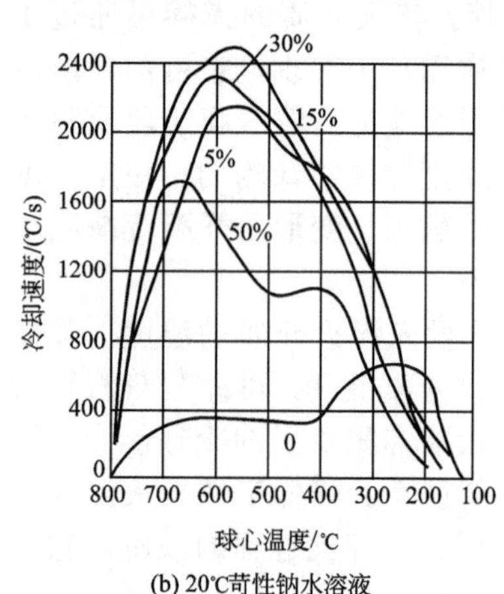

(b) 20℃苛性钠水溶液

图 2.5 不同浓度的盐水、碱水溶液的冷却特性

由图可见，食盐水溶液的冷却能力在食盐浓度较低时随着食盐浓度的增加而提高，10%食盐水溶液几乎没有蒸汽膜阶段，在650～400℃温度范围内有最大冷却速度，碱水溶液也具有较高的冷却能力，几乎看不到蒸汽膜阶段，在苛性钠浓度为15%时冷却速度最大。但在水中加入过量的盐、碱反而使淬火介质的冷却能力下降，这与提高介质的沸点、降低介质的流动性、增加气泡的表面张力等因素有关。温度的影响和普通水有类似规律，随着温度提高，冷却能力降低。

由于盐水和碱水溶液吸收气体的能力远低于水，因此使工件表面冷却均匀，不易产生因气体在工件表面吸附造成的软点，变形也较纯水小。但盐水对工件有腐蚀作用，所以淬火后必须及时清洗。碱水虽然能和已氧化的工件表面发生反应，淬火后工件表面呈银白色，具有较好的外观，但这种溶液对工件及设备腐蚀较大，淬火时有刺激性气味，溅在皮肤上有刺激作用，所以使用时应注意排风及其他防护条件。由于存在后面的这些问题，因此碱水溶液未能在生产中被广泛应用。

盐水和碱水溶液适用于形状简单、尺寸较大的碳素结构钢工件的淬火，对大截面的碳素工具钢、低合金钢工件可采用盐水—油双液淬火。

3. 油

最早采用的油是动、植物油。从冷却能力来看，虽比水弱，但由于其在一般钢的马氏体转变区冷却速度较慢，故仍较为理想。由于它们来源少，价格贵，并在淬火时容易发生变质，故目前工业上已不采用动、植物油，而采用矿物油。

矿物油是从天然石油中提炼的油。用作淬火介质的常用油有 L－AN15（10 号机油）、L－AN32（20 号机油）、L－AN46（30 号机油）、L－AN68（40 号机油）全损耗系统用油等，号数越高，黏度越大。油是具有物态变化的淬火介质。油在沸腾时还伴随油的分解，因此油中包围工件的蒸汽膜与水中冷却不同，它具有油的分解产物与油沸腾产生的混合气体蒸汽膜。图 2.6 为油与水的冷却特性比较，虚线为水中冷却速度与油中冷却速度之比。由图可知，油的特性温度(约 500℃)较水(约 300℃)高。在 500 ～ 350℃左右处于沸腾阶段，比水沸腾温度高得多。对一般钢来说，正好在其过冷奥氏体最不稳定区有最快的冷却速度，而在马氏体转变区有最小的冷却速度。从油的冷却特性来看，油冷却接近于理想的淬火介质，因此工件在油中冷却变形与开裂倾向较小。

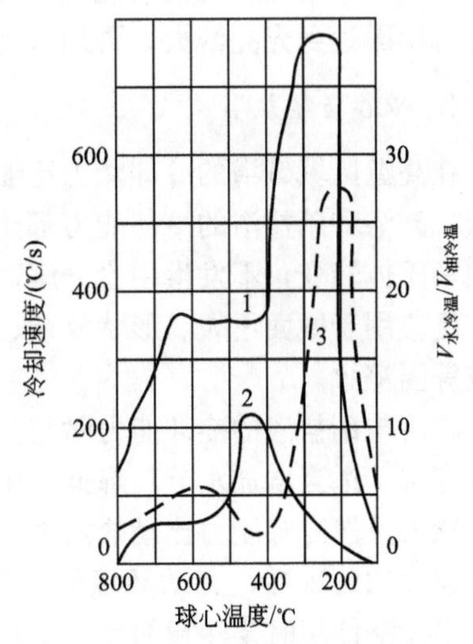

图 2.6　水和油的冷却特性

1—水　2—油

3—水与油冷却速度之比

油的冷却能力及其使用温度范围主要取决于油的黏度及闪点。闪点是指油表面上的蒸汽和空气自然混合时与火接触而出现火苗闪光的温度。对于黏度较大的油来说，油的温度提高，黏度减少，流动性提高，冷却能力提高。黏度较高的油，闪点也较高，如 L－AN15 的闪点为 165℃；L－AN32 的为 170℃；L－AN46 的为 180℃；L－AN68 的为 190℃。油温一般应保持在闪点以下 100℃，通常控制在 60～80℃之间，因为在这一温度范围具有最好的冷却能力。此外闪点高的油，可用作等温淬火或分级淬火。

油作为淬火介质的主要缺点是汽化热、比热、导热性小以及黏度大，整个冷却过程均比水小，因此，油只能适用于合金钢及小截面的碳钢工件。此外长期使用会发生老化(油的黏度和闪点升高，产生油渣，油的冷却能力下降的现象)。这是因为矿物油在赤热的工件作用下，与空气中的氧或工件带入的盐、氧化皮、水等接触，发生氧化与热分解。由于氧化与热分解作用，在油中会生成氧化物和热分解产物。为了防止油的老化，保证淬火质量，常采取的措施有控制油温，防止油温局部过热，避免水分带入油中，经常清除油渣和氧化皮，保持油的纯洁，及时补充新油。

目前发展的高速淬火油就是为了克服油的缺点，即在油中加入添加剂，以提高特性温度，或增加油对金属表面的湿润作用，以提高其蒸汽膜阶段的热传导作用。如添加高分子碳氢化合物，使在高温下高聚合作用物质粘附在工件表面，降低蒸汽膜的稳定性，缩短蒸汽膜阶段。在油中添加磺酸盐、磷酸盐、酚盐或环烷酸盐等金属有机化合物，能增加金属表面的油的湿润作用，同时还能阻止可能形成的不能溶解于油的老化产物结块，从而推迟形成油渣。

随着可控气氛热处理的广泛应用，要求使用工件淬火后能达到不氧化的光亮淬火油。对光亮淬火油的要求是：冷却性能好，耐老化；水分低，含硫量少；耐热稳定性好，工件氧化倾向小，对已氧化的工件有还原作用；工件淬火时，气体发生量少。目前采用光亮淬火油为灰分和杂质较少的石蜡、凡士林、仪表油和变压器油，它们常用于小型精密工件的淬火；也可采用加入能提高抗氧化能力的添加剂如 L－AN15 油＋0.5%～1%的 2.6 二叔丁基对甲酚达到光亮淬火，再加入 1%～5%的植物油以提高冷却速度。

4. *碱浴与硝盐浴*

在高温区域碱浴的冷却能力比油强而比水弱，硝盐浴的冷却能力则比油略弱。在低温区域，碱浴和硝盐浴的冷却能力都比油弱。碱浴和硝盐浴的冷却特性是既能保证过冷奥氏体向马氏体转变，不发生中途分解，又能大大减少工件的变形和开裂的倾向，因此这类介质广泛应用于截面不大、形状复杂、变形要求严格的碳素工具钢、低合金工具钢的分级淬火或等温淬火。

碱浴与硝盐浴的冷却能力除与本身的比热、导热性和粘度有关外，还与含水量及使用温度有关。适当增加水分，降低使用温度，则冷却能力就会提高。

碱浴虽然冷却能力比硝盐浴强一些，工件的淬硬层也比用硝盐浴深一些，但因碱浴蒸气有较大的刺激性，劳动环境差，同时 KOH 太贵，所以在生产中使用得不如硝盐浴广泛。硝盐浴使用时要注意的是：硝盐对钢件有氧化腐蚀倾向，所以淬入硝盐的工件必须及时清洗；硝盐是极强氧化剂，高温分解出氧与碳，发生强烈氧化作用，在 600℃以上遇铁发生作用会引起爆炸，硝盐要经常捞渣，补充新盐防止老化。

2.2.5 其他的水溶性淬火介质

如前所述，水的冷却能力很大，但冷却特性很不理想，易引起工件的变形与开裂，而油的冷却特性虽比较理想，但其冷却能力又较低，易造成过冷奥氏体的分解。因而寻找冷却能力介于水油之间，而冷却特性又比较理想的淬火介质，是目前研究淬火介质的中心问题。广大的热处理工作者们通过多年的探索和研究，开发出了一系列新型的水溶性淬火介质，表2-3给出了各类水溶性淬火介质的主要特点及应用范围。

表2-3 各类水溶性淬火介质的成分，冷却特性和用途

冷却介质名称	主要成分	冷却特性说明	适用范围
过饱和硝盐水溶液	$NaNO_3$ 25% $NaNO_2$ 20% KNO_2 20% 水 35% 碳钢淬火： 溶液比例1.40～1.45 低合金钢淬火： 溶液比例1.45～1.50 最佳使用温度：70℃	介于水和油之间，高温下冷却速度比油快三倍，低温时仅为油的一倍，但比水冷速慢，淬火后工件变形小，淬裂倾向小	中碳钢(35、40、45) 高碳钢(T7、T8.、T9、T10) 低合金钢(9CrSi、18CrMnTi) 球墨铸铁
氯化锌-碱水溶液	$ZnCl_2$ 49% NaOH 49% 肥皂粉 2% 加300倍水稀释 使用温度：20～60℃ 使用时不断搅拌	高温区冷速比水快 低温区冷速比水慢 淬火后变形小，表面较光亮	中高碳钢、中小型且形状复杂的工模具淬火
水玻璃淬火液	"351"淬火剂配比： 水玻璃 7%～9% NaCl 11%～14% Na_2CO_3 11%～14% NaOH 0.5% 其余为水 使用温度：30～65℃	冷却能力介于油与水之间，性能稳定，冷速可调节可作为淬火油代用品，但对工件表面有腐蚀作用	适用于大批量需油淬工件的油代用品
聚乙烯醇溶液	含0.1%～0.3%聚乙烯醇水溶液 工作温度15～40℃	高温区冷速与水近似，低温区冷速比水慢，淬火时在工件表面形成凝胶状薄膜使沸腾及对流期延长，该膜在以后冷却中又自行溶解，提高聚乙烯醇浓度使冷却能力下降，冷速可调，无毒、无臭、不燃，具有一定防锈、消泡能力	加水稀释到不同浓度可广泛用于碳素工具钢、合金结构钢、轴承钢等多种材料。其中以中碳钢应用效果最好

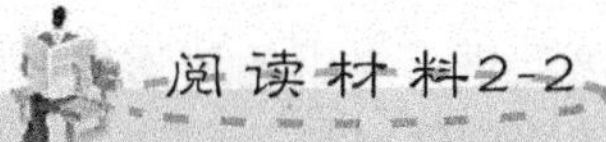

水溶性聚合物类淬火介质由于具有介于水和油之间的冷却能力、冷却能力的可调节性、在淬火件表面形成一层可提高传热均匀性的可逆的聚合物膜和符合环保要求等优点，正在被普遍认识和接受，并在合金钢的调质、表面喷淬等方面得到应用。例如，国

内某机车连杆制造厂，采用水溶性聚合物类淬火介质对42CrMo钢机车连杆淬火，由于同时采用了控时浸淬技术，使淬火件既避免了开裂，又使力学性能得到明显的提高(由原来的油淬较难满足 $R_m \geqslant 932$MPa 和 $R_{p0.2} \geqslant 785$MPa 要求，达到现在 $R_m \geqslant 1000$MPa 和 $R_{p0.2} \geqslant 850$MPa 的力学性能指标，产品合格率达到100%)。

此外，人们尝试了在密封箱式多用渗碳炉和真空淬火炉中采用水溶性聚合物作为淬火介质，结果表明，采用水溶性聚合物淬火介质对炉子的碳势及其控制没有产生不良的影响，畸变量与油淬相当，淬火质量得到提高、环境得到改善、成本略有降低。水溶性聚合物淬火介质在真空淬火中的应用为真空水淬碳钢制作的工具、模具开辟了一条新途径。

来源：陈乃录等．淬火冷却技术的研究进展［J］．热处理，2004，19(3)：17～22.

2.2.6 淬火冷却操作

淬火时，工件浸入淬火介质的方法也非常重要。如果浸入方式不当，会造成工件冷却不均匀，产生较大的内应力，引起严重的变形和出现某些部位的硬度不足。因此淬火时首先应保证工件得到最均匀的冷却，其次是应该以最小的阻力方向淬入，另外，还要考虑到工件的重心稳定。

淬火操作时，工件浸入冷却介质的方式可参考图2.7中的实例。工件在冷却介质中应正确运动，一般原则是工件运动应能促使冷却均匀，如使工件以冷速最慢的面迎向液体，对于轴类工件应上下运动。当工件冷至 M_s 点以下时，应轻微运动或停止运动。

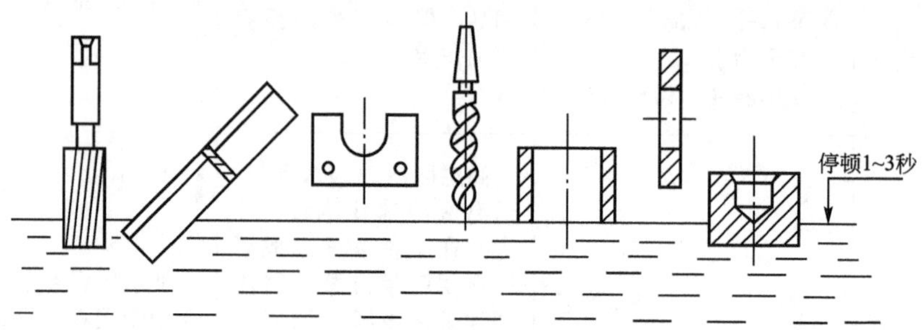

图2.7 工件淬入方式示意图

2.3 钢的淬透性

为了经济合理地选择和使用钢材，以及正确的对钢件进行热处理，对钢的淬透性进行测定和了解具有很大的实际意义。因此在机械制造工业中，钢的淬透性已成为制造工件时选择钢种和生产上选择热处理工艺的主要依据之一。

2.3.1 淬透性的基本概念

钢的淬透性是表征钢材淬火时获得马氏体能力的特性。

钢的淬透性与淬硬性区别如下。

淬透性是指淬火时获得马氏体的难易程度。它主要和钢的过冷奥氏体的稳定性有关，或者说与钢的临界淬火冷却速度有关。淬硬性指淬成马氏体可能得到的最高硬度，因此它主要和钢中含碳量有关。如图 2.8 所示，直径相同化学成分不同的两根钢棒，在相同淬火介质中淬火冷却，淬火后在其横截面上观察显微组织并测试硬度，图中剖面线为马氏体区，其余部分为非马氏体区。由图可知，右侧钢棒淬透性较好，左侧钢棒淬硬性较好。

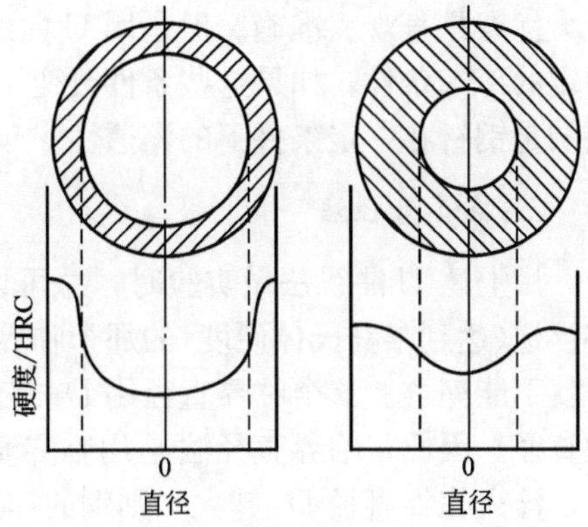

图 2.8 两种钢淬透性、淬硬性比较

钢的淬透性实际上是受珠光体或贝氏体转变的孕育期所控制，凡抑制珠光体或贝氏体等过冷奥氏体分解产物形核的因素均能提高钢的淬透性，其影响规律简要概述如下。

(1) 合金元素的影响。除钴以外大多数合金元素溶入奥氏体后使 C 曲线右移，从而提高钢的淬透性。

(2) 奥氏体化温度的影响。提高奥氏体化温度将使晶粒长大，奥氏体更加均匀化，从而抑制珠光体或贝氏体的形核率，降低临界冷却速度，从而可适当提高淬透性。

(3) 钢中未溶第二相的影响。钢中未溶入奥氏体的碳化物、氮化物及其他非金属夹杂物，由于促进珠光体、贝氏体等相变的形核，从而使淬透性下降。

(4) 钢的原始组织的影响。在钢的原始组织中，由于珠光体的类型(片状或粒状)及弥散度的不同，在奥氏体化时将会影响到奥氏体的均匀性，从而影响到钢的淬透性。碳化物越细小，溶入奥氏体越迅速，从而有利于提高钢的淬透性。

2.3.2 淬透性的测试方法

在生产中希望能预知多大尺寸的工件用何种淬火介质能完全淬透，或某一尺寸的钢材能够得到多大的硬化层深度，以解决正确选择材料和进行热处理工艺设计，因此需要一个统一尺度来衡量不同钢材的淬透性大小。用实验法来测量钢的淬透性时要排除与钢的属性无关的因素，如冷却介质的特性等。

1. U 曲线法

为了真实地反映结构钢材料在一定的淬火介质中淬火后的淬透层深度，通常用长度为 4～6 倍的一组直径不同的试样经奥氏体化后在一定的淬火介质(如水、油等)中冷却，然后沿试样纵向剖开，磨平后自试样表面向内每隔 1～2mm 距离测定一处硬度值，并将所测结果绘成如图 2.9 所示的硬度分布曲线。此时，淬透性大小用淬硬层深度 h(由表面至半马氏体组织的距离)或 D_H/D 比值来表示，其中 D_H 为未淬硬心部的直径，D 为试样直径。

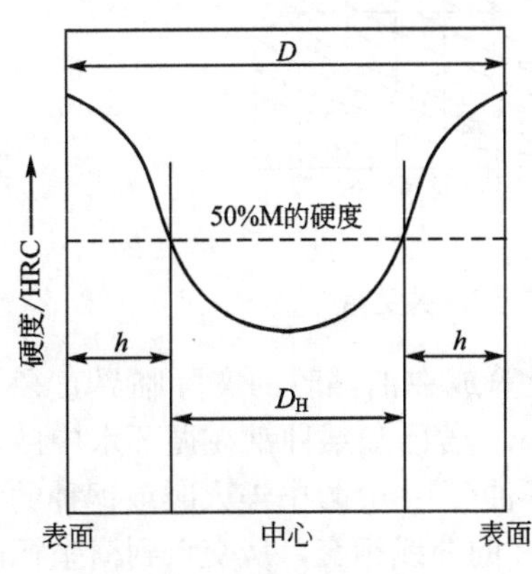

图 2.9 U 曲线法示意图

U 曲线法是用淬硬层深度来表示钢的淬透性，其最大优点是直观、准确。但是用 U 曲线法测出的 h 或 D_H/D 值是针对特定的截面尺寸和固定的冷却条件，如果这些条件改变了，则所测得的数值也将改变。因此，U 曲线法所反映的是钢材在一定条件下的淬透性。

2. 临界直径法

用上述 U 曲线法做实验时，总可以找到在一定的淬火介质中冷却时工件心部恰好能够淬透(达到半马氏体硬度)的那个临界直径。低于此直径时全部可以淬透，而大于此直径时就不能淬透。这个临界直径用 D_0 表示，其含义为某种钢在某种介质中能完全淬透的最大直径。因此，临界直径法是用临界直径的数值来表示钢的淬透性，即在给定淬火条件下，淬火临界直径 D_0 越大，则钢的淬透性越好。

用临界直径法表示钢的淬透性，必须标明淬火介质的淬火烈度。为了不使钢材的淬透性与淬火时的冷却速度有联系，人们引用了理想临界直径 D_I 来表示钢材的淬透性。所谓理想临界直径 D_I 指的是钢在理想淬火剂中淬火，心部可以得到 50％马氏体的直径。理想淬火剂就是能以无限大的冷却速度将热量传到表面，而且表面的温度立刻降到冷却介质的温度，即理想淬火剂的淬火烈度 $H=\infty$。用理想临界直径表示钢的淬透性非常重要，它可以方便地将某种淬火条件下的临界直径，换算成任何淬火条件下的临界直径。此外，当人们研究钢材的化学成分对其淬透性的影响或根据化学成分计算钢材的淬透性时，也都用理想临界直径来表述钢材的淬透性。图 2.10 为理想临界直径 D_I、实际临界直径 D 与淬火烈度 H 关系图。

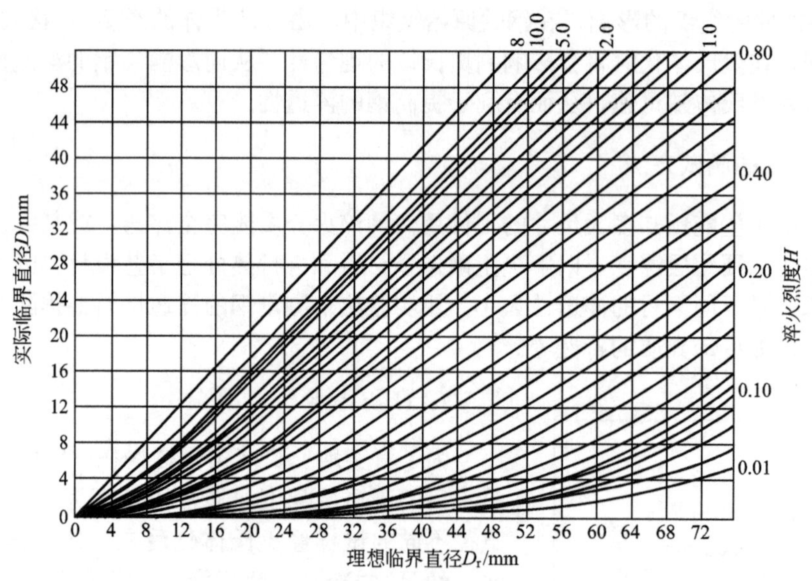

图 2.10 实际临界直径 D 与理想临界直径 D_I 的关系

例如，某种钢已知理想临界直径 D_I 为 50mm，如换算成在油淬时的实际临界直径 D 可从淬火烈度 $H=0.4$ 时所对应的坐标上查出 D 为 22mm。若已知某种钢在循环水中冷却($H=1.2$)时，其实际临界直径 D 为 28 mm，试求在循环油($H=0.4$)中淬火时该钢种的实际临界直径。在图纵坐标上取 $D=28$ 作水平线与 $H=1.2$ 的曲线相交，从交点到横坐标的垂线得到该钢种的理想临界直径 D_I 为 42mm。再从此处引垂线与 $H=0.4$ 的曲线相交，再从交点引水平线查出实际临界直径为16mm。

掌握临界直径的数据，有助于判断工件热处理后的淬透程度，并制订出相应合理的工艺。但是临界直径的实验测定，需要制造一批不同直径的试样，测定方法也较烦琐，所以实际生产中很少采用。

3. 端淬法

为了排除因工件尺寸不同和冷却条件不同对淬透层深度的影响，规定了统一的标准方法来测定钢的淬透性。端淬法是目前国内外应用最广泛的淬透性评定方法，适用于碳素钢、合金结构钢以及合金工具钢等。我国GB/T 225—2006规定的试样形状尺寸如图2.11所示。试验时，将试样按规定的奥氏体化条件(加热时要防止氧化、脱碳及增碳)加热后，迅速移至试验装置上并立即打开水阀喷水冷却。喷水管口至试样淬火端面的距离为(12.5±0.5)mm，管中水温为(20±5)℃，喷水管口上方的水射流高度为(65±10)mm。端淬试验中水冷端冷速最快，越往上冷速越慢，头部的冷速相当于空冷，因此沿试样长度方向将获得各种冷却条件下的组织与性能。待试样全部透冷后，将试样沿轴线方向在相对180°的两边各磨去0.2～0.5mm的深度，获得两个相互平行的平面，然后从水冷端1.5mm处沿轴线自下而上测定硬度，画出硬度与水冷端距离的关系曲线，即所谓端淬曲线或淬透性曲线。这样用一个试样就可以得到不同冷却速度下的硬度。

即使是同一种牌号的钢材，由于化学成分允许在一定范围内波动，再加上一些其他冶金因素的影响，因此一种钢号的淬透性不是一条曲线而是一条带(图2.12)，称为端淬曲线带。

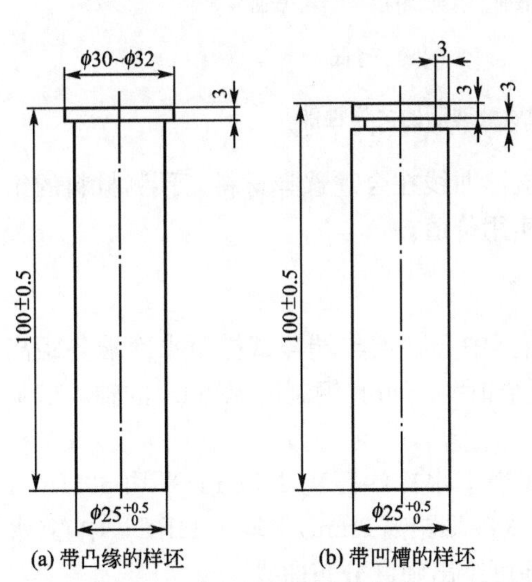

图2.11 端淬试样尺寸

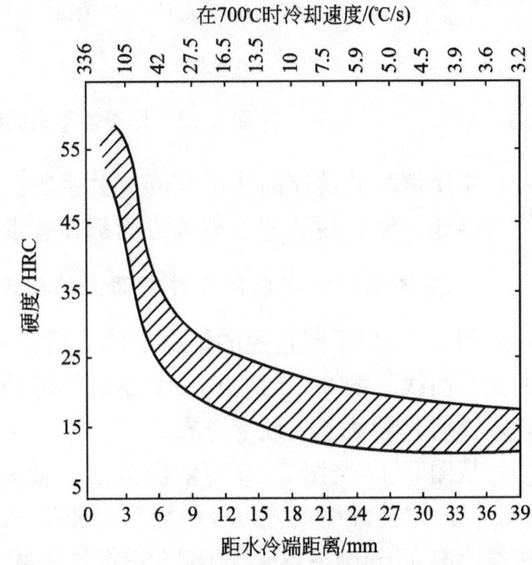

图2.12 45钢端淬曲线

端淬试验结果可以用J××-d来表示。其中××表示硬度值，或为HRC，或为HV；d表示从测量点至淬火端面的距离，单位为mm。例如，J35-15表示距淬火端15mm处的硬度值为35HRC；JHV450-10表示距淬火端10mm处的硬度值为450HV；J是Jominy

(端淬法)的大写字头。

根据端淬曲线可以知道一种钢的冷却速度、微观组织和硬度之间的关系。硬度变化平稳标志着钢的淬透性大，变化剧烈则标志着淬透性小。因此有了各种钢的端淬曲线，就可以对比这些钢材的淬透性，并根据工件热处理的技术要求选择所需的钢材。

2.3.3 淬透性在生产中的应用及意义

钢的淬透性具有很重要的实际意义。如将淬透性不同的两种钢材制成相同直径的轴，经调质处理后比较二者的力学性能(图 2.13)。从图中可以看出，淬透性高的钢，整个截面都是回火索氏体，沿截面力学性能均匀；淬透性低的钢，心部仍为珠光体型组织，沿截面力学性能不均匀，力学性能差，尤其是冲击韧性更差。因此，对于大截面和重要结构工件，应选用淬透性高的钢制造。

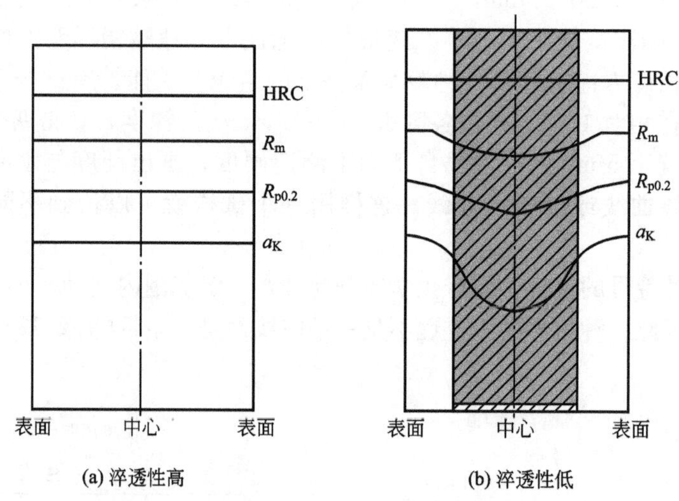

图 2.13 淬透性不同的钢经调质处理后的力学性能

常用钢材的端淬曲线可查阅有关手册。钢的端淬曲线在合理选择材料、预测材料的组织与性能、制订热处理工艺等方面都具有重要的实用价值。

1. 根据端淬曲线求沿工件截面上的硬度分布

图 2.14 为不同直径的钢材经淬火后，从表面至中心各点与端淬试样距水冷端各距离的关系曲线。图 2.15 是 40MnB 钢的端淬曲线。例如用 40MnB 钢制造 ϕ50mm 的轴，试求经水淬后其截面上的硬度分布。

从图 2.14 及图 2.15 可依次查出：轴表面(相当于水冷端距离 1.5mm)平均 53HRC；3R/4 处(水冷端距离 6mm)平均 50HRC；R/2 处(水冷端距离 9mm)平均 45HRC；中心(水冷端距离 12mm)平均 42HRC。根据这些数据，即可绘出硬度分布曲线。

2. 根据要求的硬度求工件的截面尺寸

已知：40Cr 钢件，要求回火前不同截面的硬度值＞46HRC。首先从 40Cr 钢端淬曲线图(图 2.16)上的纵坐标 46HRC 处向右引水平线交端淬曲线带的下限曲线，再由交点向上作垂线就可查得圆柱工件尺寸，或由交点向下作垂线，找到至水冷端距离为 6mm，再由

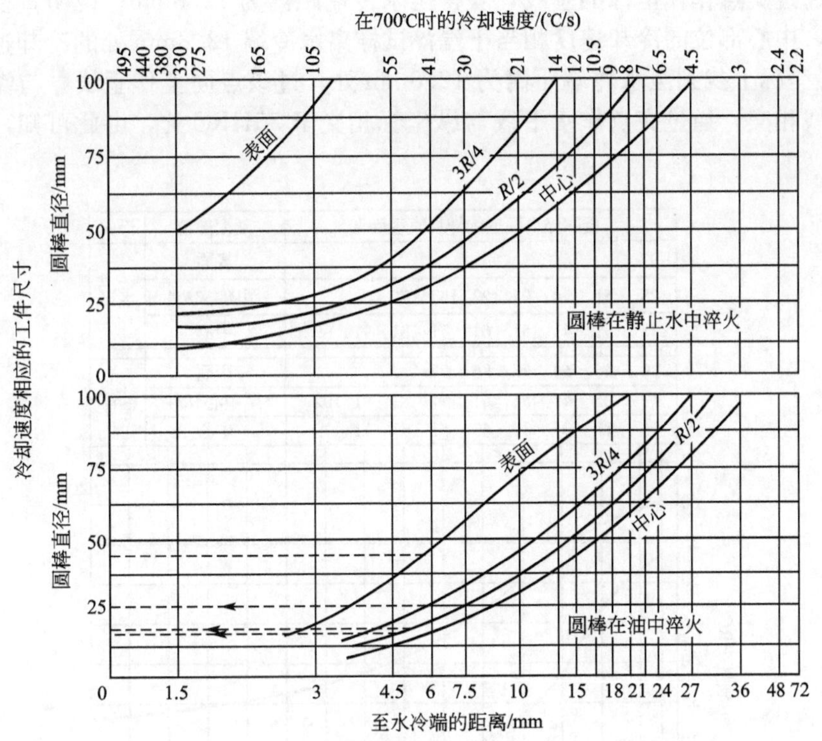

图 2.14 圆棒在不同介质中淬火时其截面上不同位置处与端淬距离的对应关系

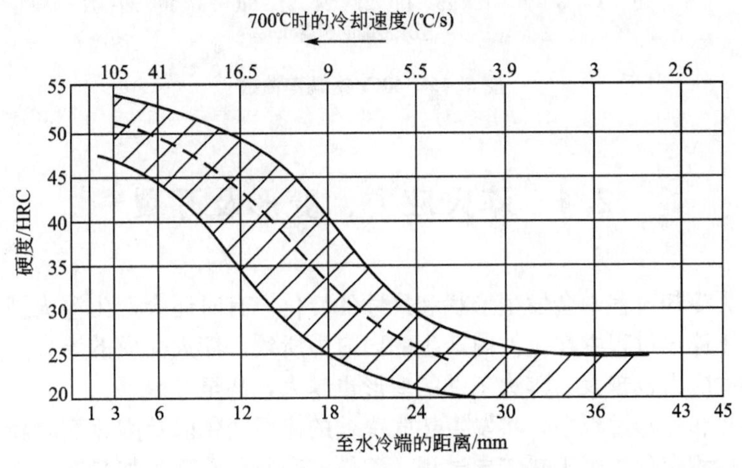

图 2.15 40MnB 钢的端淬曲线

图查得水淬时 ϕ50mm 的 3R/4 处、ϕ31mm 的中心处；油淬时 ϕ46mm 的表面、ϕ25mm 的 3R/4 处、ϕ15mm 的中心处均能得到同样的硬度。因此，凡设计小于上述尺寸的圆柱工件，其淬火硬度不低于 46HRC。

例如：ϕ35mm 的圆柱形工件，要求油淬后心部硬度＞45HRC，试问能否采用 40Cr 钢？

首先在图 2.14 纵坐标上找到直径 35mm，通过此点作水平线与标有“中心”的曲线相交，通过交点作横坐标的垂线，获得至水冷端距离为 12.8mm。说明直径 35mm 圆棒油淬时，中心部位的冷却速度相当于端淬试样离水冷端 12.8mm 处的冷却速度。再在图 2.16 横坐标上找到至水冷端距离为 12.8mm 处，过该点向上作垂线，与端淬曲线带的下限曲线相交，通过交点作水平线与纵坐标相交于 35HRC 处，由此可知，它不合题意要求。

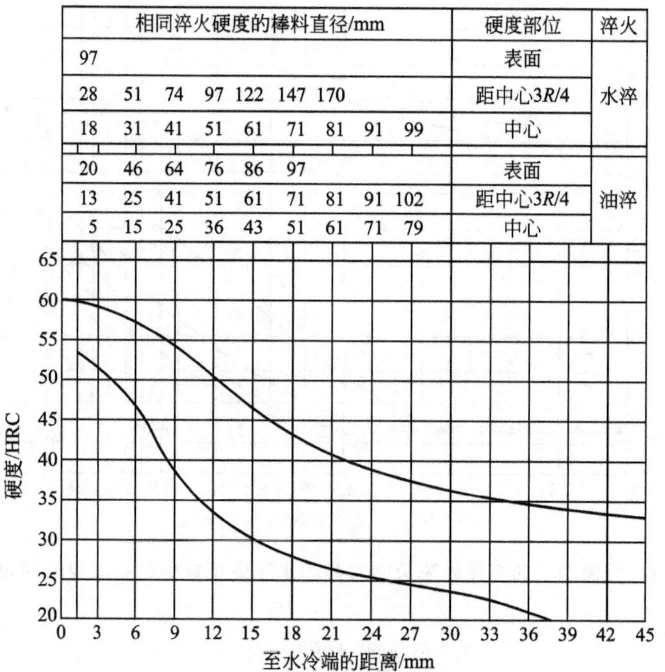

相同淬火硬度的棒料直径/mm	硬度部位	淬火
97	表面	水淬
28 51 74 97 122 147 170	距中心3R/4	
18 31 41 51 61 71 81 91 99	中心	
20 46 64 76 86 97	表面	油淬
13 25 41 51 61 71 81 91 102	距中心3R/4	
5 15 25 36 43 51 61 71 79	中心	

图 2.16　40Cr 钢端淬曲线

2.4　淬火应力、变形及开裂

工件在淬火冷却过程中会发生形状和尺寸的变化，有时还会产生淬火裂纹。工件的变形或开裂是由于淬火过程中在工件内产生的内应力所致。淬火介质的淬火烈度越大，淬火过程中产生的内应力也越大，淬火工件的变形也越大，甚至开裂。

工件在加热和冷却过程中，将发生热胀冷缩的体积变化以及因相变时新旧两相比体积差异而发生的体积变化。由于热传导过程、工件的表面比心部先加热或先冷却，在截面上各部分之间存在温差，导致工件表面和心部的体积变化不能同时发生。各部分体积变化的相互牵制便产生内应力。

2.4.1　淬火应力

根据内应力形成的原因不同，可分为热应力和组织应力。工件的变形就是这两种应力综合影响的结果。当工件内的应力超过材料的断裂强度时，就会产生裂纹，甚至完全断裂。

工件在加热或冷却时，由于表面和心部存在的温差导致热胀冷缩的不一致所引起的内应力称为热应力。

工件在淬火冷却时，由于表层和心部存在着温差而使相变不同时所产生的内应力称为组织应力。

1. 热应力

热应力是热处理过程普遍存在的一种内应力。图 2.17 以圆柱试样为例来说明冷却时热应力的变化规律。为了把组织应力与热应力分开，在研究热应力时，选择不发生相变的钢或把钢加热在 A_1 温度以下快速冷却，这样冷却过程不发生相变。

冷却初期，试样表面与淬火介质的温度差别很大，散热很快，因此表层首先冷却产生体积收缩，由于试样心部温度下降较少，体积收缩相应也较小，这样在同一试样上内外收缩量不同则相互之间发生作用力。试样表面的收缩将受到心部的阻碍，于是在试样表层产生拉应力、心部为压应力。此应力值随着温度增高而增加，当应力超过心部的屈服强度时，试样发生表层拉伸、心部压缩的塑性变形。变形的结果使内应力得到一定程度的松弛、应力值降低。当表面温度接近淬火介质的温度时，心部以相对快的速度冷却收缩，但此时心部的收缩又受到表层的牵制，结果试样内形成与冷却初期阶段方向相反的内应力，即在表层产生压应力、心部为拉应力。由于试样温度已经很低，钢的屈服强度明显升高，热应力不再引起塑性变形，这样的应力分布就被保留下来成为残余应力。

图 2.18 为含碳 0.3%(质量分数)。直径 44mm 圆钢试样 700℃加热水冷后在室温测定的轴向、径向和切向的热应力分布。由图可见，试样表层在轴向和切向应力均为压应力，中心为拉应力；径向应力则是表层为零，中心拉应力最大。

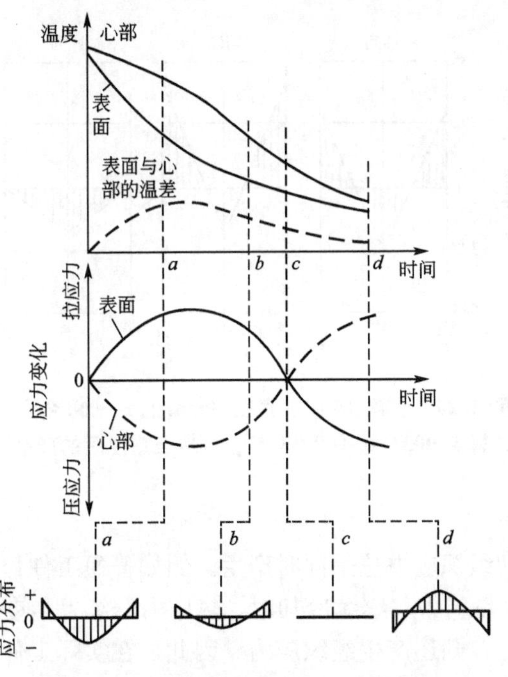

图 2.17 圆柱试样冷却时热应力的变化

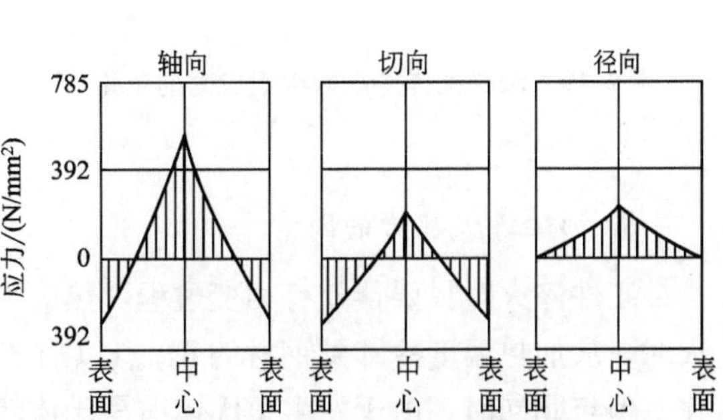

图 2.18 $w_C = 0.3\%$，直径 44mm 圆钢试样 700℃加热水冷后的残余应力

2. 组织应力

组织应力又称相变应力。为了把热应力分开，选用C曲线很靠右的钢，以便从淬火加热温度以极缓慢的冷却速度降温至 M_s 点的过程中不发生其他组织转变。图2.19为圆柱试样在冷却时组织的应力变化过程。淬火时，试样表层先冷却到 M_s 点以下发生马氏体相变，并伴随体积膨胀。此时，表层的体积膨胀必然对尚处于奥氏体的心部施以拉应力，而其本身则因心部的牵制产生压应力。由于钢在相变时相变部分具有较大的塑性即相变塑性，在上述组织应力作用下，发生表层压缩、心部拉伸的塑性变形，使应力得到松弛和降低。试样继续冷却，当心部温度达到 M_s 点发生马氏体相变时，伴随的体积膨胀受到已转变马氏体的坚硬的表层的阻碍。当心部马氏体相变的体积效应逐渐增大，在某个瞬间组织应力状态暂时为零后试样的组织应力发生反向，表层成为拉应力，心部为压应力。由此可见，在心部完全淬透的情况下，组织应力导致工件最终的应力分布是表层呈现拉应力、心部为压应力分布。

图2.20为含镍16%（质量）、直径50mm的Fe－Ni合金试样自900℃缓冷至330℃，再急冷至室温后的残余应力。该合金的 M_s 点为300℃，缓冷的目的是避免热应力的影响，因此测得的应力可以认为主要是组织应力。由图可见，试样在表层的轴向和切向应力均为拉应力，且切向表面拉应力较轴向的大；径向为压应力，最大压应力在中心。

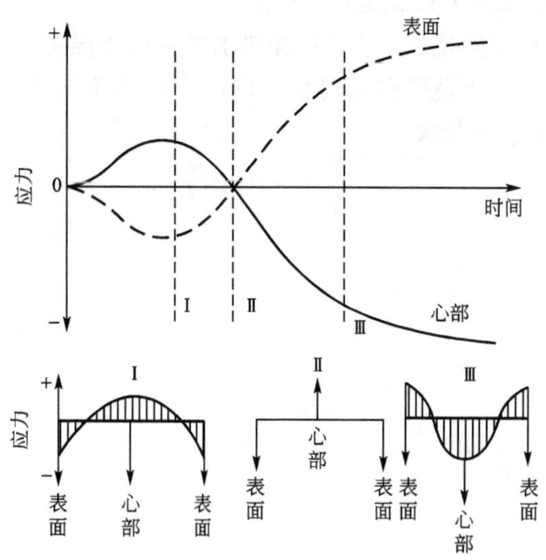

图2.19 圆柱试样冷却时组织应力的变化

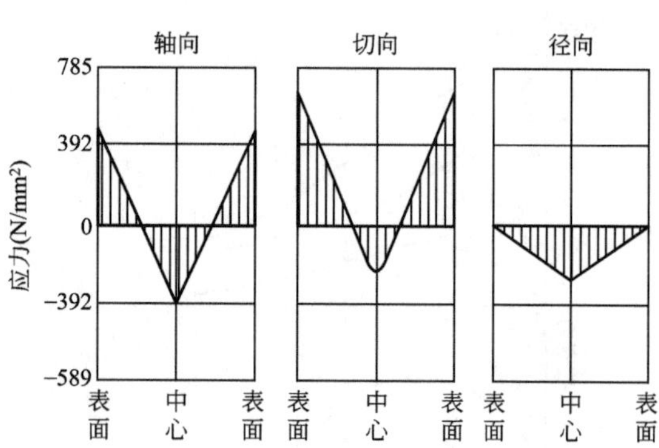

图2.20 含镍16%、直径50mm的Fe－Ni合金试样自900℃缓冷至330℃，急冷至室温后的残余

3. 影响淬火应力的因素

工件淬火时只要伴随有相变过程，热应力和组织应力总是同时产生。例如普通工件淬火时，从加热温度冷却到钢材的 M_s 点以前产生热应力，继续冷却时，热应力继续发生变化。但与此同时，由于发生奥氏体向马氏体转变，则还产生组织应力。因此，在实际工件上产生的应力应该是热应力与组织应力叠加的结果。如前所述，热应力与组织应力的变化规律恰好相反，因此如何适当地利用其彼此相反的特性，以减少变形、开裂，是很有实际意义的。

1）影响热应力的因素

加热或冷却速度能改变工件截面上的温差，加热或冷却速度越大，截面上温差越大，热应力也就越大。淬火加热温度高、工件截面尺寸大及导热性差，均能增大截面温差，使热应力增大。此外，材料的高温强度也会对热应力产生影响。材料的高温强度高，在早期热应力的作用下不均匀的塑性变形小，应力松弛程度减少，使热应力增大。

热应力引起工件在较高温度下的不均匀塑性变形，淬火时引起工件淬火变形，甚至开裂。由热应力引起开裂的特点，裂纹由内向外发展，形成横向或弧状裂纹。

2）影响组织应力的因素

马氏体转变温度区域的冷却速度小、工件尺寸大、钢的导热性好、奥氏体的屈服强度高、碳含量低、马氏体比体积小及淬透性好等，都能使组织应力减小。

组织应力引起工件不均匀塑性变形，淬火引起工件变形，淬火后期由相变产生的残余应力在表面呈现拉应力，此时钢表层已转变为低塑性的马氏体状态，常引起裂纹。由组织应力引起开裂的特点是沿轴向分布的纵向裂纹。

2.4.2 淬火变形

工件热处理时，由于加热和冷却的不均匀、相变的不同时性以及组织结构的不均匀，必然会使工件内部产生热处理应力，从而导致工件的变形。淬火时产生的变形称淬火变形。淬火变形主要有两种形式：一种是形状变形，表现为几何形状的翘曲、扭曲，是淬火工件中热应力和组织应力作用的结果；另一种是体积变形，表现为工件的各部分尺寸按比例膨胀或缩小，而工件外形并不改变，是组织转变时比体积不同而引起的。然而由于钢材成分、工件结构形状差异以及工艺操作等因素影响，实际工件的变形，往往两种变形同时发生。

1. 热应力引起的淬火变形

热应力所引起的变形主要发生在热应力产生的初期，这时工件内部处在塑性较好的高温状态。所以，当初期的热应力(表层为拉应力、心部为压应力)超过钢在该温度下的屈服强度时即发生塑性变形。工件在心部受多向压应力作用失去原形，使形状趋于球状。如圆柱形件工件趋向“腰鼓”形状，即直径胀大而长度缩小；直径大于厚度的圆盘件，则厚度增加，直径缩小；立方体形状的工件趋向球状。

热应力所引起变形的大小，取决于内部应力和屈服强度之间的关系，高温强度较高的钢，其变形较小。对于这种变形来说，温度分布不均匀是其主要原因。所以，冷却速度越快，变形越大；淬火加热温度越高，变形越大；钢件截面积越大，变形越大；钢的导热性越差，变形越大等。总之，凡是影响传热及妨碍温度均匀的加热和冷却的因素，都会造成工件变形。

2. 组织应力引起的淬火变形

组织应力引起的变形也产生在早期组织应力最大的时候。冷却初期，截面温差较大，工件表层首先冷却到 M_s 点以下发生奥氏体向马氏体的转变，但心部温度较高，仍处于奥氏体 状态，塑性较好，屈服强度较低。此时组织应力为表面压应力心部拉应力，因而导致变形。即相当于内部为真空的容器一样，其所引起的变形与热应力所引起的变形趋向正好相反。工件变形的趋势是沿最大尺寸方向伸长，沿最小尺寸方向收缩，表面内凹，棱角变尖。对于长度大于直径的圆柱体工件，具体表现为直径缩小，长度伸长；对于立方体形状的工件，各面趋向于内凹变形；圆盘形工件，直径增大，厚度减小。

组织应力所引起的变形，表层因马氏体转变体积膨胀时，将受到心部产生的拉应力而造成的塑性变形。如内应力很大时，则有形成淬火裂纹的危险。

3. 组织转变引起的体积变形

工件在淬火前的组织状态一般为铁素体与渗碳体的混合组织，即珠光体型组织，而淬火后为马氏体型组织。由于这些组织的比体积不同，淬火前后将引起体积变化，从而产生变形。含碳量提高，体积变形增大。这种变形的特点是工件的各部分尺寸按比例同速率的膨胀或收缩，并不改变工件的外形。为了降低工件淬火时的变形，可以控制钢中马氏体的含碳量，对高碳钢或高碳高合金钢，控制残余奥氏体的量可以达到微变形淬火的目的。

由于淬火冷却过程中同时存在两种应力，共同作用于工件，所以变形的最后结果，要看哪一种应力占优势。其实，淬火工件在实际生产中的变形是很复杂的，受多种因素的影响。要根据情况，综合分析，找出主要矛盾，采取合理措施，加以预防和消除。一些简单工件的变形趋势可用图 2.21 进行归纳说明。

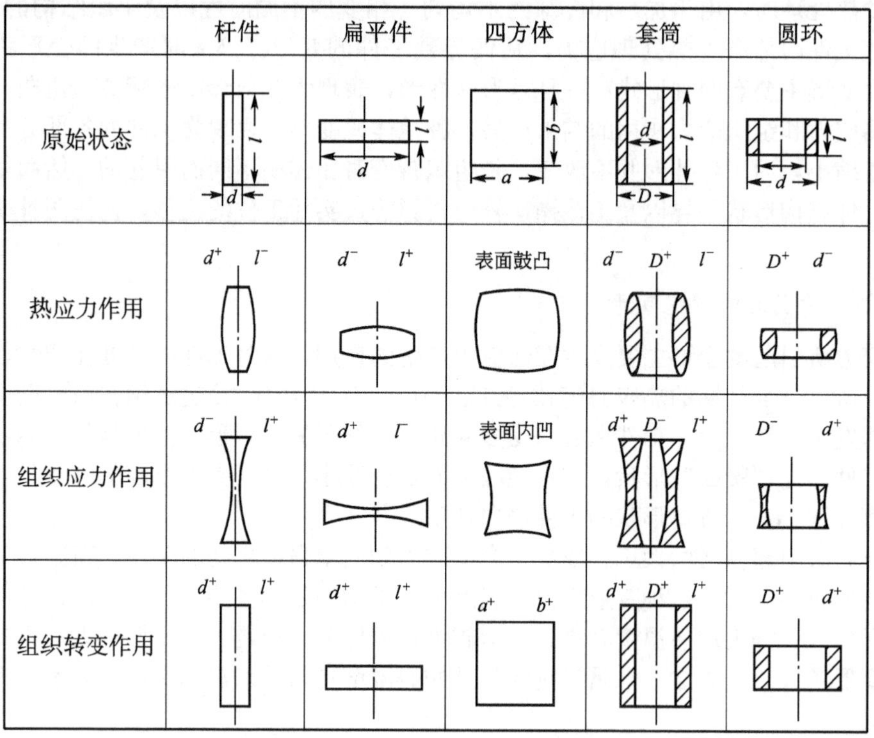

	杆件	扁平件	四方体	套筒	圆环
原始状态	l d	l d	b a	d l D	l d
热应力作用	d^+ l^-	d^- l^+	表面鼓凸	d^- D^+ l^-	D^+ d^-
组织应力作用	d^- l^+	d^+ l^-	表面内凹	d^+ D^- l^+	D^- d^+
组织转变作用	d^+ l^+	d^+ l^+	a^+ b^+	d^+ D^+ l^+	D^+ d^+

图 2.21　一些简单形状工件的淬火变形趋势

4. 影响淬火变形的因素

在实际生产中，工件的热处理应力，一般既有热应力，又有组织应力，以及组织不均匀所造成的附加应力存在。淬火变形，就是这些应力综合作用的结果。淬火应力越大，相变越不均匀，比体积差越大，则淬火变形越严重。淬火变形还与钢的屈服强度、钢的淬透性和 M_s 点的位置有关。这些因素取决于钢的化学成分、组织结构，同时与热处理工艺条件有关。所以，为减小淬火变形，必须力求减小热处理应力和提高钢的塑性变形抗力。

1）钢的成分及原始组织

钢的化学成分通过影响钢的屈服强度、M_s 点、淬透性、马氏体的比体积和残余奥氏体量等因素影响工件的淬火变形。

钢中含碳量越低，工件的淬火变性受热应力影响的作用越大。这是因为含碳量低的钢屈服强度低，在热应力作用下易发生塑性变形，其次，低碳钢马氏体的比体积小，淬透性很差，由组织应力引起的变形量也小，故其淬火后常表现为热应力变形。随着含碳量的增加，组织应力的作用会增大。但对高碳钢而言，由于 M_s 点较低，由组织应力引起变形较困难，况且淬火后残余奥氏体量较多，加之高碳奥氏体的屈服强度较高，故淬火变形经常表现为热应力变形。工件直径越大，热应力变形越明显。当然高碳钢因马氏体比体积大而引起的体积变形，也是不可忽视的因素。

合金元素对变形的影响主要反映在改变钢的 M_s 点和淬透性上，而这对淬火变形又是相互矛盾的。大多数合金元素使 M_s 点下降，残余奥氏体量增多，因此减小了体积变形，并且合金元素提高了钢的强度，有利于减小变形倾向。然而，合金元素显著提高钢的淬透性，导致体积变形和组织应力增大，增加了变形的倾向。一般来说，随着合金元素含量的提高，钢的屈服强度提高，淬透性较好，可以采用缓和的淬火介质淬火，所以淬火变形较小。

钢的原始组织对淬火变形有一定的影响。例如粒状珠光体比片状珠光体比体积大强度高，所以预先球化处理的工件淬火后变形要小。调质处理得到回火索氏体组织不仅使工件变形量的绝对值减小，而且使工件的淬火变形更有规律，从而有利于对变形的控制。

钢的带状组织会使钢加热时奥氏体成分不均匀，淬火后的组织也不均匀，从而造成工件不均匀的变形。高碳高合金中若碳化物呈带状分布会使工件各向异性，导致淬火时变形也具有方向性，即沿带状碳化物方向的变形要大于垂直方向的变形。为此，对碳化物分布严重不均匀的工具钢需要反复锻造改善碳化物分布。

2）工件形状及尺寸

工件形状及尺寸的变化，对淬火变形将产生很大的影响。例如带有键槽的轴、内孔的套环类零件等，外表面冷却较快，而内孔处于冷却介质对流不充分的缓冷状态，由此引起热处理应力和淬硬层分布不均匀而产生较大的淬火变形。在实际生产中，大量遇到的是形状不对称或细长杆类工件的淬火。由于工件结构形状带来的冷却条件明显的差异，导致淬火时发生严重的翘曲、扭曲的形状变形。冷却速度越快，翘曲变形越严重。通常，在棱角和薄边部分冷却快，外表面比内表面冷却快，圆凸外表面比平面冷却快，有窄沟槽的部位冷却较慢。

实践表明，形状不对称工件，不论什么钢种，在完全淬透的情况下，如果采用水或盐水淬火，多数是冷却快的一面凸起，如果油淬或硝盐分级淬火，则多数是慢冷面凸起。显然，前者由于水的冷却速度快，热应力显著，后者则组织应力显著，从而产生完全相反的变形。

工件尺寸对淬火变形也有较大的影响。工件尺寸越大，淬火时内外温差越大，变形也就越大。

2.4.3 淬火开裂

工件的淬火裂纹主要发生在淬火冷却的后期，此时马氏体相变基本结束，由于工件中存在大的拉应力，当应力超过材料的抗拉强度时就会产生裂纹。工件淬火时一旦产生淬火裂纹，将使产品报废。淬火裂纹的产生其主要原因除了淬火过程中产生较大的淬火应力外，还与工件内存在非金属夹杂物、碳化物偏析、工件结构以及淬火工艺制度等因素有关。在实际生产中，往往根据淬火裂纹特征来判断其产生的原因，从而采取措施预防其再次发生。

1. 纵向裂纹及其影响因素

纵向裂纹，又称轴向裂纹。这类裂纹特征是沿轴向分布，由工件表面裂向心部。它多产生在工件完全淬透的情况下，其形状如图 2.22 所示。

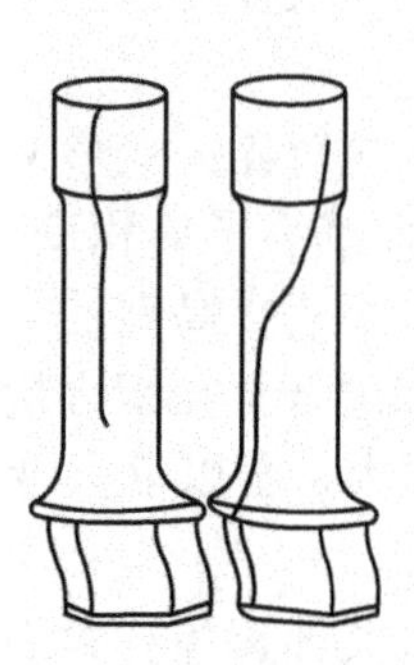

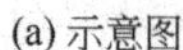

(a) 示意图

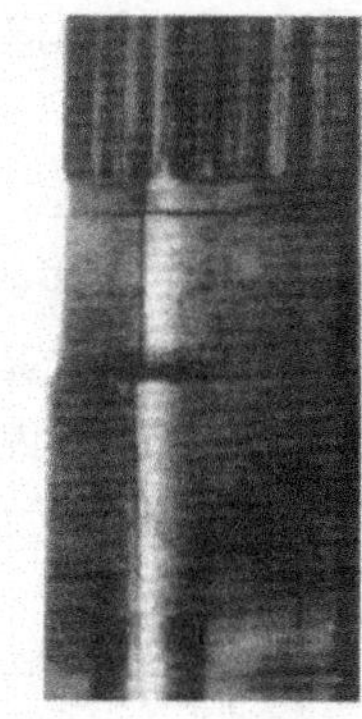

(b) 淬火工件的纵向裂纹

图 2.22 纵向裂纹

纵向裂纹是因为淬火时组织应力过大，使最大切向拉应力大于该材料的断裂强度而发生的。工件形成纵向裂纹的倾向和以下因素有关。

(1) 随着碳含量的增加纵向淬裂的倾向增大，低碳钢因马氏体比体积小，且热应力作用强，表面存在较大的压应力，故不易淬裂。随着碳含量的提高，马氏体中的固溶碳含量增加时，表面压应力减少，组织应力影响增大，拉应力峰值移向表面，因此高碳钢在过热的情况下淬裂的倾向增大。

(2) 钢的原材料缺陷也是产生纵向裂纹的原因。大多数钢件是轧制成材的，当钢中夹杂物、碳化物含量高时，钢中的夹杂物和碳化物将沿着轴向呈线状分布或带状分布，导致钢材呈现各向异性，即横向的断裂抗力要大大低于轴向断裂抗力。因此，在同样的淬火应力作用下，甚至在切向应力比轴向应力小的情况下，也能由于切向拉应力的作用，使工件形成由表面向中心的纵向裂纹。

(3) 工件的尺寸及形状对淬火裂纹有影响。工件尺寸小，相变的不同时性和冷却的不同时性所引起的应力较小，不易淬裂。在淬透的情况下，随着尺寸的增加，一方面淬火后的残余应力值增加，另一方面由于拉应力峰值逐渐远离表面，则有利于阻止表面裂纹的产生。所以对于一种钢在同一种淬火介质中淬火时，在淬透情况下存在一个淬裂的敏感尺寸，接近此尺寸的工件有淬裂的危险。在水淬时，钢的临界直径 D 正是淬裂的危险尺寸。一般情况下对于普通钢而言，水淬时淬裂的危险尺寸在 8～12mm，油淬时的危险尺寸在 25～39mm。图 2.23 给出了 45 钢和 55 钢裂纹率与工件截面尺寸的关系。图中显示对裂纹最敏感的尺寸是 5～8mm，其峰值为 6～7mm，峰值处裂纹出现率 100%。

工件的形状对淬火裂纹的影响是很复杂的。有内孔的套圈工件以及工模具淬火时，由于内孔冷却较慢，热应力较小，内孔表面在组织应力作用下一般处于拉应力状态，而且切向拉应力较大，内孔越小，冷却越慢，热应力则大为减少，切向拉应力就变得更大，故以内孔壁为起点产生纵向裂纹是常见的裂纹形式(图 2.24)。因此提高内孔壁的冷却速度，以增加热应力的作用，是防止内孔产生纵向裂纹的有效措施。对于不需要淬硬的内孔，可堵塞其孔，使其不发生马氏体相变，保持较好的塑性就可避免淬裂。

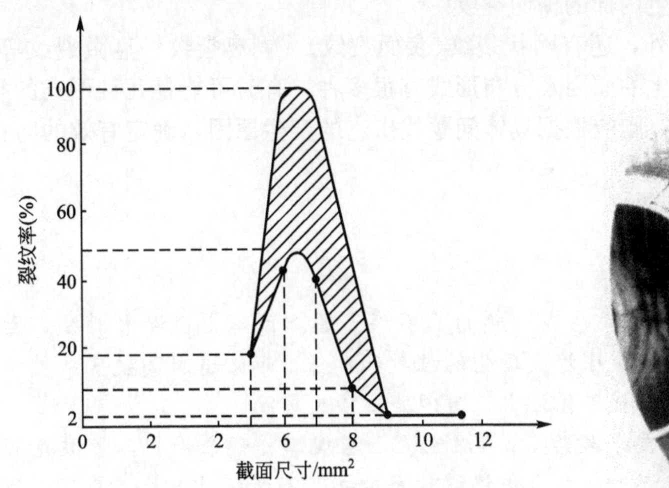

图 2.23　45 钢和 55 钢裂纹率与工件截面尺寸的关系

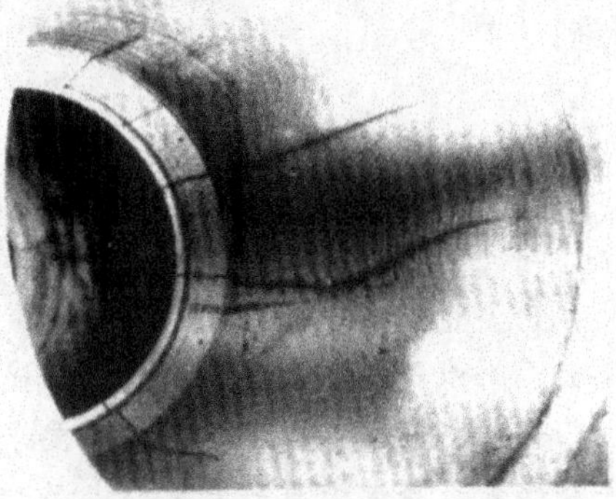

图 2.24　35CrMo 钢内孔纵向裂纹

2. 横向裂纹和弧形裂纹及其影响因素

横向裂纹和弧形裂纹的特点是垂直于轴的方向，由内往外开裂，往往在未淬透情况下形成，是由热应力所引起的。断口特征是垂直于轴的方向，裂纹萌生在内部，以放射状向周围扩展。图 2.25 为 GCr15 横向裂纹的宏观断口形貌。横向裂纹常发生于大型轴类工件上，如轧辊、汽轮机转子等。弧形裂纹经常在工件形状突变的部位以弧形分布(图 2.26)，主要产生于工件内部或易造成应力集中的尖锐棱角及空洞附近。工件形成横向裂纹和弧形裂纹的倾向主要与下列因素有关。

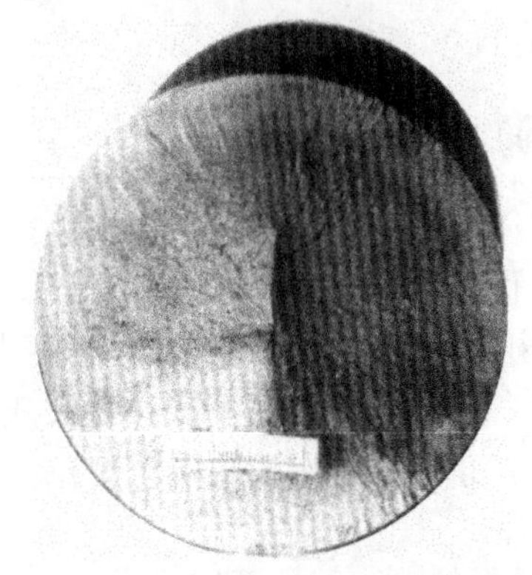

图 2.25　GCr15 横向裂纹的宏观断口

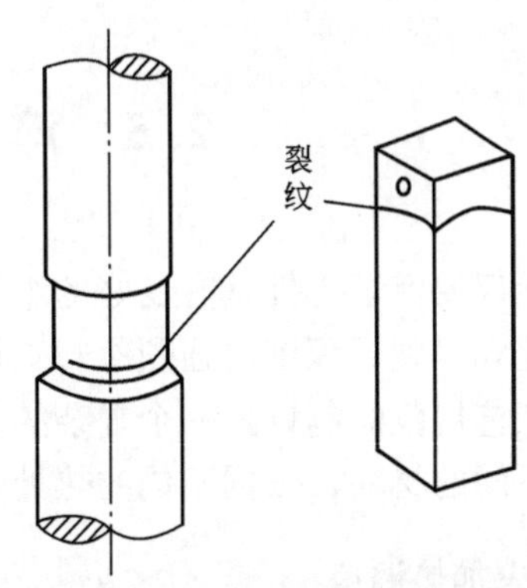

图 2.26　弧形裂纹示意图

(1) 淬硬层分布。由于钢的淬透性、工件的截面尺寸以及淬火加热温度等因素，可以影响工件淬硬层与非淬硬层的比例。在淬硬层至非淬硬层的过渡区，出现最大拉应力，弧形裂纹就发生在这些区域。

(2) 工件的尺寸。工件在未淬透的情况下，随着截面的增大，心部拉应力变大，且轴向应力比切向应力更大，越易发生横向裂纹。

(3) 冶金质量。对于淬不透的大型工件，若工件内部有白点、夹杂、缩松以及缩孔等冶金缺陷时，则首先从缺陷处产生内部的横向裂纹。

淬火裂纹除了上述两种类型外，还有网状裂纹(表面裂纹)、剥离裂纹、显微裂纹等。应该指出，实际工件淬火裂纹产生的原因及分布形式有很多种，有时可能是几种形式的裂纹同时出现。遇到这种复杂情况，则应根据具体问题找出它的产生原因，确定有效的防止措施。

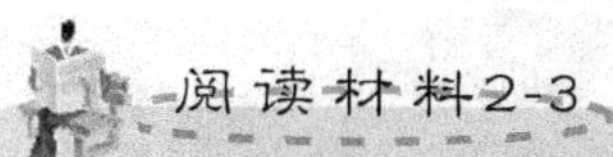

淬火裂纹是与钢的马氏体相变联系在一起的。不淬火的部位不出现淬火裂纹。因此，只要能满足工作要求，应尽量减小淬火硬化的程度和部位，不必追求高硬度和整体淬火，而以局部淬火、表面硬化取代整体淬火，可以减少淬火裂纹。

例如，T10 钢制造的塞规，要求硬度 58～62HRC，塞规工作部分较粗，带滚花的手柄部分直径较小，若采用整体淬火，在水中停留时间对柄部来说相对较长，易产生裂纹(图 2.27)。若改用局部淬火，即对塞规工作部分进行淬火，避免了淬火裂纹的发生。

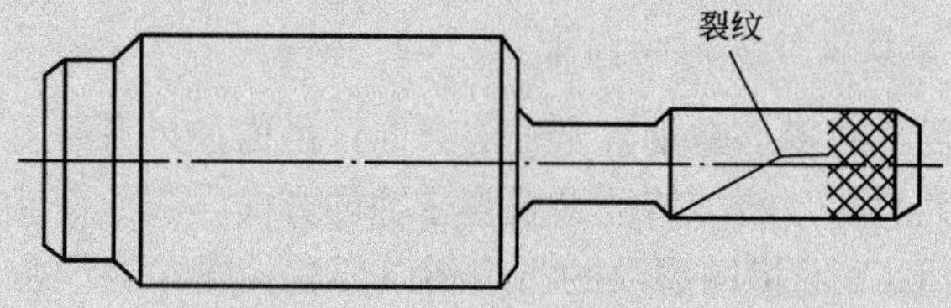

图 2.27 塞规淬火裂纹示意图

来源：王广生．金属热处理缺陷分析及案例［M］．北京：机械工业出版社，2007

2.5 淬火工艺确定原则

淬火不仅要保证工件具有良好的组织与性能，而且还要保证其尺寸的精度。为了获得足够的硬度和淬硬层深度需强烈冷却工件，但这样必然会增加工件的变形与开裂倾向。因此，淬火工艺规范的制订是一个复杂的多因素问题，必须灵活运用马氏体及贝氏体相变规律，根据不同的材料，依据不同的热处理技术要求，正确地确定淬火工艺规范。

2.5.1 淬火加热温度

加热温度是淬火工艺中重要的参数，对工件的性能有着决定的作用，同时也是影响淬火裂纹的一个重要因素。

淬火通常是最终热处理工序。因此，应采用保护气氛加热或盐炉加热。此外，淬火加热一般是热炉装料。但对工件尺寸较大，几何形状复杂的高合金钢工件，应采用预热炉预热或分区加热等方式进行加热。

淬火加热温度主要根据钢的临界点来确定。亚共析碳钢的淬火加热温度为 $A_{c3}+30\sim50$℃，共析钢和过共析钢的淬火加热温度为 $A_{c1}+30\sim50$℃。这是因为对于亚共析钢，在此温度加热可得全部为细晶粒的奥氏体组织，淬火后可得到细晶粒马氏体组织。如温度过高，则会得到粗大状马氏体；如果温度在 $A_{c1}\sim A_{c3}$ 之间，则有部分铁素体没有全部溶入奥氏体中，淬火后的组织中会有铁素体存在，从而降低钢的强度和硬度。过共析钢淬火加热温度在 A_{c1} 和 A_{ccm} 之间，加热状态为细小奥氏体和未溶碳化物，淬火后得到隐晶马氏体和均匀分布的粒状碳化物。这种组织具有高的强度、硬度和耐磨性。如果加热温度在 A_{ccm} 以上，则会产生严重的不良后果：碳化物全部溶入奥氏体中，奥氏体晶粒长大，淬火后得到粗大片状马氏体，其显微裂纹增加，脆性增大，淬火开裂倾向也增大；淬火加热温度过高，氧化脱碳倾向增大，变形开裂倾向也增大；由于碳化物的溶解，奥氏体中含碳量增加，淬火后残余奥氏体量增多，工件的硬度和耐磨性降低。

确定淬火加热温度时，还要考虑工件的形状、尺寸、原始组织、淬火介质等因素。此外合金元素的多少将直接影响淬火加热温度的高低。对于含有强碳化物形成元素(V、Ti、W、Mo 等)的钢，由于其合金渗碳体和合金碳化物的溶解比较困难，所以淬火加热温度一般比具有相同含碳量的碳钢要高；而含有过热敏感元素(如 Mn)的钢，由于加热时晶粒易长大，故淬火加热温度要低一些。

一般来说，形状简单的工件，可采用上限加热温度；形状复杂、易淬裂的工件，则应采用下限的加热温度。当选用冷速缓慢的介质，特别是选用热介质淬火时，应当适当提高淬火加热温度。选用盐浴炉加热时，淬火加热温度取下限；用箱式炉时取上限。

需要指出的是，钢的淬火加热温度不是一个固定不变的参数，一般手册中规定的钢的淬火加热温度只是规范性的推荐值。对于某些特定条件下使用的具有一定形状的工件，不能完全以手册中的数据作为最可靠的依据，还必须结合工件的服役条件、主要技术指标、工件的形状等因素进行综合分析，才能提出较合理的淬火加热温度。

2.5.2 淬火加热时间

工件的淬火加热时间包括升温与保温两段时间。升温时间是指工件表面达到淬火加热温度所需要的时间，并以此作为保温的开始时间。保温时间是指工件透热和保证组织转变基本完成所需的时间。在实际生产中，只有在大型工件或装炉量很多的情况下，才把升温时间和保温时间分开考虑。由于淬火温度高于相变温度，所以升温时间包括组织转变的时间。保温时间实际上只要考虑碳化物的溶解和奥氏体成分均匀化所需的时间即可。

确定淬火加热时间是个较为复杂的问题。到目前为止，还没有一个可靠的计算方法，一般用经验公式来计算，通过试验最终确定。常用经验公式为

$$t=\alpha\cdot K\cdot D$$

式中：t 为加热时间(min)；α 为加热系数(min/mm)；K 为装炉修正系数；D 为工件有效厚度(mm)。加热系数 α 表示工件单位厚度需要的加热时间，其大小与工件尺寸、加热介质和钢的化学成分有关。表 2-4 列出了常用钢的加热系数，可供参考。装炉修正系数 K 与工件在炉内的排布方式有关(图 2.28)，修正系数越大，则工件所需的加热时间越长。

表 2-4 常用钢的加热系数

工件材料	工件直径/mm	<600℃箱式炉预热	750~850℃盐炉加热或预热	800~900℃箱式炉或井式炉加热	1000~1300℃高温盐炉加热
碳素钢	ϕ<50 ϕ>50		0.3~0.4 0.4~0.5	1.0~0.2 1.2~1.5	
合金钢	ϕ<50 ϕ>50		0.45~0.5 0.5~0.55	1.2~1.5 1.5~1.8	
高合金钢		0.35~0.4	0.3~0.35		0.17~0.2
高速钢			0.3~0.35 0.65~0.85		0.16~0.18 0.16~0.18

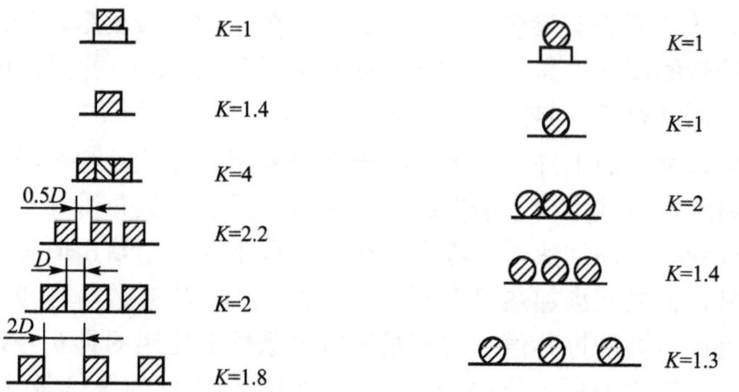

图 2.28 工件在炉内排布方式与装炉修正系数的关系

淬火作为最终热处理，加热时间控制很严，特别是合金工具钢，加热时间精确到以秒计算，否则就有淬火失败的危险。保温时间太短，由于溶入奥氏体中的碳和合金量不足，导致淬火硬度偏低；保温时间过长，不仅耗费能源，增加氧化脱碳倾向，而且有过热的可能性，增加淬裂的趋势。此外，过长的保温时间，淬火后将有较多的残余奥氏体，也会使硬度降低。

2.5.3 淬火冷却方法

淬火冷却方法要根据工件的批量、材料成分、技术要求等方面因素，综合分析加以确定。选择合适的淬火冷却方法可以在获得所要求的淬火组织和性能条件下，尽量减少淬火应力，从而减小工件变形和开裂的倾向。目前生产中常用且成熟的淬火冷却方法有如下几种。

1. 单液淬火

单液淬火是将奥氏体化的工件淬入一种淬火介质中，使之连续冷却至室温的方法(图 2.29 中曲线 1)。目前开发的各种新型淬火介质主要适用于这种单液淬火。

单液淬火的优点是工艺过程简单、操作方便，容易实现机械化和自动化。缺点是冷却速度受淬火介质冷却特性的限制而影响淬火质量，淬火时工件内外温差大，淬火应力大，容易导致工件的变形与开裂，故对碳素钢而言只适用于形状简单、尺寸小的工件。

单液淬火选择冷却介质时，必须保证工件在该介质中的冷却速度大于此工件所用钢种的临界冷却速度，并应保证工件不会淬裂。一般情况下碳素钢淬水，合金钢淬油。

根据过冷奥氏体转变动力学曲线可知，过冷奥氏体在 A_1 点附近的温度区较稳定。为了减少工件与淬火介质之间的温差，减少热应力，可以把将要淬火的工件，在淬入淬火介质之前，先空冷一段时间，这种方法称为预冷淬火法。对于形状复杂、截面突变的工件，单液淬火往往在截面突变的接壤区因淬火应力集中而导致开裂。这时可采用预冷淬火，使工件各部分温差减少，或在技术条件允许的情况下，使其最薄的截面或棱角处产生部分非马氏体组织，然后再整体淬火，这样可避免或减少淬火裂纹。预冷淬火的预冷时间对于一般碳钢和低合金钢可按下式估算：

$$t=12+RS$$

式中：t 为工件预冷时间(s)；R 是与工件尺寸有关的系数，通常为 3～4 s/mm；S 为危险截面处的厚度(mm)，一般指工件最薄的地方。

2. 双液淬火

为克服单液淬火的缺点，采用先后在两种介质中进行冷却的方法。即将奥氏体化的工件先在冷却能力较强的淬火介质中快速冷却至接近 M_s 点的温度，再转入冷却能力较弱的淬火介质中继续冷却，以获得马氏体组织，其冷却曲线如图 2.29 中曲线 2 所示。双液淬火所用的淬火介质常用水-油、油-空气、油-硝盐等，适用于形状复杂的小型工件和碳钢制造的大型工件。

双液淬火的优点是可以有效地降低淬火应力，减少淬火变形与开裂。缺点是淬火受人为因素影响较大，质量不易控制。即在第一种介质中停留的时间难以掌握。若在第一种介质中停留时间过长，过冷奥氏体已充分转变成马氏体，起不到减少工件变形与开裂的作用；若在第一种介质中停留时间过短而过早地转入第二种介质，则由于工件的温度还较高，介质的冷却速度也较慢，在冷却的过程中则会发生非马氏体型组织转变。

双液淬火最关键的是掌握好在第一种介质中停留的时间。确定这个时间的经验方法较多，常采用的方法有：①对于碳素工具钢按工件的有效厚度每 3mm 在水中停留 1s，大截面低合金钢每 1mm 在水中停留 1.5～3s；②振动或水的响声停止的一瞬间提出转入油(或空气)中进行冷却；③ 水冷到工件变黑时，再延长一倍时间，然后提出转入油(或空气)中进行冷却。

3. 分级淬火

分级淬火是将奥氏体化的工件淬入高于该钢 M_s 点的热浴中停留一定时间，待工件各部分与热浴的温度一致后，取出空冷至室温，在缓慢冷却条件下完成马氏体转变的淬火冷却方法。其冷却曲线如图 2.29 中曲线 3 所示。分级淬火的优点是有效地减小或防止工件淬火变形与开裂，同时克服双液淬火工艺难控制的缺点。缺点是分级淬火的工件，残余奥氏体多，往往导致工件尺寸不稳定，宜立即在规定的温度下回火。因此，分级淬火只适用于尺寸较小、形状复杂的精密工件。

分级淬火工艺控制的关键是分级热浴的冷速一定要保证大于临界冷却速度，并且使工件获得足够的淬硬深度。分级温度、停留时间，对硬度和变形量有很大影响，对淬透性好的钢，一般分级温度可选在 M_s 点以上 10～30℃；要求高硬度、深淬硬层的工件，可取较低的分级温度；形状复杂、变形要求严格的工件可取较高的分级温度。分级停留时间应短于该分级温度下过冷奥氏体等温分解的孕育期，但应尽量使工件内外温差均匀。生产中可采用经验公式估算：

$$t = 30+5D。$$

式中：t 为分级时间(s)；D 为工件有效厚度(mm)。

工件分级后内部组织仍为奥氏体，具有较大的塑性，因而为工件创造了矫正或矫直的条件。这对高碳高合金钢工具具有特别重要的意义。此外，在分级淬火时，为提高奥氏体的稳定性，应适当提高淬火加热温度，通常比正常淬火加热温度高 30～80℃。

4. 等温淬火

等温淬火是将奥氏体化的工件淬入高于 M_s 点的热浴中等温，保持足够长的时间，使之转变为下贝氏体组织，然后取出空冷的淬火冷却方法。其冷却曲线如图 2.29 中曲线 4 所示。等温淬火的突出优点是在保证工件有较高硬度的同时还保持有很高的韧性，同时变形很小。这是因为在等温时可显著减少热应力和组织应力，同时贝氏体的比体积较马氏体小的缘故。因此，等温淬火适用于变形要求严格和要求具有良好强韧性的高中碳钢制造的且尺寸不大的精密工件。

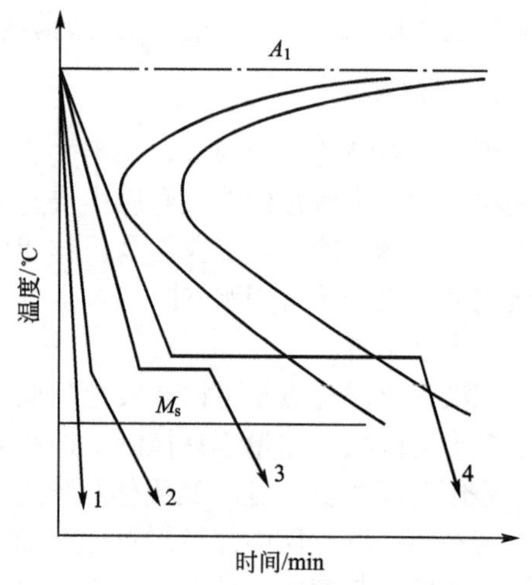

图 2.29　各种基本淬火方法冷却曲线示意图

等温温度主要由钢的等温转变图及工件要求的组织性能而定。一般低于下贝氏体点，获得下贝氏体组织，对于截面较大的工件或数量较多时，槽温明显升高，故必须注意控温。生产上常使淬火前的槽液温度略低于规定的等温温度。

由于贝氏体等温淬火的工艺周期很长，且贝氏体往往转变不完全，因此，生产上有时采用预淬等温淬火的方法来加速贝氏体的转变。所谓预淬等温淬火就是将奥氏体化的工件先淬入温度低于 M_s 点的热浴中以获得大于 10%的马氏体，然后移入等温淬火槽中等温进行下贝氏体的转变，取出空冷，再根据性能要求进行适当的低温回火。当预淬中获得的马氏体不多时，也可以不进行回火。此方法是利用预淬所得的马氏体对贝氏体的催化作用来缩短贝氏体等温转变所需的时间。

5. 喷射淬火

喷射淬火是向工件喷射水流的淬火的方法，主要用于局部淬火的工件。用这种方法淬火不会在工件表面形成蒸汽膜，故可获得比普通水淬更深的淬硬层。水流大小视所要求的淬硬层深度而定。为了消除因水流之间冷却能力不同所造成的冷却不均匀现象，水流应细密并使工件上下运动或旋转。

对于某些大型模具或厚薄相差悬殊的工件，整体淬火时会出现组织转变不同时进行，产生较大的内应力而开裂。这时可实行局部预淬淬火，即首先将模具棱角或工件的薄壁处预喷射淬火后停留片刻，让内部传导的热量将喷射淬火的部位迅速回火，然后再整体淬火。

6. 冷处理

冷处理是将工件淬火冷却到室温后，继续在零度以下的介质中冷却的工艺。因此，冷处理实际上是淬火过程的继续。采用冷处理工艺的目的是为了最大限度地减少残余奥氏体，以进一步提高工件淬火后的硬度和防止工件在使用过程中因残余奥氏体的分解而导致工件形变。冷处理适用于那些精度要求很高、必须保证其尺寸稳定性的工件如量具、精密轴承、精密丝杠等。

在实际生产中冷处理温度一般不低于−80℃，并且在专门的冷冻设备内进行。常用的低温介质为干冰(即固体 CO_2)或干冰加酒精，可以达到−70～−80℃的低温。冷处理后必须进行回火，以获得更稳定的回火马氏体组织，并使残余奥氏体进一步转变和稳定化，同时使淬火应力充分消除。目前生产中采用冷处理加一次回火代替高速钢的三次回火来缩短工艺周期，降低生产成本。

2.6 钢的回火

淬火钢的回火本质上是淬火马氏体的分解、碳化物析出以及碳化物聚集长大的过程。因此，回火是指将淬火钢加热至 A_{c1} 以下的温度，保温一段时间再冷到室温的工艺。

研究回火工艺规范对不同材料力学性能的影响，并探索在一定服役条件下的强韧配合，对挖掘材料性能的潜力具有极其重要的意义。

2.6.1 回火的目的及分类

回火的主要目的如下。

(1) 消除淬火工件的内应力。工件淬火时会产生热应力和组织应力，片状马氏体中可能存在显微裂纹，这些都会导致工件变脆。因此，未经回火的工件一般不能使用。

(2) 调整工件性能。淬火工件强度、硬度高，而塑性、韧性低，这种特性无法满足多种多样的需求。通过淬火后的不同温度的回火，就可保证工件获得所需要的性能。

(3) 稳定工件组织和尺寸。通过回火可使马氏体及残余奥氏体充分分解，从而起到稳定工件组织和尺寸的作用。

对于一般碳钢和低合金钢，根据加热温度的高低和回火目的的不同，可将回火分为低温回火、中温回火和高温回火3类。

1. 低温回火(<250℃)

对于要求较高的硬度、强度、耐磨性及一定韧性的淬火工件，通常淬火后在150～250℃之间进行回火。回火后得到隐晶的回火马氏体及在其上分布均匀的细小碳化物颗粒组织，硬度一般可达到61～65HRC。低温回火主要用于各种高碳钢制作的切削工具、冷作模具、滚动轴承、渗碳工件等。某些要求尺寸稳定性很高的工件，如精密轴承，为了进一步减少残余奥氏体量以保持工作条件下尺寸和性能的稳定，生产中采用在200～250℃进行8～10小时的长时间低温回火来代替冷处理。

精密量具和高精度配合的结构件常在淬火或磨削后，进行一次或几次长时间低温回火，温度为120～150℃，保温长达十几到几十个小时。这种回火常被称为时效。其目的是稳定组织和最大限度地减少内应力，从而使尺寸稳定。

低碳钢淬火得到板条马氏体，本身具有较高的强度、硬度、塑性和韧性，低温回火可降低内应力，使强韧性进一步提高。因此，很多用中碳钢调质处理制造的结构工件，已经用低碳钢或低碳合金钢淬火和低温回火来代替。如 15MnVB 钢板条马氏体强化后获得了良好的综合力学性能，已代替中碳钢调质处理制造发动机上重要的工件如连杆、螺栓、汽缸盖螺栓等。此外，由于板条马氏体具有自回火现象，因此，用低碳钢制造形状简单的工件经淬火后可不必回火。

2. 中温回火(350～500℃)

中温回火相当于一般碳钢及低合金钢回火的第三阶段。此时，渗碳体以细小的颗粒分布在 α 相的基体上，并且 α 相已发生回复，高碳马氏体的孪晶结构已经消失，相变引起的内应力大幅度下降，因而具有较高的弹性极限，同时又具有足够的强度、塑性和韧性。

中温回火主要用于处理弹簧钢，回火后得到回火屈氏体组织。为避免发生第一类回火脆性，一般中温回火温度不宜低于 350℃。弹簧钢的回火温度主要应考虑弹性参数和韧性参数之间的最佳配合。表 2-5 给出了部分常用弹簧钢的热处理规范。

表 2-5　部分常用弹簧钢的热处理规范

钢号	热处理工艺		
	淬火温度/℃	冷却介质	回火温度/℃
65	840	油	500
65 Mn	830	油	540
55Si2Mn	870	油	480
60Si2MnA	870	油	440
60Si2CrVA	850	油	410
50 CrVA	850	油	500

此外,对小能量多次冲击载荷下工作的中碳钢工件,采用淬火加中温回火代替传统的调质处理,可大幅度提高使用寿命,因此中温回火的应用范围也有所扩大。

3. 高温回火(＞500℃)

淬火加高温回火，获得回火索氏体组织的工艺称为调质处理。调质处理主要用于中碳钢或中碳低合金结构钢，其目的是得到强度、硬度、塑性和韧性都匹配良好的综合力学性能。调质处理广泛用于汽车、拖拉机、机床、飞机等重要的结构件，如连杆、螺栓、齿轮及轴等。

由于中碳钢及中碳低合金钢的淬透性有限，在调质处理淬火时不能完全淬透，因此，高温回火时，非马氏体组织在回火加热时要发生变化。这种变化对片状珠光体来说，就是其中渗碳体片的球化，而粒状珠光体的综合力学性能优于片状珠光体，所以对未淬透部分来说，经过高温回火其综合力学性能也是高于正火的。因此，重要的工件一般均用调质处理。

对于具有二次硬化效应的高合金钢，如高速钢，往往通过淬火加高温回火来获得高硬度、高耐磨及红硬性。从产生二次硬化的原因考虑，二次硬化必须在一定温度和时间条件下发生，因此有一个最佳回火温度范围，此需视具体钢种而定。

调质处理还常作为表面强化件的预备热处理。如高合金渗碳钢18Cr2Ni4WA、20Cr2Ni4空冷后硬度很高，切削加工困难，这时可通过高温回火得到回火索氏体组织来降低其硬度。需要表面淬火以及渗氮的重要工件，通常也采用调质作为预备热处理。

2.6.2 回火温度和时间的确定

淬火钢回火后的力学性能，常以硬度来衡量。因为对同种钢来说，在淬火后组织状态相同情况下，如果回火后的硬度相同，则其他力学性能指标基本上也相同。由于硬度检测简便易行，且强度和硬度在一定范围内有对应关系，所以，生产上经常按硬度要求来确定回火温度与保温时间。不同含碳量的碳钢经不同温度回火后的硬度变化如图2.30所示。在200℃以下回火，硬度变化不大，这是由于ε碳化物的析出所引起的硬化抵消了由马氏体正方度减小所产生的软化。

图2.31为含碳0.98%的钢不同回火温度和回火时间对硬度的影响。图中显示，回火初期，硬度下降很快，但当回火时间超过1小时后，硬度下降较缓慢，尤其是回火温度小于500℃时，硬度下降更慢，由此可以认为，淬火钢回火后的硬度主要取决于回火温度。

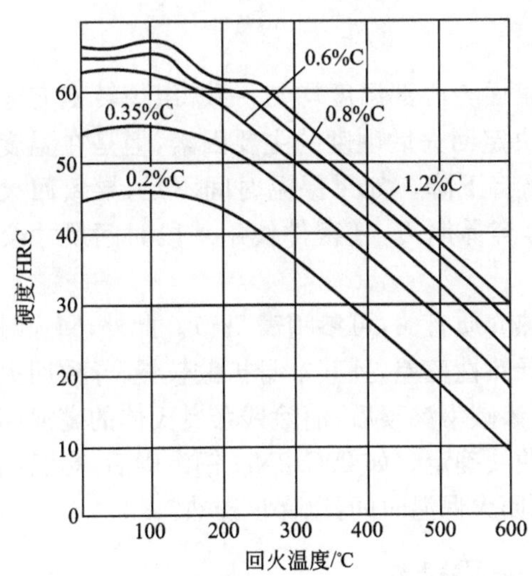

图2.30 温度回火与硬度的关系(回火1小时)

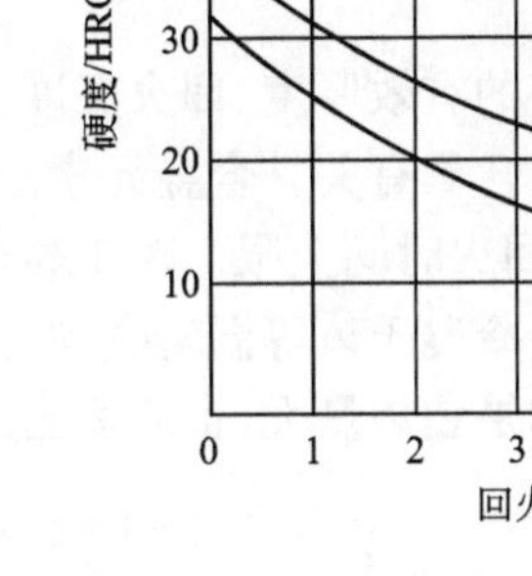

图2.31 回火温度和回火时间对硬度的影响

1. 回火温度的确定

回火温度的确定除主要根据工件的硬度要求外，还要考虑到各种影响因素，根据具体情况在±20～30℃范围内进行适当调整。表2-6给出了常用钢不同温度回火后的硬度。采用强烈淬火介质淬火的工件，回火温度取上限，分级或等温淬火的工件取下限；装箱的工件回火取上限，不装箱的工件取下限；箱式回火炉取上限，盐浴回火炉取下限；淬火温度高，工件尺寸小，回火温度取上限，反之则取下限回火温度。此外，表面加热淬火的工件，回火温度应低些。

表 2-6 常用钢回火温度与硬度的关系

回火硬度/HRC	不同钢种的回火温度/ ℃						
	45、40Cr	T8、T10	65Mn	G Cr15	9SiCr	5CrMnMo	3Cr2W8V
18～22	600～620	620～650			660～680		
24～28	540～580	590～620		600	600～640		
28～32	500～540	530～590		570～590	560～600		
32～36	450～500	490～520		520～540	520～560	520～540	
36～40	380～420	440～480	440～460	500～520	460～500	460～500	
40～44	340～380	390～430	380～420	470～490	440～480	420～440	620～640
44～48	320～340	370～390	360～380	400～430	400～420	400～420	590～600
48～52	280～300	330～370	320～340	340～360	350～380	340～380	570～590
52～56	220～240	290～330	280～320	300～340	310～350	230～280	
56～60	180～200	240～290	240～280	230～300	250～310		
60～61		180～200	200～220	160～200	180～220		

2. 回火时间的确定

淬火钢回火需要保温一定时间，以使工件表面与心部温度均匀一致，组织转变充分进行，淬火应力得到充分消除。回火温度虽然是决定回火后硬度的主要因素，但是在温度一定的情况下，随着保温时间的延长，钢的硬度仍将下降。如果保温时间不足，导致回火不充分，将会造成磨削时出现裂纹。刃具、模具等容易崩刃，精密件使用一段时间尺寸会发生变化。

回火时间与工件的有效厚度、回火温度、加热介质有关，可参阅表 2-7。此外，回火时间还与钢中合金元素的含量有关。合金元素使钢导热性变差，且其本身扩散较慢，导致回火转变过程变慢，故应取回火时间上限。对于高合金渗碳钢渗碳后，消除残余奥氏体的高温回火保温时间应该根据过冷奥氏体等温转变动力学曲线确定。如 20Cr2Ni4 钢渗碳后，高温回火时间约 8 个小时。如果装炉量大，也应适当延长回火保温时间，以保证透热。

表 2-7 回火保温时间参考表

低温回火(150～250℃)							
有效厚度/mm		<25	25～50	50～75	75～100	100～125	125～150
保温时间/min		30～60	60～120	120～180	180～240	240～270	270～300
中、高温回火(250～650℃)							
有效厚度/mm		<25	25～50	50～75	75～100	100～125	125～150
保温时间/min	盐炉	20～30	30～45	45～60	75～90	90～120	120～150
	空气炉	40～60	70～90	100～120	150～180	180～210	210～240

2.6.3 回火冷却与回火脆性

回火冷却一般在空气中进行，也有的在水、油等介质中进行。如果不是为了消除第二类回火脆性，则均在空气中冷却，以减小应力。淬火钢回火时的冲击韧性并不总是随回火温度的升高而单调地增大，有些钢在一定的温度回火时冲击韧性显著下降。这种在某个温度范围内回火引起钢的冲击韧性下降的现象称为回火脆性。

回火脆性出在两个温度范围。在250～400℃出现第一类回火脆性。几乎所有的淬火钢在300℃左右回火时均不同程度地出现这种回火脆性。第一类回火脆性是不可逆的，回火后的冷却速度对它不起作用，因此，一般不采用在250～350℃的回火。某些合金钢(含Cr、Ni、Mn、Si等)在500～600℃回火时出现第二类回火脆性。对于具有第二类回火脆性的工件，回火后应快速冷却(油冷或水冷)，以抑制回火脆性。对于已经出现了第二类回火脆性的工件，可以采用重新加热到回火温度，然后快速冷却的方法来消除。快速冷却后产生的残余应力，可以通过补充一次低温回火来消除。

1. 淬火内应力是怎样产生的？它与哪些因素有关？退火和回火都能消除内应力，在生产中能否通用？原因何在？

2. 现需制造一汽车传动齿轮，要求表面具有高的硬度、耐磨性很高的接触疲劳强度，心部具有良好韧性，应采用如下哪种工艺及材料？

(1) T10钢经淬火+低温回火。

(2) 45钢经调质处理。

(3) 用低碳合金结构钢20CrMnTi经渗碳+淬火+低温回火。

3. 将45钢和T10钢加热到700℃、770℃、840℃淬火，说明淬火温度是否正确？为什么45钢在770℃淬火后的硬度比T12钢低？

4. 今用T10钢制造形状简单的车刀，其工艺路线为锻造—热处理—机械加工—热处理—磨削，试说明需采用何种热处理和其作用，指出热处理后的大致硬度和显微组织。

5. 有两个T10钢小试样A和B，A试样加热到750℃，B试样加热到850℃，均充分保温后在水中冷却，哪个试样的硬度高？为什么？

6. 根据下列表格提供的条件填写组织。

钢号	850℃水淬	850℃油冷	850℃空冷	850℃炉冷	850℃水冷+560℃空冷	780℃水冷+200℃空冷
45钢						
T10						

第3章 钢的表面淬火

知识要点	掌握程度	相关知识
表面淬火的概念	掌握表面淬火的目的、特点及应用	表面淬火的含义
表面淬火的工艺原理	掌握非平衡加热时的相变特点、表面淬火的组织与性能	隐晶马氏体、过冷奥氏体的稳定性、自回火
表面淬火的方法	重点掌握感应加热表面淬火的工艺原理及工艺过程、了解激光淬火及火焰淬火的工艺及原理	表面效应、硬化层深度

导入案例

在新的加热源中，高能率热源最为引人注目，近年来其发展很快，是金属材料表面改性技术最活跃的领域之一。高能率热处理就是利用高能率热源定向地对工件表面施加非常高的能量密度(10^3～10^8 W/cm^2)，从而获得很快的加热速度(甚至能达到10^{11}℃/s)，这样在极短的时间内(1～10^{-7} s)，将工件欲处理区的表层加热到相变温度以上或熔融状态，使之发生物理和化学变化，然后依靠工件自身冷却实现表面硬化或凝固，达到表面改性的目的。我国一汽、二汽、西安内燃机配件厂等单位，都已建立了汽车发动机缸套的激光表面淬火生产线。

激光表面淬火场景

随着科学技术的不断发展，工件的服役条件日益苛刻，对不同服役条件下的磨损与断裂，特别是疲劳断裂的抗力要求不断升级，因此对一些工件表面提出高强度、高硬度、高耐磨性和高疲劳极限等要求，只有表面强化才能满足上述要求。

社会需求的扩展和高新技术的发展极大地推动了表面淬火技术的发展。本章将从表面淬火工件的工作条件出发，根据达到表面淬火快速加热的条件，讨论快速加热时组织转变的特点，以及表面淬火层组织结构与性能之间的关系，在此基础上介绍目前生产上应用广泛且成熟的感应加热表面淬火、火焰加热表面淬火，同时也介绍近几年新发展起来的激光加热表面淬火。

3.1 表面淬火的目的及应用

钢的表面淬火是不改变工件表面化学成分，而只通过强化手段来改变工件表面的组织状态和性能的热处理方法。

3.1.1 表面淬火的目的

表面淬火仅是在工件表面有限深度范围内加热到相变点以上，然后迅速冷却，即在工件表面一定深度范围内获得马氏体组织，而其心部仍保持着表面淬火前的组织状态(调质或正火)，因此，表面淬火的目的就是使工件表面获得高硬度和耐磨性，而心部保持足够的塑性和韧性。

原则上讲，凡能通过淬火强化的金属材料都可以进行表面淬火。由于表面淬火工艺简单，强化效果显著，热处理变形小，设备的自动化程度高，因而有高的生产效率与产品质量，所以在生产上应用极为广泛，近些年其发展也异常迅速。

3.1.2 表面淬火用材料及应用

含碳在 0.4%～0.5%(质量分数)的中碳调质钢及球墨铸铁是最适合表面淬火的材料。因为中碳调质钢经过预先处理(调质或正火)以后，再进行表面淬火，既可以保持心部有较高的综合力学性能，又能使表面具有较高的硬度(>50HRC)和耐磨性。基体相当于中碳钢成分的珠光体与铁素体基的灰铸铁、球墨铸铁、可锻铸铁、合金铸铁等，原则上均可进行表面淬火，但由于球墨铸铁的工艺性能好，且又有较高的综合力学性能，所以应用最广。

高碳钢表面淬火后，尽管表面硬度和耐磨性提高了，但心部的塑性和韧性较低，因此高碳钢的表面淬火主要用于承受较小冲击和交变载荷工作的工具、量具及冷轧辊。由于低碳钢表面淬火和强化效果不显著，故很少应用。

3.2 表面淬火工艺原理

钢实现表面淬火的基本条件是提供高能量密度的热源，迅速使工件表面加热达到相变点以上的温度。显然在普通加热炉内因能量密度太低，不能实现表面快速加热。因此，表面淬火时，钢处于非平衡加热状态。

3.2.1 表面淬火时的相变特点

工件在普通炉内进行淬火加热时，可以根据钢的临界点相应地定出加热温度，而且在淬火工艺中可以明确地分为加热、保温、冷却等几个阶段。表面淬火时其特点就是加热速度快，实际上并不存在一个在一定温度下保温的过程，因此其相变条件与状态图上的平衡条件相差极大，表现出快速加热时相变的新特征。

1. 快速加热对钢临界点的影响

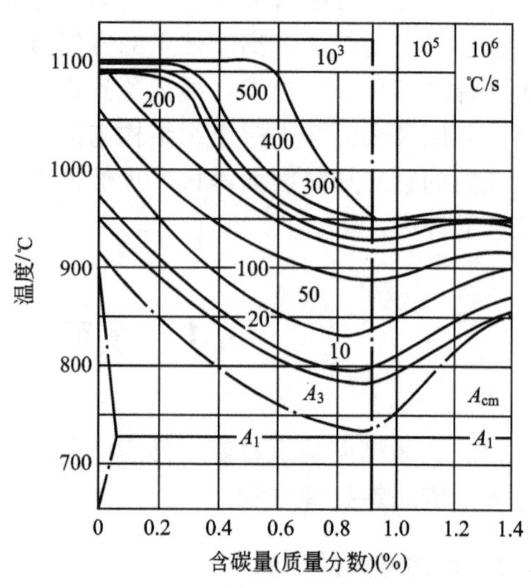

图 3.1 快速加热条件下非平衡的 Fe-Fe_3C 相图

图 3.1 是钢在快速加热条件下非平衡的 Fe-Fe_3C 相图。从图中可以看出，提高加热速度将使 A_{c3}、A_{ccm} 线均升高；当加热速度大于 200℃/s 时，大于共析成分的高碳钢的 A_{ccm} 线趋向水平上升；当加热速度

为 10^5～10^6℃/s 时，含碳在 0.2%～0.9%的钢的 A_{c3}≈1130℃，几乎与含碳量无关。这说明在快速加热条件下可以无扩散地完成奥氏体相变。

在缓慢加热条件下，珠光体向奥氏体的转变是在一定的温度下进行的，而在快速加热时，珠光体向奥氏体的转变是在一个温度范围内完成的。实验表明，提高加热速度对共析转变开始温度 A_{c1s}影响不大，即使以 10^6℃/s 加热，A_{c1s}仅升高到 840℃。但加热速度对转变终了温度 A_{c1f}有显著影响。加热速度在 10^4℃/s 时，A_{c1f}为 950℃；以 10^5℃/s 加热时，A_{c1f}突然上升到 1050℃。

2. 快速加热对奥氏体晶粒及成分均匀化的影响

提高加热速度可显著细化奥氏体晶粒。快速加热与普通缓慢加热时的相变一样，相变过程要经历形核、长大阶段，需要一定的过热度造成奥氏体与珠光体的自由能差。由于快速加热时，过热度很大，形成的奥氏体临界晶核尺寸减小，此外，所形成的奥氏体晶粒内因受热应力和组织应力的作用，在晶粒内部形成许多亚结构。加热速度越快，应力越大，亚结构越细小，所以奥氏体的晶核不仅在铁素体与碳化物的相界面上形成，而且也可能会在铁素体的亚晶界上形成，使奥氏体的形核率大大提高，从而形成极细的起始晶粒。在快速加热条件下起始晶粒来不及长大，因而显著细化奥氏体晶粒，淬火后的马氏体为隐晶马氏体。当用超快速加热时，可获得超细化晶粒。

随着加热速度的增加奥氏体成分不均匀性增大。奥氏体成分的均匀性与原子的扩散有关，随着加热速度的增加，转变温度提高，与铁素体相平衡的奥氏体碳浓度和与渗碳体相平衡的奥氏体碳浓度差显著增大。由于加热速度快，加热时间短，碳及合金元素来不及扩散，所以造成奥氏体中成分不均匀。

快速加热条件下形成的奥氏体，其含碳量将随加热速度的提高偏离钢的平均含碳量，形成贫碳的奥氏体。表 3-1 给出了经过球化退火的 T8 钢奥氏体成分与加热速度的关系[9]。表中数据表明，加热速度越快，奥氏体中含碳量越低，这样的结果与渗碳体在快速加热条件下不能充分溶解有关。此外，由于大部分合金元素在碳化物中富集，而合金元素的扩散系数远比碳小，因此，碳化物粗大且溶解困难的高合金钢在快速加热时更难实现成分均匀化。

显然，快速加热时，钢种、原始组织对奥氏体成分均匀化有很大的影响。均匀、细小、弥散分布的原始组织有利于快速加热时奥氏体的均匀化，因此，表面淬火的工件预备热处理可采用调质处理或球化退火。

表 3-1　T8 钢奥氏体成分与加热速度的关系

加热速度/(℃/s)	A_{c1}/℃	奥氏体中含碳量(%)(质量 分数)
150	800	0.3～0.4
	900	0.6
2000	870～900	0.1～0.2
	1000	0.4～0.5

3. 快速加热对过冷奥氏体的转变及马氏体形态的影响

如前所述，快速加热使奥氏体成分不均匀及晶粒细化，这样就减小了过冷奥氏体的稳定性，使C曲线左移。快速加热时，奥氏体中未溶碳化物和高碳偏聚区的存在将促进过冷奥氏体分解，使奥氏体转变孕育期缩短。加热速度越快，奥氏体成分越不均匀，过冷奥氏体的稳定性就越差。由于快速加热条件下形成贫碳的奥氏体，使 M_s 点升高，所以淬火钢中板条马氏体数量增多。对于亚共析钢，由于铁素体与珠光体已存在碳的不均匀性，因此在快速加热尤其是加热温度不够高时，钢内呈现两种浓度的奥氏体，即原铁素体区域形成低碳奥氏体和原珠光体区域形成高碳奥氏体。这种大面积的不均匀性，将使这两区域的 M_s 点不同，马氏体形态不同。即原铁素体区形成低碳板条马氏体，原珠光体区形成高碳针片状马氏体。

4. 快速加热对回火转变的影响

由于快速加热奥氏体成分的不均匀性，淬火后马氏体成分也不均匀，在淬火过程中低碳马氏体区易发生自行回火，所以回火温度一般应比普通炉内回火略低。但若采用自行回火工艺或快速加热回火，由于加热时间很短，在达到相同硬度的条件下采用的回火温度应比普通回火时要高。

3.2.2 表面淬火后的组织与性能

1. 表面淬火后的金相组织

钢件经表面淬火后的金相组织与钢种、淬火前的原始组织及淬火加热时沿截面温度的分布有关。一般加热温度沿截面的分布可分为3个部分：淬硬层、过渡层及心部组织。图3.2是45钢及T8钢在表面加热淬火后组织和硬度的分布。图中曲线1为45钢表面加热淬火后组织和硬度的分布。第Ⅰ区温度高于 A_{c3}，淬火后得到全部马氏体，称为淬硬层；第Ⅱ区温度在 A_{c1}～A_{c3} 之间，淬火后得到马氏体＋铁素体，称为过渡层；第Ⅲ区加热温度低于 A_{c1}，为原始组织。图中曲线2为T8钢表面加热淬火后组织和硬度的分布。从图中可以看出在相同温度下T8钢的过渡区比45钢窄。过渡区的宽窄取决于温度梯度，加热速度越快，沿截面的温度梯度越陡，过渡区越小。过渡区对表面淬火钢残余应力的分布有重要影响。

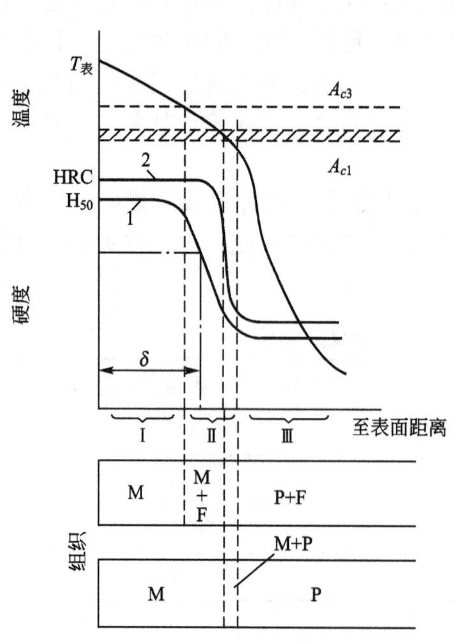

图3.2 表面淬火后组织和硬度分布
1—45钢 2—T8钢 δ—硬化层深度

表面淬火后的组织及其分布还与钢的原始组织有关。如果表面淬火前原始组织为正火状态的45钢，则表面淬火后由表面至心部的金相组织为表面马氏体区，往里相当于 A_{c3}～A_{c1f}温度区为马氏体＋铁素体区，再往里相当于 A_{c1f}～A_{c1s}温度区为马氏体＋铁素体＋珠光体区，中心相当于温度低于 A_{c1s}区为淬火前原始组织，即珠光体加铁素体。即使在全马氏体区，金相组织也有明显区别，在紧靠相变点 A_{c3} 区，相当于原始组织铁素体部位为腐蚀颜色深的低碳马氏体区，相当于原始珠光体区为不易腐蚀的隐晶马氏体区，二者颜色深浅差别很大。如果45钢表面淬火前原始组织为调质状态，由于回火索氏体的组织均匀，因此表面淬火后不会出现由于上述那种碳浓度大体积不均匀性所造成的淬火组织的不均匀。在截面上相当于 A_{c1} 与 A_{c3} 温度区的淬火组织中，未溶铁素体也分布得比较均匀。在淬火加热温度低于 A_{c1} 至相当于调质回火温度区，由于其温度高于原调质回火温度而又低于临界点，因此将发生进一步回火现象。

表面淬火硬化层深度的测定可以用金相法由表面测至50%马氏体区，也可用硬度法按半马氏体区硬度为准来标定。

2. *表面淬火后的性能*

1）表面硬度

快速加热，激冷淬火后的工件表面硬度比普通加热淬火高。例如激光加热淬火的45钢硬度比普通加热淬火可高4个洛氏硬度单位；高频加热喷射淬火的，其表面硬度比普通加热淬火的硬度也高2～3个洛氏硬度单位。这种硬度增高现象与快速加热条件下奥氏体成分不均匀、奥氏体晶粒及亚结构细化有关。此外，表面淬火后表面存在高的残余压应力，这对于提高表面的硬度有影响。

2）耐磨性

快速加热表面淬火后工件的耐磨性比普通淬火的高，如图3.3所示。这主要是由于淬硬层中马氏体晶体极为细小，碳化物弥散度较高，硬度、强度较高，以及表层高的残余压应力综合影响的结果，这些都将提高工件抗咬合磨损及抗疲劳磨损的性能。

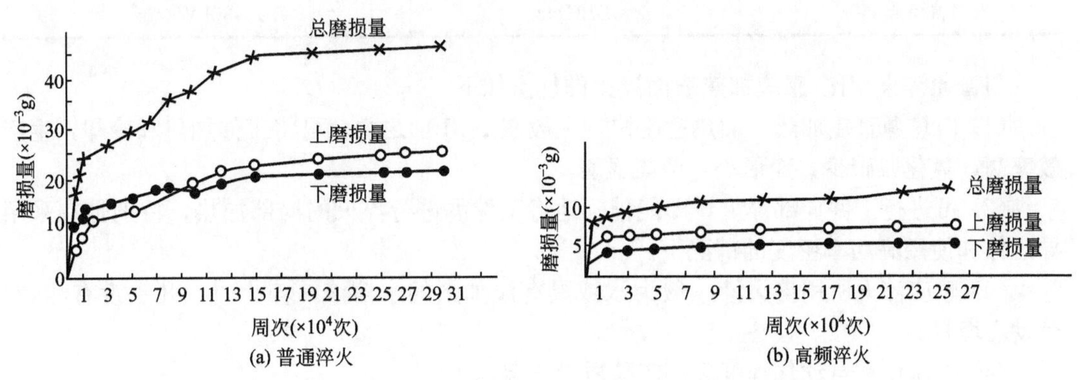

图3.3 普通淬火与高频淬火试样耐磨性比较(载荷150N)

3）疲劳强度

正确的表面淬火工艺，可以显著地提高工件的疲劳强度。疲劳强度的提高与淬硬层深度有一定的关系：淬硬层较浅时，强化效果不显著；随着淬硬层深度的增加，疲劳强度不断增加；但当淬硬层很厚时，由于表面开始过热，表层硬度开始下降，强化效果减小。

表面淬火提高工件疲劳强度的原因是一方面工件经过表面淬火后，表层得到了隐晶马氏体实现了组织强化，另一方面是表层存在高的残余压应力，减少了表层疲劳裂纹的萌生与扩展的危险性。

3.3 表面淬火方法

根据加热方法的不同，钢的表面淬火主要分为感应加热表面淬火、火焰加热表面淬火、电接触加热表面淬火，以及近几年新发展起来的激光加热表面淬火、电子束加热表面淬火等。

3.3.1 感应加热表面淬火

钢的感应加热表面淬火是目前应用最广、发展最快的表面淬火方法。感应加热表面淬火是利用感应电流通过工件所产生的热效应，使工件表面或局部加热并进行快速冷却的淬火工艺方法。

感应淬火可分为工频、中频、高频和高频脉冲等，各频率范围和加热功率密度见表 3-2。

表 3-2 感应淬火频率与功率密度

加热方法	频率	功率密度
工频	50Hz	10～100W/cm^2
中频	＜10kHz	＜500W/cm^2
高频	30～1000kHz	200～1000W/cm^2
高频脉冲	27MHz	10～30kW/cm^2

与普通淬火相比,感应加热表面淬火的优点如下。

(1) 内热源直接加热，加热速度快，一般在 1～10s 之内就可将工件加热和冷却，生产效率高，氧化脱碳少，变形小，节能显著。

(2) 可进行工件局部淬火，即能精确地将工件需进行淬火的局部加热，特别是在采用导磁体和使用高功率密度的情况下。

(3) 感应淬火所用淬火液一般为水或具有添加剂的水溶液，淬火时，几乎没有油烟，劳动环境好。

(4) 机械化和自动化程度高，产品质量稳定。

感应加热淬火的局限性如下。

(1) 感应加热淬火不适合复杂形状的工件。例如某些传动齿轮表面要求极高的硬度及耐磨性，而心部具有一定的塑性与韧性，目前仍采用化学热处理的方法。

(2) 感应加热淬火要求一个部位一种感应器，甚至要求一种专用定位夹具，因此工具费用高。它只适用于大批量生产一种或一种族的工件。

(3) 感应加热淬火成套装置投资费用高，维护技术及费用均比一般热处理设备高。

1. 感应加热基本原理

如图 3.4 所示，当工件置于感应器中，感应器有交变电流通过时，就在工件周围产生交变磁场，大量磁力线切割工件，工件中相应地产生感应电势和与感应器中的电流频率相同而方向相反的感应电流。由于感应电流沿工件表面形成封闭回路，故称为涡流。

感应电势为

$$e=-\frac{d\phi}{dt} \tag{3-1}$$

式中：e 为感应电势的瞬时值；ϕ 为感应器内交变电流所产生的总磁通；负号表示感应电势方向与磁通的变化方向相反。

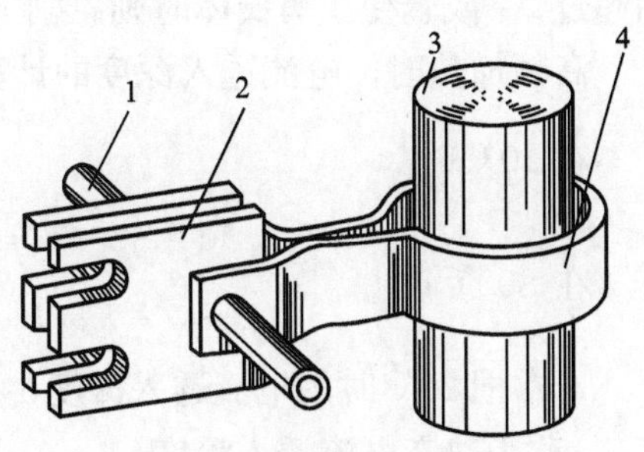

图 3.4 感应加热示意图

1—冷却水管；2—汇流连接板；3—工件；4—感应器

从物理学上得知，感应电势其数值上等于磁通的变化率。电流频率越高，磁通变化率越大，则感应电势就越大。在感应电势作用下产生的涡流其值为

$$I_f=\frac{e}{Z}=\frac{e}{\sqrt{R^2+X_L^2}} \tag{3-2}$$

式中：I_f 为涡流强度；Z 为电抗(它是由材料的电阻 R 与感抗 X_L 组成)。此涡流在工件上产生的热量 Q 为

$$Q=0.24I_f^2Rt \tag{3-3}$$

对钢件来说，除了涡流产生的热效应外，还有磁滞热效应。后者所产生的热量比前者小得多，可以不计。

涡流在被加热工件中的分布由表面至心部呈指数规律衰减，因此，涡流主要分布于工件表面，工件内部几乎没有电流通过。这种高频感应电流(涡流)集中在工件表面的倾向称为表面效应(或集肤效应)。

对于离工件表面任何一个距离 x 处的涡流强度为

$$I_x=I_0\cdot e^{-z/a} \tag{3-4}$$

式中：I_0 为表面最大涡流强度；x 为到工件表面的距离(mm)；α 为与材料物理性质有关的系数。由式可知，$x=0$ 时，$I_x=I_0$；$x>0$ 时，$I_x<I_0$；$x=\alpha$ 时，$I_x=I_0\cdot\frac{1}{e}=0.386I_0$。因此工程上规定 I_x 降至 I_0 的$\frac{1}{e}$值处的深度为电流透入深度(mm)，用 δ 表示(图 3.5)。电流透入深度 δ 大小与钢的电阻率 ρ、导磁率 μ 与电流频率 f 有关，其关系式为

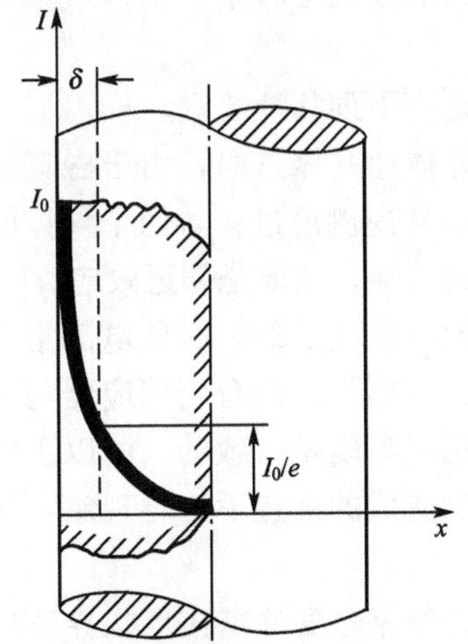

图 3.5 高频感应电流的分布

$$\delta=5.03\times10^4\sqrt{\frac{\rho}{\mu f}}\text{mm} \tag{3-5}$$

可见电流透入深度 δ 随着工件材料的电阻率的增加而增加，随着工件材料的导磁率及电流频率的增加而减小。钢的电阻率随着加热温度的升高而增大，在 800～900℃时，各类钢的电阻率基本相等，约为 $10^{-4}\Omega\cdot cm$；导磁率在温度低于磁性转变点 A_2 时基本不变，

而超过 A_2 或转变成奥氏体时则急剧下降。

高频加热时，电流透入深度的计算常常简化为

在 20℃时 $$\delta_{20} \approx \frac{20}{\sqrt{f}}\ \text{mm} \tag{3-6}$$

在 800℃时 $$\delta_{800} \approx \frac{500}{\sqrt{f}}\ \text{mm} \tag{3-7}$$

通常把 20℃时的电流透入深度 δ_{20} 称为冷态电流透入深度，而把 800℃时的电流透入深度 δ_{800} 称为热态电流透入深度。

从式(3-5)、式(3-6)和式(3-7)可以看出，频率越高，电流透入深度越浅，表面效应越显著，生产中可以根据工件所要求的不同加热层深度来选用不同频率的感应加热装置，从而获得需要的硬化层深度。

实际上电流透入深度 δ 并不等于工件硬化层深度 H。具体可分为下列两种情况。

(1) 透入式加热。这种加热即 $\delta > H$，又称薄层加热。加热仅在薄层内进行，主要依靠电磁感应直接加热，其深度近似为 δ_{800} mm。

(2) 传导式加热。这种加热即 $\delta < H$，又称深层加热。温度超过 A_2 点时，与其相邻的内层已基本上不再有涡流透入，仅借金属表面本身的热量由表面向内传导，好像盐浴快速加热一样，可使工件得到较大的硬化层深度。

透入式加热与传导式加热相比有如下特点。

(1) 加热时间短，加热迅速，热损失小，热效率高，可达 50%～60%，而传导式加热仅 20%～30%。

(2) 表面的温度超过 A_2 点后，最大密度的涡流移向内层，表面加热速度开始变慢，因而表层不易过热，而传导式加热随着时间的延长，表面继续加热，因而表层易过热。

(3) 产生的热量来不及传到内部，故热量分布较陡，淬火后过渡层较窄，所以表面压应力较高，有助于疲劳强度的提高。

事实上感应加热淬火除了存在前面所述的表面效应外，还有下列几种效应。

(1) 邻近效应。如图 3.6 所示，当载有高频电流的两个导体相互靠近时，由于磁场相互影响，磁力线将重新分布。若两个导体中电流相反，则电流从内侧流过；若两个导体的电流方向相同时，则电流从外侧流过。频率越高，这种现象越明显。这就是邻近效应。

感应加热时，感应器内的高频电流与工件的感应电流方向总是相反的，因此电流集中于相对应的相邻表面，故对高频加热是有利的。在邻近效应的作用下，只有当感应器与工件间隙处处相等时，涡流在工件表面分布才是均匀的，即硬化层深度是一致的。所以工件在感应加热过程中要不断地旋转，以消除或减少因间隙不等所造成的加热不均匀现象，从而获得均匀的硬化层深度。

(2) 环状效应。高频电流流过环状或螺旋状导体时，最大电流密度分布在环状导体内侧，这种现象称为环状效应，如图 3.7 所示。

环状效应对圆柱体表面高频加热时起有利作用，但对加热内孔不利，因为环状效应使感应器上的电流远离工件表面，磁力线大部分损失，即磁漏太大。因此要在感应器上安装导磁率很高的导磁体，以提高加热效率。环状效应的大小与电流频率和圆环的曲率半径有关：频率越高，曲率半径越小，则环状效应越显著。

(a) 反向电流　　(b) 同向电流

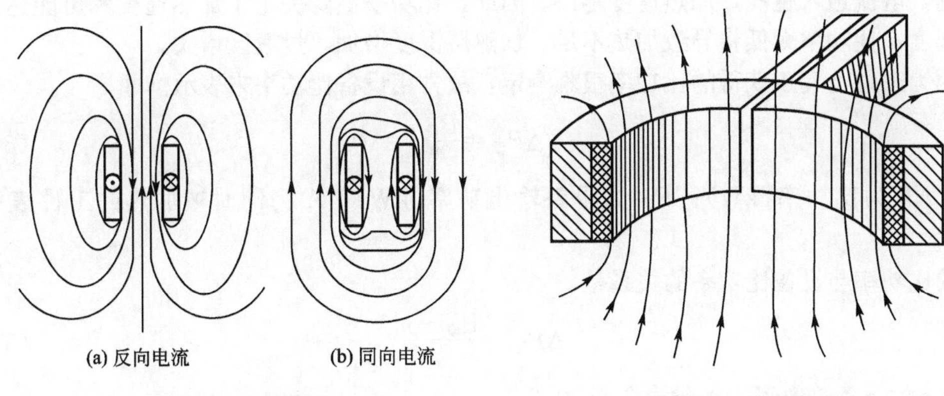

图 3.6　邻近效应

图 3.7　环状效应

(3) 尖角效应。当形状不规则的工件置于感应器中加热时，尖角、棱角及曲率半径较小的凸出部分工件的加热速度比其他部位的快，这一现象称为尖角效应。因为尖角和凸出部位通过的磁力线密，感应电流密度大，加热速度快，热量集中，从而会使这些部位产生过热，甚至烧熔。为了避免尖角效应，在设计感应器时，应将工件的尖角或凸出部位的间隙适当增大，以减少该处磁力线集中的现象，从而使工件各部位的加热温度均匀，如图 3.8 所示。

不正确　　正确　　不正确　　正确

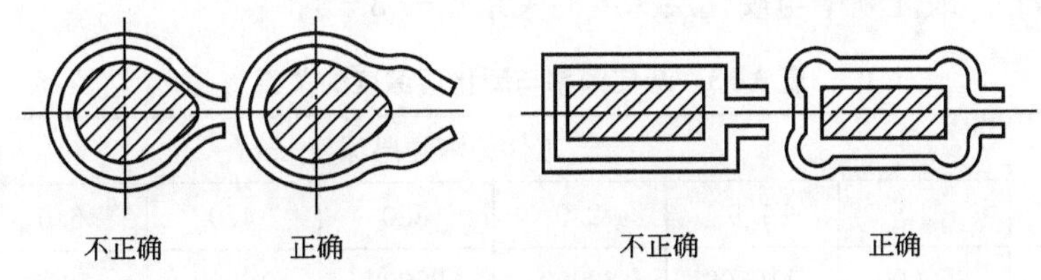

图 3.8　考虑尖角效应的感应器

2. 感应加热表面淬火工艺

感应加热表面淬火常用的工艺路线为锻造→退火或正火→粗加工→调质或正火→感应加热表面淬火→低温回火→精磨→成品。

影响感应加热表面淬火的因素通常包括热参数和电参数两类。热参数主要为感应加热温度、加热时间及加热速度等，电参数有设备频率、比功率、阳极电压、槽路电压及栅极电流等。在实际感应加热过程中，通常采用调整电参数来合理控制热参数，以保证工件感应加热表面淬火的质量。

1) 预备热处理

表面淬火前的预备热处理不仅是为表面淬火做好组织准备，而且也是使工件在整个截面上具备良好的力学性能。对结构钢工件而言，调质处理后工件可获得良好的综合力学性能，并且回火索氏体组织在表面淬火加热时易获得比较均匀的奥氏体。如果工件心部性能要求不高时也可采用正火。预备热处理时要严格控制表面脱碳，以免降低表面淬火质量。

2) 比功率的选择

比功率是指感应加热时工件单位面积上所供给的电功率(kW/cm^2)。它对工件的淬火加热过程有重要影响。在频率一定时，比功率越大，加热速度越快；当比功率一定时，频率越高，电流透入越浅，加热速度越快。因此，比功率主要决定了加热速度和可能达到的加热温度。比功率太低将导致加热不足，加热层深度增加，过渡区增大。

因为工件上真正获得的比功率很难测定，故常用设备比功率来表示。即

$$\Delta P_{设}=\frac{P_{设}}{A} \tag{3-8}$$

式中：ΔP 为比功率(kW)；$P_{设}$ 为设备输出功率(kW)；A 为同时被加热的工件表面积(cm^2)。

工件的比功率与设备比功率的关系是

$$\Delta P_{工}=\frac{P_{设}\cdot\eta}{A} \tag{3-9}$$

式中：η 为设备总效率，一般为 0.4～0.6。

3）频率的选择

高频感应加热淬火时，根据工件尺寸及硬化层深度要求，要正确选择电流频率。频率越高，透入深度越浅。在实际生产时，所选用频率不宜过低，否则需用相当大的比功率才能获得所要求的硬化层深度，且无功损耗太大。为此，规定硬化层深度 H，应不小于热态电流透入深度的$\frac{1}{4}$。

圆柱形工件高频淬火时，最高频率 $f<250000/H^2$；最低频率 $f>15000/H^2$；最佳频率 $f\approx60000/H^2$。最佳频率与硬化层深度的关系见表 3-3。

表 3-3　最佳频率与硬化层深度的关系

电流频率/Hz	工件的淬硬层深度/mm						
	1.0	1.5	2.0	3.0	4.0	6.0	10.0
最高频率	250000	110000	63000	28000	16000	7000	2500
最低频率	15000	6700	3800	1700	940	420	150
最佳频率	60000	27000	15000	6700	3800	1700	600

齿轮的高频淬火最佳频率为 $f\approx6\times10^5/M^2$，其中，M 为齿轮的模数(mm)。表 3-4 为齿轮感应加热淬火频率的选择。

表 3-4　齿轮的感应加热淬火频率与淬火方式和模数的关系

加热方法	模数/mm	频率/kHz	加热后的效果
全齿同时加热和冷却	1～5	200～300	模数为 2.3～3.5mm 时，淬火效果最佳
	2～6	60～70	模数为 4～5mm 时，加热轮廓清晰，齿顶和齿根温差小，质量好
	5～10	8	模数为 7～8mm 时，齿顶轮廓均匀加热
单齿加热（沿齿面或齿沟连续加热）	5～10	200～300	沿齿沟连续淬火，可保证硬度的均匀分布
	8～24	8	

凸轮轴的高频淬火最佳频率为 $f\approx3.8\times10^3/r^2$，其中，$r$ 为齿轮尖部的曲率半径(mm)。

通常而言，工件的直径越大，所要求的硬化层越深，选择的频率应该越低，一般可按表3-5执行。

表3-5 工件直径与频率关系

零件直径/mm	10～20	20～40	40～100
选用频率/kHz	200～300	8	2.5

4) 淬火加热方式的选择

常用的感应加热有两种方式，即同时加热法和连续加热法。同时加热法即通电后工件需硬化的表面同时一次加热，一般在设备功率足够、生产批量比较大的情况下采用；连续加热法是在加热过程中感应器与工件相对运动使工件表面逐次加热，一般在单件、小批量生产中，轴类、杆类即尺寸较大的平面加热时采用。如果工件是较长的圆柱形，为了使加热均匀，还可使工件绕其本身的轴线旋转。在设备功率足够大的条件下，应尽量采用同时加热法。因为同时加热法具有一系列的优点：硬化区和感应器的相对位置固定，便于操作；工件在感应器内可上下移动和转动，有利于调整表面的加热温度；硬化层均匀；质量稳定。因此，该方法是目前生产实际中使用最广泛的感应加热淬火方法。

同时加热法的主要参数为输出功率和加热时间，连续加热法的主要参数为输出功率和感应器与工件之间的相对运动速度。对两个参数进行调整时，要确保工件加热的均匀，无软点和软带产生。

5) 冷却方式和冷却介质的选择

感应加热后通常采用的冷却方法有喷射冷却、浸液冷却和埋油冷却等。喷射冷却是最常用的冷却方式，它既适合于同时加热淬火，也适合于连续加热淬火。喷射冷却就是当加热终了时把工件置于喷射器中，向工件喷射淬火介质进行淬火冷却，其冷却速度可以通过调节液体压力(通常为0.15～0.3MPa)、温度及喷射时间来控制。一般喷射器和感应器是分开的，但也有感应器本身兼喷射器的。浸液冷却是当工件加热终了时，立即浸入淬火槽中进行冷却的方法。这种方法适合于同时加热淬火。埋油冷却是将感应器与工件同时放入油槽中加热，断电后冷却的方法。此法适用于细、薄工件或合金钢齿轮，以减少变形和开裂。

常用的感应加热淬火介质有水、聚乙烯醇水溶液、乳化液和油等。由于油容易燃烧并会产生大量的油烟，影响安全生产并污染环境，所以建议用水溶性合成淬火介质取代油。尽管有机合成冷却介质具有良好的冷却效果，但水的优势为清洁、廉价、无环境污染，因此被得到广泛的应用。用水作为冷却介质时，一般要求水温控制在15～30℃，水压在0.1～0.3MPa。水压高，虽然易淬硬，但易淬裂。

6) 回火方式选择

与普通热处理相似，感应加热淬火后必须进行回火，但一般只进行低温回火。其目的是降低工件的淬火应力，防止开裂，稳定组织，提高工件的力学性能和使用寿命。回火必须及时，感应加热淬火后的工件在4小时内必须进行回火。一般采用的回火方式有炉中回火、自回火和感应加热回火。

炉中回火通常应用于浸液冷却或连续加热淬火的工件以及薄壁工件的回火。回火温度一般为150～180℃，时间为1～2小时。当回火温度超过200℃时，硬度下降较快。

自回火就是将感应加热好的工件迅速冷却，但不冷透，利用心部余热将表面硬化层加热到所需回火温度的方法。此方法适用于同时加热表面淬火较大的工件及形状简单、大批量生产的工件。由于自回火时间短，在达到同样硬度条件下回火温度比炉中回火要高 80℃左右。自回火不仅简化工艺，节省电能，而且对防治高碳钢及某些高合金钢产生淬火裂纹也很有效。自回火的主要缺点是工艺不易掌握，会有温度和硬度不均匀现象，消除淬火应力也不如炉中回火。45 钢自回火温度与硬度的关系见表 3-6。

表 3-6　45 钢自回火温度与硬度的关系

自回火温度/ ℃	回火后的硬度值/HRC
150～180	58～65
240～280	52～60
250～300	45～55

感应加热回火就是采用感应加热的方式进行的回火，适用于连续加热淬火的长轴、套筒等工件以及要求局部回火的工件。感应加热回火时，为了降低过渡层的拉应力，加热层的深度应比硬化层深一些，故应采用较低的电流频率，较小的比功率，比功率一般小于 0.1kW/cm²，加热温度小于 15～20℃/s，即生产中常用中频或工频加热回火。感应加热回火比炉中回火加热时间短，显微组织中碳化物弥散度大，因此得到的工件耐磨性高，冲击韧性较好，而且容易安排在流水线上。

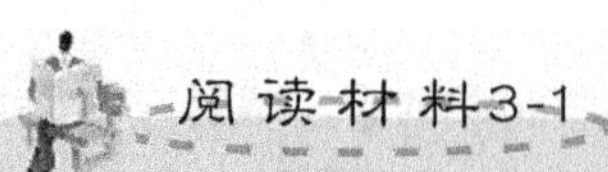

感应加热淬火由于加热速度快，时间短，加热温度难以控制，又是表面局部淬火，质量控制和稳定更为困难。感应加热淬火常见的缺陷主要是过热和加热不足。过热的淬火组织为粗大马氏体组织，晶粒粗大；加热不足的淬火组织有未熔铁素体和组织不均匀，严重时将出现网状托氏体，使硬度降低。为改善感应淬火组织过热或加热不足的缺陷，可以从合理选择电流频率、优选比功率和加热时间、调整感应器与工件间隙等方面进行改进。

来源：王广生金属热处理缺陷分析及案例[M]. 北京：机械工业出版社，2007

3.3.2　激光表面淬火

激光是波长大于 X 射线而小于无线电波的一种相位一致、波长一定、方向性极强的电磁波。自 20 世纪 70 年代发明大功率 CO_2 激光器以来，激光表面淬火已成为现有激光表面处理技术中最早研究和应用最多的方法之一。近年来激光表面淬火技术不仅在研究和开发方面得到迅速的发展，而且在工业应用方面也取得了长足的进步，成为表面工程中的一个十分活跃的新兴领域。

1. 激光表面淬火原理

激光的发光原理是光的受激辐射，使处在激发态的原子受到外来光的激励作用而跃迁到低能级，同时发出一个与外来激励光子完全相同的光子，从而实现光的放大。激光的特点如下。

(1) 高方向性。光束的发散角小到0.1mrad，可认为基本上是平行的。

(2) 高亮度性。从激光器发出的光束可以聚焦成直径很小的光，直径只有0.1mm，从而可以获得极高的功率密度即$10^4 \sim 10^9\ W/cm^2$。

(3) 高单色性。从激光器发出的光的频率范围很窄，相干性非常好。如将发射角为θ(rad)的激光束用焦距为f(cm)的透镜聚焦，则焦点平面上的光斑直径d(cm)可表示为

$$d=f\theta \tag{3-10}$$

高功率的激光，θ约为$10^{-2} \sim 10^{-3}$ rad，用焦距为数厘米的透镜聚焦时，光斑直径d仅为几十到几百微米。功率密度j_P可用激光输出功率P除以光斑面积来表示，即

$$j_P=4P/d^2 \tag{3-11}$$

激光束所表现出的优良特性，尤其是高亮度和高方向性使它可以将高度集中的能量，按所需的位置和时间，以预定的量值，准确地投射到材料上，通过与材料的能量传递，使材料获得很高的能量以改变其状态，从而达到使材料表面改性的目的。

激光表面淬火是将激光束扫描于金属材料表面，所使用的功率密度一般为$10^4 \sim 10^5\ W/cm^2$，其红外能量被金属表面吸收而迅速升温至金属的相变温度以上，使金属发生固态相变。随着激光束离开金属表面的加热处，金属表面的热量依靠金属本身的热传导迅速向内部传递而形成极大冷却速度，局部冷却速度可达$10^4 \sim 10^6$℃/s，靠自激冷却而无需淬火介质使材料表面淬火，实现表面硬化。

与感应加热表面淬火相比，激光加热表面淬火功率密度要大得多，故过热度大，即相变驱动力很大。在这种加热条件下，形成的奥氏体晶粒极细小，因此冷却后马氏体组织也极细小。同时由于奥氏体化时间很短，奥氏体成分很不均匀，且往往有未溶碳化物，致使淬火组织中成分不均，此外极高的加热速度和极快的冷却速度导致工件表层产生较大的残余压应力及高密度的位错等晶体缺陷。这些特征使激光加热表面淬火层比感应加热表面淬火层具有更高的硬度、耐磨性及抗疲劳性能。

2. *激光加热表面淬火工艺*

激光器是进行激光表面淬火最基本的设备。目前表面淬火常用的激光器主要有气体激光器(CO_2激光器)和固体激光器(YAG激光器)两类。激光加热表面淬火工艺的主要参数为激光输出功率、光斑直径和扫描速度。

1) 激光输出功率

在其他参数一定的情况下进行激光加热表面淬火，当激光功率过小时，材料表层难以发生相变，因而不能实现表面硬化；当激光功率过大时，则可能发生材料表面熔化，使其硬度产生回落，从而影响激光淬火效果。实验表明，只有当激光功率达到某一段数值时，工件的表面硬度会随功率的增加而上升。由于钢的化学成分及工件表面状态不同，通常需结合具体的激光设备，由试验来确定激光器的输出功率的大小。一般说来，当激光功率大时，加热时间短，硬化层深度浅；激光功率小时，加热时间长，硬化层深度大。但前者温度梯度大，获得局部加热状态的倾向更大。

2) 光斑尺寸

激光束通过聚焦形成一定形状及尺寸的光斑作用于工件表面，光斑的尺寸对激光加热表面淬火质量有重要的影响。光斑的面积决定激光与材料表面发生相互作用的面积。若光斑尺寸过大，将导致材料表面能量吸收不足，不利于金属发生相变硬化；反之，则易造成

表面的熔化，同时不利于材料表面大面积淬火处理的进行。

3）扫描速度

由于激光光斑或光束摆动幅度很小，所以只能通过光束在工件表面上逐条扫描来进行加热。因此，激光扫描速度主要影响激光束对工件表面的加热时间。当激光输出功率一定时，激光束对工件表面的作用时间决定了激光对材料表面的能量输入，即激光束的扫描速度直接影响到材料表面吸收的能量。但扫描速度不能过慢，否则会导致冷却速度过低，不利于晶粒细化，也不利于马氏体转变。

在进行激光加热表面淬火时，上述 3 个主要工艺参数不是孤立的，它们之间有着紧密的联系。激光功率密度表征的是激光束输出的能量，它是由激光功率与光斑尺寸共同决定的；扫描速度决定激光与材料的作用时间；激光功率密度与作用时间共同影响材料表层对能量的吸收转化。激光淬火后工件表面的硬化层深度是判定淬火质量的重要指标之一，硬化层深度与主要工艺参数之间的关系可用下式表示。

$$H \propto \frac{P}{SV} \tag{3-12}$$

式中：H 为硬化层深度(mm)；P 为输出功率(W)；S 为光斑面积(mm^2)；V 为扫描速度(mm/s)。

3. 激光淬火其他工艺参数

除了上述介绍的激光淬火工艺的主要参数外，还有如下的几个因素会影响激光淬火的质量。

1）黑化处理

激光照射到金属表面后，一部分被反射掉，另一部分被吸收，而且只有被吸收的那部分激光的能量才起到加热的作用。由于大多数金属都有良好的导热性能，金属表面对波长为 10.6μm 的 CO_2 激光反射率都很高，这就成为激光淬火的一大障碍。因此，在激光淬火前需对工件表面进行“黑化处理”，以提高工件表面对 CO_2 激光器产生的激光辐射能量的吸收能力。工程上通常采用的黑化处理方法主要有氧化、磷化、刷黑漆、涂石墨以及涂 SiO_2 型涂料等方法。

2）保护气氛

在激光扫描过程中，选择合适的保护气体及适当的气压，是提高激光淬火质量的保证。首先气体能够保护镜头，防止镜头污染而引起的激光光束质量下降；其次定向吹送的气体能促进淬火工件表面的散热及表面法线方向上的热传导，从而影响淬火硬化层深度以及硬化层的形貌；最后还能保护淬火表面，减少表面脱碳及氧化的倾向。

3）搭接系数

激光表面淬火是通过一定宽度的能量束在工件表面逐行扫描实现的，当工件需要淬火的表面面积较宽时，一条扫描带远不足以对整个需强化的表面淬火，需两条或两条以上扫描带搭接在一起才能将所需要的淬火面积覆盖。而每两条扫描带之间的搭接量对硬化层的质量有较大影响：一方面后一条扫描带的热影响区将会对前一道淬火层产生回火作用，致使两条扫描带之间出现硬度下降的软化带；另一方面，由于激光束能量分布及自激淬火冷却状态的影响，在横截面上，硬化区域总是呈现出外大内小的半椭圆形状。因此，必须充分考虑两条扫描带搭接率，即搭接系数的影响。搭接量小，硬化后底部的平整性差，搭接量太大又会造成软化带的面积增加，影响面上硬度的均匀性。一般认为搭接系数在5%～20%范围内为宜。

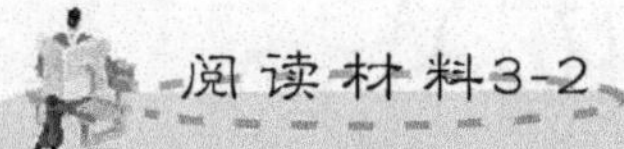

目前我国大多数企业的CA1092制动蹄片一直采高频淬火机淬火，由于设备老化严重，导致淬火硬度不均匀，大大减少了制动蹄片的使用寿命。采用激光淬火技术后，经过大量产品的测试，制动蹄片其耐磨性提高3～4倍，蹄片平台硬度可达到60HRC，完全达到工艺要求的48 HRC的要求。此外，高频淬火每件成本为0.36元，激光淬火每件成本0.17元。若按月生产5000辆计算，全年可节约40800元。

来源：牛晓升等．激光淬火在CA1092刹车蹄片上的应用［J］．通信电源技术，2008，25(2)：91～92.

3.3.3 火焰加热表面淬火

用一种火焰在一个工件表面上若干尺寸范围内加热，使其奥氏体化并淬火的工艺称为火焰加热表面淬火。

火焰加热表面淬火示意图如3.9所示。其优点是：①设备简单，使用方便，成本低；②不受工件体积大小的限制，可灵活移动使用；③淬火后表面清洁，无氧化、脱碳现象，变形也小。其缺点是：①表面容易过热，硬度不稳定；②加热温度不易测量，硬化层难以控制，只适用于火焰喷射方便的表层上；③所采用的混合气体有爆炸的危险。

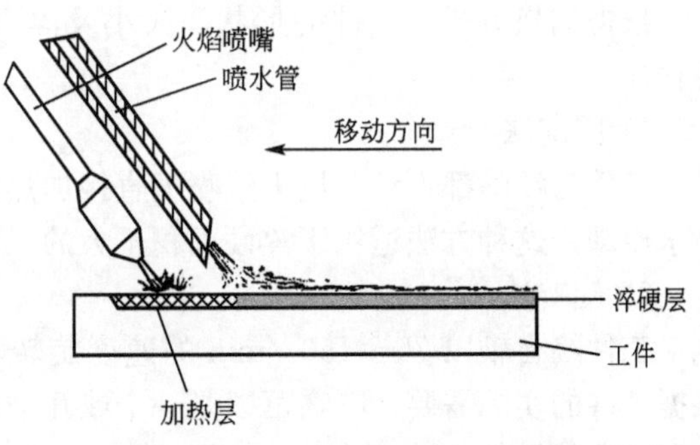

图3.9 火焰加热表面淬火示意图

火焰加热表面淬火的硬化层深度一般为2～10mm，适用于中碳钢、中碳合金钢、工模具钢、渗碳钢、铸铁和球墨铸铁等材料的表面淬火，如大型轴类、大模数齿轮、轧辊、导轨、车床床身的导轨、压模等。

1. 火焰加热表面淬火设备

火焰加热表面淬火常用的火焰有煤气—氧气(体积比约1∶0.6)、天然气—氧气(约1∶1.2～1∶2.3)、丙烷—氧气(约1∶4～1∶5)及乙炔—氧气(约1∶1～1∶1.5)。不同混合气体所能达到的火焰温度不同，最高温度为乙炔—氧气火焰，温度可以达到3100℃。生产中进行火焰加热淬火时，最常用的混合气体就是乙炔与氧气。火焰分3区：焰心、还原区及全燃区。其中还原区温度最高(一般距焰心顶端2～3mm处)，应尽量利用这个高温区加热工件。

火焰加热表面淬火的主要设备有喷枪、喷嘴、淬火机床、乙炔发生器和氧气瓶。其中喷嘴的形状直接影响着火焰淬火的质量，为了获得均匀的加热，要求火焰外形尺寸尽可能与淬火部位的形状一致，图3.10为火焰淬火加热常用喷嘴的外形。

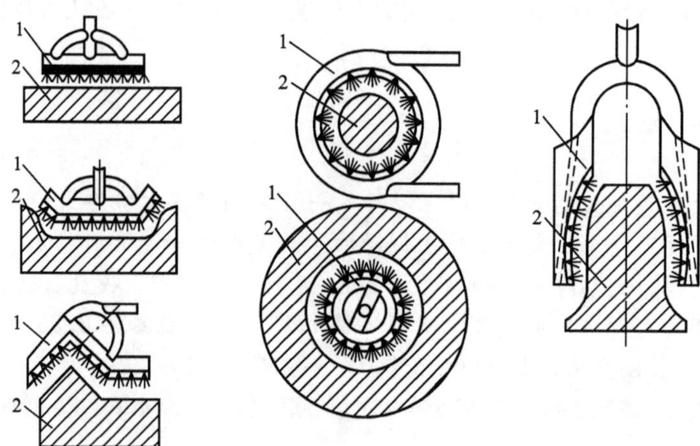

图 3.10　火焰淬火加热常用喷嘴形状

1—喷嘴；2—工件

2. 火焰淬火方法

根据加热方式、工件的形状、大小及淬火后的要求不同，火焰淬火方法主要有下列几种。

1）固定法

工件与喷嘴都不动，用火焰喷嘴直接加热淬火部位，当工件加热到淬火温度后，立即喷水冷却。这种方法适用于淬硬面积不大的工件，如气阀顶杆、杠杆端部、导轨接头等。

2）旋转法

工件绕自轴以 75～150r/min 的速度旋转，喷嘴固定不动加热工件，然后喷水冷却。根据工件的实际需要，喷嘴可以是一个或几个。这种方法适用于处理宽度和直径不大、硬化层较深的轴等。

3）推进法

火焰喷嘴和冷却喷嘴一前一后以一定的速度沿淬火工件表面作平行移动，一边加热，一边冷却，淬火工件可以缓慢移动或不动。这种方法可使很长的工件进行表面淬火加热，如长轴、机床床身及导轨等，也可用于大模数齿轮的逐齿淬火。

4）联合法

用一个或几个喷嘴和喷水装置，以一定的速度对旋转的工件边移动加热边冷却，该法加热均匀，适用于处理直径和长度较大的圆柱体工件，如冷轧辊的表面淬火。

与感应加热表面淬火及激光加热表面淬火一样，工件火焰加热表面淬火前必须进行预备热处理(通常是正火或调质)，以保证工件的硬化层深度与硬度均匀一致并具有强韧的心部组织。此外，淬火前必须对淬火表面进行认真的清理和检查，淬火部位不允许有脱碳层、氧化皮、砂眼、气孔及裂纹等疵病。合金钢、铸钢件及铸铁件进行火焰加热表面淬火时，由于材料导热性差，形成裂纹的可能性大，必须在淬火前进行预热。

火焰加热淬火后的工件应立即回火，以消除应力，防止开裂。回火方式有炉中回火和自行回火。回火温度与时间取决于工件的化学成分和热处理技术条件，可查有关手册。一般回火温度为 180～200℃，回火保温时间为 1～2 小时。

1. 表面淬火的目的是什么？常用的淬火方法有哪些？比较它们的优缺点及应用范围。

2. 表面淬火用钢的成分有何特点？工件表面淬火前应采用何种预备热处理？理由是什么？

3. 简述钢快速加热时的相变特点。

4. 激光热处理的特点是什么？

5. 何谓透入式加热和传导式加热？试比较它们的优缺点。如何选择这两种加热方式？

6. 用45钢做机床主轴，要求综合力学性能良好，轴颈部分要求耐磨，硬度要求50～55 HRC，试选择热处理方法，并编写简明的工艺路线。

第4章 金属的化学热处理

知识要点	掌握程度	相关知识
化学热处理的概念	熟练掌握化学热处理的原理、基本过程、作用及影响因素	扩散定律、扩散的驱动力
常用化学热处理方法	掌握渗碳、渗氮、碳氮共渗等工艺、组织、性能及应用	Fe-N相图分析、组织组成物与相组成物
其他化学热处理方法	了解渗硼、渗金属和多元共渗的工艺方法、特点以及应用	渗剂组成、影响扩散的因素

导入案例

化学热处理是古老的工艺之一，在中国可上溯到西汉时期。已出土的西汉中山靖王刘胜的佩剑，表面含碳量达0.6%～0.7%，而心部为0.15%～0.4%，具有明显的渗碳特征。明代宋应星编撰的《天工开物》一书中，就记载有用豆豉、动物骨炭等作为渗碳剂的软钢渗碳工艺。随着化学热处理理论和工艺的逐步完善，自20世纪初开始，化学热处理已在工业中得到广泛应用。电子计算机的问世，使化学热处理过程的控制日臻完善，不仅生产过程的自动化程度越来越高，而且工艺参数和处理质量也得到更加可靠的控制。

可控气氛(单、多排)推盘渗碳炉生产线

化学热处理是将工件置于一定温度的活性介质保温，使一种或几种元素渗入到工件表层，以改变其表层化学成分、组织和性能的热处理工艺。

在整个热处理技术中，化学热处理占有相当大的比例，并且随着工业技术的不断发展，这一比例会进一步加大。工件通过表层渗入的元素实现表面强化，在提高表面硬度、强度和耐磨性的同时，保持其心部的强韧性，使工件具有高的综合力学性能。此外，表层渗入的元素在很大程度上可以改变表层的物理与化学性质，提高工件的抗氧化性、耐腐蚀性等。因此，化学热处理是机械制造、化工、能源动力、交通运输、航空航天等许多行业中不可或缺的热处理技术。

化学热处理与其他热处理方式比较，其特点是除了组织发生变化外，工件表面的化学成分也同时发生了变化，因此，表面性能提高更显著。化学热处理与钢的表面淬火相比较，虽然存在生产周期长的缺点，但它具有一系列优点。

(1) 不受工件外形的限制，都可以获得较均匀的硬化层。

(2) 由于表面成分和组织同时发生了变化，所以耐磨性和疲劳强度更高。

(3) 表面过热现象可以在随后的热处理过程中给以消除。

本章主要介绍化学热处理的基本原理、基本过程及影响化学热处理过程的主要因素，在此基础上，重点介绍目前生产上广泛应用且工艺成熟的渗碳、渗氮、碳氮共渗等的工艺，组织及性能。

4.1 化学热处理的基本原理

4.1.1 化学热处理的分类及作用

化学热处理的作用主要有两个方面。

(1) 强化表面，提高工件的某些力学性能，如表面硬度、耐磨性、疲劳强度和多次冲击抗力。

(2) 保护工件表面，提高某些工件的物理化学性质，如耐高温及耐腐蚀等。因此，在某些方面可以代替含有大量贵金属和稀有合金元素的特殊钢材。

由于化学热处理主要是依靠原子向钢中扩散来进行的，所以根据扩散元素的性质不同，可以分为两大类：一类是与铁形成间隙式固溶体的非金属元素的扩散，如渗碳、氮化及渗硼等，它们都会显著地增加钢的表面硬度和耐磨性；而另一类则是与铁形成置换式固溶体的金属元素扩散，如渗铬、渗铝及渗硅等。渗入金属元素除个别情况是为了增加耐磨性以外，大多数是为了使钢的表面获得某些物理化学性质。表 4-1 给出了按表面性能分类的化学热处理。

表 4-1 按表面性能分类的化学热处理

提高表面硬度、耐磨性		提高抗咬合、抗擦伤能力		提高抗氧化性、抗蚀性	
单元	多元	单元	多元	单元	多元
渗碳 渗氮 渗硼 渗钒 渗钛	碳氮共渗 碳氮氧共渗 碳氮硼共渗 钛碳共渗 钛氮共渗 钛硼共渗	渗硫	硫氮共渗 硫碳氮共渗	渗铬 渗铝 渗硅	铬铝共渗 铬硅共渗 硅铝共渗 铬硅铝共渗

4.1.2 化学热处理的基本过程

化学热处理时，元素渗入工件表面通常包括分解、吸收和扩散 3 个基本过程。这是 3 个相对独立、交错进行而又互相配合、相互制约的过程。

1. 分解

分解是指活性介质(渗剂)在一定温度和压力下分解出渗入元素的活性原子的过程。所谓活性原子是指初生的、原子态的原子。理论与实践表明，只有活性原子才易于被钢件表面所吸收，因此化学热处理时首先要能够得到活性原子。

化学介质在一定的温度下，由于各种化学反应而产生活性原子。无论化学介质是气体、液体或固体，形成活性原子的过程都是在金属表面的气相中进行的。例如用煤油或甲烷渗碳时，介质与金属表面之间发生如下反应。

$$2CO \rightleftharpoons CO_2 + [C] \tag{4-1}$$

$$CH_4 \rightleftharpoons 2H_2 + [C] \tag{4-2}$$

用氨渗氮时：

$$2NH_3 \rightleftharpoons 3H_2 + 2[N] \tag{4-3}$$

其中［C］和［N］分别为活性碳原子和活性氮原子。介质分解出活性原子的速度主要取决于渗剂的浓度、分解温度以及催化剂的作用等因素。

2. 吸收

吸收是指活性原子被工件表面吸附和溶解于基体金属或与基体中的组元形成化合物的过程。一般固体表面对气相的吸附分为物理吸附与化学吸附两类。物理吸附是活性原子与金属最表面的原子在范德瓦尔斯力的作用下，工件表面形成单原子或多原子吸附层。这种吸附没有电子的转移和化学键的生成。化学吸附是活性原子与金属最表面的原子在吸附过程中产生了化学交互作用，即发生电子交换，组成离子键结合或共价键结合。这种吸附是自发的过程，因为吸附时总是放出热量，是自由能降低的过程。

为了使活性原子真正地被金属所吸收，渗入元素必须在金属基体中有可溶性，否则吸附过程会很快停止，随后的扩散过程就无法进行，这样被处理的工件表面就不可能形成扩散层。

工件表面吸收活性原子的能力主要取决于被处理工件的成分、组织结构、表面状态、渗入元素的性质、渗入元素活性原子的形成速度等因素。

3. 扩散

扩散是活性原子由表面不断向内部迁移，形成一定深度的扩散层。化学热处理的快慢、工件表面渗入元素的浓度和扩散层的浓度分布、扩散层的深度以及化学热处理的最终结果，在很大程度上是由扩散过程所决定的。

化学热处理的扩散过程大多数是非稳态扩散。该扩散过程可用扩散第二定律来描述，其特点是在扩散过程中，渗层内各区域的浓度是随着时间而变化的。影响扩散的主要因素是扩散系数及浓度梯度。而扩散系数又取决于温度、扩散方式、晶体结构等因素，其中温度是诸多因素中影响最突出的一个因素。扩散系数随温度的升高成指数增大，如温度从920℃提高到1000℃，碳的扩散系数可提高7倍以上，所以提高温度能显著缩短渗碳周期。在其他条件相同的情况下(温度和时间)，提高渗层最外层的浓度，是加速化学热处理过程的重要途径。要达到高的表层浓度梯度就必须提供高浓度的炉气和洁净的工件表面，以利于渗剂被工件表面所吸收。在一定温度下，扩散时间越长，扩散层越深，但随着时间延长，渗层增加的速度变慢，而且与时间的平方根呈比例关系，即

$$\delta = K\sqrt{t} \tag{4-4}$$

式中：δ为渗层深度(mm)；t为保温时间(h)；K为常数(与温度和成分有关)。

如前所述，在化学热处理中，分解、吸收和扩散这3个基本过程是互相联系和互相制约的。分解是前提，它提供活性原子供工件表面吸收。若分解提供的活性原子太少，吸收后表面浓度不高，浓度梯度小，扩散速度低；若分解的活性原子过多，吸收不了而形成分子态依附在工件表面，阻碍进一步的吸收和扩散。因此，保证3个基本过程的协调进行是成功实施化学热处理的关键。

4.1.3 加速化学热处理的途径

化学热处理过程持续时间较长，是一项能源消耗较大的过程，加速化学热处理过程，

对提高生产效率、降低生产成本具有重要的意义。因此，提高化学热处理的速度多年来一直是化学热处理研究的重要方向之一。

1. 采用加速扩散过程的新材料

由于钢中加入 Ti 可提高 Fe－N 系中共析转变温度，以使渗氮过程可以在较高的温度下进行，从而提高氮在铁中的扩散系数。如含碳量为 0.2%(质量分数)的钢中加入 2.0%(质量分数)的 Cr 和 2.0%(质量分数)的以上的 Ti，在 550～650℃进行 4～9h 气体渗氮，可以得到 0.4～0.8mm 的渗层，表面硬度高达 1000～1200HV。

近年来，在加速化学热处理过程中，常常用到稀土，因为稀土元素具有原子半径大、电负性低等独特的性能。在 35CrMo 钢中加入 0.05%～0.1%(质量分数)的稀土元素制成稀土钢用于离子渗氮处理，其渗氮速度比未加稀土的 35CrMo 钢提高 50%，表面硬度约提高 100HV。

2. 催渗技术

加速化学热处理过程的方法可以是化学的方法，也可以是物理的方法，即所谓的化学催渗技术与物理催渗技术。

1) 化学催渗

化学催渗的方法是在渗剂中加入一种或几种化学试剂，促进渗剂的分解过程，去除工件表面氧化膜、油污等阻碍渗入元素吸收的物质，利用加入的物质在炉内分解产生具有强烈的化学活性的气体与工件表面的氧化物作用获得洁净表面，提高工件表面吸收活性原子的能力。如采用氯化铵洁净渗氮，一般可使渗氮周期缩短一半，单位时间内氮消耗量可减少 50%。再如加钛渗氮，即利用海绵钛催渗渗氮的方法，此法首先将少量的氯化铵放入不锈钢小盒底部，其上依此加一层硅砂和一层海绵钛，然后将盒子放在炉罐底部进行渗氮。反应所产生的活性钛原子，被吸附在工件表面，有利于氮的吸收，加大表面氮浓度，加速氮向工件内扩散。此外，钛还可向钢内渗入，形成高度弥散分布的氮化钛。因此，加钛渗氮除了可缩短 1/2～2/3 时间外，还可提高表面硬度。

在渗剂中加入稀土元素，由于稀土元素特殊的原子结构，它被渗入基体后将引起晶格畸变，使空位、位错环、堆垛层错等晶体缺陷增加，并能净化晶界，因而促进活性原子向基体内的扩散。稀土元素的渗入，还能细化晶粒，有效地提高渗层的硬度和综合力学性能。近年来哈尔滨工业大学开发出的稀土催渗剂、西安北恒热处理工程公司开发出的 HB 催渗剂，它们在汽车、轴承行业使用中，都有提高渗速 20%，或降低温度 40℃的报道。目前，稀土催渗技术除了较为广泛地应用于渗碳、渗氮以及碳氮共渗外，在渗硼、渗铝、渗钒及多元共渗中也得到了应用。

2) 物理催渗

物理催渗是利用改变温度、气压或利用电场、磁场及辐射，或利用机械的弹塑性变形及弹性振动等物理方法来加速渗剂的分解，活化工件表面，提高吸收能力，加速渗入元素的扩散等。如真空渗碳，是在真空中进行的一个不平衡的增碳扩散型渗碳工艺。与气体渗碳相比，真空渗碳完全没有氧存在，工件表面洁净，渗层均匀。由于处理温度高，渗碳时间缩短为普通气体渗碳的 1/5 左右。再如在沸腾的流态床中对 20CrMnTi 钢进行 950℃渗碳 2 小时，可获得 1～2mm 厚度的渗碳层，比普通气体渗碳快 3～5 倍。

近年来，随着许多新能源的开发和利用，化学热处理的技术手段也得到了较大的发展。如采用超声场加快渗入原子的扩散速度、激光束、电子束化学热处理等，这些新技术已逐渐在生产中得到应用。

一般来说，化学催渗方法常和物理催渗方法结合使用，即利用化学催渗方法提高渗入元素的表面浓度，利用物理催渗方法提高扩散系数，加速扩散过程。

3. 化学热处理过程的分段工艺控制

根据化学热处理的基本过程，采用分段控制工艺法。如气体渗碳过程中，在渗碳初期，即排气和强渗期，通常加大渗剂的滴量，以生产更多的活性碳原子，使炉内气氛在极短的时间内由氧化性炉气转变为强渗还原性气氛，防止工件表面氧化，并在极短的时间内被碳所饱和，获得很高的表面碳浓度和很陡的碳浓度梯度，以利于碳原子向内扩散。在渗碳期，将渗剂降至合理的滴量，使分解、吸收、扩散3个过程充分协调，减少工件表面形成炭黑的可能性。采用这种方法，不仅加快了渗碳的进程，而且又能保证获得过渡层较宽、较平缓的优质渗层。在气体渗氮时，也常用二段、三段式渗氮代替一段式渗氮，加速渗氮过程。在碳氮共渗和其他一些化学热处理工艺中，也都采用分段控制的工艺方法来提高渗速，改善产品质量。

4.2 钢的渗碳

渗碳是将低碳钢置于具有足够碳势的介质中加热到奥氏体状态并保温，使活性碳原子渗入工件，获得高含碳量的渗层，随后淬火并低温回火的热处理工艺。所谓的碳势是指渗碳气氛与钢件表面达到动态平衡时钢的表面含碳量。

根据采用的渗碳剂形态的不同，有气体渗碳、固体渗碳和液体渗碳3种。气体渗碳具有碳势可控、生产率高和便于渗碳后直接淬火等优点，所以是目前生产中广泛采用的渗碳工艺。

4.2.1 渗碳的目的及应用

渗碳的目的是在保持工件心部良好韧性的同时，使表层具有高的硬度、耐磨性和疲劳强度。这样，工件既能承受大的冲击，又能承受大的摩擦。因此齿轮、活塞销等工件常采用渗碳处理。

理想的渗碳工艺应具备的条件如下。

(1) 表层获得所要求的碳含量。渗碳处理后表面到心部的碳含量应分布适当，由表层的高碳逐渐过渡到基体组织成分。通常要求表层的碳含量在0.8%～1.05%(质量分数)范围内。这是因为当含碳量低于共析成分时，硬度及耐磨性不高；当碳含量高于1.05%(质量分数)时，易形成网状或大块状碳化物，表层脆性增大，导致工作过程易发生剥落，显著降低工件的疲劳性能。

(2) 合适的渗层深度。工件渗碳层深度的选取主要依据工件尺寸和服役条件确定。如齿轮渗碳层深度常为其模数的15%～20%；轴类为其直径的5%～10%。一般渗层深度在0.5～2.5mm范围之内。但对某些特殊工件，如小型薄壁工件其渗层可为0.1～0.3mm；大型滚动轴承等可达4～10mm。

(3) 平缓的浓度梯度。较宽的过渡层使渗层与心部具有良好的结合，在工作过程中不因受重负荷而崩裂。

(4) 尽可能短的渗碳时间及稳定的渗碳质量。选用合金渗碳钢、采用催渗技术和可控气氛渗碳技术等，都能显著地缩短渗碳时间，获得高质量的渗碳层。

4.2.2 常用渗碳钢及其预处理

1. 常用渗碳钢及其特点

如前所述，为了满足表面具有高硬度、高耐磨性，高接触疲劳抗力，而心部具有良好的综合力学性能的要求，工件可用渗碳钢制造。实际上，经过渗碳处理后的钢是一种很好的复合材料，表层相当于高碳钢，而心部是低碳钢。

渗碳用钢的含碳量一般为0.12%～0.25%(质量分数)，这样的含碳量可保证在心部淬火时得到强韧性好的板条马氏体组织。若含碳量过高，渗碳热处理后，其心部的韧性将降低，而含碳量过低，渗碳热处理后，其心部强度较低，不足以支撑在较载荷作用下表面所受的应力。

常用渗碳钢按淬透性大小可分为低淬透性钢、中淬透性钢和高淬透性钢3类。应根据工件对淬透性和力学性能的要求，并考虑合金元素对渗碳工艺的影响，合理选择渗碳钢。此外，工件渗碳前应进行适当的预备热处理，为渗碳处理做好组织准备。表4-2为常用渗碳钢的特点、应用及预备热处理。

表4-2 常用渗碳钢的特点、应用及预备热处理

钢 号	临界直径/mm	预备热处理工艺	主要性能特点	应 用
20	7～8 (水淬)	正火：900～960℃	淬透性低，正火、退火后硬度低，切削性不良	用于制造截面较小、载荷小的零件，如轴套、链条滚子、小轴及不重要的小齿轮等
20Cr	15～20 (油淬)	正火：900～950℃ 调质：880～940℃水冷，600～650℃回火	具有较好的综合性能，冷变形性较好。渗碳时有晶粒长大倾向	用于制造截面尺寸≤30mm、负荷不大的渗碳零件，如齿轮、凸轮、滑阀、活塞、衬套、联轴节、止动销等
20CrMnTi	25～30 (油淬)	正火：950～970℃	中淬透性渗碳钢，具有良好的综合力学性能，低温冲击韧度较高，晶粒长大倾向小，冷热加工性能均较好	一般制造截面30mm以下承受高速、中载或重载及承受冲击的渗碳零件，如齿轮、轴、齿圈、十字头、离合器轴、液压马达转子等
18Cr2Ni4W	90～100 (油淬)	回火：650～680℃	高淬透性渗碳钢，有良好的强韧性配合，缺口敏感性小，工艺性比较差。	用于大截面、高强度又需要良好韧度和缺口敏感性很小的重要渗碳件，如齿轮、轴、曲轴、花键轴、蜗轮、柴油机喷油嘴等

2. 工件渗碳前的准备

为了获得洁净的表面，以便增强活性碳原子的吸收，工件在进入渗碳炉前应清除表面污垢、铁锈及油污等。可用热水清洗工件，等工件干燥后才能进入渗碳炉，不允许将水分带入渗碳炉内。若清洗仍不能保证工件的表面质量时，可采用喷砂处理。

凡工件表面不允许渗碳的部位，如螺纹、花键轴孔等应进行防渗处理。常用的防渗方法为电镀铜和涂防渗涂料。前者成本较高，且在某些情况下使用受到限制，因此建议采用防渗涂料的方法。目前防渗涂料的种类较多，使用时可根据涂料的特点加以选择。

4.2.3 气体渗碳

气体渗碳是将工件装入密封加热炉中，加热到900～950℃，通入含碳的气体或滴入含碳液体，使工件在这一温度下渗碳的过程。它是目前应用最广泛和成熟的渗碳方法。其主要优点如下。

(1) 可实现炉内气氛的控制，产品质量稳定。

(2) 渗速快，生产周期短，约为固体渗碳时间的一半。

(3) 适合于大批量生产，既可用于贯通式连续作业炉，又可用于周期式渗碳炉，可实现连续生产及渗碳作业的机械化与自动化。

1. 渗碳剂的选择

目前使用的气体渗碳介质可分为两大类：一类碳氢化合物有机液体，如煤油、丙酮、甲醇等，使用时直接滴入渗碳炉中，经裂解后分解出活性碳原子；另一类是吸热性气体，如天然气、煤气、丙烷气等，使用时与空气混合，进行吸热反应，制成可控气氛，进行可控气氛渗碳。

碳氢化合物热裂后产生的渗碳气体，其主要组成是CO、C_nH_{2n+2}(烷类饱和碳氢化合物)、C_nH_{2n}(烯类不饱和碳氢化合物)、H_2、H_2O、O_2、CO_2及N_2。其中N_2为中性气氛；CO、C_nH_{2n+2}、C_nH_{2n}起渗碳作用；其余为脱碳气体。

CO是渗碳气氛中的主要组成物。在渗碳温度下，它将在工件表面分解出活性碳原子，即

$$2CO \rightleftharpoons CO_2 + [C] + Q \tag{4-5}$$

这是一个放热反应，因而随着温度的升高，它分解出活性碳原子的能力是下降的，所以CO是一种较弱的渗碳气氛。

烷类饱和碳氢化合物如甲烷(CH_4)，在渗碳温度下发生分解，析出活性碳原子，即

$$CH_4 \rightleftharpoons 2H_2 + [C] - Q \tag{4-6}$$

这是一个吸热反应，所以升高温度将会提高甲烷的渗碳活性。实践表明，甲烷是渗碳能力很强的气体。

烯类不饱和碳氢化合物如丙烯(C_3H_6)，性质比较活泼，高温下易于发生聚合反应，即

$$2C_3H_6 \rightarrow C_6H_{12} \tag{4-7}$$

反应产物C_6H_{12}是焦油的主要组成物，加热分解析出H_2，并在工件表面形成炭黑或焦炭状的固体物质，阻碍渗碳进行。所以在渗碳气氛中不饱和碳氢化合物的含量应尽量减少。

根据上述分析，可以得出，良好的滴注式渗碳剂应具备的条件如下。

(1) 产气量高。产气量是指在常压下每立方厘米液体产生气体的体积。产气量高的渗碳剂，在炉子装入新的工件时，可以在较短的时间内把炉内的有害气体尽快排出，使炉气尽快达到还原性的渗碳气氛，以防止工件表面氧化而造成渗碳的不均匀。

(2) 碳氧比应大于1。当分子中碳原子数与氧原子数之比大于1时，高温下除分解出大量CO和H_2外，同时还有一定量的活性碳原子析出，因此这种有机液体滴注剂可选作渗碳剂。碳氧比越大，析出活性碳原子越多，渗碳能力越强。如煤油、丙酮和甲醇的产气量依次为0.73L/cm^3、1.70L/cm^{3}和2.10L/cm^3，表明甲醇产气量大，但甲醇的碳氧比为1，而丙酮的碳氧比为3，说明甲醇适合于渗碳初期的排气，而丙酮是渗碳能力强的渗剂。

(3) 碳当量。有机液体滴注剂的渗碳能力除用碳氧比来衡量外，还可用碳当量(产生1mol碳所需要该物质的重量)来表示。碳当量越小，该物质的渗碳能力越强。根据计算渗碳能力按丙酮＞异丙酮＞乙酸乙酯＞乙醇＞甲醇顺序降低。

(4) 产生的炭黑少。渗碳剂分解产物中烯类不饱和碳氢化合物要少到最低限量，通常控制在0.5%以下。若形成的炭黑过多，会造成渗碳不均匀。同时炭黑也会附着于炉罐壁上，降低炉罐的导热性，使渗碳速度降低。

(5) 含硫量低。在渗剂中，硫是极为有害的气体，它一方面可以渗入工件表面，降低渗碳层中的碳浓度，降低渗碳速度，另一方面硫会降低炉罐(Ni-Cr耐热钢)的寿命。镍和硫会形成低熔点共晶体，这将显著缩短炉罐、料框和夹具的使用寿命。因此，渗碳剂中的含硫量应尽量低，如以煤油作为渗碳剂其含硫量应小于0.4%。

2. 气体渗碳工艺规范

1) 滴注式可控气氛渗碳

当用煤油、丙酮等直接滴入渗碳炉内进行渗碳时，由于在渗碳温度热分解时析出的活性碳原子过多，往往不能被工件表面全部吸收，因而在工件表面形成炭黑、焦油等，阻碍渗碳过程的继续进行，造成渗碳层厚度及碳浓度的不均匀等缺陷。为了克服这些缺点，目前采用滴注式可控气氛渗碳，即向渗碳炉中同时滴入两种液体，一种液体产生的气体碳势较低，作为稀释气体；另一种液体产生的气体碳势较高，作为富化气。通过改变两种液体的比例，可使工件表面含碳量控制在所要求的范围内。生产中滴注式气体渗碳时，一般采用煤油或丙酮作为富化气，甲醇作为稀释气。

滴注式气体渗碳过程由排气、强烈渗碳、扩散及降温4个阶段组成。图4.1是20CrMnTi等钢制造的齿轮在井式炉中的滴注式气体渗碳工艺。

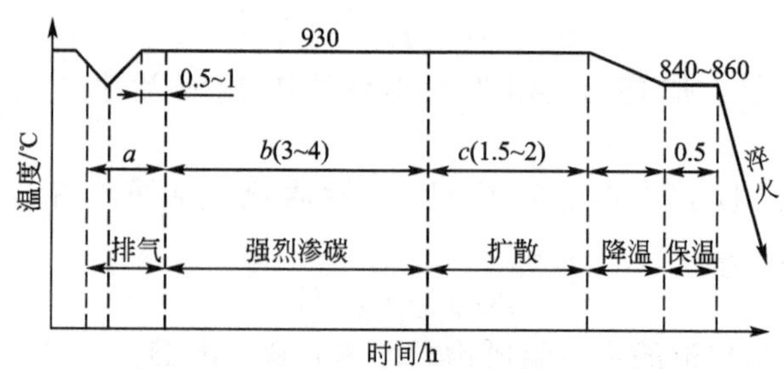

图4.1　井式炉滴注式气体渗碳工艺

(1) 排气阶段。工件入炉后必将引起炉温降低，同时带入大量空气。排气阶段的作用是恢复炉温到规定的渗碳温度，尽快排除炉内空气。通常采用加大渗剂流量的方法，使炉内氧化性气氛迅速减少。在仪表达到渗碳要求的温度后尚需延长30～60min，以使炉内各处温度均匀及工件透烧。排气不好会造成渗碳速度慢，渗层碳含量低等不良后果。

(2) 强烈渗碳。排气阶段结束后，即进入强渗阶段。其特点为渗碳剂滴量多，使炉内碳势远远超过预定的表面碳浓度，即在此高碳势下，让工件表面强烈增碳，造成很高的碳浓度梯度，从而加速渗碳过程的进行。强烈渗碳时间主要取决于渗层深度的要求。

(3) 扩散。在扩散阶段，渗碳剂滴量减少，即保持预定的碳势。扩散的结果是表层碳浓度降低，浓度梯度减小，最后得到所要求的渗层深度及合适的碳浓度分布。

(4) 降温。对于可直接淬火的工件应随炉冷到适合的淬火温度保温15～30min，使工件内外温度均匀后出炉淬火。对于需重新加热淬火的工件，可自渗碳温度出炉后空冷或入冷却坑。

2) 吸热式气氛渗碳

吸热式渗碳气氛渗碳是将碳氢化合物气体与空气按一定比例混合后，在催化剂的作用和外界供热条件下进行吸热反应而制成气氛。作为渗碳气氛需添加富化气来实现，通常用丙烷作为富化气。炉内碳势的控制是通过调整富化气的流量来获得的。由于吸热式气氛需要独立的气体发生设备，一般适用于大批量生产的连续作业炉。

连续式渗碳在贯通式炉内进行。连续式炉气体渗碳工艺是一些专业厂和标准件厂广泛采用的方法。该工艺自动化程度高，产品质量稳定。它与周期性作业炉(井式炉)气体渗碳不同，连续式炉气体渗碳将炉膛分成4个区域，以对应于渗碳过程的4个阶段(加热、渗碳、扩散和预冷淬火)。图4.2为连续作业可控气氛渗碳炉的基本结构，以及炉中不同区域渗碳气氛通入量和炉气碳势测定结果。

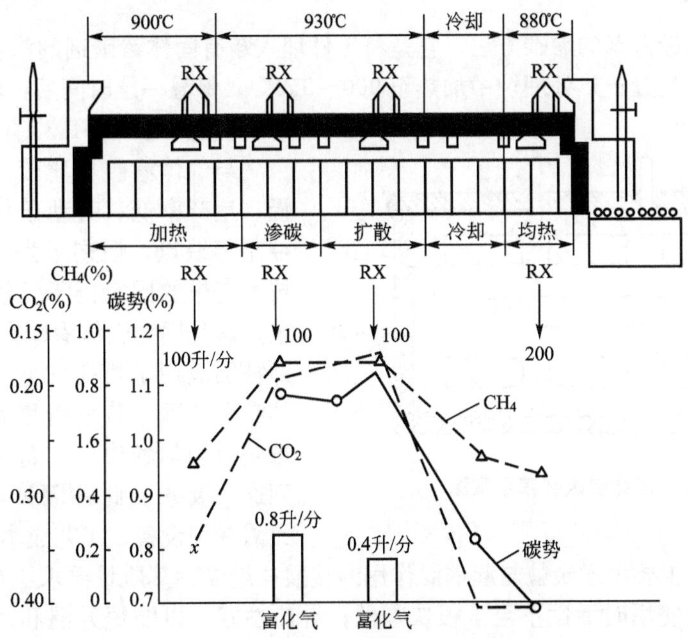

图4.2 连续作业可控气氛渗碳炉及其碳势分布

气体渗碳是近年来发展最快的渗碳方法，目前不仅实现了渗层的可控，而且逐步实现了生产过程的计算机群控，产品质量稳定，工人劳动环境也大为改善。

4.2.4 液体渗碳及固体渗碳

1. 液体渗碳

液体渗碳是在能析出活性碳原子的盐浴中进行的渗碳方法。所用设备为各种内热式及外热式盐炉。

液体渗碳的优点是设备简单，加热速度快，加热均匀，质量易控制，便于渗碳后直接淬火，适合于处理中小型工件或单件小批量生产。缺点是多数盐浴有毒，有损操作人员健康，渗碳过程污染环境，而且废盐处理十分复杂，易造成公害。

渗碳盐浴一般由 3 部分组成。第一部分是加热介质，通常用 NaCl 和 $BaCl_2$ 或 NaCl 和 KCl 混合盐。第二部分是活性碳原子提供物质，常用的是剧毒的 NaCN 或 KCN ，现在大多数使用“603”渗碳剂，其配方是粒度为 100 目的木炭粉，5%NaCl，10%KCl，15%Na_2CO_3 和 20%$(NH_2)_2CO$，达到原料无毒的目的，但反应产物仍有毒。第三部分是催渗剂，常用的是占盐浴总量 5%～30%的碳酸盐(Na_2CO_3 或 $BaCO_3$)。

液体渗碳时，对于渗层要求薄及变形要求严格的工件，渗碳温度可采用 850～900℃，而要求渗层深的工件，渗碳温度应提高，可采用 910～950℃。此外，渗碳过程中盐浴的消耗，除了是由于高温挥发及工件表面附着带出外，还由于化学反应的结果。渗碳过程中发生的化学反应，使盐浴中的 Na_2CO_3 及 NaCl 含量增高，盐浴渗碳能力下降，即产生盐浴老化。此时应取出部分旧盐，添加新盐，降低盐浴中碳酸盐比例。当碳酸盐含量过高时应废弃该盐浴。

2. 固体渗碳

固体渗碳是最古老的渗碳方法。它是将工件埋入装有固体渗碳剂的渗箱内，箱盖用耐火泥密封，然后放置于热处理炉中加热至 900～950℃，保温一定时间后，取出工件淬火的一种工艺方法(图 4.3)。

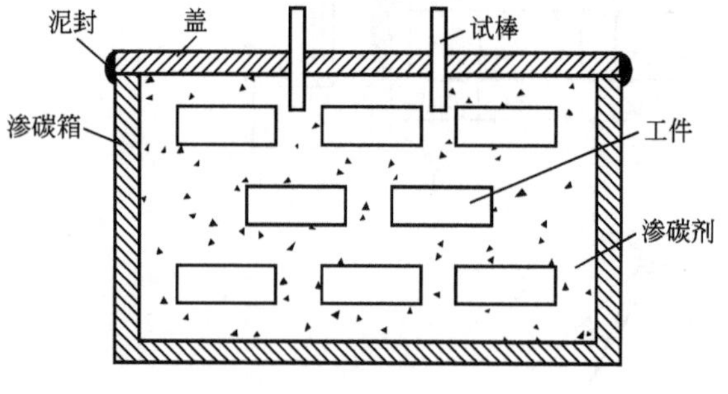

图 4.3 固体渗碳装箱示意图

与气体渗碳相比较，虽然存在渗速慢、生产率低、劳动条件差、质量不易控制等缺点，但迄今为止，即使是工业技术先进的国家仍不乏使用固体渗碳工艺。这是因为固体渗碳有它独特的优点。即特别适用于盲孔、小孔以及细小工件的渗碳处理，若采用其他的渗碳方法很难获得均匀的渗层，而固体渗碳就能达到这一要求。此外固体渗碳简便易行，无需专用设备，工艺成本低。

固体渗碳剂主要由木炭粒与起催渗作用的碳酸盐组成，其质量要求：有一定的渗碳活性，且多次反复使用时活性不至于很快降低；导热性好，以缩短升温和透烧的时间；在渗碳温度下收缩小，且不易烧损；硫、磷含量尽可能少。目前常用的固体渗碳剂成分为 85%～90%木炭粒，10%～15% $BaCO_3$(催渗剂)，3% $CaCO_3$(填充剂)。

4.2.5 渗碳后的热处理

工件渗碳后，形成了表层高碳，心部低碳的工件。为了得到所需的性能，应当进行适当的热处理。根据工件的成分、形状和力学性能的要求不同，渗碳后常采用以下几种热处理方法。

(1) 直接淬火。将工件渗碳后，预冷到一定的温度，然后立即进行淬火冷却的工艺方法称为直接淬火，如图 4.4 所示。预冷的目的是为了减小淬火热应力，并使表面高碳奥氏体在预冷过程中析出部分碳化物，减少渗层中的残余奥氏体，以提高表面硬度和疲劳强度。预冷温度一般取略高于心部成分的 A_{r3} 点，使心部不析出大量的铁素体，以保证心部的强度。

直接淬火的优点是减少加热和冷却的次数，节能，生产效率高，还可减少淬火变形与表层氧化脱碳。但预冷直接淬火只适用于由本质细晶粒钢制成的工件。

(2) 一次淬火。工件渗碳后随炉冷却或出炉坑冷或空冷到室温，然后重新加热淬火的工艺方法称为一次淬火，如图 4.5 所示。重新淬火的加热温度应根据工件性能的要求来确定。对心部强度要求较高的工件，淬火加热温度应选在略高于心部的 A_{c3} 点，目的是细化心部晶粒，心部不出现游离铁素体，表层不出现网状渗碳体。但这一加热温度对表面渗层来说，先共析渗碳体已溶入奥氏体中，淬火后会导致残余奥氏体增多，硬度降低。对心部强度要求不高，而表面要求有较高的硬度及耐磨性时，淬火温度可选在 A_{c1} 和 A_{c3} 之间，约 820～850℃，这样可以同时兼顾表层及心部组织、性能要求。与合金钢相比，碳钢容易过热，因此它的淬火温度要选得稍低一些。

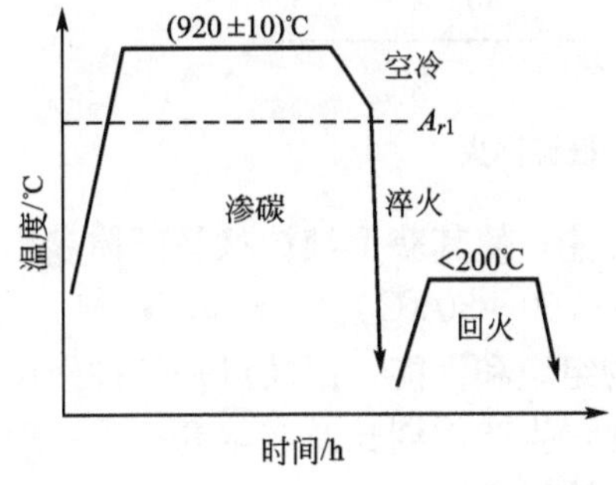

图 4.4 渗碳后预冷直接淬火＋低温回火

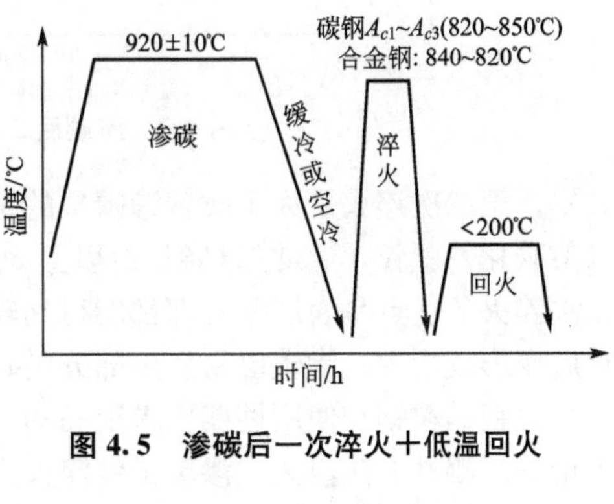

图 4.5 渗碳后一次淬火＋低温回火

对 20Cr2Ni4 和 18Cr2Ni4W 等高合金渗碳钢制成的工件，若渗碳直接淬火，渗层将保留有大量的残余奥氏体。为了减少残余奥氏体量，提高渗碳层的表面硬度，通常在一次淬火加热前进行高温回火，使残余奥氏体发生分解，碳化物充分析出和聚集，具体工艺如图 4.6 所示。

一次淬火的优点是工序较简单，便于操作，质量易于控制。但只能侧重提高心部或侧重改善表面性能，难以同时满足两者的要求。该方法适用于固体渗碳的工件以及气体、液体渗碳的本质粗晶粒钢制成的工件，或某些不宜于直接淬火的工件，以及设备条件不允许直接淬火的工件。渗碳后需要机械加工的工件也采用该方法。

(3) 二次淬火。渗碳工件进行两次加热淬火的工艺方法称为二次淬火(图 4.7)。第一次淬火是为了细化心部组织和消除表层网状碳化物，因此加热温度应选在心部的 A_{c3} 以上

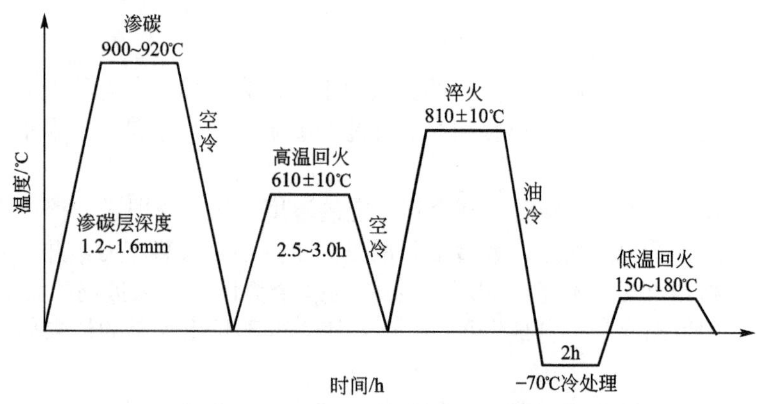

图 4.6　20Cr2Ni4A 钢齿轮渗碳后热处理工艺

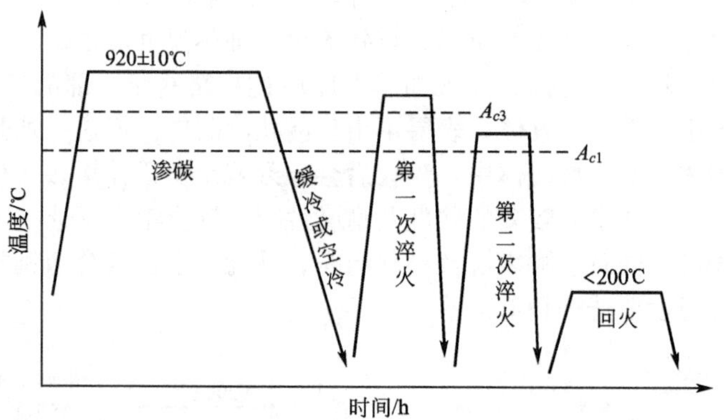

图 4.7　渗碳后二次淬火＋低温回火

30～50℃。第二次淬火是为了改善渗碳层的组织和性能，使其获得细针状马氏体和均匀分布的未溶碳化物颗粒，通常加热到 A_{c1} 以上 30～50℃(750～800℃)。

二次淬火的优点是表层和心部都能得到较满意的组织和性能。但缺点是工件经两次高温加热后变形较严重，渗碳层易发生部分脱碳、氧化，生产周期长及成本高，故一般很少使用，只对粗晶粒钢和使用性能要求很高的工件才用这种方法。

不论采用哪种方法淬火，渗碳工件淬火后均要进行 180～200℃的低温回火，以消除淬火应力。

4.2.6　渗碳层的组织与性能

工件在 920℃下渗碳缓慢冷却后，其渗层组织由表面向内依次是过共析组织、共析组织、亚共析组织(过渡层)，如图 4.8 所示。低碳钢的渗碳层深度一般是指从表面到含碳量为 0.4%(质量分数)处的深度。用金相法测量时，从表面测量到过渡层即 50%珠光体＋50%铁素体处。图 4.9 是 20 钢渗碳随炉冷却后的显微组织。

在正常情况下，渗碳层淬火后的组织从表面到心部依次为马氏体＋粒状碳化物＋残余奥氏体→马氏体＋残余奥氏体→马氏体→心部组织。心部组织在完全淬透的情况下为低碳马氏体；淬火温度较低的为低碳马氏体＋游离铁素体；在淬透性低的渗碳钢中，心部组织为屈氏体(或索氏体)+铁素体。图 4.10、图 4.11 分别是 20 钢渗碳后直接淬火和渗碳后二次淬火的组织。

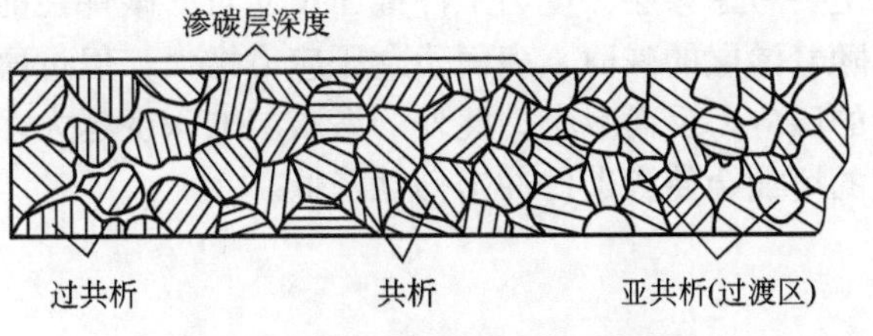

图 4.8 缓冷渗碳层组织示意图

图 4.9 20 钢渗碳随炉冷却的组织 100×

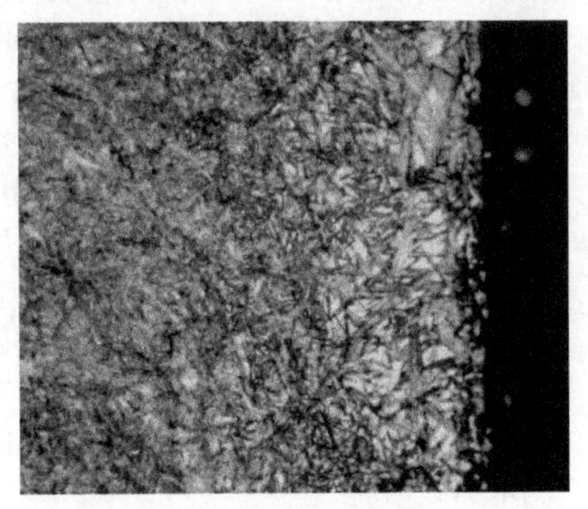

图 4.10 20 钢渗碳后直接淬火 500×

图 4.11 20 钢渗碳后二次淬火 200×

渗碳工件的性能取决于渗层的组织、心部组织及渗碳层与心部的匹配等因素。为了得到良好的综合性能，渗碳层表面含碳量一般希望控制在 0.9%(质量分数)左右且渗层碳浓度梯度要平缓。渗层中的碳化物的数量、分布、大小及形状对渗碳层性能有很大影响。表面粒状碳化物增多，可提高表面的耐磨性及接触疲劳强度。但碳化物数量过多且形态分布不良(呈粗大网状或条块状)，将使冲击韧性、疲劳强度等性能变坏。渗层中残余奥氏体会降低渗层的硬度和强度，但适量的残余奥氏体对渗层的总体性能无害，而且有利。其原因是残余奥氏体的软韧性可以驰豫局部应力，可以延缓裂纹的扩展。目前认为渗层中的残余奥氏体可以在 20%～25%，但不要超过 30%。渗碳工件的心部组织对渗碳工件性能有很

大的影响，合适的心部组织为低碳马氏体，但当工件尺寸较大、钢的淬透性较差时，也允许心部组织为屈氏体或索氏体，视工件要求而定。但不允许有大块状或较多量的铁素体。渗碳层与心部的匹配主要考虑渗层深度与工件截面尺寸对渗碳件性能的影响。在工件截面尺寸不变的情况下，随着渗层的减薄，表面残余压应力增大，但过薄，由于表层马氏体的体积效应有限，表面的压应力反而减小。此外，渗碳层的深度越大，可以承受的接触应力越大。但渗碳层深度的增加会使渗碳件冲击韧性降低。

4.2.7 渗碳新技术

为了提高表面渗碳的效率，缩短工艺周期，提高生产率和得到高质量的工件，目前涌现出了许多渗碳新工艺，如离子渗碳、真空渗碳、高频渗碳和放电渗碳等。

1. *离子渗碳*

离子渗碳是目前渗碳领域较先进的工艺技术，是快速、优质、低能耗及无污染的新工艺。工件渗碳所需活性碳原子或离子可以从热分解反应或通过工作气体电离获得。离子渗碳的供碳剂主要采用 CH_4 和 C_3H_8，以氢气或氮气作为稀释气，渗碳剂与稀释气体之比约为 1∶10，工作炉压控制在 133～532Pa。由于辉光放电及离子轰击作用，离子态的碳活性更高，且工件表面会形成大量的微观缺陷，所以提高渗碳速度。在真空条件下加热，工件的变形量较小，因此，离子渗碳可在较高的温度下进行(1000℃左右)，以缩短渗碳周期。

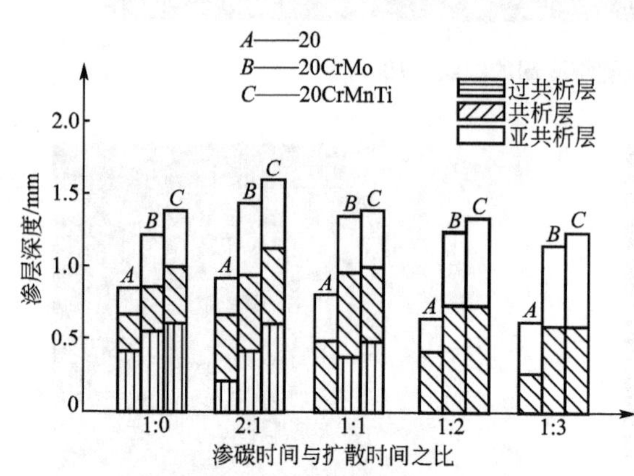

图 4.12 渗扩比对渗层的组织和深度的影响(1000℃ 渗碳 2h)

离子渗碳时，工件表面极易建立起高碳势，为了获得理想的表面碳浓度及渗层碳浓度分布，一般离子渗碳可采用强渗与扩散交替的方法进行。强渗与扩散时间之比(渗扩比)对渗层的组织和深度影响较大(图 4.12)。渗扩比过高，表层易形成块状碳化物，并阻碍碳原子进一步向内扩散，从而使渗层深度较小；渗扩比太小，表层供碳不足，也会影响渗层深度及表层组织。生产实践表明合适的渗扩比为 2∶1 或 1∶1，对深层渗碳工件，扩散所占比例应适当增加。

离子渗碳处理温度较高，单纯采用辉光放电加热工件所需电流很大，处理过程中极易转变为弧光放电而无法正常工作，所以通常离子渗碳炉都具有辉光放电和电阻加热两套电源。其中工件升温和保温的热量由电阻加热供应，而辉光电源在提供离子渗碳过程中形成等离子体的能量。工件渗碳完成后可直接进入设备的淬火室，在真空条件下进行淬火，从而保证工件的表面质量。

2. *真空渗碳*

新发展起来的真空渗碳工艺能够缩短热处理时间，提高工件的力学性能，并具有与离子渗碳相似的许多优点。真空渗碳是在真空中进行的一个不平衡的增碳扩散型渗碳工艺。与气体渗碳相比，真空渗碳完全没有氧存在，工件表面很洁净，渗层均匀。由于处理温度高，渗碳时间可显著缩短。

真空渗碳工艺过程如下。

(1) 工件装炉后先排气，使真空度达到1.33Pa，然后加热到渗碳温度1030～1050℃保温，使工件温度均匀化。

(2) 向炉内通入气态渗碳介质，使炉内气压达到4×10^4Pa进行渗碳。渗碳结束后，将炉内气压降到1.33Pa，进行扩散处理。

(3) 渗碳和扩散处理结束后，向炉内通入N_2，冷到550～660℃后重新在真空条件下加热到淬火温度以细化晶粒。当淬火加热保温结束后，再一次通入N_2，随后将工件进行油淬。

4.2.8 渗碳件质量检查及渗碳层常见缺陷及对策

1. *渗碳件质量检查*

大多数渗碳工件的检查主要有以下几个方面。

(1) 硬度。它包括工件表面、心部及防渗部位的硬度，这些硬度在淬火和低温回火后测量。渗层表面硬度应大于58HRC，工件的硬度一般用洛氏硬度计测量，渗层较薄时应采用显微硬度计测量。对于渗碳齿轮，表面硬度应以齿顶的表面硬度为准；对斜齿及圆锥齿轮，可用齿端面处硬度代替，硬度值在58～63HRC为合格。齿轮心部的硬度值在33～48HRC为合格，检查部位应以距齿根1/3的齿中心线附近为准。

(2) 渗碳层深度。碳素钢渗碳层的总深度是过共析层＋共析层＋1/2过渡区之和，且过共析层加共析层深度之和不得小于总深度的75%；合金钢渗碳层则包括整个过渡区，即从表面测至出现心部原始组织处为止。测量方法可采用“金相法”(如前所述)，该方法的优点是可以清楚地看到渗碳层的组织，而且渗碳层深度的测量也比较准确；也可采用“有效硬化层深度测定法”，按照GB/T 9450—2005《钢件渗碳淬火硬化层深度的测定和校核》中的规定，工件渗碳淬火后有效硬化层深度为从工件表面到维氏硬度为550HV处的垂直距离，测定硬度所采用的载荷为9.8N。该方法的优点是可直接体现工件的最终力学性能，比用金相法在渗碳后测量总深度更加切合实际。

(3) 金相组织检验。渗碳件的金相组织检查，包括淬火马氏体针的粗细，碳化物的数量和分布特征，残余奥氏体的数量，以及心部游离铁素体的数量、大小和分布等项目。

① 碳化物的评定以齿顶尖角处为准，共分8级。对无冲击负荷的工件1～6级合格，对承受冲击负荷的工件1～5级合格。1级的碳化物数量较少，呈细小粒状分布；2级的碳化物呈细小粒状，均匀分布；3级的碳化物呈细小块状，均匀分布；4级的碳化物呈中等块状，密集分布；5级的碳化物呈较大块状，个别处呈断续网状分布；6级的碳化物呈大块状，个别处呈断续网状分布；7级的碳化物呈连续网状分布；8级的碳化物呈粗大网状分布。

② 马氏体和残余奥氏体级别，也分为8级，1～5级为合格。其级别主要根据马氏体针的大小和残余奥氏体量的多少而定。1级马氏体针细小，残余奥氏体量极微，8级马氏体针粗大，残余奥氏体量很多。

③ 心部铁素体的级别也分为8级。其标准是根据铁素体的大小、形状和数量而定的，1级无明显游离铁素体，8级出现大量块状及条状铁素体。按标准图谱评定汽车齿轮心部

铁素体级别，对模数≤5 的齿轮，1～4 级合格；模数>5 的齿轮，1～5 级合格。

2. 渗碳层常见缺陷及对策

由于渗碳处理的时间长，温度高，工艺过程复杂，因此影响渗碳质量的因素较多，为便于分析渗碳过程中出现质量缺陷的原因，及时处理存在的问题，有利于指导渗碳的工艺技术，现将一般渗碳过程中常见的缺陷归纳为表 4-3，供参考。

表 4-3　渗碳工件常见缺陷及对策

缺陷形式	形成原因	纠正措施	返修方法
表层粗大或网状碳化物	渗碳剂活性太高或渗碳保温时间过长	合理控制炉内碳势，并有足够的扩散时间和适当提高淬火温度	① 在降低碳势气氛下延长保温时间，重新淬火 ② 高温加热扩散后再淬火
表面大量残余奥氏体	淬火温度过高，奥氏体中碳及合金元素含量较高	合理选择钢材，对炉温、碳势、淬火温度、冷却方法、回火温度、是否冷处理等进行适当的调整和严格控制	① 冷处理 ② 高回火后，重新加热淬火 ③ 采用合适的加热温度，重新淬火
表面非马氏体组织	渗碳介质中的氧向钢中扩散，在晶界上形成 Cr、Mn 等元素的氧化物，致使该处合金元素贫化，淬透性降低，淬火后出现黑色网状组织	渗碳工件入炉前，应严格控制渗碳介质中氧化物含量	① 当非马氏体组织出现处深度<0.02mm 时，可用喷丸处理强化补救 ② 出现深度过深时，重新加热淬火
表面脱碳	① 固体渗碳时密封不严 ② 气体渗碳时炉体漏气，流量小	① 提高渗碳箱或气体渗碳炉的密封性 ② 渗碳后工件应以较快的速度冷却或直接淬火	① 在正常的渗碳温度下短时间的表面补碳 ② 喷丸处理(适合于脱碳层<0.02mm)
渗层深度不够	① 炉温低，渗剂活性低 ② 炉子漏气或渗碳盐浴成分不正常	① 工件出炉前应检查随炉试样，达到要求渗层后出炉 ② 加强炉温校验及炉气成分或盐浴成分的检测	补渗
渗层深度不均匀	① 炉温不均匀 ② 件表面的锈蚀、氧化皮、油污未清理干净 ③ 炉内气氛循环不良 ④ 固体渗碳时渗碳箱内温差大催渗剂拌和不均匀	① 改善炉温的均匀性 ② 渗碳前确保工件表面洁净 ③ 加强炉内气氛循环 ④ 控制渗碳箱的尺寸，渗碳剂充分搅拌	—

（续）

缺陷形式	形成原因	纠正措施	返修方法
表面腐蚀和氧化	① 渗碳剂中硫或硫酸盐含量高 ② 液体渗碳后工件表面粘有残盐 ③ 工件高温出炉保护不当引起氧化	① 严格控制渗剂及盐浴成分 ② 对工件表面及时清洗	—
表面硬度低	① 表面碳浓度低或表面脱碳 ② 残余奥氏体量过多 ③ 表面形成托氏体网	—	① 表面碳浓度低进行补碳 ② 残余奥氏体量多采用高温回火或淬火后补一次冷处理 ③ 表面有托氏体网，进行重新加热淬火

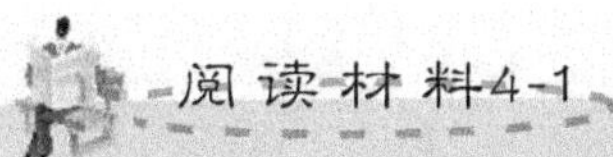

由于常规渗碳很难控制碳化物的形态，表面含碳量越高，渗层往往出现网状碳化物，使工件的力学性能变差。为了克服常规渗碳工艺的缺点，改善常规渗碳的渗碳层组织和性能，以提高产品的质量，人们开展了高浓度渗碳工艺的研究。

高浓度渗碳是渗碳钢在高温的奥氏体状态下，表面和渗碳气体接触，碳渗入钢中，使表面含碳量达到2%～3%的渗碳方法。与常规渗碳工艺相比，高浓度渗碳层析出大量弥散分布的细小颗粒状碳化物，比常规渗碳层具有更好的耐磨性、耐蚀性，更高的接触疲劳强度，更好的冲击韧性和较低的脆性。

来源：徐建军 . 20CrMo钢高浓度渗碳研究[J]. 安徽电子信息职业技术学院学报，2010，9(5)：31～32.

4.3 钢的渗氮

钢的渗氮是在一定温度下，使活性氮原子渗入到工件表面的一种化学热处理方法，通常也称为氮化。渗氮的发展虽比渗碳迟，但如今却已获得十分广泛的应用，不但应用于传统的渗氮钢，还应用于不锈钢、工具钢和铸铁等。

4.3.1 工件渗氮后的特性

由于渗氮改变了工件表面的组织状态，使钢铁材料在静载荷和交变应力下具有高的硬度、耐磨性、疲劳强度和耐蚀性能，所以渗氮广泛应用于各种精密的高速传动齿轮、高精度机床主轴和丝杠及曲轴等工件。工件经渗氮处理后具有如下特点。

(1) 具有高的表面硬度及耐磨性。当采用含铬、钼、铝的合金渗氮钢时，渗氮后的硬度可达1000～1100HV(相当于65～72HRC)，且这种性能可以维持到相当高的温度(600～650℃)而不明显下降。这对于要求在较高温度下仍要求有高硬度和高耐磨的工件如压铸模、塑料挤出机上的螺杆等是非常适合的。而渗碳淬火后的硬度只有58～62HRC，且渗碳碳层的硬度在200℃以上便会急剧下降。

(2) 具有高的疲劳强度和耐腐蚀性。与其他表面处理相比，渗氮后工件的表面残余压应力更大，故渗氮后可获得较高的疲劳强度，一般可提高25%～30%，若渗氮后表层高频感应加热淬火，疲劳强度可提高50%。由于钢件渗氮后表面能形成化学稳定性高而致密的ε化合物层，因而在大气、水分、过热蒸汽及碱性溶液中具有较高的耐蚀性能。

(3) 工件变形小。渗氮一般在铁素体状态下进行，氮化温度较低，常在500～600℃，渗氮过程中工件心部未发生相变，渗氮后一般随炉冷却，不再需要任何热处理，即渗层直接获得高硬度，避免了淬火引起的变形。因此渗氮处理的工件变形小，适合精密工件的最终热处理。

工件渗氮的主要缺点是生产周期长(几十个小时)，生产成本高，渗氮层较薄(一般在0.5mm左右)，且脆性高，故渗氮件不能承受太高的接触应力和冲击载荷。

4.3.2 渗氮原理

1. 渗氮层中的相

铁氮状态图是研究钢渗氮的基础。渗氮层可能形成的相即组织结构，以及它们的形成规律，都是以铁氮状态图为依据的。图4.13为Fe-N状态图，表4-4给出了Fe-N系中可以形成的相及其性质。

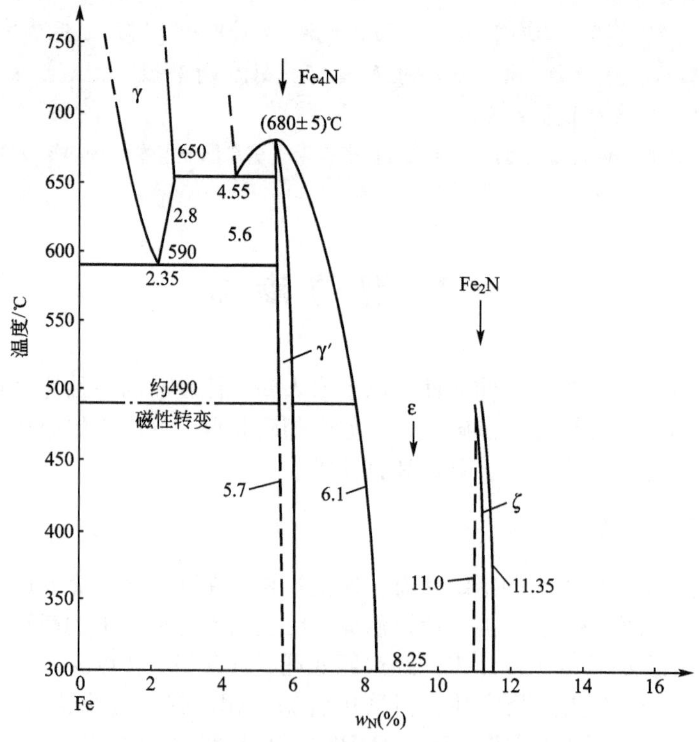

图4.13　为Fe-N状态图

从图中可以看出，在Fe-N系中有两个共析转变温度：在650℃时，$\varepsilon \rightarrow \gamma + \gamma'$；590℃时，$\gamma \rightarrow \alpha + \gamma'$。当$\gamma$从高于590℃的温度迅速冷却时将发生马氏体转变，得到含氮马氏体(α')，如同含碳奥氏体转变为马氏体一样。含氮马氏体是氮在α-Fe中的过饱和固溶体，具有体心正方结构。

表4-4　Fe-N系中各相的性质

相	含义	晶体结构	氮含量(%)(质量分数)	主要性能
α	氮在α-Fe中的间隙固溶体(含氮铁素体)	体心立方	590℃时达到最大值0.11，室温下降至0.004	具有铁磁性
γ	氮在γ-Fe中的间隙固溶体(含氮奥氏体)	面心立方	≤2.8	存在于共析温度之上，硬度约为160HV
γ'	可变成分的间隙化合物(Fe_4N)	面心立方	5.7～6.1	具有铁磁性，脆性小，硬度约为550HV
ε	含氮量很宽的化合物($Fe_{2\sim3}N$)	密排六方	8.25～11.0	脆性稍大，耐蚀性较好，硬度约为265HV
ζ	间隙化合物(Fe_2N)	斜方	11.1～11.35	脆性大，硬度约为260HV

2. 钢的渗氮过程

钢铁的渗氮过程和其他化学热处理过程一样，包括分解、吸收和扩散3个主要过程。但对于气体渗氮来说，主要是渗剂中的扩散、界面反应及相变扩散。

氨气是使用最多的渗氮介质，在渗氮温度下，氨是亚稳定的，它发生如下分解反应。

$$2NH_3 \rightleftharpoons 3H_2 + 2[N] \tag{4-8}$$

当活性氮原子与铁原子相遇时，则发生如下反应。

$$Fe + [N] \rightleftharpoons Fe(N) \tag{4-9}$$

$$4Fe + [N] \rightleftharpoons Fe_4N \tag{4-10}$$

$$(2\sim3)Fe + [N] \rightleftharpoons Fe_{2\sim3}N \tag{4-11}$$

$$2Fe + [N] \rightleftharpoons Fe_2N \tag{4-12}$$

通氨渗氮时，工件表面吸收大量氮原子后，溶入铁素体，在表面首先形成含氮铁素体，当氮浓度达到γ'或ε氮化物的饱和氮浓度时，会出现相应的氮化物。在渗氮过程中，渗氮层表面氮浓度未达到α-Fe的溶解度极限前，渗层为α-Fe组织，此时进行的是纯扩散。当氮浓度超过α-Fe的溶解度时，表面出现γ'相，此时扩散和相变同时进行，即为相变扩散。

4.3.3　渗氮层的组织和性能

纯铁渗氮层的组织结构可以根据Fe-N相图来进行分析。

纯铁在500～590℃范围渗氮时，若表面氮原子能充分吸收，则根据相图渗层由表面至中心相组成依次为ε→γ′→α相，若从渗氮温度缓慢冷却到室温，由于在冷却过程中将由α相中析出γ′相及ε相中析出γ′相，故渗层组织由表及里依次为ε→ε+γ′→γ′→γ′+α→α，若从渗氮温度快冷到室温，渗氮温度下的相将被保留到室温而不发生变化。

纯铁在590～680℃范围渗氮时，渗层由表面至中心相组成依次为ε→γ′→γ→α相。若自渗氮温度缓慢冷却到室温，渗层组织由表面至中心依次为ε→ε+γ′→γ′→γ′+α→α。但此处γ′+α的两相区较宽，因为它包含了γ相区，渗氮后缓冷过程中γ相在590℃发生共析转变得到(γ′+α)共析组织。若自渗氮温度快冷到室温，γ相将转变成马氏体，其他相不变，因此渗层组织由表面至中心依次为ε→γ′→α′(含氮马氏体)→α相。渗氮层外层的ε相和γ′相，用3%～5%的硝酸酒精腐蚀呈光亮的白色，所以称为白亮层；氮化物弥散分布于铁素体基体上的组织为扩散层。

纯铁渗氮后以含氮马氏体的硬度为最高，约700HV；其次为γ′相，接近于500HV；ε相硬度低于300HV。

合金钢渗氮时，渗氮层的形成基本上类似于纯铁渗氮。不同点是此时的氮不仅与铁发生作用，而且与合金元素也发生作用。如果在590℃以下渗氮，氮首先溶入α-Fe中，形成α相，当氮浓度达到α-Fe的饱和浓度后，按照氮与合金元素亲和力的强弱，依次形成氮化物，最后形成铁的氮化物。继续渗氮α相转变成γ′相，当γ′相达到饱和溶解度后，就形成ε相。

合金钢工件渗氮处理后渗氮层具有高的硬度和耐磨性、高的疲劳强度和耐蚀性能。渗氮层的主要组织是α相及和它共格联系的氮化物。氮对提高α-Fe硬度的作用并不显著，只有γ′相和含氮马氏体才具有高的硬度。因此，渗层的高硬度和耐磨性是由于表面形成了ε相、过饱和氮对α-Fe的时效强化以及合金元素与氮的交互作用和形成与母相共格的合金氮化物弥散强化的作用。此外，渗层抗回火的能力一般可保持到渗氮温度，所以渗氮表面在500℃下可长期保持高硬度，短时加热到600℃，其硬度也不降低。渗层高的疲劳强度是因为表面形成了比容较大的高氮相，使渗氮层体积增大，从而造成表面有较大的残余压应力，减少了疲劳裂纹的产生。渗层良好的耐蚀性是由于表面形成了致密的ε相，它可耐大气、自来水、蒸汽及碱溶液的腐蚀，但当表层以γ′相为主时，耐蚀性较差。

4.3.4 气体渗氮工艺

一般渗氮工件的工艺路线是锻造→退火或正火→粗加工→调质→精加工→渗氮。渗氮后一般不再加工，有时为了消除渗氮缺陷，附加一道研磨工序。对于精密工件，在渗氮前的几道精机械加工工序之间应进行一、二次消除应力处理。

井式炉是典型的气体渗氮或氮碳共渗用炉，其渗氮装置如图4.14所示。在实际生产中，这种炉子基本满足了温度均匀、气体循环过程可控、可靠地供气和安全生产的工艺要求。井式炉适用于处理绝大多数形状尺寸各异的工件，由于密封性好，所以气体消耗较少，特别适用于长周期渗氮。目前先进的井式多用炉，其设备控制全由计算机完成，操作人员只要输入工件的材料及渗层要求，计算机就可控制处理工艺，实现可控气氛渗氮。

渗氮工件在装炉前应进行清洗，一般用汽油或酒精等去油。工件表面不得有锈蚀及油污。此外，根据使用和后续加工的要求，工件的一些部位不允许渗氮，因此，在渗氮前必须对非渗氮部位进行保护处理，常用的方法有镀锡、镀铜、镀镍以及涂防渗涂料等。

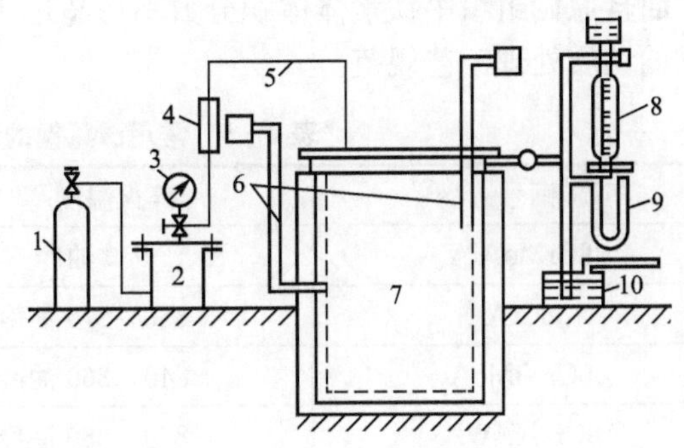

图 4.14 气体渗氮装置

1—氨气瓶 2—干燥箱 3—氨压力表 4—流量计 5—进气管 6—热电偶 7—渗氮罐 8—氨分解率测定仪 9—U形压力机 10—泡泡瓶

1. *渗氮用钢及预备热处理*

氮化钢多为碳含量偏低的中碳铬钼铝钢。在渗氮过程中渗氮钢中的合金元素均能与氮原子结合形成颗粒细小、分布均匀、硬度及稳定性很高的氮化物，因而工件表面有极高的硬度和耐磨性，其中铝的强化效果最好。就氮化物的稳定性而言，铝、铌、钒元素所形成的合金氮化物最稳定，其次是铬、钼、钨的合金氮化物。合金元素对渗氮层深度和表面硬度的影响如图 4.15 所示。不含铝时，形成的渗氮层脆，容易剥落。要得到满意的渗氮层，钢中要含1%左右的铝。铬、钼、锰元素提高了淬透性，以满足调质处理要求。钼、钒使调质后的组织在长时间渗氮处理时保持稳定，也防止了钢的高温回火脆性。

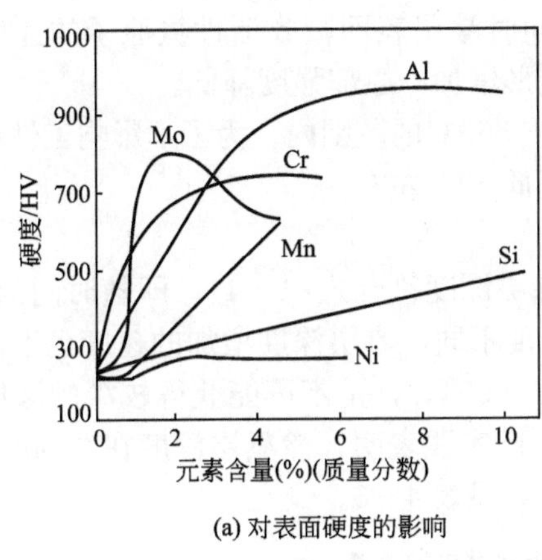

(a) 对表面硬度的影响

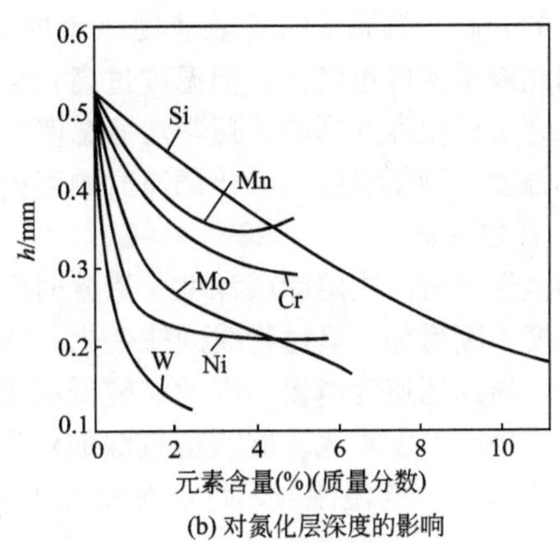

(b) 对氮化层深度的影响

图 4.15 合金元素对渗氮层的影响(550℃氮化 24h)

典型的渗氮用钢为 38CrMoAlA，对于要求高耐磨性高精度的工件，要有高硬度且稳定的渗氮层，通常都使用此钢。仅要求高疲劳强度的工件，可采用不含铝的 CrMo 型氮化钢，如 35CrMo、40CrV、40Cr 等。

为了保证渗氮后的工件具有良好的综合力学性能以及使用过程中的尺寸稳定性，渗氮前工件必须进行调质热处理以得到稳定的回火索氏体组织。这样的组织也能为获得好的氮化层作组织准备。在确定调质工艺时，淬火温度根据钢的 A_{c3} 决定，淬火介质由钢的淬透性决定，回火温度的选择不仅要考虑心部的硬度，而且还要考虑其对渗氮层性能的影响。一般调质后，表面不允许出现游离铁素体，否则渗氮时易形成针状氮化物，使氮化层变脆，而且原始组织中铁素体体积分数不得超过 15%，以保证心部强度。表 4 - 5 是常用渗氮钢的调质处理工艺规范。

表 4 - 5　常用渗氮钢的调质处理工艺规范

钢号	淬火温度/℃	回火温度/℃
38CrMoAlA	950 油冷	640 空冷
38CrA	850～870 油冷	510～550 空冷
40CrNiMoA	840～860 油冷	540～590 空冷
18Cr2Ni4WA	860～880 油冷	520～560 油或水冷
50CrVA	850～870 油冷	440～480 油冷
40Cr	850～870 油冷	580～600 空冷

2. 气体渗氮工艺参数

渗氮温度、保温时间和氨分解率是渗氮过程中极其重要的工艺参数，它们直接影响到工件的渗氮层硬度、深度及工件的使用性能，因此生产中必须加以控制。

1) 渗氮温度

渗氮温度对渗氮层表面硬度、深度及工件的变形量有很大的影响。渗氮层的高硬度主要取决于氮化物的弥散分布。合金氮化物聚集长大会引起弥散度的减小，使氮化层的硬度降低，在 590℃以上氮化物强烈聚集长大，弥散度显著降低，硬度下降十分明显。随着渗氮温度的升高，氮原子的扩散速度显著增大，同时渗层表面吸收活性氮原子的速度也加快，因此渗层深度也增加。但温度过高，会使变形增加，心部强度降低。

综合考虑温度的影响，通常渗氮温度在 480～560℃的范围内。为了不影响工件调质后的心部强度，渗氮温度一般比调质时的回火温度低 50℃左右。

2) 渗氮时间

渗氮保温时间决定渗层深度。渗氮时间与渗层深度符合式(4 - 4)，即随时间的延长，渗层深度不断增加，呈抛物线规律变化。渗氮温度不同，渗层深度增加的速度也不同，温度越低，增加的速度越慢。因此在较低温度下(<500℃)，是不可能获得较深的渗层深度的，只有提高温度渗氮才能获得较深的渗层。生产实践表明，渗氮层深度在 0.5mm 以内应用 510～530℃等温渗氮，每小时渗入 0.01mm，见表 4 - 6。

表 4 - 6　渗氮时间与渗层深度的关系

渗氮时间/h	10	20	50	80	100
渗氮层深度/mm	0.15	0.3	0.5	0.65	0.70

渗氮时间的确定是一个多因素的工艺参数，要通过生产实践才能得到正确的工艺参数。从节能及渗氮效果来看，一般渗氮时间不超过 80h，因为再增加时间对渗氮层深度的影响已不明显。

3) 氨分解率

用 NH_3 或 NH_3+H_2 混合气体进行气体渗氮时，NH_3 按照式(4 - 8)，反应生成活性氮原子。因此，工程上定义 $r=P_{NH3}/(P_{H2})^{3/2}$，其中 r 表示氮势；P_{NH3} 和 P_{H2} 分别表示炉

内混合气体中 NH_3 和 H_2 的分压。在一定温度渗氮时，形成 γ' 相或 ε 相的临界氮势是一确定值。因此，r 可以作为衡量含 NH_3 气体供氮能力的参量。氮势的控制实质上是对炉气中 NH_3 和 H_2 分压的控制。

生产中渗氮时，一般采用控制氨分解率的方法来控制氮势，即通过改变氨流量来控制氨分解率，从而达到控制气氛渗氮能力的目的。氨分解率是指在一定的渗氮温度下，氨气分解产生的氮气和氢气的混合气体占炉气总体积的百分比，即

$$\text{氨分解率}=\frac{\text{氢气体积}+\text{氮气体积}}{\text{炉气总体积}}\times 100\% \tag{4-13}$$

氨分解率有一个合适的范围。若氨分解率过低，大量的氨来不及分解，提供活性氮原子的机率小；若氨分解率过高，炉气中几乎全部由分子态的 N_2 和 H_2 组成，同样提供的活性氮原子少，同时大量的 H_2 吸附在工件表面也会阻碍氮的渗入。此外，在一定范围内，提高氨分解率虽然会增加渗层硬度，但会导致脆性增加。表 4-7 给出了渗氮温度与合适的氨分解率范围。

表 4-7　渗氮温度和氨分解率的合适范围

渗氮温度/℃	500	510	525	540	600
氨分解率(%)	15～25	20～30	25～35	35～50	45～60

渗氮过程中，氨分解率的变化直接反映了渗氮过程是否正常。氨流量越大，在炉内停留的时间越短，则氨分解率越低。当氨流量一定时，渗氮温度提高则氨分解率增大。此外如果渗氮罐的表面有氧化皮，则它会起到合成氨反应的催化作用，从而降低氨分解率。因此使用一段时间后应对其进行退氮处理。

为了减小渗氮层的脆性，需要正确控制渗氮层的氮含量，用氨分解率来控制氮势，其不足就是控制精度不高，难以保证渗氮层的组织和性能。目前采用计算机控制技术实现了可控渗氮工艺，在生产上取得了良好的效果。

3. 渗氮工艺方法

根据渗氮目的的不同，渗氮工艺方法分成两大类：一类是以提高工件表面硬度、耐磨性及疲劳强度等为主要目的而进行的渗氮，称为强化渗氮；另一类是以提高工件表面耐蚀性能为目的的渗氮，称为防腐渗氮。

1) 强化渗氮

强化渗氮工艺要求工件的渗氮层深度较深，通常为 0.4～0.7mm，渗氮温度范围 500～570℃，渗氮温度越高，则氮原子的扩散速度越快，硬度沿截面的分布较平坦。常用强化渗氮工艺方法有 3 种：等温渗氮、二段渗氮及三段渗氮。其工艺如图 4.16 所示。

等温渗氮［图 4.16(a)］是在同一渗氮温度下长时间保温进行的渗氮。在渗氮开始的前 20 小时里，是表层形成氮化物阶段，采用较低的氨分解率(18%～25%)，可以获得高硬度的表层。中期的 50 小时，是表层的氮原子向内扩散，增加渗氮层深度，可以采用较高的氨分解率(30%～40%)，这样可适当降低渗氮层的表面氮浓度，以降低渗氮层的脆性。最后的 2 小时，采用高的氨分解率(70%～85%)进一步降低渗氮层脆性，称为退氮处理。

等温渗氮工艺简单，操作容易，工件表层硬度高，变形小。缺点是氮化温度低，因而渗氮速度慢，生产周期长，成本高。它适用于尺寸精密，硬度高的工件，如镗床主轴、螺杆、套筒等工件。

二段渗氮［图 4.16(b)］是为了克服等温渗氮速度太慢的缺点而发展起来的渗氮工艺。第一阶段取低温(510～520℃、15～20h)、用高氮势(低分解率，18%～25%)，目的是使表面迅速吸收大量氮原子，形成大的浓度梯度以加大扩散驱动力，并使工件表面形成弥散度大、硬度高的合金氮化物；第二阶段取高温(550～560℃、25～30h)、用低氮势(高分解率，40%～60%)，以加快扩散和调整表面氮含量，增加氮化层深度，缩短渗氮时间。由于第一阶段形成的氮化物稳定性高，在第二阶段的升温并不会引起氮化物的显著长大和聚集。后期的 2 小时，仍进行退氮处理，以降低渗氮层的脆性。

二段渗氮和等温渗氮相比，表面硬度稍低，变形略有增大。但氮化速度明显加快，适用于氮化层较深，批量较大的工件。

三段渗氮［图 4.16(c)］是为了使二段渗氮后表面氮浓度有所提高从而提高其表面硬度的渗氮方法。渗氮的前两个阶段的目的与二段渗氮相同，在二段渗氮后期再次降低温度和氨分解率起补氮作用，以提高渗氮层硬度，同时也增加渗氮层深度。

三段渗氮的渗氮速度快，生产周期短，渗氮层脆性较小，但变形较大，工艺复杂，在硬度、韧性等方面都比等温渗氮差。

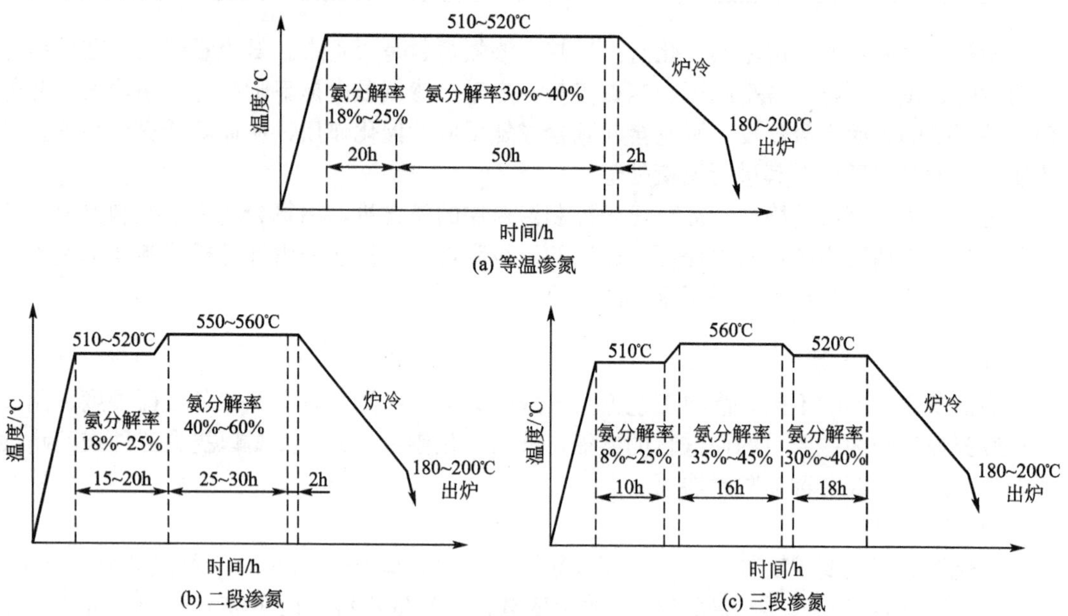

图 4.16　38CrMoAl 钢强化渗氮工艺

综上所述，气体渗氮后的性能与渗氮工艺密切相关，实际生产时应根据工件的使用要求选择合适的渗氮工艺。表 4-8 是常用合金钢气体的渗氮工艺，仅供参考。

2）防腐渗氮

防腐渗氮是为了使工件表面获得 0.015～0.06mm 厚的致密的化学稳定性高的 ε 相层，以提高工件的耐腐蚀性。

表 4-8 常用结构钢和工具钢气体的渗氮工艺

材料	渗氮工艺参数				渗层厚度/mm	表面硬度/HV	典型工件
	阶段	温度/℃	时间/h	氨分解率(%)			
38CrMoAl		510±10	35	20～40	0.30～0.35	1000～1100	镗杆
		510±10	80	30～50	0.50～0.60	≥1100	活塞杆
	1	515±10	25	18～25	0.40～0.60	850～1000	十字销、卡块
	2	550±10	45	50～60			
	1	510±10	20	15～35	0.50～0.75	>750	汽缸筒
	2	560±10	34	35～65			
	3	560±10	3	80			
35CrMo	1	505±10	25	18～30	0.50～0.60	650～700	曲轴
	2	520±10	25	300～50			
50CrVA		460±10	15～20	10～20	0.15～0.25		弹簧
40Cr		490±10	24	15～35	0.20～0.30	≥550	齿轮
18 Cr2Ni4A		500±10	35	15～30	0.25～0.30	650～700	轴
3Cr2W8V		535±10	12～16	25～40	0.15～0.20	1000～1100	模具
Cr12MoV	1	480±10	18	14～27	≥0.20	700～800	
	2	530±10	22	30～60			
Cr18Si2Mo		570±10	35	30～60	0.20～0.25	≥800	要求耐磨的抗氧化件
W18Cr4V		515±10	0.50～1	20～40	0.01～0.025	1100～1300	刀具

氮化物 ε 相是否致密对渗氮层的耐腐蚀性能有很大影响，ε 相过薄或 ε 相不致密均能导致工件耐腐蚀性能的降低。防腐渗氮控制的工艺参数与强化渗氮相同，只是渗氮温度较高，这样有利于致密的 ε 相的形成，也有利于缩短渗氮时间。但温度过高，表面含氮量会降低，ε 相中易出现疏松孔，导致耐腐蚀性降低。此外，渗氮后冷速过慢，由于 ε 相中会析出 γ' 相，使渗氮层孔隙度增加，降低耐蚀性，故对于形状简单不易变形的工件应尽量采用快冷。表 4-9 是常用材料的防腐渗氮工艺。

表 4-9 常用材料的防腐渗氮工艺

钢号	渗氮温度/℃	渗氮时间/min	氨分解率(%)	渗氮工件名称
08，10，15	600	60～120	35～55	拉杆、销子、螺栓、蒸汽管道、阀门等
20，25，30	650	45～90	45～65	
40，45，40Cr	700	15～30	55～75	

4.3.5 不锈钢与耐热钢的渗氮

为了提高不锈钢和耐热钢工件的表面硬度和耐磨性，常进行渗氮处理。不锈钢和耐热钢的铬含量及镍含量较高，与空气作用会在表面形成一层致密的氧化膜(钝化膜)，这种膜会阻碍氮原子的渗入。因此，去除钝化膜是不锈钢和耐热钢渗氮的关键之一。生产中通常采用的方法有机械法和化学法两大类。

(1) 喷砂。工件在渗氮前用细砂在0.15～0.25MPa的压力下进行喷砂处理，直至表面呈暗灰色，清除表面灰尘后立即放入渗氮炉中。

(2) 磷化处理。渗氮前对工件进行磷化处理，可破坏金属表面的钝化膜，形成多孔的磷化层，有利于氮原子的渗入。

(3) 渗氮炉中还原钝化膜。在渗氮罐内预先放入固态氯化铵(NH_4Cl)，在渗氮温度下，通过氯化铵分解出来的氯化氢气体，去除工件表面的钝化膜，化学反应如下。

$$NH_4Cl \rightarrow NH_3 + HCl \tag{4-14}$$

$$Cr_2O_3 + 6HCl \rightarrow 2CrCl_3 + 3H_2O \tag{4-15}$$

$$CrCl_3 + 3NH_3 \rightarrow CrN + 3HCl \tag{4-16}$$

氯化铵不但能去除工件表面的钝化膜，而且还形成氮化物，加速渗氮过程。氯化铵用量一般为每一立方米渗氮罐体积放100～150g，为了减少氯化铵的挥发，可先将氯化铵与烘干的砂子混合，放在渗氮罐底部。必须指出，氯化铵容易吸水，有酸性，加入量多会对工件表面进行腐蚀。此外，氯化铵分解出来的氯化氢对锡层会有破坏作用，所以非渗氮面的防护不能用镀锡的方法。

4.3.6 渗氮新技术

新的渗氮技术包括离子渗氮、电接触加热渗氮、磁场加速渗氮、超声波渗氮以及高压渗氮等，其中离子渗氮是离子热处理中开发最早、应用最广的一项技术，已成为许多产品工件不可或缺的表面强化工艺。

1. 离子渗氮

离子渗氮是一种在压力低于10^5Pa的渗氮气氛中，利用工件(阴极)与阳极(器壁)间稀薄含氮气体产生辉光放电进行渗氮的工艺。

1) 离子渗氮原理

离子渗氮向工件表面渗入的氮原子，不是像一般气体渗氮那样由氨气分解而产生的，而是被电场加速的粒子碰撞含氮的气体分子和原子而形成的离子在工件表面吸附、富集而形成的活性很高的氮原子。离子渗氮时，由于炉内压力低，进入炉内的氨气在加热作用下将发生分解，炉内反应所得到的气体的体积分数为25%N_2和75%H_2的低压气氛。当在阴极与阳极之间通入高压直流电时，炉内产生辉光放电现象。此时，炉内的低压气体在高压电场的作用下发生电离，辉光放电形成的正离子N^+、H^+以极高的速度轰击工件表面，并在工件表面发生一系列的物理化学现象，形成渗氮层。

2) 离子渗氮工艺参数

离子渗氮工艺参数主要包括炉气成分、炉压、渗氮温度、渗氮时间及功率密度等。目前用于离子渗氮的介质有N_2+ H_2、氨气及氨分解气(25%N_2+75%H_2的混合气)。虽然用氨气进行离子渗氮使用方便，但渗氮层脆性较大，且氨气在炉内各处的分解率受进气量、炉温、起辉面积等因素的影响，所以使用氨气进行离子渗氮仅用于质量要求不太高的工件。采用 N_2+H_2 进行离子渗氮，可实现相结构的可控渗氮，其中 H_2 为调节氮势的稀释气。离子渗氮炉气压高时，辉光集中；炉气压低时，辉光发散。在实际生产时，炉气压可在133～1066Pa的范围内调节。高压下，渗氮层中 ε 相含量高，低炉压易获得 γ' 相。渗氮温度是离子渗氮工艺中极为重要的工艺参数。由于氮在 γ 相中的扩散速度要比在 α 相中的扩散速度慢几十倍，所以离子渗氮温度一般在450～650℃的范围内。高于一定温度后，γ' 相和 ε 相的退氮速度高于其形成速度，导致化合物层减薄。此外，渗氮温度过高，工件的变形也增大。渗氮时间对 γ' 相和 ε 相化合物层深度的影响具有不同的规律。小于4小时，γ' 相化合物层渗氮随时间延长而增加，4小时后基本保持不变，而 ε 相化合物层深度随时间延长而持续增加。一般认为，扩散层深度与时间的关系符合抛物线关系，其变化规律与气体渗氮相似。

3）离子渗氮的主要特点

离子渗氮速度快，在渗层深度小于0.5mm时，离子渗氮的时间仅为气体渗氮的1/3～1/5；化合物层中的相，通过调节氮氢比例和添加甲烷等措施，可以实现控制；热效率高，节约能源与气源；离子渗氮温度可在低于400℃以下进行，工件变形小；由于存在离子溅射和氢离子还原作用，工件表面的钝化膜在离子渗氮过程中可以清除，所以特别适合于不锈钢、耐热钢的渗氮；离子渗氮气源为氨气、氮气和氢气，压力很低，用量极少，基本上无有害物质产生，所以污染低，劳动环境好。

2. 低压真空渗氮

在真空热处理炉中施行低压渗氮无需加热和冷却炉罐，可采用水冷的循环惰性气体来加速冷却，和一般真空炉的操作一样。渗氮前用 H_2 保护加热，可使工件获得光洁表面，此外，炉膛内的温度和气氛均匀，无需对流风扇。

在低于1大气压下，使用 NH_3+H_2 混合气体渗氮时，其氮势可表示如下。

$$K'=P(NH_3)\cdot(P)/[P(H_2)\cdot(P)]^{3/2} \tag{4-17}$$

式中 $P(NH_3)$ 和 $P(H_2)$ 是 NH_3 和 H_2 在1大气压下的体积分数，P 是减压后的压力分数。即随着渗氮压力的降低，临界氮势增加。

美国SolarAtmosphere Inc公司人员用AISI 4140钢，在 NH_3+H_2 混合气和不同预氧化条件下进行了真空渗氮和增压(高于1大气压)渗氮的对比试验。试验结果表明：AISI4140钢在 NH_3+H_2 混合气于125torr真空渗氮时，其渗速比增压(815 torr)渗氮快20%；在204℃低温预氧化，然后在低压 H_2 中加热，NH_3+H_2 混合气中真空渗氮时，渗速有明显增加，说明预氧化有促进渗氮作用；钢预氧化后在 H_2 中加热比在 N_2 中加热后渗氮的速度高。

随着人类对可持续发展的不断重视，近年来，热处理界已提出清洁热处理的全新概念，在通过改进热处理工艺及设备，提高工件的热处理质量和使用寿命的同时，要节约材料，减少对环境的污染，改善工作环境，减轻劳动强度。采用渗碳、渗氮新技术则可以实现清洁热处理的目标。

4.3.7 渗氮工件质量检查及渗氮层常见缺陷

1. 渗氮工件的质量检查

渗氮工件的质量检验主要有渗层金相组织、渗层深度、表面硬度、渗层脆性及变形检查等。

1）金相组织检查

渗氮后金相组织的检查包含渗氮层组织和心部组织检查两部分。合格的渗氮层组织中不应有脉状、波纹状、网状及鱼骨状氮化物；心部组织应为回火索氏体，不允许有多量大块游离铁素体存在。具体检查时执行 GB/T 11354—2005《钢铁零件渗氮层深度测定及金相组织检验》标准。

2）渗层深度检查

渗氮层由氮化物层(白亮层)和扩散层所组成。检查方法一般为金相法和硬度法。金相法是利用渗氮层组织和心部组织耐腐蚀程度不同的特点，在显微镜下能明显地看出其分界线，从试样表面垂直方向测至与心部组织有明显的分界处的距离，即为渗氮层深度。图 4.17 为 38CrMoAl 钢气体渗氮后的组织，表面白色的为氮化物，即白亮层，向里灰黑色的区域为扩散层，心部为回火索氏体。硬度法是采用显微硬度计从试样表面开始，每隔一定的距离，沿着试样的垂直方向测量显微硬度，测至比心部硬度高 50HV 处的距离为渗氮层深度。

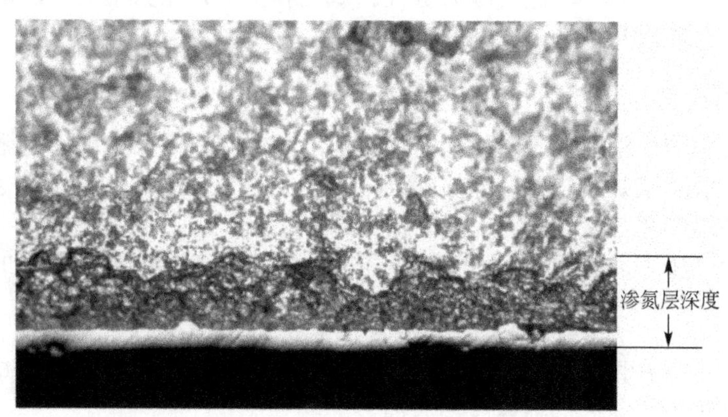

图 4.17　38CrMoAl 钢气体渗氮后的组织　100×

3）渗氮层硬度检查

由于渗氮层较薄，一般只能用维氏硬度计、表面洛氏硬度计来测量其硬度。当渗氮层极薄时，可采用显微硬度计。为了避免负荷过大使渗层压穿，负荷过小测量不精确，应根据渗氮深度来选择负荷。氮化后心部可用洛氏硬度计来检查。

4）渗氮层脆性检查

经气体渗氮处理的工件，尤其是含铝的渗氮钢，其渗氮层常常会产生脆性。渗氮层脆性的检查是根据维氏硬度计压痕(图 4.18)的完整程度来进行评定。一般工件 1～3 级合格；重要工件 1～2 级合格。脆性等级的检查是渗氮工件的重要检测指标。

2. 渗氮层常见缺陷与对策

工件渗氮后，有时会出现一些产品质量缺陷，为便于及时处理渗氮过程中出现的缺陷，现归纳总结于表 4-10 中，供参考。

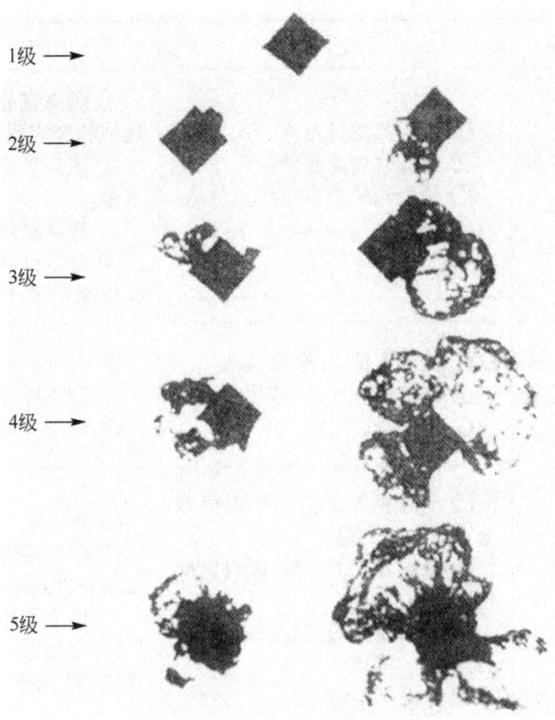

图 4.18　渗氮层脆性评级图

表 4-10　气体渗氮工件常见缺陷及对策

缺陷类型	产生原因	对　策
表面氧化色	① 冷却时供氨不足,罐内出现负压渗氮罐漏气,压力不正常 ② 出炉温度过高 ③ 干燥剂失效 ④ 氨中含水量过高管道中存在积水	① 适当增加氨流量,保证罐内正压,经常检查炉压,保证罐内压力正常 ② 炉冷致 200℃以下出炉 ③ 更换干燥剂 ④ 装炉前仔细检查,清除积水
渗层出现网状及脉状氮化物	① 渗氮温度太高,氨含水量大,原始组织粗大 ② 渗氮件表面粗糙,存在尖角、棱边 ③ 气氛氮势过高	① 严格控制渗氮温度和氨含水量,渗氮前进行调质处理并酌情降低淬火温度 ② 提高工件质量,减少非平滑过渡 ③ 严格控制氨分解率
渗层出现鱼骨状氮化物	① 原始组织中的游离铁素体较高 ② 工件表面脱碳严重 ③ 氨含水量高,使工件脱碳	① 严格控制调质的淬火温度 ② 增加工件的加工余量 ③ 将氨气严格干燥,更换干燥剂
渗氮件表面有亮点,硬度不均匀	① 工件表面有油污 ② 材料组织不均匀 ③ 装炉量太多,吊挂不当 ④ 炉温、炉气不均匀	① 清洗去污 ② 提高预处理质量 ③ 合理装炉 ④ 降低罐内温差,强化炉气循环

（续）

缺陷类型	产生原因	对　　策
渗氮层脆性大	① 表层氮浓度过高 ② 渗氮时表面脱碳 ③ 预先调质处理时淬火过热 ④ 退氮工艺不当	① 提高氨分解率，减少工件尖角、锐边或粗糙表面 ② 提高渗氮罐密封性，降低氨中含水量 ③ 提高预处理质量 ④ 将氨分解率提高到70%以上，重新退氮处理，以降低脆性
化合物层不致密，耐蚀性差	① 氮浓度低，化合物层薄 ② 冷却速度太慢，氮化物分解 ③ 工件锈斑未除尽	① 氨分解率不宜过高 ② 调整冷却速度 ③ 仔细清理工件表面
工件变形大	① 消除机加工应力不充分或未进行去应力退火 ② 装炉方式不合理，因自重产生变形 ③ 加热或冷却速度太快，热应力大 ④ 炉温不均匀	① 渗氮前充分去应力 ② 合理装炉，注意工件自重的影响，细长杆件要垂直吊挂 ③ 控制加热和冷却速度 ④ 合理装炉，保证5mm以上间隙，保持炉气循环畅通
表面腐蚀	① 加入的氯化铵过多 ② 氯化铵挥发太快	① 按比例加入 ② 用干燥的石英砂压实氯化铵

4.4　钢的碳氮共渗

在奥氏体状态下，同时将碳、氮两种元素渗入工件表面层，并以渗碳为主的化学热处理工艺称为碳氮共渗。碳氮共渗的目的是在保持工件内部具有较高韧性的条件下，得到高硬度、高强度的表面层，以提高工件的耐磨性和疲劳强度，延长工件的使用寿命。

碳氮共渗的渗层深度一般为1mm左右，应用的范围主要是承受中、低载荷的耐磨件。若要承受较大的载荷，可进行深层碳氮共渗，其层深可以达到3mm左右。

4.4.1　碳氮共渗工艺特点

碳、氮两种元素共渗仍然遵循化学热处理的基本过程，即分解、吸收与扩散3个基本过程。分解出来的活性碳原子和氮原子被工件表面所吸收，并逐渐达到饱和状态，与此同时，碳、氮原子同时向内部扩散，经过一定时间后，便得到表面有足够的碳、氮浓度和一定深度的碳氮共渗层。由于氮的渗入，碳氮共渗与渗碳比较具有不同的特性。

(1) 渗层相变温度因氮的渗入而降低。氮是扩大γ相区的元素，降低了渗层的相变温度A_1和A_3。如0.3%(质量)的氮可使A_{c1}点降低至697℃。因此，碳氮共渗可以在比较低的温度下进行，工件不易过热，可进行直接淬火，淬火变形小。

(2) 渗层深度因氮的渗入而加大。在相同温度和时间条件下，碳氮共渗层的深度远大于渗碳层的深度，即碳氮同时渗入，增加了碳的扩散速度。

(3) 渗层的临界冷速因氮的渗入而降低。含碳氮的奥氏体比含碳的奥氏体稳定，不易分解成非马氏体组织，即氮的渗入提高了渗层的淬透性，因此，可以采用较缓和的介质进行淬火冷却，减少了工件变形和开裂的倾向。

(4) 渗层的 M_s 点因氮的渗入而降低，因此，共渗层淬火后，表层残余奥氏体较多。

(5) 由于碳氮原子同时渗入，因此共渗层比渗碳工件具有更高的耐磨性和疲劳强度，比渗氮工件具有更高的抗压强度和低的表面脆性。

与渗碳一样，碳氮共渗可分为气体、液体和固体碳氮共渗 3 种。固体碳氮共渗因生产效率低，操作条件差，很少使用；液体碳氮共渗虽然渗速快，灵活性强，但所用的原料氰盐为剧毒物质，易造成公害，现已逐步被淘汰；气体碳氮共渗具有无毒、表面质量易控制、生产过程易于实现机械化与自动化等特点，是目前广泛应用的碳氮共渗方法。

4.4.2 气体碳氮共渗工艺

1. 碳氮共渗介质

对碳氮共渗介质的要求是在加热时应能同时分解出活性碳原子和活性氮原子，且碳、氮含量呈一定比例；使用或储存方便；价格便宜，无公害。常用共渗介质有两大类：渗碳介质＋氨气；含碳氮有机化合物，其组成见表 4-11。

表 4-11 常用气体碳氮共渗介质的组成

类别	共渗介质的组成
碳氢化合物有机液体＋氨气	煤油、苯、甲苯等＋氨气
渗碳气氛＋氨气	城市煤气＋氨气 吸热式保护气＋氨气 吸热式保护气＋工业丙烷＋氨气
含碳氮有机化合物	三乙醇胺、三乙醇胺＋尿素、甲酰胺等

在碳氮共渗炉内，氨气与渗碳气氛作用形成氰氢酸，其反应为

$$NH_3 + CO \rightarrow HCN + H_2O \tag{4-18}$$

$$NH_3 + CH_4 \rightarrow HCN + 3H_2 \tag{4-19}$$

氰氢酸是一种活性较高的物质，进一步分解产生活性碳、氮原子，促进了共渗过程。

$$2HCN \rightarrow H_2 + 2[C] + 2[N] \tag{4-20}$$

共渗介质中随着氨气含量增加，渗层中氮含量提高，碳含量降低，故应根据工件钢种、渗层组织性能要求及共渗温度确定氨气在共渗介质中的比例。采用煤油作渗碳介质时，氨气含量可占总气体的 30%。

2. 碳氮共渗温度和时间

提高共渗温度，使共渗介质的活性增加和扩散系数增大，因此有利于共渗速度的加快。但随共渗温度的提高，共渗层中的氮浓度降低，而碳浓度增加，当温度高于 900℃时，共渗层中的氮含量已很低，共渗层成分和组织与渗碳相近，如图 4.19 所示。共渗层中氮浓度降低的原因是温度越高，氨分解得越快，大量的氨气还未与工件表面接触就已分解，

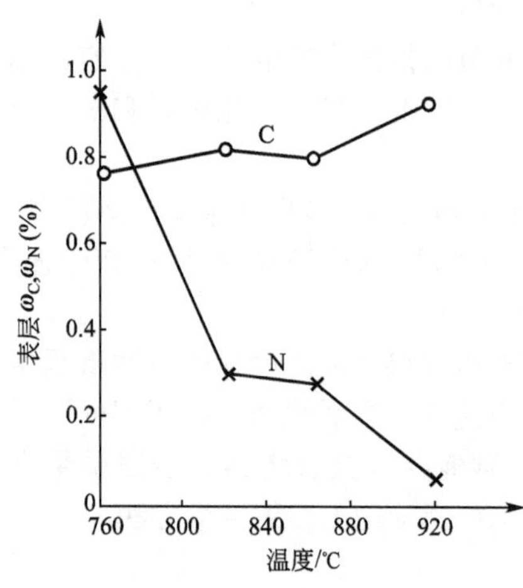

图 4.19　碳氮共渗温度对渗层表面碳、氮含量的影响

使工件表面获得活性氮原子的机会减少，此外，从 Fe-N 相图中可以看出，随着温度的提高，氮在奥氏体中的溶解度不断降低，尤其是碳的存在使奥氏体中氮的溶解度降低得更多。

降低共渗温度有利于减小工件的变形，但是温度过低，不仅渗速慢，渗层表面易形成脆性的高氮化合物，心部组织在共渗后直接淬火硬度较低，使工件性能变差。所以选择共渗温度时，应全面考虑共渗速度、渗层质量及工件变形的因素，生产中常采用的共渗温度一般为 840～860℃。在这样的温度下，不会引起工件晶粒长大，变形较小，渗速中等，并可以直接淬火。

共渗温度确定以后，共渗时间取决于渗层深度的要求。渗层深度与共渗时间符合抛物线规律，即可用式(4-21) 表示。

$$x=k\sqrt{\tau} \tag{4-21}$$

式中：x 为渗层深度(mm)；τ 为共渗时间(h)；k 为共渗常数。表 4-12 列出了常用钢种的 k 值。

表 4-12　常用钢种碳氮共渗时的 k 值

钢种	k 值	共渗温度/℃
20Cr	0.3	860～870
20	0.28	860～870
40Cr	0.37	860～870
18CrMnTi	0.32	860～870
20MnMoB	0.35	840
20CrMnTi	0.32	860

一般说来，延长共渗时间，表层碳氮化合物量、次表层残余奥氏体的量都会有所增加，而共渗温度越低，这种影响越显著。

3. 碳氮共渗后的热处理

为了使工件具有较高的强度和耐磨性以及较小的变形，碳氮共渗后的工件必须经过淬火处理，使表层得到含碳氮的马氏体，心部为低碳马氏体或以低碳马氏体为主的组织，并通过低温回火，消除淬火应力，适当提高工件的韧性。与渗碳相比，由于共渗温度较低，即接近共渗件所用钢材的 A_{c3} 点温度或 A_{c3} 点以上，且保温时间不长，所以除共渗后需要机械加工的工件外，一般均采用直接淬火。同时，由于氮的渗入提高了共渗层的淬透性，所以可以采用较缓和介质冷却。碳氮共渗直接淬火后可采用低温回火。

4.4.3 碳氮共渗层的组织与性能

碳氮共渗后缓冷或空冷，其渗层组织类似于渗碳层的组织，不同的是表层具有碳氮化合物。图4.20为20钢气体碳氮共渗后缓冷的组织。

碳氮共渗淬火组织，一般其表层为弥散分布的碳氮化合物＋含碳氮的马氏体＋残余奥氏体，向里是马氏体＋残余奥氏体，且残余奥氏体量较多，马氏体为高碳马氏体，再往里残余奥氏体量减少，马氏体也逐渐由高碳马氏体过渡到低碳马氏体。如果渗层中碳、氮浓度较低，则表层不出现碳氮化合物。图4.21是38CrMoAlA钢气体碳氮共渗直接淬火，并低温回火的组织。

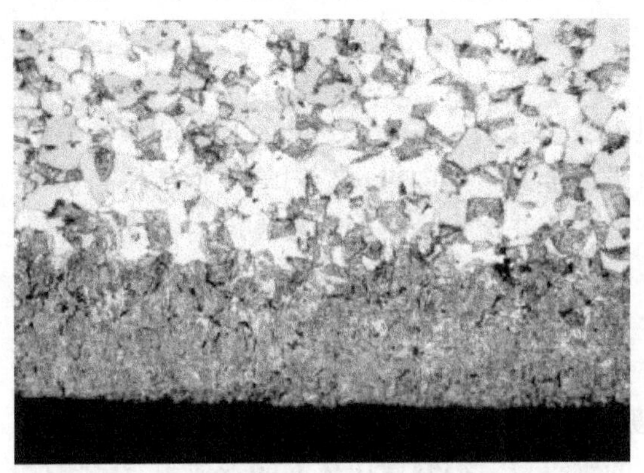

图4.20 20钢气体碳氮共渗缓冷后组织 200×

图4.21 38CrMoAlA钢气体碳氮共渗直接淬火＋低温回火组织 100×

碳氮共渗层中碳、氮含量强烈地影响渗层组织。碳、氮含量过高时，渗层表面会出现密集粗大碳氮化合物，使渗层变脆。若渗层中氮含量过高，表面会出现空洞，其形成原因是碳氮共渗过程中，由于氮浓度升高，发生氮化物分解及脱氮过程，由原子氮变成分子氮而形成的空洞。若渗层中氮含量过低，会降低渗层过冷奥氏体的稳定性，淬火后在渗层中会出现网状屈氏体组织，一般认为碳氮共渗层氮含量以0.3%～0.5%为宜。

碳氮共渗层淬火后的组织分布状态，使渗层从表面至心部硬度分布出现谷值及峰值(图4.22)。谷值处对应于渗层上残余奥氏体量最多处，而峰值处相当于含碳(氮)量大于0.6%而残余奥氏体较少处的硬度。

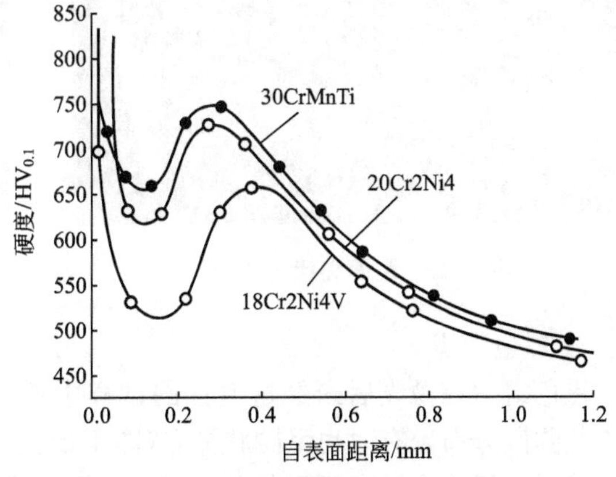

图4.22 3种钢碳氮共渗后淬火沿截面的硬度

由于碳氮共渗表层具有较多弥散分布的碳氮化合物，所以其具有较高的硬度和耐磨性，且耐磨性高于渗碳的工件。此外，碳氮共渗后工件表层产生的残余压应力远高于渗碳的工件，故疲劳强度远高于渗碳的工件。

4.4.4 碳氮共渗件的质量检验与缺陷分析

碳氮共渗工件的质量检验项目及检查方法与渗碳工件相同(4.2.8节)，只是检验标准有所差别。碳氮共渗工件的质量检验标准有JB/T 3999—2007《钢件的渗碳与碳氮共渗淬火回火》，JB/T 7710—2007《薄层碳氮—共渗或薄层渗碳钢件显微组织检测》等。

碳氮共渗工件常见缺陷如下。

1）表面壳状化合物

碳氮共渗后，在工件表面形成一种连续白亮色的碳氮化合物层，如图4.23所示。产生的原因是共渗温度偏低氮的渗入量较多，或在正常共渗温度下，共渗介质的碳、氮浓度过高。壳状化合物层脆性很大，大大降低了工件的承载能力。该缺陷可通过减少供氨量及渗剂滴量或提高共渗温度来改善或消除。

2）网状屈氏体

网状屈氏体组织是气体碳氮共渗常见的组织缺陷(图4.24)。该组织将显著降低渗层的表面硬度及其他的力学性能。产生的原因是由于合金元素的内氧化。内氧化是指在高温下吸附在工件表面的氧分解形成氧原子进入工件内部，并优先沿奥氏体晶界向内扩散并与晶界处的合金元素，如Ti，Si，Mn，Al，Cr等发生氧化反应，形成金属氧化物，造成晶界处合金元素的贫化，导致淬透性降低，结果淬火时出现屈氏体非马氏体组织。此外，共渗温度偏低、炉气不足或渗剂活性差以及某些淬透性低的钢也会出现黑色网状组织。增加炉子密封性或炉气供给量，尽可能提高共渗温度(高于所用钢材的 A_{c3})，将氨气充分干燥，并使用不含或少含Ti，Mn，Cr等氧化倾向大的钢等，对控制屈氏体网的形成都有一定的效果。对于由内氧化引起而产生的网状屈氏体，可进行高温重新加热淬火，使部分氧化物溶入奥氏体中，增加奥氏体的稳定性，将减轻屈氏体网的形成。

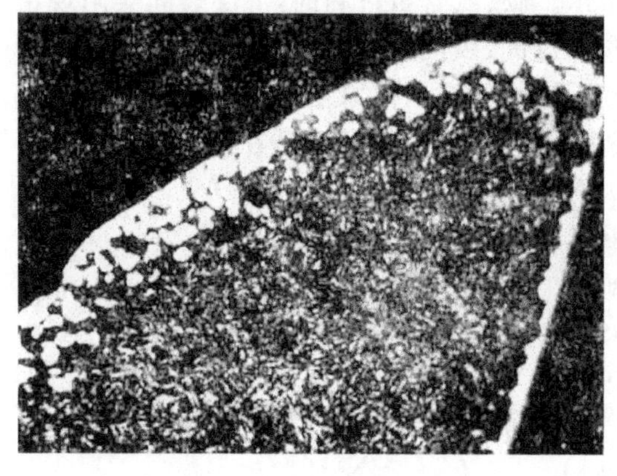

图4.23 表面壳状化合物

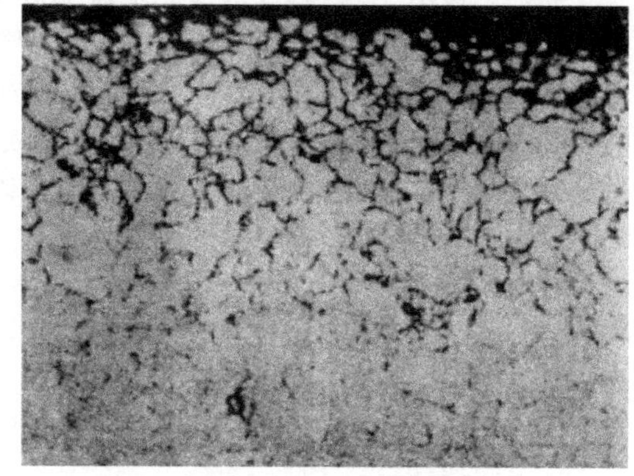

图4.24 碳氮共渗层表面的网状屈氏体

3）黑色组织

黑色组织在抛光后未经过腐蚀的试样中就可观察到，一般在0.1mm的表层内出现，呈点状弥散分布，有时也呈网状分布(图4.25)。其形成原因有多种观点，但总体来说，是由于渗层中氮含量过高所引起的。黑色组织会强烈降低工件的接触疲劳和弯曲疲劳性能及耐磨性。因此防止黑色组织的有效措施是严格控制含氮介质的供给量，提高共渗温度，以便增加含碳量的比例。

注意区别黑色组织与网状屈氏体组织的不同：黑色组织多存在于化合物层内，呈点状弥散分布；而屈氏体存在于化合物周围以及原奥氏体的晶界上，呈网状或花纹状；黑色组织是化合物的转变产物，而屈氏体是过冷奥氏体的分解产物；黑色组织的产生与碳氮过饱和有关，而屈氏体与内氧化等一切导致奥氏体稳定性降低的因素有关。此外黑色组织一般是不能通过重新加热淬火消除的。

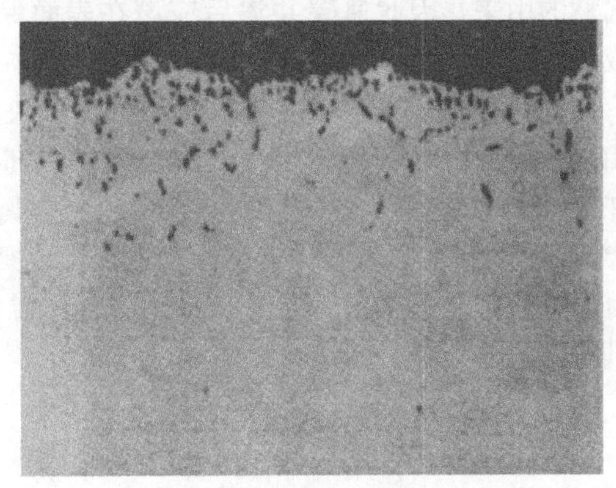

图4.25　碳氮共渗层的黑色组织

4.5　钢的氮碳共渗及含氮多元共渗

工件表层同时渗入氮和碳，并以渗氮为主的化学热处理工艺称为氮碳共渗，也叫软氮化。若工件表面同时渗入硫氮碳、氮氧、硫氮钒等多种原子则称为多元共渗。氮碳共渗及含氮多元共渗的目的是为了提高钢铁工件表面硬度、耐磨性、抗疲劳性能、耐腐蚀性能及抗咬合性能等。

4.5.1　氮碳共渗的工艺原理及特点

1. 氮碳共渗的工艺原理

氮碳共渗的过程，和其他化学热处理一样也分为3个阶段：介质分解，产生活性的碳原子和氮原子；分解出来的活性碳、氮原子被工件表层吸收，溶解在α-Fe中，或与铁形成化合物；工件表层吸收的活性碳、氮原于向内部扩散，从而形成具有一定的相组成和一定深度的渗层。

由于碳在α-Fe中的溶解度很小，浓度梯度小，扩散量少，实际上主要是氮的扩散，形成一定深度的含氮扩散层。因此，氮碳共渗层的金相组织与渗氮层非常类似。

2. 氮碳共渗(软氮化)的工艺特点

(1)氮碳共渗时，钢的表面首先被碳饱和，并形成极细小的碳化物，以碳化物作为媒介促进渗氮，加速了渗氮过程。从Fe-N及Fe-C二元相图中可知，α-Fe在590℃时最多能固溶0.1%的氮(质量分数)，在727℃时最多能固溶0.0218%的碳(质量分数)，因此，氮碳共渗时钢件表面很快就被碳所饱和形成极细小的碳化物，它使Fe_4N及Fe_3N化合物较易形成，加快了工件表面吸收氮原子的速度。由于ε相的溶碳能力很强，最高可达3.8%(质量分数)，它的存在给碳原子的渗入创造了有利条件。所以软氮化时，渗碳与渗氮是相互促进的，其渗速要比气体渗氮快得多。一般软氮化时间不超过4h。

(2)在氮碳共渗层中的ε相，除含有氮外，还含有一定量的碳(2%±)，使ε相的脆性降低。含碳的ε相比纯氮的ε相韧性好，而硬度和耐磨性却较高，这是软氮化的特点，也是名称的由来，因此氮碳共渗后应该在表面保留 ε 相层，而不像通氨渗氮，限制 ε 相的形成。

(3)氮碳共渗温度为 570℃。氮碳共渗后快冷可得到 α′，硬度较缓冷大幅度提高(约高出 10HRC)。由 Fe－N－C 相图(图 4.26)可知，Fe－N－C 系的共析温度为 565℃，此时氮在 α－Fe 中具有最大溶解度，且有 γ 相(含氮碳奥氏体)存在，所以快冷时，γ 相转变为 α′(含氮碳马氏体)；缓冷时，γ 相发生共析转变形成(α＋γ′)共析体，并不断由 α 相中析出 γ′相，使渗层硬度降低。所以软氮化的合适温度为 570℃左右，且氮碳共渗后采用快冷，尤其是碳钢一定要进行快冷。

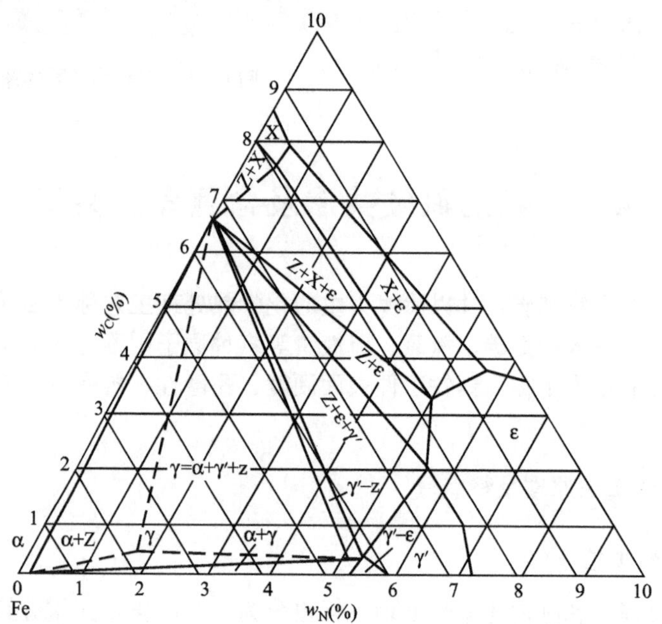

图 4.26　Fe－N－C 三元相图 565℃等温截面(图中 Z 为 Fe(CN)；X 为 $Fe_{2\sim3}$(CN))

氮碳共渗可在气体、固体、液体等多种介质中进行。由于固体氮碳共渗渗速较慢，且适合于处理单件，所以使用较少。

4.5.2　气体氮碳共渗工艺

1. 氮碳共渗介质

气体氮碳共渗介质可分为如下三大类。

(1) 氨气＋渗碳气氛。渗碳气氛可用吸热式气氛和醇类裂化气或直接向炉内滴注醇类等富碳液体。

氨气＋吸热式气氛进行的氮碳共渗，可根据工件的钢种及性能要求，通过调整吸热式气氛的露点及氨气与吸热式气氛的比例，来控制渗层组织及表层碳氮浓度。生产实践表明，二者的体积比为 1∶1 时为最佳，此时碳含量适宜，可获得最好的性能。用这种渗剂进行氮碳共渗可在渗碳用的井式炉、密封箱式炉及连续式炉内进行处理，易实现生产过程的机械化、自动化。但包括吸热型气体发生装置在内的设备较复杂，投资费用大，只适合于大批量生产。

将甲醇(或乙醇)直接滴入炉内，同时通入氨气进行的氮碳共渗，可使设备和操作进一步简化，是目前最常用的气体软氮化方法，也称为通氨滴醇法。通过调节醇类和氨气的比例，可改变渗层的成分、组织和性能，以适应各种材料、各种工件的不同使用条件。使用甲醇由于其分解温度低，所以不易产生炭黑；而乙醇的来源广，价格便宜，无毒。

(2) 直接滴入含氮碳的有机液体。氮碳共渗温度为570℃左右，故要求有机液体的热分解温度要低，在上述温度下能分解得完全，不致析出大量炭黑；同时应具有较高的含氮量和一定数量的含碳量；常温时黏度小，价格便宜。常用介质有甲酰胺和三乙醇胺等。

甲酰胺($HCONH_2$)理论含氮量为31.1%，含碳量为26.7%，在400～700℃范围内，它发生如下分解。

$$HCONH_2 \rightarrow NH_3 + CO \tag{4-22}$$

$$HCONH_2 \rightarrow HCN + H_2O \tag{4-23}$$

其中NH_3、CO及HCN进一步分解产生活性碳、氮原子被钢件表面吸收。

$$2NH_3 \rightarrow 3H_2 + 2[N] \tag{4-24}$$

$$2CO \rightarrow CO_2 + [C] \tag{4-25}$$

$$2HCN \rightarrow H_2 + 2[C] + 2[N] \tag{4-26}$$

三乙醇胺$(C_2H_4OH)_3N$理论含氮量为9.4%，含碳量为48.5%，在500～700℃发生如下反应。

$$2(C_2H_4OH)_3N \rightarrow 2[C] + 2[N] + 4CH_4 + 6CO + 7H_2 \tag{4-27}$$

两者相比甲酰胺的分解温度较低，在氮碳共渗温度分解较完全，且它的理论含氮量高而含碳量低，有利于渗氮，在共渗温度不易产生炭黑，而且黏度较小，是比较理想的有机液体，所以生产中多选用甲酰胺。

采用有机液体滴注法，可以直接使用井式气体渗碳炉，不需增添加料装置。这种方法比较适用于处理高速钢刀具。因为高速钢一般需要在550～570℃温度范围三次回火，因此氮碳共渗可以在这个温度范围内进行，且可以取代一次回火。氮碳共渗保温时间根据刃口厚度及受力条件采用0.5～3h，氮碳共渗后直接出炉油冷。采用这样的复合热处理后刀具的使用寿命和加工效率显著提高。

(3) 尿素气体氮碳共渗。尿素$(NH_2)_2CO$是一种农用化肥，常温时为白色结晶或粉末状，熔点127℃。理论含氮量为46.6%，含碳量为20%，在500℃以上发生如下热分解反应。

$$(NH_2)_2CO \rightarrow CO + 2H_2 + 2[N] \tag{4-28}$$

$$2CO \rightarrow CO_2 + [C] \tag{4-29}$$

尿素在130～300℃的较低温度下会发生分解产生一些固态物质，容易堵塞管道。所以要避免尿素在上述温度范围内停留。此外，可采用适当的机构，将固态尿素按时定量送入500℃以上的渗氮罐，也可以将尿素按一定比例溶入有机溶剂(如甲醇)中，再将溶液滴入炉罐。尿素价格便宜，来源充足，应用较广。

2. 氮碳共渗温度与时间

如前所述，合适的氮碳共渗温度为570℃左右。提高温度，氮碳共渗速度加快，在一定时间内的渗层深度加深，可以缩短处理时间，但是处理后的工件变形相应增大，表层还可能产生疏松，使疲劳强度和耐磨性降低。若降低氮碳共渗温度，会直接影响钢表面吸收氮原子和氮原子向内层扩散的能力，使共渗层变薄，硬度也低。为了保持工件整体的强度和红硬性，氮碳共渗温度不能超过其正常热处理时的回火温度。

氮碳共渗层深度随着处理时间的延长而增加，但超过4h后速度逐渐减慢。这是由于碳在化合物层内的浓度增加，阻碍了氮的扩散，故通过延长时间来增加共渗层深度是有限的。此外，时间过长还会增加化合物层的缩松程度。所以要获得致密的ε相化合物层，氮碳共渗处理时间不能过长，一般不超过4h。

4.5.3 盐浴氮碳共渗及QPQ处理

1. 盐浴氮碳共渗

1）盐浴氮碳共渗成分及特点

盐浴氮碳共渗是最早的氮碳共渗方法，它是靠氰酸盐在一定温度下分解，产生活性碳、氮原子来进行的共渗。根据获得氰酸盐的方法，可将盐浴氮碳共渗的介质分为3种类型：①完全用氰化盐，盐浴性能稳定，流动性好，但毒性极大，目前已逐步淘汰；②以尿素和碳酸盐为主，再加部分氰化盐，稳定性较好，但必须配套完善的消毒设施；③完全不用氰盐，原料无毒，成本低，但这些原料经化学反应后生成氰酸盐及少量的氰化钠，盐浴仍然有毒，盐浴的稳定性比前两类差。

盐浴在生产过程中，由于化学反应，活性成分不断发生变化。当氰酸盐含量过低时，分解出的活性原子少，渗速会减慢；若含量过高，则会由于活性原子过多，表面易产生缩松、剥落。应用较广的尿素—有机物型盐浴氮碳共渗，CNO^-浓度由被处理工件的钢种和技术要求而定，一般控制在32%～38%，CNO^-含量低于预定值下限时，添加再生盐即可恢复盐浴活性。

2）盐浴氮碳共渗工艺

为避免氰酸根浓度下降过快，共渗温度通常不高过590℃，也不低于520℃，低于此温度，处理效果会受到盐浴流动性过低的影响。表4-13为共渗温度及保温时间对共渗层深度的影响。

表4-13 不同温度保温1.5h氮碳共渗层渗氮 (μm)

钢种	(540±5)℃		(560±5)℃		(580±5)℃		(590±5)℃	
	化合物层	总渗层	化合物层	总渗层	化合物层	总渗层	化合物层	总渗层
20	9	350	12	450	14	580	16	670
40CrNi	6	220	8	300	10	390	11	420

盐浴氮碳共渗通常在外热式坩埚盐浴炉内进行，最好是采用封闭式专用加热炉。因盐浴有毒，应有良好的抽气和通风装置，操作场地应与其他设备隔离，所有残盐及冷却和清

洗工件用的水溶液，必须经过中和处理后，才能排出。

2. QPQ 处理

QPQ(Quench Polish Quench)技术的实质是盐浴氮碳共渗后进行氧化、抛光、再氧化的复合处理。工件经 QPQ 处理后在金属表面形成一层铁氮化合物和致密的铁氧化膜，经抛光并再次氧化后，使化合物层更致密，氧渗入到化合物层深度的一半以上，并且延伸到更深的孔隙处，吸氧的化合物层进一步钝化，从而使金属表面具有更高的抗蚀性。

QPQ 处理工艺过程为预热 → 520～580℃盐浴氮碳共渗 → 330～400℃盐浴氧化 10～30min → 机械抛光 → 二次氧化。氧化的目的是消除工件表面残留的氰根及氰酸根(使废水可以直接排放)，并在工件表面形成氧化膜。二次氧化的目的是给抛光后的工件表层补充含氧量，修复因抛光而被破坏的氧化膜。图 4.27 为 QPQ 处理工艺曲线，图 4.28 为 QPQ 处理所用设备示意图。

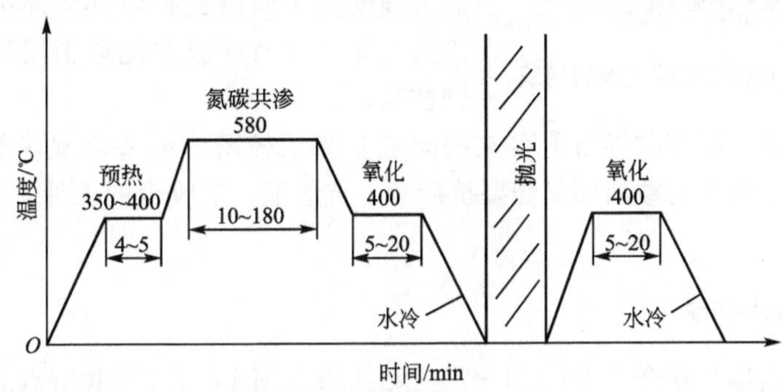

图 4.27 QPQ 处理工艺曲线

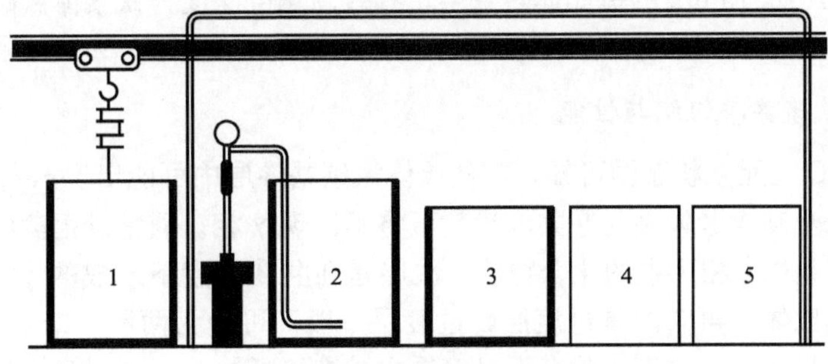

图 4.28 QPQ 处理所用设备示意图

1—预热炉 2—可通气的盐浴氮碳共渗

3—盐浴氧化炉 4—水洗槽 5—油炉

QPQ 处理使工件表面粗糙度大大降低，显著提高了耐蚀性，并保持了盐浴氮碳共渗层的耐磨性、抗疲劳性和抗咬合性，所以目前应用十分广泛。

4.5.4 氮碳共渗层的组织与性能

工件在 570℃氮碳共渗时，表面首先形成 α－Fe、Fe_3C 及 γ－Fe 3 种相，随着氮浓度

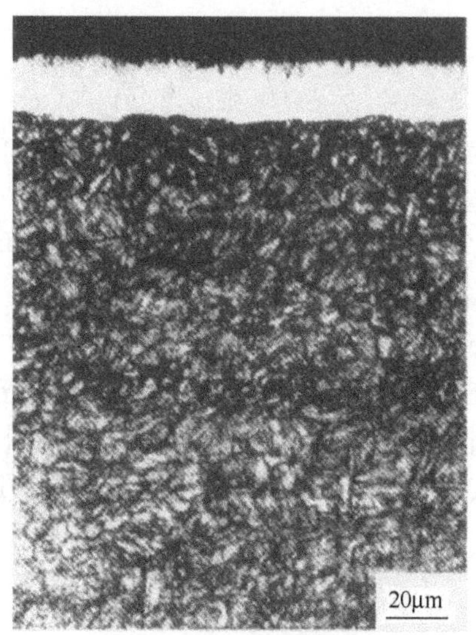

图 4.29　40Cr 调质后氮碳共渗的组织

提高，还将出现 γ′及 ε 相。如果工件从这温度缓慢冷却至 565℃时，γ-Fe 将发生共析转变，形成 α-Fe＋γ′＋Fe_3C 三相的混合物。如果工件从氮碳共渗温度快冷，则 γ-Fe 将转变为马氏体。故氮碳共渗层组织分为两层：外层是化合物层(白亮层)，其主要为含碳氮的 ε 相，视碳、氮含量不同，还会有少量 γ′和 Fe_3C；内层为含氮扩散层。图 4.29 是 40Cr 调质后氮碳共渗的组织。将氮碳共渗后的试样淬火并进行 300℃回火 1h，就可看到沿铁素体一定晶面析出的针状 γ′相，扩散层深度测量至针状 γ′相完全消失为止。

氮碳共渗显著提高工件表面硬度及耐磨性，疲劳强度高于渗碳或碳氮共渗淬火以及感应加热淬火，并且表面形成的化合物层可显著提高抗腐蚀性能。

必须说明的是，氮碳共渗目前存在的问题是渗层较薄，不适合重载条件下工作的工件，但对一些不承受大的载荷而又需要抗疲劳、抗磨损、抗咬合的工件，氮碳共渗的强化效果十分显著。

4.5.5　奥氏体氮碳共渗

奥氏体氮碳共渗是在介于 Fe-N-C 三元共析点与 Fe-C 系共析点之间的温度范围内，同时渗入氮和碳的化学热处理方法，它基本上保留了铁素体氮碳共渗和短时渗氮所具有的基体无相变，热处理变形小，耐磨和抗蚀性能好等优点。它除了在表层形成化合物层外，还得到 0.01～0.15mm 的奥氏体转变层，有效硬化层深度为铁素体氮碳共渗的几倍至几十倍。

1. 奥氏体氮碳共渗组织与性能

从 Fe-N-C 三元系状态图可知，在奥氏体氮碳共渗层中可能出现 ε、γ-Fe、Fe_3C 以及 α-Fe 等相，当碳含量较高时在共渗温度下将不出现 γ′相。通常碳钢奥氏体氮碳共渗后的组织为最外层是以 ε 相为主的化合物层，次层是在共渗温度下形成的 γ-Fe，淬火后为马氏体＋残余奥氏体，再向内是过渡层，过渡层一般又可分为两层，即 α＋γ 层与内层的氮在 α-Fe 中的扩散层，在淬火状态下过渡层内过饱和氮的 α-Fe 固溶体与一般铁素体没有明显的区别，经过回火之后，在 α-Fe 上析出针状 γ′相，回火温度越高、γ′针越粗大。在大多数奥氏体氮碳共渗的试样中，ε 相层和次表层(马氏体和残余奥氏体)之间均有一条明显的分界线。

奥氏体氮碳共渗后直接淬火的试样，若随后进行适当的回火，则在回火过程中 ε 相层内硬度明显提高，这是由于低氮富铁的 ε 相淬火时效效应的结果。在共渗温度下，可以形成含氮量比低温下的 ε 相区最低含氮量低得多的 ε 相固溶体，即低氮富铁的 ε 相，在淬火后成为过饱和的 ε 相，存在着时效过程中沉淀硬化的条件，过饱和程度越大，时效过程中沉淀硬化效果越显著。图 4.30 是 20 钢奥氏体氮碳共渗后直接淬火，经过不同温度时效处理后化合物层内侧的最高硬度与时效时间的关系。温度越高，时效过程发展越快，出现硬度峰值的时间越短，但峰值硬度越低，符合过饱和固溶体在时效过程中沉淀硬化的一般规律。

应用图 4.30 所归纳的规律，就可以找到合适的时效规范，获得最大的强化效果，使渗层硬度提高到 1200～1300HV，从而使奥氏体氮碳共渗的硬度达到与 Fe_2B 或碳化铬复合渗相当的水平，具有重大的实用价值。

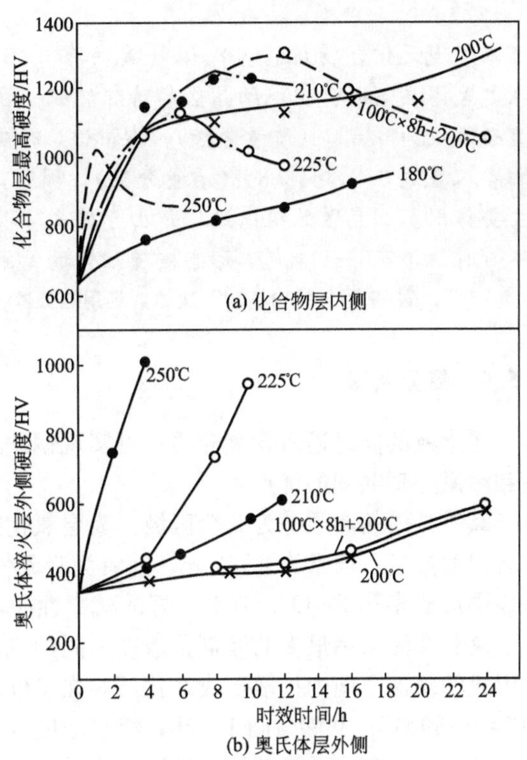

图 4.30 20钢奥氏体氮碳共渗的硬度与回火温度及时间关系

2. 奥氏体氮碳共渗工艺

在气体渗氮炉中进行奥氏体氮碳共渗，最常用的是采用通氨滴醇的方法，氨气与甲醇之比(摩尔分数)可控制在 92：8 左右。常用的奥氏体氮碳共渗温度为 600～700℃，这时含氮的表层已部分转变为奥氏体，而不含氮的基体则保持原组织不变，冷却后表面形成化合物层及奥氏体转变层。提高共渗温度可使渗入速度加快，渗层深度增加，但工件变形也有所增加。

奥氏体氮碳共渗的渗层深度是 ε 相层深度与马氏体＋残余奥氏体深度之和。工件共渗淬火后根据要求在 180～350℃回火，但以抗腐蚀为主要目的的工件，共渗淬火后不宜回火。表 4-14 为推荐的奥氏体氮碳共渗工艺规范。

表 4-14 推荐的奥氏体氮碳共渗工艺规范

要求达到的渗层深度/mm	共渗温度/℃	共渗时间/h	氨分解率(%)
0.012～0.025	600～620	2～4	<65
0.020～0.050	650	2～4	<75
0.050～0.100	670～680	1.5～3	<82
0.100～0.200	700	2～4	<88

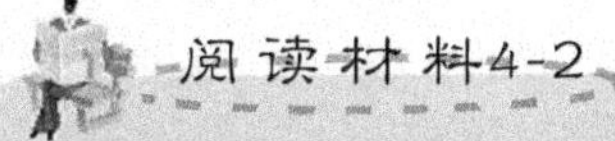

45 钢在 RQ-25-9T 气体渗碳炉中，利用甲醇(90 滴/分)和氨气(600L/h)，在 680℃加热 1.5h 的条件下，进行奥氏体氮碳共渗并淬火。其结果：共渗层深度为 21μm。回火后奥氏体转变为含氮的下贝氏体层，硬度达 1010～1100HV，耐磨性极高。

在 680℃加热的通氨滴醇氮碳共渗时，当保持氨的残有量 5%(体积分数)的条件下，可以实现无化合物层的奥氏体氮碳共渗。45 钢进行无化合物层的奥氏体氮碳共渗时，在奥氏体层下面会出现细晶区的特殊组织。由于该工艺条件下形成的单一奥氏体的最大溶碳量仅为 0.65%(质量分数)，在 680℃时碳的渗入量不大于 0.2%(质量分数)，但氮的渗入量达 0.6%～2.3%(质量分数)。因此，在形成细晶区的影响因素中，氮的扩散起主要作用。细晶区的组织细化是由于珠光体晶粒中一些区域的奥氏体化过程速度不同和不等时性，而导致珠光体形态破碎细化的结果。

来源：马伯林，王建林．实用热处理技术与应用［M］．北京：机械工业出版社，2009.

4.5.6 氧氮共渗

在渗氮的同时通入含氧介质，可实现钢铁工件的氧氮共渗，处理后的工件兼有蒸汽处理和渗氮处理共同的优点。

氧氮共渗的渗层分为 3 个区域：表层氧化膜、次表层氧化区和渗氮区。氧化膜层与氧化区深度接近，通常为 2～4μm，前者为吸附性氧化膜，后者是渗入性氧化层。氧氮共渗后表层形成多孔 Fe_3O_4，具有良好的减摩性能、散热性能和抗粘着性能。

氧氮共渗采用最多的渗剂是浓度不同的氨水。活性氮原子向内扩散形成渗氮层，水分解形成的氧原子向内扩散形成氧化层并在工件表面形成 Fe_3O_4 氧化膜。氧氮共渗温度一般为 540～590℃；共渗时间 1～2h；氨水浓度以 25%～30%(质量分数)为宜。为了使渗层浓度梯度趋于平缓，共渗期氨水的滴量应适中，降温扩散期应减少氨水的滴量。

目前氧氮共渗主要用于高速钢刀具的表面处理。图 4.31 是在井式炉中以氨水为供渗剂的高速钢氧氮共渗工艺。

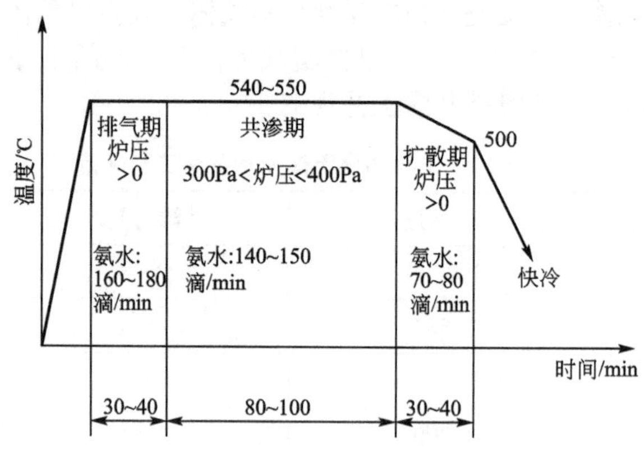

图 4.31 高速钢氧氮共渗工艺

4.5.7 硫氮碳共渗

工件表面硫氮碳三元共渗后，可同时获得减摩、耐磨及抗疲劳性能。由于有碳渗入，可使低碳钢工件也得到较好的强化效果。

可供硫氮碳共渗所用的渗剂品种较多，可在气体、固体、盐浴等多种介质中进行。由于盐浴法生产周期短，节能，无污染(无氰盐浴)；盐浴成分与温度均匀，工件强化效果优良，稳定；可同炉处理保温时间不一样的工件以及易实现自动化生产。所以这种方法应用最广。

无污染硫氮碳共渗工作盐浴中含 CNO^- 31%～39%、碱金属离子 42%～45%、CO_3^{2-} 14%～17%、S^{2-} (5～40)×10^{-4}%、CN^- 0.1%～0.8%。盐浴中的反应与盐浴氮碳共渗相似，活性氮、碳原子来源于 CNO^- 的分解、氧化以及分解产物的转变。硫促使氰化物向氰酸盐转化。盐浴中的氰酸浓度降低时，可加入有机化合物制成的再生盐，以恢复盐浴活性。

硫氮碳共渗温度应低于调质时的回火温度，多数工件以(565±5)～10℃为宜。保温时间通常为1.5～2h；刀具处理只需10～30min；大型构件的保温时间可延长至3～4h。

4.6 其他化学热处理

随着工业的发展和科学技术的进步，对工件提出了更多的特殊性能要求，促进了化学热处理表面强化技术的迅猛发展。本节简要介绍渗硼及渗金属的化学热处理技术。

4.6.1 渗硼

将工件表面渗入硼元素以获得铁的硼化物的工艺称为渗硼。渗硼能显著提高工件表面的硬度(1300～2000HV)和耐磨性，并且这种高硬度可以保持到800℃而不软化，还具有良好的耐蚀性，能耐600℃以下的氧化和耐酸、碱的腐蚀。渗硼的这些特点深受重视，所以目前渗硼技术发展很快。渗硼用于模具表面强化，效果显著。一般碳钢渗硼后可替代高合金的不锈钢和耐热钢，节约贵金属。

1. 渗硼层的组织与性能

从Fe-B相图(图4.32)中可知，硼原子在γ相或α相中的溶解度很小，当硼含量超过其溶解度时，就会产生硼的化合物 Fe_2B，再进一步提高浓度会形成FeB。硼化物的长大是靠硼以离子的形式，通过硼化物至反应扩散前沿 Fe-Fe_2B 及 Fe_2B-FeB 界面上来实现的。因此，渗硼层组织自表面至中心只能看到硼化物层，如浓度较高，则表层为FeB，内层为 Fe_2B。Fe_2B 楔入基体，FeB针则楔入 Fe_2B 层中，如图4.33所示。

钢中大部分合金元素，特别是强碳化物形成元素W、Mo、V、Ti等，在渗硼过程中从表层被挤入过渡区(紧靠硼化物层其深度比硼化物层深得多)，Mn和Cr没有明显的向内迁移，它们除部分溶入铁的硼化物中外，大部分形成碳硼化合物，呈颗粒状弥散分布在硼化物层中。钢中的碳和硅在渗硼过程中也被排挤至过渡区，且碳含量越高，渗硼层越薄。当钢中硅含量大于1%时，渗硼层与基体交界处会形成软带。这是因为硅是铁素体形成的元素，在奥氏体化温度下，富硅区可能变成铁素体，在渗硼后淬火时不转变为马氏体，从而形成低硬度软带(300HV)，使渗硼层易剥落。所以这类钢不宜做渗硼件。国内目前渗硼工件多用中碳钢和中碳合金钢制造。

表4-15是硼化铁的一般物理性质。当渗硼层由FeB和 Fe_2B 构成时，在它们之间将产生应力，在外力(尤其是冲击载荷)作用下，极易产生剥落。单相 Fe_2B 渗层脆性较小而仍能保持高硬度，是比较理想的渗硼层。

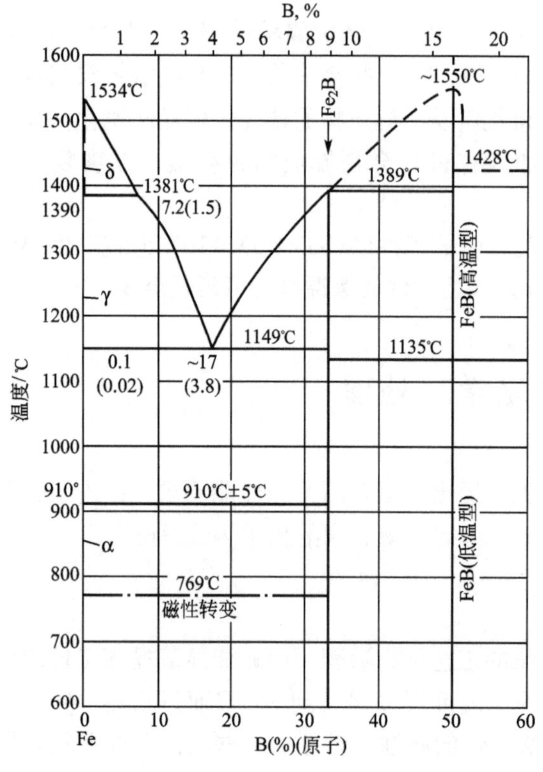

图 4.32 Fe-B 相图

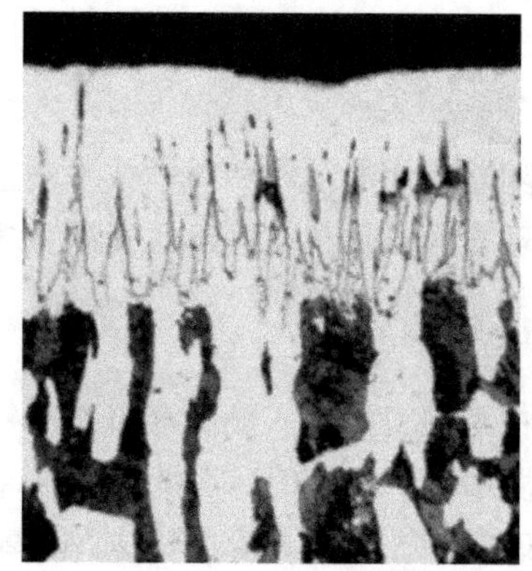

图 4.33 45 钢固体渗硼缓冷组织 100×

表 4-15 硼化铁的物理性质

化合物	晶体结构	晶格常数/×10^{-8}	密度/g·cm^{-3}	熔点/℃	硬度/HV	脆性
Fe_2B	正方晶系	a=5.109;b=4.249	7.32	1389	1290～1680	小
FeB	斜方晶系	a=4.061;b=5.506 c=2.952	7.15	1540	1890～2349	大

渗硼层具有比渗碳、碳氮共渗高的耐磨性，又具有较高耐浓酸腐蚀能力以及良好的耐10%食盐水、10%苛性碱水溶液的腐蚀，但耐大气及水的腐蚀能力差。此外，渗硼层还具有较高的抗氧化及热稳定性。

2. *渗硼方法及渗硼后的热处理*

渗硼方法有固体、液体及气体渗硼方法。但由于气体渗硼采用的是易爆的乙硼烷或有毒的三氯化硼，故在工业生产中很少使用。目前生产上广泛采用的是粉末渗硼和盐浴渗硼。

1) 固体渗硼

目前常用的粉末渗硼配方(质量分数)是 5%B_4C+ 5%KBF_4+ 90%SiC +Mn-Fe。其中 B_4C 是供硼剂；KBF_4 是催渗剂；SiC 是填充剂，Mn-Fe 则起到使渗剂渗后松散而不结块的作用。将这些粉末搅拌均匀后装入耐热箱中，工件固体渗硼的装箱方法与固体渗碳类似(4.2.4 节)。将装好工件的渗硼箱放入炉中，在 900～1000℃的温度保温 1～5h 后，出炉随箱冷却即可。

固体渗硼无需特殊设备，操作方便，适应性强，工件表面清洁，已逐渐成为最有前途的渗硼方法。实际上，欧美国家也多采用固体渗硼。

2）盐浴渗硼

渗硼剂由供硼剂、还原剂和添加剂组成。供硼剂常用硼砂 $Na_2B_4O_7$，还原剂常用 SiC，Si－Fe，Si－Ca 等，添加剂常用 K_2CO_3，KCl，NaCl 等以增加盐浴的流动性。其质量配比如 70％$Na_2B_4O_7$＋20％SiC＋10％NaF 等。用碳化硅作还原剂时，它与硼砂发生如下反应。

$$Na_2B_4O_7+2SiC \rightarrow Na_2O\cdot 2SiO_2+2CO+4[B] \tag{4-30}$$

新生的活性硼原子［B］被工件表面吸收，生成 Fe_2B 或 FeB。渗硼层深度一般为 0.05～0.15mm，渗硼速度除与渗剂配方有关外，还与处理温度、时间和基体材料成分有密切关系。目前广泛采用的渗硼温度为 930～950℃，保温 2～6h。保温时间一般不超过 6h，因为时间过长，不仅渗层深度增加缓慢，而且使渗硼层脆性增加。

3）渗硼后的热处理

由于渗硼层脆性较大，渗后的冷却速度不能太快，否则渗硼层会剥落。对于碳钢，一般将渗硼后缓冷作为最终热处理。但对心部强度要求较高的渗硼件，渗硼后需要进行热处理。由于 FeB，Fe_2B 与基体的膨胀系数相差悬殊，加热淬火时，基体发生相变，而渗硼层不发生相变，因此渗硼层容易出现微裂纹和崩落，这就要求尽可能采用较缓和的淬火介质，并且淬火后及时回火。此外，渗硼工件重新加热淬火时要防止氧化脱硼。

4.6.2 渗铬、钒、钛

利用化学热处理的方法将金属，如铬、钒、铌、钛等原子渗入工件表面的工艺称为渗金属。其中渗铬工艺常用于耐腐蚀、抗高温氧化、耐磨损和需要提高疲劳强度的工件。渗钒工艺主要用于要求超高硬度、高耐磨性的工件。渗钛可提高钢铁的耐蚀性、表面硬度和耐磨性；可提高铜基合金、铝基合金的表面硬度、耐磨性、热稳定等性能。

渗金属技术适用于高碳钢，即渗入元素与工件表层中的碳结合形成金属碳化物的化合物层，而渗入元素大多数为 W、Mo、Ti、V、Nb、Cr 等碳化物形成元素。为了获得碳化物层，基材中碳的质量分数必须超过 0.45％。高温下碳原子较金属原子扩散更容易，而且钢铁表面有碳化物形成后，也阻碍金属原子进一步渗入，所以金属碳化物渗层的增长是金属原子不断吸附于钢的表面，碳原子不断由里向外扩散的结果。

1. 渗铬

渗铬工艺有固体、液体、气体方法，其中以固体渗铬法应用较广。

1）固体渗铬法

目前常用的渗铬剂成分为（质量分数）50％Cr（铬粉）＋48％Al_2O_3＋2％NH_4Cl。其中 Cr（铬粉）为供铬剂，Al_2O_3 是填充剂，以减少渗铬剂的粘接作用，NH_4Cl 是催渗剂。在渗铬过程中，渗铬箱内发生如下化学反应。

$$NH_4Cl \rightarrow NH_3 + HCl \tag{4-31}$$

$$2HCl+Cr(\text{铬粉}) \rightarrow CrCl_2+H_2 \tag{4-32}$$

$$3CrCl_2+2Fe(\text{工件}) \rightarrow 2FeCl_2+3[Cr] \tag{4-33}$$

反应生成的活性铬原子［Cr］被工件表面吸收，并向工件内扩散，形成渗铬层。

固体渗铬法的操作与固体渗碳法相似，把工件装箱后，加热到1050～1100℃渗铬。保温到所需要的渗层深度后，炉冷至600～700℃出炉空冷。

2）渗铬层的组织与性能

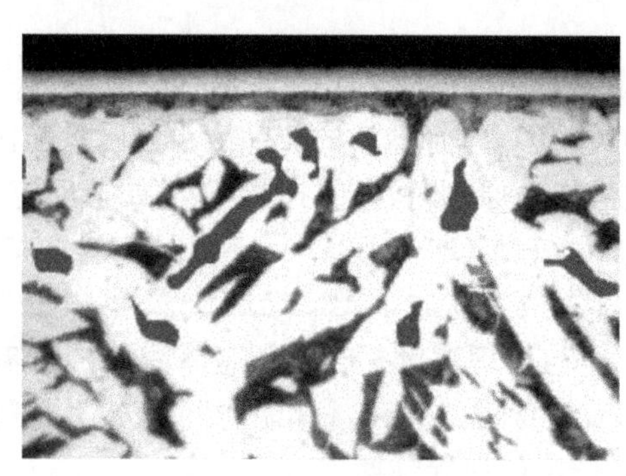

图4.34　45钢固体渗铬组织　100×

图4.34是45钢固体渗铬金相组织。中碳钢渗铬层有两层，外层为铬的碳化物层，内层为α固溶体。高碳钢渗铬，在表面形成铬的碳化物层，如$(Cr、Fe)_7C_3$、$(Cr、Fe)_{23}C_6$、$(Cr、Fe)_3C$等，渗层深度仅有0.01～0.04mm，硬度为1500HV。

工件渗铬后可显著改善在强烈磨损条件下以及在高温、高温腐蚀介质中工作的物理、化学、力学性能。中碳钢、高碳钢渗铬层性能均优于渗碳层和渗氮层，但略低于渗硼层。特别是高碳钢渗铬后，不仅能提高硬度，而且还能提高红硬性，在加热到850℃后仍然能保持1200HV左右的高硬度，超过高速钢。同时渗铬层也具有较高的耐蚀性，对碱、硝酸、盐水、过热空气、淡水等介质均有良好的耐蚀性，但不耐盐酸。渗铬工件能在750℃以下长期工作，有良好的抗氧化性，但在750℃以上工作时不如渗铝件。

3）渗铬工件热处理

对基体力学性能要求不高，仅以提高耐蚀性、耐热性为目的工件，渗铬后可以不进行热处理，对只要求表面高硬度、耐磨的高碳钢量具，渗铬后也可以不进行热处理。而对于某些中碳钢、高碳钢的渗铬件如压铸模、排气阀等工件，不但要求表面耐蚀、耐磨、高硬度，还要求基体有足够的强度和一定的韧性，在这种情况下工件在渗铬后还必须进行各种相应的退火、正火和调质等热处理。因为渗铬不仅温度高，而且保温时间很长，基体晶粒激烈长大(图4.34)，导致基体的力学性能降低，所以必须通过热处理来改善基体的强度和韧性。

2. 渗钒

工件渗钒后，可获得极高的硬度(1500～3400HV)和耐磨性，对于提高工模具的使用寿命有良好的作用，因此受到了普遍的重视。目前，生产上较多采用的是盐浴渗钒。

1）盐浴渗钒

盐浴中的主要成分为硼砂，其熔点为740℃，分解温度为1573℃。熔融硼砂具有溶解金属氧化物的作用，可使工件表面清洁和活化，有利于金属的吸附和扩散。常用盐浴渗钒渗剂成分为(质量分数)10％V-Fe(钒铁粉)＋90％$Na_2B_4O_7$(脱水)。工件在盐浴中渗钒时，盐浴中的钒向工件表面进行扩散，而钢中的碳则由工件内部向表面扩散，因而在表面上形成碳化钒。

渗钒温度可在850～1000℃之间选择。碳化钒的形成速度，除与渗钒温度有关外，还与钢中的含碳量有关，并随着渗钒温度与钢中含碳量的增高而增加。钢中的合金元素，特别是碳化物形成元素会使碳化钒形成速度减慢。

为了使渗钒及随后的热处理工艺简化，渗钒温度与淬火加热温度最好一致。当温度低于900℃时，硼砂盐浴黏度较大，钒铁的比例偏析减小；超过950℃后由于黏度减小，钒铁偏析会增大，因此最好在850～950℃温度范围内渗钒。此外，钒在硼砂盐浴中，因与盐浴表面空气接触逐渐氧化，使盐浴会随工作时间的延长而失去活性，此时可向盐浴中加入适量的铝粉可使之恢复活性。

2）渗钒层的组织与性能

工件渗钒后，表层为致密的VC层，在VC的下面，常可见一黑色贫碳带，其硬度接近或略低于心部硬度。图4.35为G Cr15 860℃盐浴渗钒6h后直接淬火的组织。

由于VC具有很高的硬度、较低的摩擦系数和良好的红硬性，因此具有优异的耐磨性和抗粘着性能。渗钒层的耐磨性比渗硼、渗铬、渗碳及碳氮共渗都要好很多。

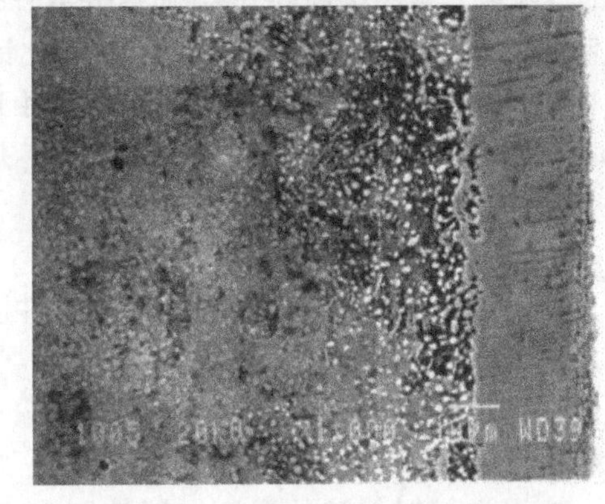

图4.35 G Cr15盐浴渗钒后油淬组织

3. 渗钛

渗钛的目的是为了提高钢的耐磨蚀性和气蚀性，同时也可提高中、高碳钢的表面硬度和耐磨性。目前常采用气体渗钛的方法。

纯铁气体渗钛时，在$TiCl_4$蒸汽和纯氩气中发生如下反应。

$$TiCl_4 + 2Fe \rightarrow 2FeCl_2 \uparrow + [Ti] \tag{4-34}$$

产生的活性钛原子，在高温下向工件表面吸附并扩散。若此过程采用电加热，可缩短渗钛时间。

若渗钛温度为950～1200℃，$TiCl_4$(蒸汽)：Ar(体积)＝10：90时，炉内加热速度为1℃/s，保温时间为9min，则无渗钛层。如采用电加热，加热速度为100～1000℃/s，保温时间为3～8min，可得到20～70μm厚的渗钛层。可见，快速加热可明显缩短渗钛时间。

气体渗钛还可以采用蒸汽渗钛的方法，即在$TiCl_4$和Mg蒸汽混合物中进行渗钛。Mg起还原剂的作用，载气是用净化过的氩气。把$TiCl_4$带进放置有熔化金属Mg的反应室中，则$TiCl_4$与Mg的蒸汽相互作用获得活性钛［Ti］，其反应如下。

$$TiCl_4 + 2Mg \rightarrow 2MgCl_2 + [Ti] \tag{4-35}$$

在1150℃下用$TiCl_4$＋Ar的混合气体渗钛，1h后才见到渗钛层。而在同一温度下用$TiCl_4$＋Ar＋Mg进行渗钛，1h后可见到20～80μm厚的渗钛层。

4.6.3 渗铝及渗硅

1. 渗铝

在一定温度下将铝原子渗入工件表面的化学热处理工艺称为渗铝。许多金属材料如钢、合金钢、铸铁、热强钢和耐热合金、难熔金属和以难熔金属为基的合金、钛铜和其他材料都可以进行渗铝。渗铝既可以保持工件基体的韧性，又可以提高工件的抗高温氧化和抗热蚀能力，适用于石油、化工、冶金等工业管道和容器、炉底板、热电偶套管、盐浴坩埚和叶片等工件。

渗铝方法和工艺很多，其中热浸渗铝和粉末渗铝设备简单、工艺稳定、应用较广。

1）粉末渗铝

粉末渗铝剂一般由供铝剂(铝粉或铝铁合金粉末)、催渗剂(氯化铵)、填充剂(氧化铝)3 部分组成。常用渗剂成分为(质量分数)78%(铝粉+铝铁粉)+21%氧化铝+1%氯化铵。配制渗铝剂时，铝粉或铝铁合金粉、氧化铝的粒度一般应在 60～200 目之间，如果工件表面要求较光滑，则铝粉粒度要更细些。将工件埋在渗铝剂中，加热到 900～1050℃保温4～8h，在高温下通过反应获得活性铝原子，并立即渗入工件表面，再扩散到基体中，以形成渗铝层。

2）热浸渗铝

热浸渗铝是将经过表面预处理的工件浸入熔融的铝液中，保温一定时间后取出空冷，再经过高温扩散退火的工艺方法。

钢材热浸渗铝工艺流程为除油→水洗→除锈→温水洗→助镀→烘干→热浸→扩散退火→水洗清理→干燥→检验。

热浸渗铝时铝液的温度一般控制在 700～850℃保温之间，保温 10～20min，这时发生铝液对钢表面浸润、铁原子溶解并与铝原子的相互扩散和反应，形成 Fe－Al 化合物层。这种方法的优点是渗入时间短，温度不高，但坩埚寿命短，工件上易粘附熔融物和氧化膜，形成脆性的金属化合物。为了减少渗铝层的脆性，提高渗铝层与基体的结合力，增加渗铝层深度，并使表面光洁美观，渗铝后要在 950～1050℃进行 3～8h 的扩散退火。

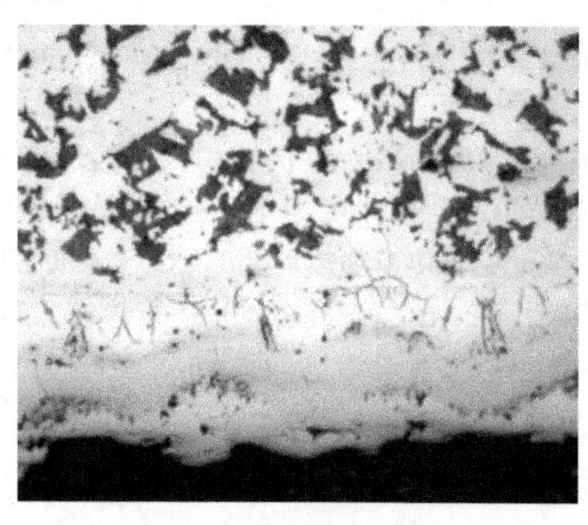

图 4.36　45 钢热浸渗铝的组织　100×

3）渗铝层的组织与性能

渗铝层组织由外层的铝铁化合物与过渡区组成。图 4.36 是 45 钢热浸渗铝的组织。

低碳钢渗铝后能在 780℃以下长期工作，低于 900℃以下能较长期工作，900～980℃仍可比未渗铝的工件寿命提高 20 倍。因此，渗铝的工件抗高温氧化性能非常好。此外，渗铝工件还能抗 H_2S，CO_2，H_2CO_3，HNO_3，以及液氮、水煤气等的腐蚀，尤其是抵抗 H_2S 的腐蚀能力最强，并且渗铝工件耐大气腐蚀的性能比渗锌工件更好。

2. *渗硅*

渗硅是将含硅的化合物通过置换，还原和加热分解得到的活性硅原子，被材料表面所吸收并向内扩散，从而形成渗硅层。金属和合金渗硅主要是为了提高它们表面的硬度、耐磨性、耐蚀性和抗高温氧化能力。

渗硅的工艺方法为固体渗硅、液体渗硅、气体渗硅等。固体渗硅工艺简便，质量比较稳定，应用较广。

1）固体渗硅

固体渗硅一般采用粉末渗硅。渗硅剂成分、工艺参数、使用效果见表 4－16。

表 4-16 常用固体渗硅剂成分、工艺参数、使用效果

渗剂成分(质量分数)	温度/℃	时间/h	渗层厚度/mm	使用效果
80%硅铁粉，8%氧化铝，12%氯化铵	950	1～4	0.3～0.4	Q235A、45 钢及 T8 钢渗硅后，空隙度达 44%～54%，减磨性良好
40%～60%硅铁粉，27%～47%石墨粉，13%氯化铵	1050	4	0.95～1.1	粘接层易清理
97%硅粉，3%氯化铵	900～1100	4	0.05～0.127	用于 Mo 渗硅，形成 $MoSi_2$，Mo_5Si_3，用于 Ti，形成 $TiSi_2$，Ti_5Si_4

粉末渗剂中硅铁粉或硅粉是供硅剂，氯化铵是催渗剂，石墨是填充剂，其作用是保持渗剂不板结，渗后工件便于取出并使其表面光洁。粉末渗硅时，增加渗剂中的催渗剂和硅含量或者延长渗硅时间，都会使渗硅中的多孔区加厚。因此要获得一定深度的无孔渗硅层，必须选择适当的工艺参数。

2) 渗硅层的组织与性能

渗硅层表面的组织为白色均匀、略带孔隙的含硅的 α-Fe 固溶体，渗层下有增碳区，与基体间有明显的分界线。图 4.37 是 Cr18Ni9 奥氏体不锈钢 1050℃粉末渗硅 5h 后的组织。渗硅层的硬度为 175～230HV，若把多孔的渗硅层工件置入 170～220℃油中浸煮后，则具有良好的减摩性。渗硅层在完整无孔的条件下，在海水、硝酸、硫酸以及大多数盐及稀碱液中都有良好的耐蚀性，尤其对盐酸的抗蚀能力最强。渗硅层具有较高的抗氧化能力，如镍基合金渗硅后，渗层的含硅量小于 3%时，合金使用温度可由 800℃提高到 1100℃；钼渗硅后在大气中加热至 1400℃持续数百小时也不氧化。此外，渗硅还可以提高电工钢的导磁性。

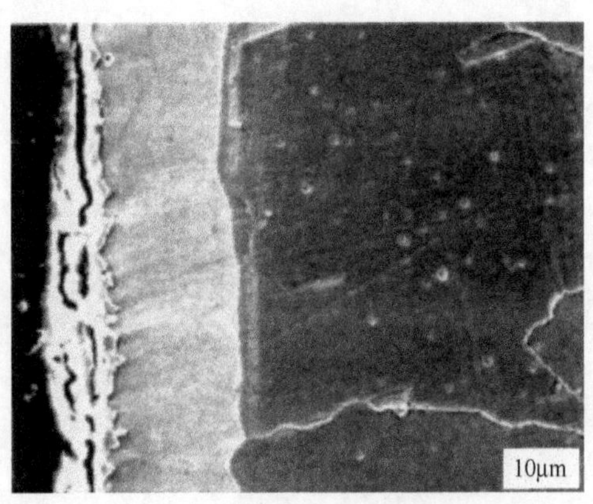

图 4.37 Cr18Ni9 奥氏体不锈钢粉末渗硅组织

习题与思考题

1. 简述加速化学热处理的途径。
2. 钢的气体渗碳工艺参数确定的原则如何？
3. 如何选择渗碳后的热处理？
4. 钢经过渗碳及热处理后会发生哪些缺陷？其产生的原因是什么？如何防止？
5. 渗氮钢在成分上有什么特点？渗氮后的工件在性能上有何特点？
6. 钢的渗氮工艺参数如何选择？不锈钢和耐热钢渗氮的关键是什么？
7. 简述碳氮共渗工艺特点。气体碳氮共渗常用介质有哪些？

8. 什么叫软氮化？有什么特点？

9. 碳氮共渗层中网状屈氏体与黑色组织如何区别？它们是如何形成的？如何防止？

10. 渗硼剂由哪几部分组成？钢中的合金元素对渗硼有何影响？简述工件渗硼后的特点。

11. 什么是渗金属？工件表面渗金属后可提高哪些性能？

12. 简述热浸渗铝的工艺流程。工件渗铝后的主要作用是什么？

13. 粉末渗硅剂由哪几部分组成？简述渗硅层的组织和性能。

第5章 热处理新技术与新工艺

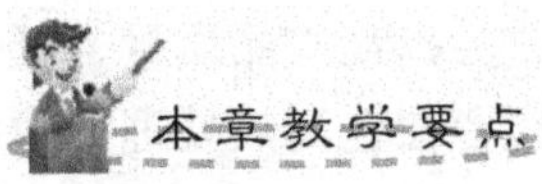

知识要点	掌握程度	相关知识
金属强韧化	掌握提高金属强韧化的途径、金属强韧化的工艺原理及其应用	板条马氏体、下贝氏体、亚温淬火、细晶组织
强烈淬火的概念	了解强烈淬火技术的关键步骤、目的及其应用	淬火介质、淬火冷却过程
节能热处理	了解节能热处理的内涵、节能热处理的工艺及其应用	奥氏体均匀化、节能与环保

导入案例

美国能源部、金属学会的热处理学会和热处理协会，于2004年正式公布了美国热处理技术发展路线图，其目的是提高热处理的生产技术水平和经济效益。路线图的2020年目标是节约80%的能源，工艺周期缩短50%，生产成本降低75%，热处理炉使用寿命提高10倍，炉子价格降低50%，热处理件零畸变，零质量分散度，企业利润率保持25%以上，和用户保持10年以上的固定协作关系，热处理生产零排放，炉衬厚度减少一半，隔热能力提高1倍。

通过对美国热处理技术发展路线图的研究和我国热处理现状的分析，我国也开展了热处理发展战略研讨，其目的并不是模仿美国搞一个“路线图”或规划，而是吸取发达国家的先进理念，从全球的角度和未来发展的眼光看问题，用新的思路和方法去解决问题，使科学发展观在我国热处理界得以真正地落实。

随着机械产品市场的激烈竞争，热处理生产技术的发展，已成为提高产品质量、延长工件使用寿命、节约能源、减少环境污染的主要手段。热处理工作者在提高热处理技术和效果方面做了大量的工作，涌现出了许多热处理新工艺和新技术。这些新工艺、新技术主要表现在节能热处理、对热处理常规工艺不断完善和提高、探索具有更高强韧化效果的热处理新途径以及把其他方面的技术引入热处理领域等方面。

5.1　淬火新技术与新工艺

淬火新技术与新工艺主要探索的是材料强韧化效果的新途径。凡是可同时改善钢件强度和韧性的热处理，总称为强韧化处理。板条马氏体和下贝氏体具有良好的强韧性，因此利用板条马氏体和下贝氏体组织的特征是提高钢的强韧性的一条重要途径。

5.1.1　中碳钢高温淬火

这里的高温是指相对正常淬火加热温度而言的。

碳含量在0.3%～0.55%(质量分数)的中碳合金钢正常加热淬火的马氏体形态为板条与片状的混合组织，其强度较高，但韧性不足。提高淬火加热温度，即提高奥氏体的均匀性，消除高碳微区，这样就增加了板条马氏体的份额，使材料的韧性得到提高。如5CrNiMo钢热锻模淬火温度由860℃提高到900～930℃油淬，获得板条马氏体量明显增多经500℃回火，使强度、塑性、断裂韧性大大提高，模具使用寿命高出3倍以上。

中碳钢采用高温淬火要以奥氏体晶粒不过分粗大为原则，否则会降低材料的强度及断裂韧性。此外，淬火温度过高，会降低设备的使用寿命。

5.1.2　高碳钢低温、短时、快速加热淬火

高碳钢普通工艺淬火时，所得马氏体组织以片状为主，脆性较大。如果适当控制淬火加热时奥氏体的含碳量，可在淬火后得到以板条马氏体为主的组织，使钢在保持高硬度的

同时，具有良好的韧性。

高碳低合金钢的淬火加热温度一般仅稍高于 Ac_1 点，碳化物的溶解、奥氏体的均匀化，靠延长时间来达到。如果采用低温、快速、短时加热，保留较多的碳化物，以降低奥氏体中碳和合金元素的固溶量，并阻止高碳微区的形成，使 M_s 点升高，这样淬火后可得到以板条马氏体为主的细小碳化物的组织，保证其具有较高的强韧性。例如 T10A 钢制凿岩机活塞，采用 720℃预热 16min，850℃盐浴短时加热 8min 淬火，220℃回火 72min，使用寿命由原来平均进尺 500m 提高到 4000m。

高碳钢采用低温、快速、短时加热淬火时，淬火前的原始组织中碳化物应尽量细小，以保证获得好的强韧化效果。

5.1.3 利用第二相淬火

在过去很长的一段时间里，人们对第二相的关注集中在碳化物相上，即碳化物成分、结构、数量、形状、尺寸、分布状态与基体联系等。近些年来，对淬火钢中的塑性第二相(铁素体和残余奥氏体)有了新的认识。淬火组织中保持一定数量的有利分布状态的塑性第二相，可以提高断裂时裂纹扩展的抗力，减少杂质元素在晶界的偏聚，以改善低温韧性，进一步发挥材料在性能上的潜力。

1. 亚共析钢的亚温淬火

亚共析钢在 A_{c1}～A_{c3} 之间的温度加热淬火称为亚温淬火。其目的是提高冲击韧性值，降低冷脆转变温度及抑制第二类回火脆性。例如，16Mn 常规工艺 900℃加热淬火、600℃回火后，冲击韧度为 $110J/cm^2$，韧脆转化温度为－22℃。若经 900℃预冷淬火、800℃亚温淬火、600℃回火后，冲击韧度提高到 $167J/cm^2$，韧脆转化温度则降到－63℃。

目前在 A_{c1}～A_{c3} 之间选择多高淬火温度，即保留多少数量的铁素体，实验数据尚不充分，看法不完全一致。对 45、40Cr 及 $60Si_2Mn$ 钢，以 A_{c3} 以下 5～10℃为最佳，过低的淬火温度(接近 A_{c1})反而会使韧性降低，其原因可能是淬火组织中铁素体及片状马氏体过多。

为了保证足够的强度，并使铁素体均匀细小，亚温淬火温度以选在稍低于 A_{c3} 的温度为宜。此外，亚温淬火前的原始组织不允许有大块铁素体存在。

2. 保留残余奥氏体淬火

残余奥氏体可以阻碍裂纹的扩展，使裂纹前沿应力松弛，一定的应力水平有可能诱发马氏体相变，以提高硬度和耐磨性，一定的应力水平也可能诱发塑性，使应力集中缓和，提高塑性。此外，保留适当的残余奥氏体可以减少变形。

残余奥氏体的有利作用与其形态、数量、分布和稳定性有关。因此，必须寻找合适的工艺方法，以适应各种具体使用条件的要求。例如 GCr15 轴承钢采用不同淬火介质冷却后残留奥氏体量可在 0％～15％范围内变化，钢的接触疲劳寿命随残余奥氏体量增多而提高。采取提高加热温度、预冷及分级停留等措施，增加淬火组织中的残余奥氏体数量，以平衡马氏体转变时的体积膨胀，达到微变形的目的。如 T12 钢 770℃油冷时残余奥氏体为 15％，膨胀量为 0.28％；而采用 830℃加热，175℃分级停留 2～3min，再入 200℃中油停留 30min 空冷，其膨胀量仅为 0.08％。

3. 碳化物的超细化处理

高碳钢中的碳化物是造成材料断裂的主要策源地。因此，使高碳钢中的碳化物超细化并均匀分布是改善高碳钢强韧性的有效途径。

碳化物的超细化主要是通过预备热处理使毛坯组织中的碳化物超细化。碳化物超细化处理首先进行高温固溶处理，然后采取不同的工艺方法得到均匀分布的细小碳化物。

1）高温固溶＋淬火＋回火

高温加热时碳化物全部溶解后淬火，可以抑制先共析碳化物的析出，获得马氏体和残余奥氏体，再经过回火使残余奥氏体转变并获得极细的碳化物。如 GCr15 钢经 1000～1050℃短时间加热后在油中淬火，然后在 300～350℃回火，得到极细碳化物，再进行高频感应加热淬火、低温回火，可使碳化物平均粒度细化到 0.1μm。

2）高温固溶＋等温处理

高碳钢高温固溶＋淬火易引起开裂，为此开发了高温固溶＋等温处理细化碳化物的方法。如将 GCr15 钢于 1040℃加热 30min 使碳化物全部溶入奥氏体，然后在 620～550℃温度范围内等温得到细片状珠光体，或在 425～370℃温度范围内等温得到贝氏体组织，最后再按常规工艺进行淬火、回火。这时碳化物尺寸可达 0.1μm。

5.1.4 奥氏体晶粒超细化处理

把钢的奥氏体晶粒细化到 10 级以上的处理叫做晶粒的超细化处理。超细晶粒奥氏体淬火回火后可使马氏体组织细化，提高钢的强度、塑性和韧性，降低韧脆转化温度。若在碳化物超细化的基础上再进行奥氏体晶粒的超细化处理，称为双细化处理，可以获得更好的强韧化效果。

采用循环快速加热淬火方法可以使奥氏体晶粒超细化。将工件快速加热到 A_{c3} 以上，短时间保温后迅速冷却，如此循环多次，通过 $\alpha \to \gamma \to \alpha$ 循环相变，可使奥氏体晶粒逐步细化。如图 5.1 所示，45 钢在 815℃反复加热淬火 4 次(每次保温不大于 20 秒)，可使晶粒从 6 级细化到 12 级。一般说来，原始组织中的碳化物越细小，加热速度越快，最高加热温度越低(在合理的限度内)，其晶粒细化效果越好。此外，循环相变的次数不宜过多，因为当奥氏体晶粒极为细小时很不稳定，长大倾向会迅速增大，以至于反而妨碍其进一步的细化。

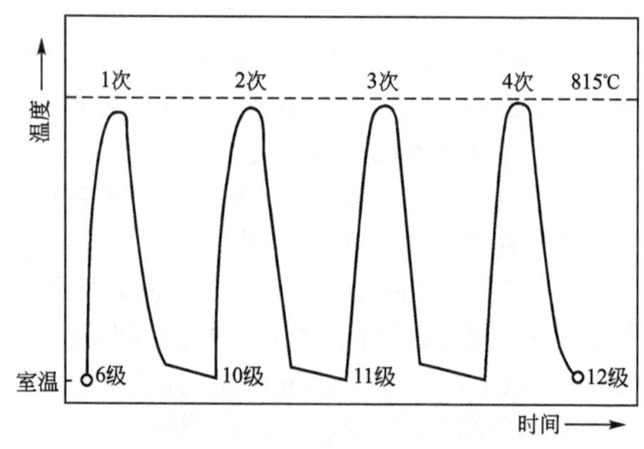

图 5.1　循环加热淬火示意图

5.1.5 强烈淬火技术

强烈淬火技术是采用高速搅拌或高压喷淬使工件在马氏体转变区域进行快速而均匀的冷却，在工件整个表面形成一个均匀的具有较高压应力的硬壳，避免了常规淬火在马氏体转变区域进行快速冷却产生畸变过大和开裂问题的发生。

在强烈冷却时，工件表面立即冷到槽液温度，心部温度几乎没有变化。此时表层为压应力，且表面压应力数值和生成的表面马氏体量成正比。在心部进行马氏体转变过程中的某一临界时间，表层的压应力达到最大值，这时需将工件从淬火介质中取出停止强烈冷却过程，这是强烈淬火技术中的一个关键步骤。一旦工件被取出，由于冷速的降低，心部的马氏体转变将会减缓甚至完全停止，这样就完成了强烈淬火的全部过程，使工件开裂减小到最低程度。

强烈淬火技术的核心是在工件表层获得高的压应力。在已有的热处理实践中，要在钢件表层形成压应力就必须采用周期很长、能源消耗大、对环境不友好的渗碳、渗氮等工艺或者增加喷丸工序。在许多情况下，强烈淬火技术可以取代渗碳或显著缩短渗碳时间或取消喷丸。

和常规淬火比较，强烈淬火技术可明显减小工件畸变。这是因为受压缩的表层就像一副“模具”一样把工件的原始开头保持下来的缘故。尽量减少校直，也能降低热处理总成本，强烈淬火技术用水代替油或聚合物溶液可显著降低生产成本，减少淬火剂对环境的影响。

强烈淬火是一种打破常规的技术，近几年，该技术在美国得到了重视和应用。它是一种投资小、见效大、节能、提高设备效率和减少污染的先进热处理冷却技术。目前，强烈淬火技术在汽车半轴、链轮、轴承圈、紧固件、销轴和模具上得到了应用。

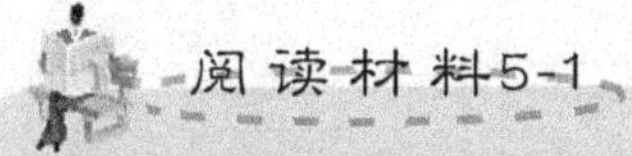

单介质单循环淬火冷却技术是通过计算淬火件的某一部位从冷却开始到温度达到 M_s 点的时间来确定工艺，淬火冷却过程的时间和搅拌强度是由计算机控制的。根据该原理开发出周期式和连续式控时浸淬系统，采用聚二醇(PAG)高分子聚合物水溶性淬火介质替代油或盐水，处理的产品有曲轴、轴承、轨道、连杆，其中曲轴单件最大重量可达5吨。应用结果表明，采用单介质单循环淬火冷却技术在增加硬化层深度和减少畸变方面取得较好的效果。

来源：陈乃录，张伟民．数字化淬火冷却控制技术的应用［J］．金属热处理，2008，33(1)57～62.

5.1.6 加速贝氏体转变的循环等温淬火

人们知道，利用等温淬火可使贝氏体钢获得强韧性，但在 M_s 点以上的传统等温淬火过程很缓慢，要完成等温贝氏体转变，按工件尺寸和钢的化学成分需经历2～24h。为了加速贝氏体转变，美国热加工技术中心的学者们开展了用循环等温淬火加速贝氏体等温转变的研究工作。研究所用的试验钢种为AISI 1080，试样为6mm的钢棒，在DSIGleeble 3500热力模拟试验机上进行了等温淬火动力学过程的试验研究。其试验工艺如图 5.2 所示。

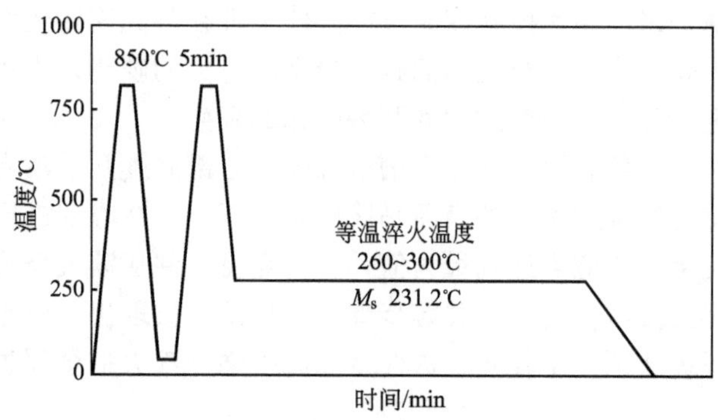

图 5.2　AISI 1080 钢等温淬火工艺

图中第一次奥氏体化淬火目的是使试验前所有试样都具有相同的初始组织。完成首个周期后，试样再次加热到奥氏体化温度(850℃，保持 5min)，然后快速冷却到不同温度以不同方式施行等温处理，经过一定时间等温，自炉中取出试样冷至室温。等温前的冷却要足够快以保证试样未发生任何转变。等温试验在 260℃和 300℃的等温温度下进行，而循环试验是在 260℃和 300℃区间进行，试验采用了不同的循环速度：1℃/min、5℃/min 和 10℃/min。贝氏体转变分数与时间的关系是从膨胀曲线计算出的，同时要结合光学显微镜和扫描电镜的显微组织检验。试验结果如图 5.3 所示。

结果显示，完成贝氏体转变时间循环等温远比传统等温快。传统等温在 260℃完成贝氏体转变需 160min，而在 300℃需 140min。循环等温当变温速率为 1℃/min 时，完成转变时间为(80±20) min，变温速率为 5℃/min 时为(32±4)min，即可以节省 80%的转变时间，把循环速率增加到 10℃/min 还会进一步节省 12%的时间。目前该项工作尚在继续进行中，以使循环过程更为优化，并探索加速相变的机理及投入工业生产的可能性。

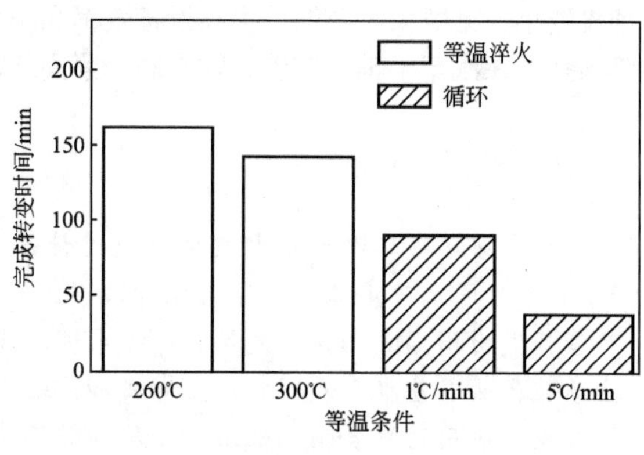

图 5.3　等温和循环等温完成贝氏体转变时间的对比

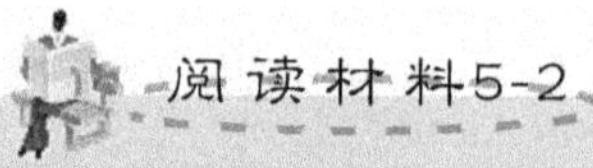

图 5.4 为 W18Cr4V 高速钢机用木工刀片复合等温淬火工艺。该工艺采用较低淬火温度和较高回火温度，并进行复合等温淬火。热处理后获得强韧兼优的板条马氏体和下贝氏体混合组织，且弥散分布的碳化物使其更加耐磨。该刀片硬度为 61～62HRC，使用寿命超过进口刀片寿命。

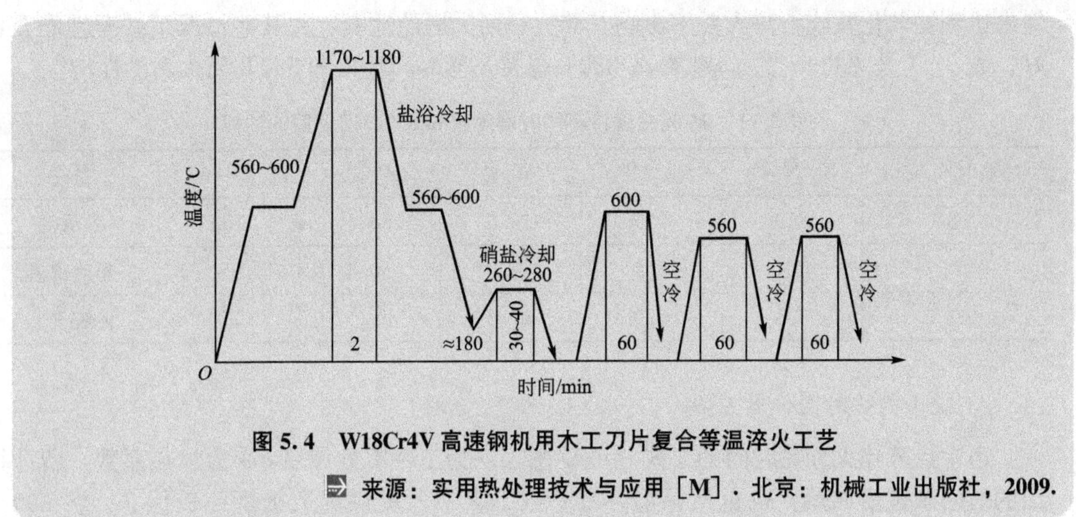

图 5.4 W18Cr4V 高速钢机用木工刀片复合等温淬火工艺

来源：实用热处理技术与应用［M］. 北京：机械工业出版社，2009.

5.2 现代热处理节能技术

热处理行业既是耗能大户，也是工业污染的可能来源。当前在生产中既存在能源的严重浪费，又存在污染物随意排放的不良倾向。因此，采用热处理节能技术就是响应国家提出的建设生态文明的产业结构，建设资源节约型、环境友好型社会的号召。

节能的热理工艺主要表现在缩短加热与保温时间、降低加热温度、以局部加热取代整体加热、简化和取消热处理工序等。

5.2.1 缩短加热时间

1. 零保温淬火

碳素钢和低合金结构钢在加热到 A_{c1} 或 A_{c3} 以上时，奥氏体的均匀化过程和珠光体中碳化物溶解都比较快，但碳化物充分溶解奥氏体达到均匀化需要较长的间(图 5.5)。当工件尺寸属于薄件范围时，在计算加热时间时无需考虑保温，即实行所谓的零保温淬火。奥氏

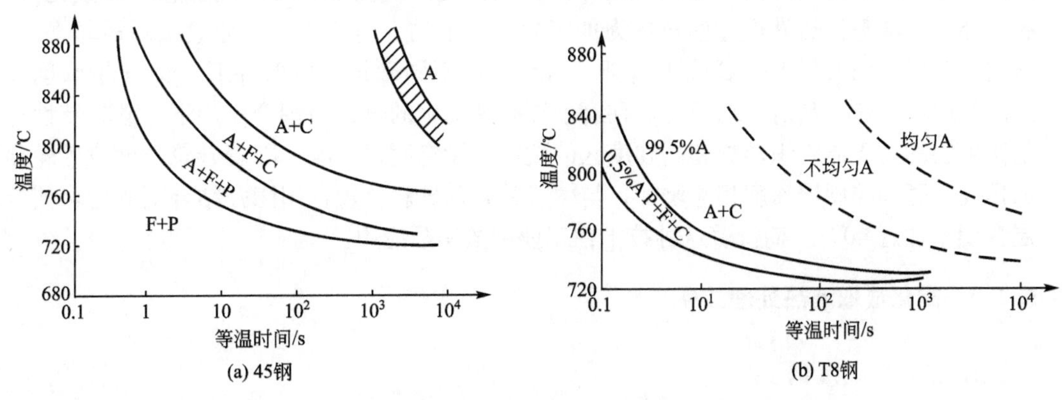

图 5.5 奥氏体均匀化过程

体未达到均匀化就施行淬火并不影响其淬火、回火后的性能，在某些情况下甚至性能会更好。表 5－1 是 ϕ20mm 的 45 钢棒在 830℃保持不同时间淬火和 550℃回火后的性能。

表 5－1　45 钢棒保持不同时间淬火和 550℃回火后的性能

加热时间/min	R_{e_L}/MPa	R_m/MPa	A(%)	Z(%)	α_k/J·cm^{-2}	备注
8	829	926	16.6	56.5	102	零保温
12	824	902	17.0	60.8	107	短时保温
20	831	920	17.2	59.1	90	传统工艺

2. 减小加热时间计算系数

通常计算淬火加热时间的公式 $\tau=\alpha D$ 中，D 为工件有效厚度，α 为加热系数，所计算出的时间既包括加热，也包括保温，故一般工具书所提供的数据都比较保守。在 800～900℃加热时，一般 $\alpha\approx1.0\sim1.2$。考虑到钢奥氏体化加热不需要均匀化，而且可实施零保温，则在 700℃加热时，$\alpha\approx0.6\sim0.8$；在 840℃加热时，$\alpha\approx0.5\sim0.65$；在 950℃加热时，$\alpha\approx0.4\sim0.55$。此外，提高炉温，可大大加快表面升温速度，把炉温从 900℃提高到 925℃，可使钢的奥氏体化加热时间从 2h 下降到 0.5h，节能效果显著。

5.2.2　以局部加热代替整体加热

1. 感应淬火代替渗碳淬火

采用低淬透性结构钢 55Ti、60Ti 和 70Ti 来制造汽车拖拉机齿轮时，用感应加热淬火可使淬硬层沿齿轮廓分布，得到内韧外硬的轮齿，从而可取代渗碳淬火齿轮。同样，采用 GCr4 低淬透性轴承钢以感应淬火代替深层渗碳淬火可以制造铁路轴承套圈。这些材料生产成本低、价廉，且以感应淬火代替渗碳淬火，可大大缩短工艺周期，节能效果显著，是很值得推广的材料和工艺。

2. 磨削加热淬火

钢件在一定规范下磨削，靠磨削把钢件表面加热到适当温度，然后靠其余未加热部分的热传导冷却，使表面金属变成马氏体而得到强化。此技术有可能代替感应和激光淬火，有可能把一项整体热处理过程转化为加工生产线上的一道工序，节能效果同样非常明显。国内学者以平面磨削淬硬试验为基础，研究了在不同砂轮特性条件下，40Cr 钢磨削淬硬层的组织和性能。其研究结果为，在磨削淬硬加工中的热、力耦合作用下，砂轮特性对磨削淬硬层的马氏体组织形貌和高硬度区的硬度值没有明显影响；随着砂轮粒度或砂轮硬度的提高，磨削淬硬层深度相应增加，与树脂粘合剂砂轮比较，用陶瓷粘合剂砂轮可使淬硬层深度增加近 40%。期待着这种技术在工业中的实际应用。

5.2.3　简化或取消热处理工序

1. 推广非调质钢

用 Nb、V 和 Ti 等元素微合金化的低碳结构钢经控制轧制或锻造控冷后，其组织和力学性能可达到调质处理的效果，所以，在加工制造前的原材料不再需要进行调质。目前，非调质钢在汽车的部分工件上已获得推广应用，由于省去了淬火＋高温回火热处理工序，所以节能效果明显。

2. 钢件淬火时的表面形膜

日本学者提出用含有磷酸脂、磷酸盐添加剂的淬火油，使钢件在油中淬火时，能同时形成磷盐膜，以降低其表面边界润滑的摩擦系数，而对油的冷却性能没有影响。在淬火油中添加有机硫或含软金属(如 Zn)硫化物，使工件淬火时表面形成减摩层，用于发动机和差动齿轮紧固螺钉淬火，形成的膜层可在拧紧螺钉的同时，使轴向张力固定不变。此外，在淬火油中加入超细黑色粉末和粘合剂，使工件淬火后表面形成黑色的塑性防锈薄膜。这些方法简化了工序，避免了随后单独进行的表面氧化或磷化处理，具有很好的节能效果。

3. 振动消除应力

振动消除工件残余应力比炉内加热法节能，且效果理想。最近的生产实践证明，热处理前用振动法充分消除加工残余应力可明显减少热处理后的畸变。在稍低于工件谐振频率条件下，可减少 95%的机加工畸变，减少工件热处理畸变 90%，减少成品工件长期放置畸变的 98%。

阅读材料5-3

利用锻后余热的淬火具有高温形变热处理的效果，可明显提高钢的淬透性，使晶粒内亚结构细化，马氏体组织变细。晶体缺陷的增加和遗传，以及碳化物的弥散析出，使钢的拉伸、冲击和疲劳性能显著提高，且可省略锻后的正火和调质预备热处理，节能效果显著。利用锻热等温正火可显著改善渗碳钢件的心部性能。锻后余热淬火还可降低钢的脆性转变温度和缺口敏感性。利用锻热的淬火和等温正火在汽车工业中已得到推广使用。

来源：樊东黎．现代热处理节能技术和装备(上)［J］．机械工人(热加工)，2008(1)：55～59.

习题与思考题

1. 中碳钢及高碳钢淬火后，组织中若要获得较多份额的板条马氏体，淬火工艺应如何制定？其工艺原理是什么？

2. 什么是双细化处理？举一例说明其应用。

3. 什么是钢的强烈淬火？强烈淬火技术的关键步骤是什么？简述该技术的应用前景。

4. 论述加快贝氏体转变的途径。

5. 何谓零保温淬火？实施该工艺的依据是什么？

6. 举例说明热处理节能技术的应用。

第2篇

热处理设备

实践证明，要提高钢铁等金属材料的使用寿命，最有效的手段之一，就是对其进行热处理，而任何热处理工艺都要通过相应的热处理设备来实现。

如果说，冶金工作者已经赋予了材料优良的性能潜力，而热处理工艺可以发掘这样的潜力，使之具有最佳的使用性能，那么，热处理设备则是达到这种目的的必不可少的手段。

本篇主要介绍有关热处理设备的基本知识，内容有热处理设备的设计理论，重要基础部件的设计方法，各种热处理设备的结构特点、工作原理和使用方法。

第6章 传热学基础

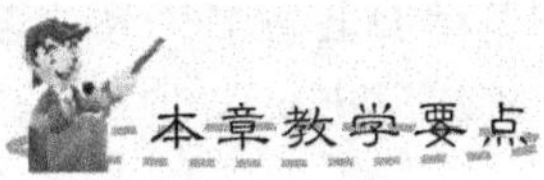

知识要点	掌握程度	相关知识
导热的概念及基本定律	了解导热概念；掌握傅里叶定律的基本内容、数学表达式及其在炉墙导热中的应用；掌握相关物理量的物理意义	温度场、稳定导热和不稳定导热
对流换热的概念、基本定律	了解对流换热的概念；掌握牛顿定律的基本内容及数学表达式；了解对流换热系数α的意义和影响因素	流体的自然对流和强制对流；流体的层流和紊流
辐射换热的概念、基本定律	了解辐射换热的概念；掌握辐射定律的基本内容及数学表达式及其应用	热力学定律，可见光及红外线
综合换热的概念	了解并能分析热处理炉内的热交换过程	热处理加热过程对材料组织和性能的影响

导入案例

《世说新语·夙慧》讲了这么一则故事。东晋著名玄学家韩康伯小的时候，家境非常贫苦，穷到什么地步呢？到了隆冬时节，只能穿上一件短袄，这是他的母亲殷夫人亲手做的。

殷夫人做衣服时，叫韩康伯先拿着熨斗，靠着熨斗上传来的热气取暖。那时候当然没有电熨斗，而是在木斗中装满木炭，热气从木斗中传到木柄上，可怜的韩康伯握着它取暖。

母亲对韩康伯说："先穿上短袄，接着就给你做夹裤。"韩康伯说："已经够了，不需要夹裤了。"母亲问他为什么，他回答："火在熨斗里面，熨斗柄也就热了，人体也一样，现在已经穿上短袄，上身如同熨斗，上身暖和了，下肢如同熨斗柄，也会暖和的，所以不需要再做夹裤。"他母亲听了非常惊奇，知道他将来是国家的栋梁之材。

将上身比作熨斗，将下身比作熨斗柄，认为人体会如同熨斗那样由上而下传热，因而就不需要穿裤子，这话超出他的年龄了。但幼小的韩康伯能由此及彼地联想，这样的孩子当然会成器。

热量从一物体传至另一物体，或由同一物体的这一部分传至另一部分的过程称为传热或换热。在热处理生产过程中，几乎每道工序都需要改变材料的温度，都涉及传热或换热过程。

只有物体内部或两个物体之间存在温度差时，才会发生传热。因而研究传热时必须了解物体内部和两个物体组成的传热系统的温度随空间的分布状况，即温度场。如果温度场随时间变化，称为不稳定温度场。在不稳定温度场内的传热称为不稳定传热，此时所传递的热量随时间变化而变化，例如在升温阶段炉墙内部的传热。温度场不随时间变化，称为稳定温度场。在稳定温度场内的传热称为稳定传热，此时所传递的热量是恒定的，不随时间变化，例如在保温阶段炉墙内部的传热。

传热的形式分为传导、对流和辐射。在热处理炉内实际进行的热传递过程也是这 3 种基本形式和这 3 种基本形式所组成的综合换热。

6.1 传导传热

6.1.1 传导传热的基本概念

1. 定义

热量从物体中温度较高部分传递到温度较低部分或者从温度较高的物体传递到与之相接触的温度较低的另一物体的过程称为传导，也称导热或热传导。

工件在热处理炉中加热时的均热过程，热处理炉加热过程中的内炉壁向外炉壁的传热，热电偶等炉内加热部分和炉外部分的热短路现象等，均属传导传热。

2. 特点

传导传热有3个特点，内容如下。

(1) 传导传热属于接触式换热。

(2) 换热物体各部分不发生宏观的相对位移。

(3) 在换热过程中，只有热能的传递，没有能量形式的转换。

3. 实质

传导传热实质上是通过微观粒子的热运动相互振动或碰撞中发生动能的传递而完成的传热过程。从理论上讲，热传导可以在固体、液体和气体中进行，但液体或气体在换热过程中不能避免各部分的宏观运动，所以纯粹的热传导只能在固体中进行。

6.1.2 传导传热的基本定律

1822年，法国数学家傅里叶在综合实验数据的基础上，提出了在均质固体中单纯导热的基本规律：在单位时间内所传递的热量 Q 与温度梯度和垂直于热流方向的截面积成正比，热流朝向温度降低的方向。傅里叶定律的数学表达式为

$$Q=-\lambda A\mathrm{d}t/\mathrm{d}x(\mathrm{W}) \tag{6-1}$$

而单位时间内通过单位面积的热量，则称热流密度，以 q 表示，其傅里叶定律的数学表达式为

$$q=Q/A=-\lambda\mathrm{d}t/\mathrm{d}x(\mathrm{W/m^2}) \tag{6-2}$$

式中：λ 为导热物体的导热系数，也称热导率。其物理意义为：当截面的温度梯度为一个单位时，在单位时间内通过单位面积所传递的热量。$\mathrm{d}t/\mathrm{d}x$ 为温度在热流传递方向上的变化率。

式中的负号表示热流朝向温度降落的方向，即表示降温过程。

阅读材料6-1

在温度场内，同一时刻具有相同温度各点连接成的面叫等温面。物体(或体系内)相邻两等温面间的温度差 Δt 与两等温面法线方向的距离 Δn 的比例极限，称为温度梯度。

温度梯度是表示温度变化的一个向量，其数值等于在和等温面相垂直的单位距离上温度变化值，并规定由低到高为正，由高到低为负。

资料来源：吉泽升．热处理炉［M］．哈尔滨：哈尔滨工程大学出版社，2008.

λ 是物质非常重要的一个物理性能指标。它代表了物体导热能力的大小。λ 值决定于材料种类、物质结构、化学成分、密度、温度和湿度等因素，与几何形状无关。常见物质的热导率见表6-1。

从表6-1可以看出，金属的热导率较高，热导率最大的为银。合金的热导率常比纯金属低。

纯金属的热导率随温度的升高而降低，碳钢和低合金钢的热导率也具有这样的特点。而高合金钢的热导率则随着温度的升高而增大。

表 6-1　常用材料的热导率

名　　称	λ/[W/(m·℃)]	名　　称	λ/[W/(m·℃)]
纯铁	73.3	汽油	0.15
灰铸铁	46.9	煤油	0.12
低碳钢	51.9	重油	0.12(26℃)
中碳钢	51.9	甲苯	0.14
高碳钢	45.2	空气	0.0236
40Cr	48.6	氮气	0.0243
Cr12	26(200℃)	氧气	0.0232
不锈钢	17.6(200℃)	氢气	0.1744
高锰钢	13.0	水蒸汽	0.0156
W18Cr4V	24.3	二氧化碳	0.0140
9CrSi	43.1	烟气	0.0221
3Cr2W8	23.6(20℃)		
银	428(20℃)		
铜	391(20℃)		
黄铜	102(20℃)		
青铜	47.7(20℃)		
铝	202(20℃)		
硬铝	169(20℃)		

注：未标注温度的均为 0℃。

非金属固体材料中，除石墨具有较高的 λ 值[λ=55～165W/(m·℃)]，多数材料的 λ 值均较低，且随温度的升高而增大。如耐火材料和保温材料的热导率的数值在 0.025～3.0W/(m·℃)之间。

多孔性及纤维类材料具有较低的 λ 值，这是因为其空隙中存在着热导率很低的静止空气，因此常作为保温材料。但对于空隙度或松散度过大的材料，在 400～600℃以上时，会因固体物质的辐射和空隙中气体的辐射和对流作用的加剧，而较大程度地增大 λ 值。

工程上，大多数材料的热导率与温度的关系可近似的表示为

$$\lambda_t=\lambda_0+bt \tag{6-3}$$

式中：λ_t、λ_0 分别为 t℃和 0℃时材料的热导率；b 为温度系数，其值随材料而异。

在工程设计中，为了简化计算，往往取物体平均温度的热导率代表物体的热导率。如处于稳定态的单层炉墙，当其内外壁温度分别为 t_1、t_2 时，炉墙的平均热导率 λ_m 为

$$\lambda_m=\lambda_0+bt_m$$

$$t_m=(t_1+t_2)/2 \tag{6-4}$$

式中：t_m 为炉墙的平均温度。

6.1.3　传导传热的应用

1. 平壁炉墙的稳定态导热

1）单层平壁炉墙的导热

在热处理炉的设计过程中，大量遇到的是炉墙的传导散热损失计算，其中最简单的是

单层炉墙。

设一单层平壁炉墙(图 6.1)，壁厚为 S，材料的热导率 λ 不随温度变化，壁两侧温度分别为 t_1 和 t_2($t_1>t_2$)，并保持恒定。若平面面积远大于厚度(≥8～10倍)，可忽略端面上复杂的导热影响，误差不大于1%，可看作在稳定温度场中单纯的 x 轴(一维)方向的稳定导热问题。为求出这一平壁炉墙的导热量和热流密度，可在平壁内取一厚度为 dx 的单元薄层，两侧的温度变化为 dt，根据傅里叶定律，通过此单元薄层的热量为

$$Q=-\lambda A\mathrm{d}t/\mathrm{d}x$$

分离变量并积分得

$$\lambda A\int_{t1}^{t2}\mathrm{d}t=-Q\int_{0}^{s}\mathrm{d}x$$

$$\lambda A(t_1-t_2)=QS$$

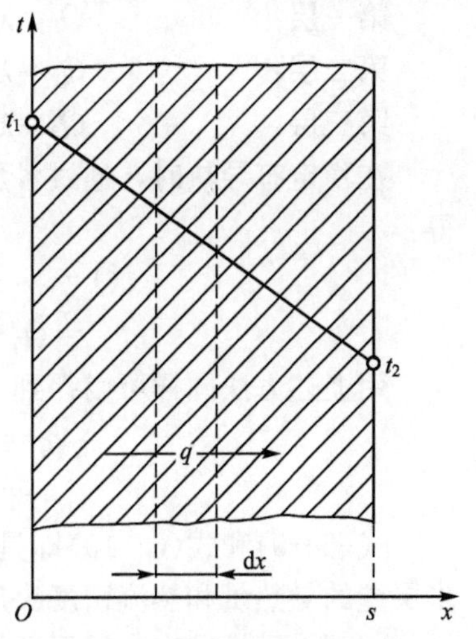

图 6.1 单层平壁炉墙的导热

传热量即为

$$Q=\lambda A(t_1-t_2)/S=(t_1-t_2)/S/\lambda A \tag{6-5}$$

当传热面积为 1m² 时，其热流密度为

$$q=(t_1-t_2)/S/\lambda \tag{6-6}$$

式中：λ 为平壁材料的平均热导率[W/(m·℃)]；A 为平壁导热面积(m²)，对于箱式炉，由于其内外表面积不相等，用上式计算其导热量时，常按如下方法取其平均面积。

当 $A_2/A_1\leqslant 2$ 时，用算术平均值，即

$$A=(A_1+A_2)/2(\mathrm{m}^2) \tag{6-7}$$

当 $A_2/A_1>2$ 时，用几何平均值，即

$$A=\sqrt{A_1\times A_2}\ (\mathrm{m}^2) \tag{6-8}$$

式中：A_1 和 A_2 分别是单层炉墙的内外表面积(m²)。

式(6-5)与式(6-6)中的 $S/\lambda A$ 和 S/λ 分别为面积 A 与单位面积的平壁导热热阻 R 和 r，(t_1-t_2)为温差，亦称温压。

2) 多层平壁炉墙的导热

在实际的热处理炉中，一般很少用单层平壁炉墙，几乎都是由几层不同材料砌成的复合壁。例如常见的中温箱式炉，即是由耐火层、保温层及石棉板、炉壳叠合而成的。在传热学上就属于多层平壁的导热。

图 6.2 为一三层平壁炉墙，设各层之间接触紧密，厚度分别为 S_1、S_2、S_3；热导率分别为 λ_1、λ_2、λ_3；导热面积 A_1、A_2、A_3；温度 $t_1>t_2>t_3>t_4$，t_1 和 t_4 均是已知温度。其中 t_1 为炉子的额定温度，t_4 为炉子设计时规定的温度(一般为 50～60℃)。由式(6-5)可知通过各层的导热量分别为

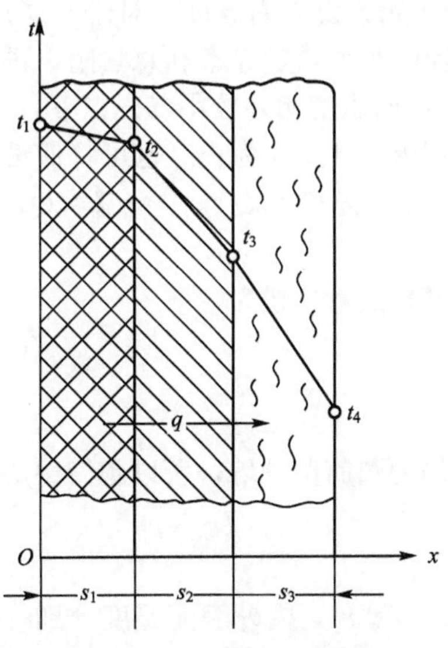

图 6.2 三层平壁炉墙的导热

第一层：　　　　$Q_1=\lambda_1A_1(t_1-t_2)/S_1=(t_1-t_2)/S_1/\lambda_1A_1$

第二层：　　　　$Q_2=\lambda_2A_2(t_2-t_3)/S_2=(t_2-t_3)/S_2/\lambda_2A_2$

第三层：　　　　$Q_3=\lambda_3A_3(t_3-t_4)/S_3=(t_3-t_4)/S_3/\lambda_3A_3$

在稳定态导热时，通过各层炉墙的传热量应相等，即$Q_1=Q_2=Q_3=Q$，由以上各式可得

$$\begin{aligned}Q&=(t_1-t_4)/(S_1/\lambda_1A_1+S_2/\lambda_2A_2+S_3/\lambda_3A_3)\\&=(t_1-t_4)/(R_1+R_2+R_3)=(t_1-t_4)/R_{总}\end{aligned}\tag{6-9}$$

用上述方法同样可以得到

$$\begin{aligned}q&=(t_1-t_4)/(S_1/\lambda_1+S_2/\lambda_2+S_3/\lambda_3)\\&=(t_1-t_4)/(r_1+r_2+r_3)=(t_1-t_4)/r_{总}\end{aligned}\tag{6-10}$$

式(6-9)和式(6-10)即是三层平壁炉墙的导热公式。由式(6-9)和式(6-10)可知，多层壁的导热量和热流密度决定于总温差和总热阻，而总热阻等于各层热阻之和。

同理，可推导出n层平壁炉墙的导热公式为

导热量：

$$\begin{aligned}Q&=(t_1-t_{n+1})/(S_1/\lambda_1A_1+S_2/\lambda_2A_2+\cdots+S_n/\lambda_nA_n)\\&=(t_1-t_{n+1})\Big/\sum_{i=1}^{n}S_i/\lambda_iA_i=(t_1-t_{n+1})\Big/\sum_{i=1}^{n}R_i\end{aligned}\tag{6-11}$$

热流密度：

$$\begin{aligned}q&=(t_1-t_4)/(S_1/\lambda_1+S_2/\lambda_2+S_3/\lambda_3)\\&=(t_1-t_{n+1})\Big/\sum_{i=1}^{n}S_i/\lambda_i=(t_1-t_{n+1})\Big/\sum_{i=1}^{n}r_i\end{aligned}\tag{6-12}$$

工程计算中往往需要知道层与层之间界面上的温度，由式(6-10)可得

$$t_2=t_1-qS_1/\lambda_1$$

$$t_3=t_2-qS_2/\lambda_2=t_1-q(S_1/\lambda_1+S_2/\lambda_2)$$

同理

$$\begin{aligned}t_n&=t_1-q(S_1/\lambda_1+S_2/\lambda_2+\cdots+S_{n-1}/\lambda_{n-1})\\&=t_1-q\sum_{i=1}^{n-1}S_i/\lambda_i\end{aligned}\tag{6-13}$$

在求界面温度时，常采用试算逼近法，即根据经验先假设界面温度。对于n层炉墙，需假设$n-1$个界面温度，然后根据假设温度计算出各层的平均热导率和总热阻，再代入式(6-13)求得界面温度。如果所求得的结果与假设的界面温度相差较小(5%以下)，即可采用；如果相差大于5%，需重新假设并计算，直到误差小于5%为止。也可将假设的温度代入各层的导热量计算式，分别求得Q_1，Q_2，…，Q_n，若$Q_1\approx Q_2\approx\cdots\approx Q_n\approx Q$，则认为假设基本正确，否则应修正假设并重新计算。

如果多层平壁炉墙各层面积相等时(均为A)，则其传热量公式为

$$Q=A(t_1-t_{n+1})/(S_1/\lambda_1+S_2/\lambda_2+\cdots+S_n/\lambda_n)\tag{6-14}$$

2. 圆筒壁炉墙的导热

热处理设备中最常见的井式渗碳炉、井式回火炉均为圆筒壁炉墙，所以圆筒壁炉墙导热同样是在热处理炉设计中经常遇到的问题。

1) 单层圆筒壁炉墙的导热

图6.3为一单层圆筒壁炉墙，其内、外径分别为r_1和r_2，内外表面温度分别维持恒定的温度t_1和t_2，且$t_1>t_2$，即处于稳定导热状态。如果圆筒壁的高度L远大于r_2，就可

以忽略端面导热的影响，仅看作沿半径方向的单向稳定态导热问题。在任一半径 r 处取一厚度为 dr 的薄层圆筒，其间温度变化为 dt，则通过此薄层圆筒的导热量为

$$Q=-\lambda A\mathrm{d}t/\mathrm{d}r=-\lambda 2\pi rL\mathrm{d}t/\mathrm{d}r \tag{6-15}$$

分离变量并积分得

$$\int_{t_1}^{t_2}\mathrm{d}t=-Q/2\pi\lambda L\int_{r_1}^{r_2}\mathrm{d}r/r$$

$$t_1-t_2=Q/2\pi\lambda L\ln(r_2/r_1)$$

整理得 $Q=2\pi L(t_1-t_2)/\ln(r_2/r_1)/\lambda$ (6-16)

由此可见，圆筒壁炉墙沿半径方向的温度分布不是呈直线，而是呈对数曲线。

将式(6-16)等号右侧的分子与分母同乘以 r_2-r_1 自然对数项的分子与分母同乘以 $2\pi L$，则可得

$$Q=\lambda 2\pi L(r_2-r_1)(t_1-t_2)/(r_2-r_1)\ln(2\pi Lr_2/2\pi Lr_1)$$

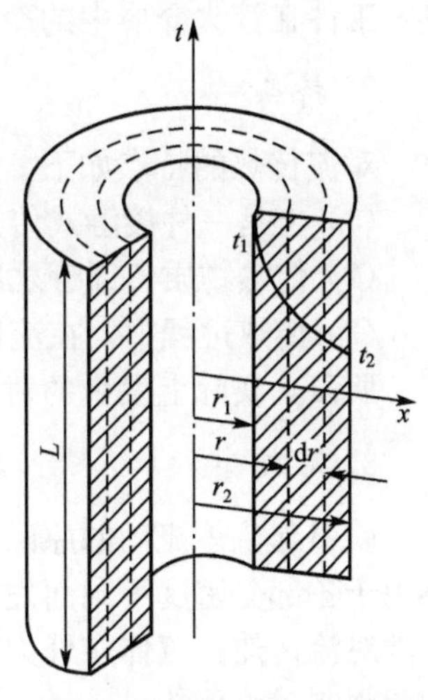

图 6.3 单层圆筒壁炉墙的导热

整理得

$$\begin{aligned}Q&=\lambda(A_2-A_1)(t_1-t_2)/(r_2-r_1)\ln(A_2/A_1)\\&=\lambda A_{\mathrm{aV}}(t_1-t_2)/S=(t_1-t_2)/R\end{aligned} \tag{6-17}$$

式中：S 为圆筒壁炉墙的厚度，$S=(r_2-r_1)$；A_{aV} 为对数平均面积，$A_{\mathrm{aV}}=(A_2-A_1)/\ln(A_2/A_1)$；$R$ 为圆筒壁炉墙的导热热阻，$R=S/\lambda A_{\mathrm{aV}}$。

当采用对数平均面积之后，圆筒壁炉墙与平壁炉墙的导热量计算公式在形式上完全相同。

然而，圆筒壁炉墙导热公式由于包含对数项，使用上很不方便。在工程实际应用时，如果 $r_2/r_1\leqslant 2$，常用圆筒壁炉墙内外面积的算术平均值即 $A=(d_1+d_2)\pi L/2$ 代替对数平均面积 A_{av}，此时的计算误差不超过4%。在热处理炉实际设计中的热工计算属于比较粗略的热工计算，这种误差是完全允许的。

2) 多层圆筒壁的炉墙的导热

根据多层平壁炉墙导热公式的推导方法，可得多层(n 层)圆筒壁炉墙的导热公式，即

$$Q=(t_1-t_2)\Big/\sum_{i=1}^{n}S_i/\lambda_i A_{\mathrm{av}i}=(t_1-t_2)\Big/\sum_{i=1}^{n}R_i \tag{6-18}$$

6.2 对流传热

6.2.1 对流传热的概念

1. 定义

流体中存在温度差时，因流体中的不同部分质点相互混合，引起流体的宏观运动而导致的热量传递过程。

在热处理工艺过程中，存在着许多对流传(换)热现象，如气体介质炉中，工件并不是直接与发热体接触，而是通过炽热的气体与工件换热，这在低温炉中尤其明显；在盐浴炉中，工件是在熔融的盐液中加热的，这里面主要也是对流换热；另外热处理炉外炉壁的散

热，工件在淬火介质中的冷却，均属对流换热现象。

2. 特点

对流传热的特点如下。

(1) 也是一种接触式传热，它是以流体形式与固体接触。

(2) 传热物质各部分之间有相对位移，从而进行传热过程。

(3) 传热过程中，在流体内部和流体与固体之间，伴随着传导传热。

所以，实际上发生的对流换热是对流和导热联合作用的结果。

3. 形式

就引起流体流动的原因而论，对流传热可分为自然对流传热和强制对流传热两类。流体由于各部分密度不同而发生的流动称为自然流动，流体自然流动情况下的对流传热称为自然对流传热；流体在外力作用下发生的流动称为强制流动，强制流动情况下的对流传热称为强制对流传热。

6.2.2 对流传热的基本定律

1701 年牛顿(Isaac Newton)提出了对流换热的计算公式，即对流换热的传热量与流体和固体壁面间的温差以及两者的接触面积成正比。其数学表达式为

$$Q=\alpha(t_1-t_2)A \tag{6-19}$$

$$q=\alpha(t_1-t_2) \tag{6-20}$$

式中：Q 为单位时间内的对流换热量，即热流量(W)；q 为单位时间内，在单位传热面积上的对流换热量，即热流密度(W/m^2)；t_1-t_2 为流体与固体表面的温度差(℃)；A 为流体与固体的接触面积(m^2)；α 为对流换热系数[$W/(m^2\cdot℃)$]。它表示流体与固体表面之间的温度差为 1℃时，每秒钟通过 $1m^2$ 面积所传递的热量。

牛顿公式无论对自然对流和强制对流皆实用。

上述牛顿公式形式上似乎很简单，但实际上对流换热却要复杂得多。前面提到对流换热是对流传热和传导传热共同作用的结果，对流换热过程中的热量传递一方面要受到流体的流动规律的支配，另一方面要受到流体质点间和流体与固体表面间导热规律的控制，所以影响对流换热的因素很多。只是公式中把这些因素统统归入到对流换热系数 α 中去了。

6.2.3 对流换热的影响因素

研究对流换热的重要内容就是研究对流换热系数 α，而影响对流换热的因素也就是影响对流换热系数 α 的因素。

1. 动力因素

按流体流动动力的来源不同，流体流动可分为自然流动和强制流动。自然对流时，由于其流速一般都很小，故其对流换热系数较强制对流时要小得多。例如在中温热处理炉内，自然对流时的对流换热系数一般不超过 11～17.5$W/(m^2\cdot℃)$，而在空气循环电阻炉内，由于风扇的强制对流作用，对流换热系数可达 35～58$W/(m^2\cdot℃)$。

2. 流体的流动形态

流体的流动形态分为层流和紊流。层流流动时，流体的质点都平行于固体表面作有规

律的流动，流层之间不相混合，质点没有径向运动。流层之间及流体与固体之间的热量传递主要靠互不干扰的流层导热，而其热流方向垂直于流体的流动方向；紊流流动时，流体质点不仅沿前进方向流动，而且还向其他方向做不规则的曲线运动，流体内各质点发生不停的相互混合，这时热量的传递主要靠流体的宏观涡流和流体分子间的相互撞击，所以其对流换热系数要比层流大得多。但是，即使在紊流情况下，在紧靠固体表面，由于流体黏性及流体与固体表面的摩擦作用，仍存在一厚度为 δ 的层流薄层，称为层流底层。层流底层的厚度对对流换热效果有很大影响，随 δ 加厚，换热效果明显降低。

流体的流动形态是层流还是紊流可用一无量纲参数，即雷诺数(Re)判断。

$$Re = \upsilon d\rho/\mu \tag{6-21}$$

式中：υ 为流体的流速(m/s)；d 为通道的当量直径(m)，$d=4f/S$，S 为通道的周长(m)，f 为通道的横截面积（m^2）；ρ 为流体的密度(kg/rn^3)；μ 为流体的黏度($N \cdot s/m^2$)。

当 $Re<2320$ 时，流体呈层流流动，当 $Re>2320$ 时，层流将失稳，逐渐成为紊流。所以生产上常用提高流速，增大 Re 值，强化紊流提高换热效果。

3. 流体的物理性质

影响对流换热的流体物理参数主要是热导率、比热容、密度和黏度。这些参数将直接影响流体的流动形态、层流底层厚度和导热性等．从而影响对流换热系数。

随着流体的热导率、比热容和密度增大，对流换热系数将增大；而黏度大的流体对流换热系数则变小。

4. 固体表面的几何因素

固体表面的几何因素包括形状、大小和放置位置。这些因素能影响流体传热面附近的流动情况，从而影响对流换热系数的大小。如有肋片的固体表面与无肋片、光滑的固体表面相比，对流换热系数高；由于固体表面与流体相对位置的原因，使流体形成叉流，其对流换热系数要高于形成顺流的对流换热系数。

总结以上分析，可以知道影响对流换热系数的因素多且复杂，用函数关系表达上述诸因素对对流换热因素的影响，可写成

$$\alpha = f(\upsilon,\ \Delta t,\ \lambda,\ c_p,\ \rho,\ \mu,\ l,\ \Phi,\ \cdots) \tag{6-22}$$

式中的 Δt、l、Φ 分别为温差、几何尺寸和几何形状。

6.2.4 对流换热系数的确定

由于各种热处理炉的结构、热源、热处理工艺和装料方式的多样性，以及对流换热系数影响因素的复杂性，很难找到一个普遍适用的对流换热系数的计算式。工程上实际使用的是针对特定情况下的经验公式。

1. 炉外壁自然对流换热

炉外壁与车间空气的对流换热属自然对流换热。其对流换热系数的近似计算式为

$$\alpha = C\sqrt[4]{t_1 - t_2} \tag{6-23}$$

式中：t_1 为炉外壁表面温度；t_2 为车间温度；C 为系数，其数值与位置有关。炉顶外壁为3.26；炉侧墙外壁为2.56；炉底外壁为1.63。

2. 热空气循环式电阻炉内的对流换热

对于普通热空气强制循环式电阻炉，热气流对工件的对流换热系数，有两种计算方法。

方法一：

$$\alpha=K\upsilon_t^{0.8} \tag{6-24}$$

式中：K 为取决于温度的系数，见表 6-2；υ_t 为炉内气流在实际温度下的流速。

表 6-2　不同炉温下的系数 K

炉温/℃	100	200	300	400	500	600
K	4.8	4.18	3.74	3.36	3.19	3.09

方法二:根据工件表面状态的不同,对流换热系数按表 6-3 内实验公式计算。

表 6-3　对流换热系数计算

炉料表面状态	α/(W/m²·℃)	
	$\upsilon_{20}<5$m/s	$\upsilon_{20}>5$m/s
光滑表面	$5.58+3.95\upsilon_{20}$	$7.12\upsilon_{20}^{0.78}$
轧制表面	$5.82+3.95\upsilon_{20}$	$7.14\upsilon_{20}^{0.78}$
粗糙表面	$6.16+4.19\upsilon_{20}$	$7.52\upsilon_{20}^{0.78}$

表 6-3 中的 υ_{20} 是 20℃时的炉气流速，若炉气温度为 t℃，实际流速为 υ_t 时可按下式换算。

$$\upsilon_0=\upsilon_t 273/(273+t)=\upsilon_{20}273/(273+20) \tag{6-25}$$

3. 火焰炉内

火焰炉内炉气对工件的传热包括辐射和对流。其中对流换热系数计算可按下列经验公式。

$$\alpha=1.163K_1K_2K_3\upsilon_t^{0.8}/d^{0.2} \tag{6-26}$$

式中：υ_t 为炉气实际温度下的流速；d 为炉膛内部横截面的当量直径；K_1 为炉气温度的修正系数(表 6-4)；K_2 为炉膛长度与炉膛当量直径之比的修正系数(表 6-5)；K_3 为炉气中水汽含量的修正系数(表 6-6)。

表 6-4　炉气温度的修正系数 K_1

炉气温度/℃	600	800	1000	1200	1400
K_1	1.71	1.52	1.39	1.27	1.20

表 6-5　炉膛长度与当量直径之比的修正系数 K_2

炉膛长度与炉膛当量直径之比	2	5	10	15	20	30	40	50
K_2	1.40	1.24	1.14	1.09	1.07	1.04	1.02	1.00

表6-6 炉气中水汽含量的修正系数 K_3

炉气中水汽含量(%)	0	2	5	10	15	20	25	30
K_3	1.00	1.18	1.24	1.29	1.34	1.39	1.43	1.47

4. 管内对流换热

层流状态

$$\alpha=5.15\lambda/d \tag{6-27}$$

式中：λ 为流体的热导率；d 为管道直径；5.15为系数，单位为 m^{-1}。

紊流状态

$$\alpha=3\upsilon_0^{0.8}/d^{0.25}$$

式中：υ_0 为气体在标准状态下的流速；d 为管道直径。

6.3 辐射换热

6.3.1 辐射换热的基本概念

1. 定义

1) 热辐射

物体会因各种原因发出辐射能，其中由于具有温度而发出辐射能的过程称为热辐射。一切物体只要具有温度(高于绝对零度)都能产生热辐射。

2) 辐射换热

物体之间以热辐射的形式实现热量交换的过程称为辐射换热。

自然界中，所有物体都在不停地向四周发出辐射能，同时又不断地吸收其他物体发出的辐射能，辐射和吸收的综合结果就产生以辐射形式进行物体间的热量转移——辐射换热。在这种换热过程中，高温物体发出的辐射能大于低温物体发出的辐射能，若外界不额外供应能量，其温度就会下降；而低温物体正好相反，温度会逐渐上升，直至两物体温度一致。两物体温度一致后两者的辐射换热仍会继续进行，但两者温度不会改变，这就是热动平衡。

在热处理过程中，热辐射也是一种普遍存在的换热现象，如工件的淬火加热，工件在炉子里主要依靠发热体的热辐射获得热量而加热；真空炉中仅为热辐射。还有一些不期望出现的热辐射，如盐浴炉盐液面的热辐射，造成了热量的巨大浪费，这是需要设法降低的。

2. 特点

(1) 不需要媒介，可以在真空中进行。

(2) 换热过程伴随着能量形式的转换，不仅仅只是能量的转移，即热能→辐射能→热能。

(3) 换热时，换热物体不互相接触。

3. 实质

按照经典电磁理论，物体内部带电粒子在做热运动时，具有加速度就会发出电磁波。由于带电粒子的振动频率不同，因而可以发出不同波长的电磁波，不同波长的电磁波投射到被投射物体上可产生不同效应，而其中某些波段的电磁波主要产生热效应，这就使得被投射物体获得了热量。

6.3.2 辐射能的吸收、反射和透过

物体对于外界投入的辐射能 Q，和可见光一样，一部分能量 Q_α 会被其吸收，一部分能量 Q_ρ 被其反射，还有一部分能量 Q_γ 透射过该物体(图 6.4)。按能量守恒定律有

$$Q=Q_\alpha+Q_\rho+Q_\gamma$$

或

$$Q_\alpha/Q+Q_\rho/Q+Q_\gamma/Q=1 \tag{6-28}$$

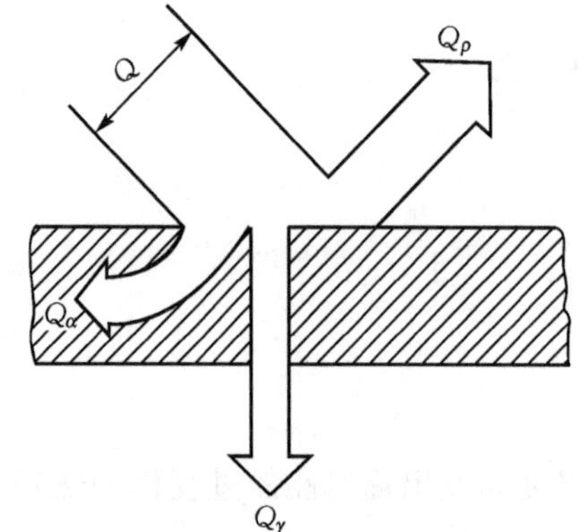

图 6.4 辐射能的吸收、反射和透过

式中：Q_α/Q 为物体的吸收率，用 α 表示；Q_ρ/Q 为物体的反射率，用 ρ 表示；Q_γ/Q 为物体的吸收率，用 γ 表示。

则

$$\alpha+\rho+\gamma=1$$

由于原子结构、表面形状、本身的温度以及射线的波长的差异，不同物体对外界投入的辐射能的反应也不一样。

如果能全部吸收 Q，即 $\alpha=1$，该物体被称为绝对黑体，简称黑体。

如果能全部反射 Q，即 $\rho=1$，该物体被称为绝对白体，简称白体。

如果 Q 能全部透过该物体，即 $\rho=1$，该物体被称为绝对透明体或绝对透过体，简称透过体。

自然界中并不存在绝对体，所谓绝对体，只是为了研究的方便，经过分析提出的概念，完全是人为的，在上述绝对体中，绝对黑体是人们研究的主要对象，在研究黑体辐射的基础上，把实际物体和黑体辐射相比较，找出其中的偏离，然后进行必要的修正，得到符合实际物体的规律和结果，这样黑体辐射的研究就有了实际意义。说到底，绝对黑体就是一个研究实际物体辐射的参照体。

6.3.3 黑体辐射基本定律

1. 普朗克定律

1900 年，普朗克根据量子理论推导出黑体在不同温度下的单色辐射力 $E_{0\lambda}$(角标 0 表示黑体)与波长 λ 及绝对温度 T 之间的关系，即

$$E_{0\lambda}=(C_1-5)/(C_2\cdot e^{-\lambda T}-1) \tag{6-29}$$

式中：$E_{0\lambda}$ 为黑体的单色辐射力(单位时间单位面积的黑体表面向半球空间所有方向发射某一特定波长的辐射能)(W/m^2)；λ 为波长(m)；T 为黑体的绝对温度(K)；C_1 为普朗克第一常数，其值为 3.743×10^{16}(W·m^2)；C_2 为普朗克第二常数，其值为 1.439×10^{-2}(m·K)。

按照式(6－29)可绘出如图6.5所示曲线，从图上可以更清楚地显示不同温度下黑体的$E_{0\lambda}$与波长的相互关系分布情况，并且可得到下述规律。

(1) 黑体在每一个温度下，都可辐射出波长从0～∞的各种射线，当λ趋近于0或∞时，$E_{0\lambda}$值也趋近于零。

(2) 在每一温度下，都存在一波长特定值λ_m，此时$E_{0\lambda}$达到最大值。

(3) 随着温度T升高，λ_m向短波方向移动。T与λ_m存在如下反比关系，即维思(Wien)定律。

$$\lambda_m T = 2.8976\times10^{-3}(\mathrm{m}\cdot\mathrm{K}) \qquad (6-30)$$

从维恩定律可知，温度越高，最大辐射力对应的波长越小，越接近于可见光范围。因此可以从工件加热时颜色的变化判断其温度，这就是利用观察火色来判别加热温度的理论依据。例如从1000K到2000K之间，工件从暗红色、红色、亮黄色逐渐变成亮白色。

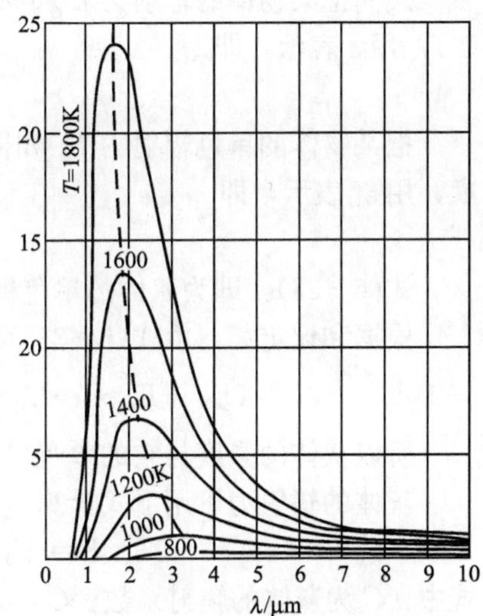

图6.5 黑体在不同温度下的单色辐射力随波长的分布图

2. 斯蒂芬——波尔兹曼定律

斯蒂芬与波尔兹曼分别于1879年和1884年用实验确定和理论证实黑体不同温度下全波谱辐射力E_0的关系式，即

$$E_0 = \int_0^\infty E_{0\lambda}\mathrm{d}\lambda = \int_0^\infty C_1\lambda^{-6}/C_2/\lambda T\mathrm{d}\lambda$$

积分后得

$$E_0 = 6.494C_1T^4/(C_2)^4 = \sigma_0 T^4 \qquad (6-31)$$

式中：E_0为黑体的全波谱辐射力或总辐射力(在一定温度下，单位时间内物体单位表面积向半球空间所有方向发射出的所有波长的辐射能量的总和；σ_0为斯蒂芬-波尔兹曼常数，其值为$5.675\times10^8(\mathrm{W}\cdot\mathrm{m}^{-2}\cdot\mathrm{K}^{-4})$。

通常为了计算方便，将上式改写成

$$E_0 = C_0(T/100)^4 \qquad (6-32)$$

式中：C_0为黑体的辐射系数，其值为$5.675(\mathrm{W}\cdot\mathrm{m}^{-2}\cdot\mathrm{K}^{-4})$。

式(6－31)或式(6－32)也称为辐射四次方定律，它表明了黑体的辐射能力与热力学温度的四次方成正比。

3. 灰体与实际物体的辐射

如果某物体的单色辐射力E_λ与同温度、同波长下黑体的单色辐射力$E_{0\lambda}$之比为定值，并且与波长和温度无关，即

$$E_{\lambda_1}/E_{0\lambda_1} = E_{\lambda_2}/E_{0\lambda_2} = \cdots = E_{\lambda_n}/E_{0\lambda_n} = E_\lambda/E_{0\lambda} = \varepsilon_\lambda = \text{定值} \qquad (6-33)$$

那么，这种物体为灰体。

人们把某物体的辐射力 E 和同温度下的黑体的辐射力 E_0 之比称为该物体的黑度(辐射率)，用 ε 表示，即

$$\varepsilon=E/E_0 \tag{6-34}$$

把某物体的单色辐射力 E_λ 和同温度下的黑体的辐射力 $E_{0\lambda}$ 之比称为该物体的单色黑度，用 ε_λ 表示，即

$$\varepsilon_\lambda=E_\lambda/E_{0\lambda}$$

式(6-33)ε_λ 即为灰体的单色黑度。

根据和比定律，由式(6-33)可得

$$(E_{\lambda_1}+E_{\lambda_2}+\cdots E_{\lambda_n}+\cdots)/(E_{0\lambda_1}+E_{0\lambda_2}+\cdots E_{0\lambda_n}+\cdots)=\varepsilon=\varepsilon_\lambda \tag{6-35}$$

所以灰体的黑度与它的单色黑度在数值上是相等的。

灰体的辐射力可用下式计算。

$$E=\varepsilon E_0=\varepsilon C_0(T/100)^4=C(T/100)^4 \tag{6-36}$$

式中：C 为灰体的辐射系数，$C=\varepsilon C_0$；ε 为灰体黑度。

上式表明，灰体的辐射力也遵循辐射四次方定律。

像黑体一样，灰体也是不存在的一种理想物体，但工程上为计算方便，都将实际物体看作灰体来运用辐射四次方定律，实践表明，在工业生产实用红外线范围($\lambda=0.76\sim200\mu m$)内，将大多数工程材料作为灰体处理时，不会引起严重的误差，而计算却大大简化了。

4. 基尔霍夫定律

物体的辐射和吸收是同一物体的两种表现形式。基尔霍夫在热平衡状态下推导出了灰体的辐射力和吸收率的关系：灰体的辐射力与吸收率之比恒等于同一温度下黑体的辐射力。即

$$E/\alpha=E_0 \tag{6-37}$$

式(6-37)表明，物体的辐射力越大，其吸收率也越大，换句话说，善于辐射的物体也善于吸收。

由于 $E/E_0=\varepsilon$，所以灰体的黑度也等于同温度下的吸收率，即

$$\alpha=\varepsilon \tag{6-38}$$

式(6-38)是基尔霍夫定律的另一种数学表达式。已知物体的吸收率 $\alpha\leqslant1$，则物体的黑度(辐射率)$\varepsilon\leqslant1$，可见物体的辐射能力总是小于同温度下的黑体的辐射能力。

6.3.4 辐射换热的应用

1. 角度系数和有效辐射

1) 角度系数

角度系数是反映相互辐射的不同物体之间几何形状与位置关系的系数。任意放置的两个均匀的辐射面 F_1 和 F_2，由 F_1 直接辐射到 F_2 上的辐射能 Q_{12} 与 F_1 辐射出的总辐射能 Q_1 的比值，称为 F_1 对 F_2 的角度系数，用 φ_{12} 表示。

$$\varphi_{12}=Q_{12}/Q_1 \tag{6-39}$$

同理 F_2 对 F_1 的角度系数 φ_{21} 为

$$\varphi_{21}=Q_{21}/Q_2 \tag{6-40}$$

角度系数只决定于两个换热表面的形状、大小以及两者间的相互位置、距离等几何因素，而与它们的温度、黑度无关。

角度系数的数值在 0～1 之间。两个辐射表面构成的一对角度系数存在如下关系。

$$F_1\varphi_{12}=F_2\varphi_{21} \tag{6-41}$$

这一关系称为互变原理，也是角度系数最常用的性质。

下面是一些常见简单情况下的角度系数。

(1) 两个相距很近的平行大平面组成的封闭系统，如图 6.6(a)所示，此时 $\varphi_{12}=1$，$\varphi_{21}=1$。

(2) 两个很大的同轴圆柱表面组成的封闭系统，如图 6.6(b)所示，它相当于长轴在井式炉内加热时的情况。此时 $\varphi_{12}=F_2/F_1$，$\varphi_{21}=1$。

(3) 一个平面和一个曲面组成的封闭系统，如图 6.6(c)所示，它相当于平板在马弗炉内加热时的情况。此时 $\varphi_{12}=F_2/F_1$，$\varphi_{21}=1$。

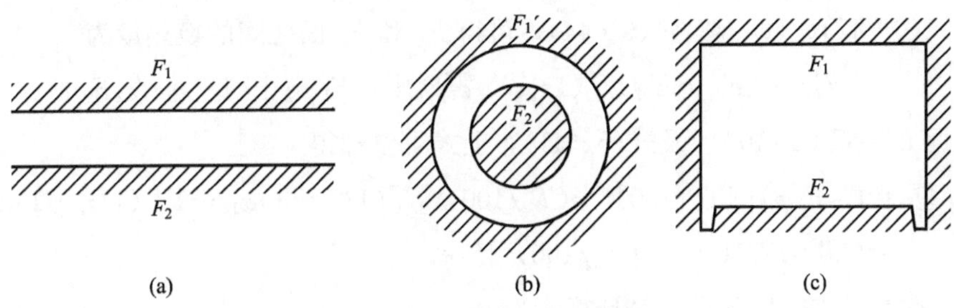

图 6.6 两个表面组成的封闭系统

2) 有效辐射

由于投射到灰体表面的辐射能，只有部分被该物体吸收，因此提出有效辐射 J 的概念。它表示单位时间内由物体单位面积上放射出的总能量，即物体本身辐射和反射的能量之和，如图 6.7 所示。有效辐射 J 的计算式为

$$\begin{aligned} J&=\varepsilon E_0+(1-\alpha)G \\ &=\varepsilon E_0+(1-\varepsilon)G \end{aligned} \tag{6-42}$$

式中：G 为投射辐射，它表示在单位时间内外界投射在物体单位面积上的辐射能。

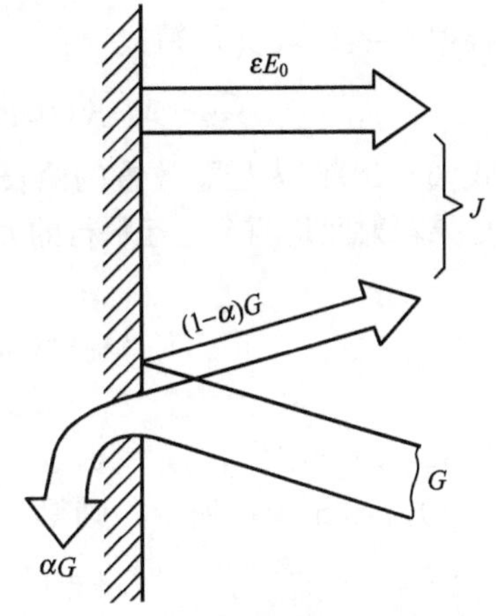

图 6.7 有效辐射和投射辐射示意图

2. *任意放置的两表面组成的封闭体系内的辐射换热*

在热处理炉的辐射换热计算中，最基本的是由两个表面组成的封闭系统。设有两个任意放置的灰体表面 F_1 和 F_2，它们之间进行辐射换热时，F_1 和 F_2 的有效辐射 J_1F_1 和 J_2F_2，分别投射在 F_2 和 F_1 的部分各自为 $J_1F_1\varphi_{12}$ 和 $J_2F_2\varphi_{21}$。所以两表面之间的辐射换热量为

$$Q_{12}=J_1F_1\varphi_{12}-J_2F_2\varphi_{21} \tag{6-43}$$

由于

$$F_1\varphi_{12}=F_2\varphi_{21}$$

可得

$$Q_{12}=(J_1-J_2)/1/F_1\varphi_{12} \tag{6-44}$$

或

$$Q_{12}=(J_1-J_2)/1/F_2\varphi_{21} \tag{6-45}$$

若上述两表面的温度分别为 T_1 和 T_2，且 $T_1>T_2$，则 F_1 面将净失的辐射热设为 $Q_1(-)$，F_2 面将净得的辐射热为 $Q_2(+)$。根据有效辐射 J 和投射辐射 G 的定义和式(6-41)，则有

$$Q_1(-)=(J_1-G_1)F_1=(E_{01}-J_1)/(1-\varepsilon_1)/\varepsilon_1F_1 \tag{6-46}$$

$$Q_2(+)=(G_2-J_2)F_2=(J_2-E_{02})/(1-\varepsilon_2)/\varepsilon_2F_2 \tag{6-47}$$

由于换热仅发生于 F_1 和 F_2 面之间，所以 $Q_{12}=Q_1(-)=Q_2(+)$。

解式(6-42)、(6-43)、(6-44)，可得 F_1 和 F_2 面之间的换热量为

$$Q_{12}=(E_{01}-E_{02})/[(1-\varepsilon_1)/\varepsilon_1F_1+1/F_1\varphi_{12}+(1-\varepsilon_2)/\varepsilon_2F_2]$$

根据 $E_0=C_0(T/100)^4$ 及式(6-41)，上式可整理得

$$\begin{aligned}Q_{12}&=C_0\,F_1\varphi_{12}[(T_1/100)^4-(T_2/100)^4]/[(1/\varepsilon_1-1)\varphi_{12}+1+(1/\varepsilon_2-1)\varphi_{21}]\\&=C_{导}[(T_1/100)^4-(T_2/100)^4]F_1\varphi_{12}\end{aligned} \tag{6-48}$$

式中 $C_{导}$ 称为导来辐射系数，其计算式为

$$C_{导}=C_0/[(1/\varepsilon_1-1)\varphi_{12}+1+(1/\varepsilon_2-1)\varphi_{21}] \tag{6-49}$$

根据 $C=\varepsilon C_0$，又可写成

$$C_{导}=1/[(1/C_1-1/C_0)\varphi_{12}+1/C_0+(1/C_2-1)\varphi_{21}]$$

式(6-48)即为任意放置的两表面组成的封闭体系内的辐射换热量计算式。

如果辐射面是两个相互平行的大平面，此时 $F_1=F_2=F$，$\varphi_{12}=\varphi_{21}=1$，代入式(6-48)则得

$$Q_{12}=C_{导}[(T_1/100)^4-(T_2/100)^4]F \tag{6-50}$$

此时

$$C_{导}=C_0/(1/\varepsilon_1+1/\varepsilon_2-1)$$

如果 $\varphi_{12}=F_2/F_1$，$\varphi_{21}=1$，相当于长轴在井式炉内加热和平板在马弗炉内加热，如图 6.6(b)及图 6.6(c)所示，则得

$$Q_{12}=C_{导}[(T_1/100)^4-(T_2/100)^4]F_2$$

此时

$$C_{导}=C_0/[(1/\varepsilon_1-1)F_2/F_1+1/\varepsilon_2]$$

3. 有隔热屏时的辐射换热

为削弱两表面间的辐射换热量，可在两表面之间设置隔板，这种隔板即称为隔热屏(图 6.8)。

图 6.8 中显示，在两个平行的辐射面之间，平行地放置了一块面积与其相同的金属隔板，该隔板很薄，导热系数很大，隔板两侧的温度可视为相等。

设两换热面的温度分别为 T_1、T_2，且 $T_1>T_2$，隔热板温度为 T_3，它们的辐射系数和面积均相等，根据式(6-48)，它们间的辐射热量分别为

$$Q_{13}=C_{导}[(T_1/100)^4-(T_3/100)^4]F \tag{6-51}$$

$$Q_{32}=C_{导}[(T_3/100)^4-(T_2/100)^4]F \tag{6-52}$$

当体系内达到热稳定态时，$Q_{13}=Q_{32}$，即有

$$(T_1/100)^4-(T_3/100)^4=(T_3/100)^4-(T_2/100)^4$$

$$(T_3/100)^4=1/2[(T_1/100)^4-(T_2/100)^4] \tag{6-53}$$

将式(6-53)代入式(6-51)或式(6-52)可得

$$Q_{13}=Q_{32}=1/2\ C_{导}[(T_1/100)^4-(T_2/100)^4]F \tag{6-54}$$

式(6-54)表明，加入一块隔板后，其辐射热量是未加隔板时的一半，可写成

$$Q_{12}^1=1/2Q_{12}=1/(1+1)Q_{12} \tag{6-55}$$

式中 Q 的上角标为隔热屏的数量。

同理，如果两面间加入 n 个隔热屏，在导热辐射系数不变的情况下，可以得到

$$Q_{12}^n=1/(n+1)Q_{12} \tag{6-56}$$

如隔热屏材料的黑度较小，则减少辐射热流量的效果将更明显。如在两块黑度为 0.8 的大平板之间插入一块黑度为 0.05 隔热屏后，其辐射换热量减少到原来的 1/27。

4. 3 个表面封闭体系的辐射热交换(通过炉门孔的辐射热交换)

在炉墙上常设有炉门孔、窥视孔及其他孔口，当这些孔敞开时，炉膛内的热量便向外辐射，在炉子设计计算过程中需计算这项热损失。

这实际上是由 3 个表面组成的封闭系统的辐射热交换问题(图 6.8)。其中 1 面(炉壁内侧的孔口面即高温面)和 2 面(炉壁外侧的孔口面即低温面)为辐射面，3 面(孔道周围面)为不透热的绝热面。

当炉墙厚度与孔口尺寸相比较小时，可以认为孔道周围面 3 不影响炉膛的热辐射，从孔口辐射的能量可以认为是黑体间(通常把炉壁孔道的两侧的高、低温面看作黑体表面)的辐射热交换。

$$Q=C_0[(T_1/100)^4-(T_2/100)^4]F$$

式中：T_1、T_2 分别为孔口内、外的温度，F 为孔口面积。

当炉墙厚度与孔口尺寸相比较大时，从高温面辐射出的能量有部分要落到孔道周围面上，由于孔道周围面为绝热面，本身不得失热量，它将把投射其上的辐射能量通过反射和辐射作用再全部投射到高温面和低温面，但反射或辐射到高温面和低温面的比例决定于其几何形状。这时辐射的能量计算可用下式。

$$Q=C_0\Phi[(T_1/100)^4-(T_2/100)^4]F$$

式中：Φ 为总辐射角系数，又称为遮蔽系数。

Φ 的大小与孔口的形状、大小及炉墙厚度有关(图 6.9)，孔口越深，横截面积越小，Φ 值越小，遮蔽效果越好。图 6.9 中的 H 的意义为，当孔口截面为矩形时，H 是短边边长；正方形时，H 是边长；圆形时，H 是直径。S 为炉墙厚度。

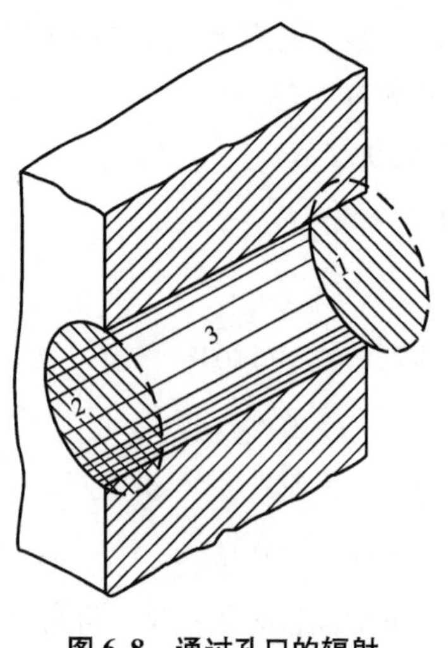

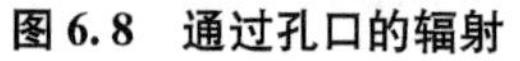
图 6.8 通过孔口的辐射

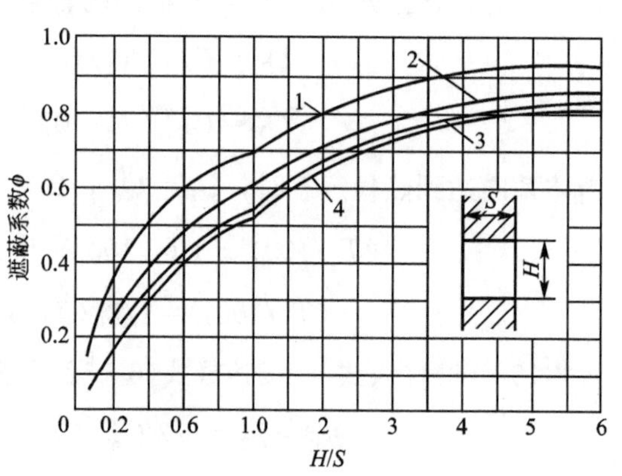

图 6.9 孔口的遮蔽系数

1—拉长的矩形 2—1∶2 矩形 3—正方形 4—圆形

6.4 综合换热

在实际热处理加热过程中，前述的 3 种传热方式很少单独出现，往往是两种或 3 种传热方式同时发生，例如炉墙的散热，电热体首先将热量以辐射和对流的形式传递给内炉壁，内炉壁则以导热的形式将热量传递给外炉壁，最后外炉壁再以辐射和对流的形式将热量传递给车间空气。所以，必须考虑综合传热效果。

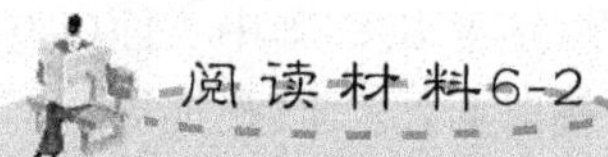

在任何传热过程中，不管它包含一种或几种传热方式，单位时间内由高温物体传递给低温物体的热量均正比于两者的温差 Δt 和传热面积 F，其表达式为

$$Q=KF\Delta t$$

上式称为传热的一般方程，式中 K 为传热系数[W/(m² · ℃)]，其大小反应了传热过程进行的强烈程度。

资料来源：孟繁杰，黄国靖．热处理设备 [M]．北京：机械工业出版社，1987

6.4.1 对流和辐射同时存在时的传热

工件在热处理炉内加热时，热源常常同时以辐射和对流的形式将热量传递给工件，其单位时间内传递给工件表面的总热量为

$$Q=Q_{对}+Q_{辐}=\alpha_{对}(t_1-t_2)F+C_{导}[(T_1/100)^4-(T_2/100)^4]F$$

为了便于对更复杂的传热过程进行综合计算以及对不同类型炉子的传热能力的大小进行比较，一般将它改写成下列形式(传热一般方程形式)。

$$Q = \alpha_{对}(t_1 - t_2)F + \{C_{导}[(T_1/100)^4 - (T_2/100)^4]\}(t_1 - t_2)/(t_1 - t_2)F$$
$$= (\alpha_{对} + \alpha_{辐})(t_1 - t_2)F = \alpha_{\Sigma}(t_1 - t_2)F \tag{6-57}$$

式中：t_1、t_2 分别为炉膛温度和工件温度；$\alpha_{对}$、$\alpha_{辐}$ 和 α_{Σ} 分别为对流换热系数、辐射换热系数和综合换热系数，其中 $\alpha_{辐} = C_{导}[(T_1/100)^4 - (T_2/100)^4]/(t_1 - t_2)$，$\alpha_{\Sigma} = \alpha_{对} + \alpha_{辐}$；$F$ 为工件表面积。

对不同类型的炉子，辐射和对流在炉内所起的作用并不相同。例如在中、高温电阻炉和真空电阻炉内，炉膛传热以辐射换热为主，$\alpha_{辐}$ 就代表这类炉子的传热能力。在低温空气循环电阻炉以及盐浴炉内，炉膛传热以对流换热为主，而其他传热方式可忽略不计，$\alpha_{对}$ 就代表了这类炉子的传热能力。对装有风扇的中温电阻炉或可控气氛炉来说，对流和辐射的作用均不可忽略，因而这类炉子传热能力的大小，用 α_{Σ} 值来表示。

6.4.2 炉墙的综合传热

图 6.10 为炉墙散热示意图。炉壁内外表面温度分别为 t_1、t_2，炉膛内空气温度和炉外空气温度分别为 t、t_0，炉壁厚度为 s，热导率为 λ，则热量传递过程表示如下。

高温炉气以辐射和对流方式传递给内炉壁的热流密度为

$$q_1 = \alpha_{\Sigma 1}(t - t_1) \tag{6-58}$$

内炉壁以传导的形式传递到外炉壁的热流密度为

$$q_2 = \lambda(t_1 - t_2)/s \tag{6-59}$$

外炉壁以辐射和对流方式传递给车间空气的热流密度为

$$q_3 = \alpha_{\Sigma 2}(t_2 - t_0) \tag{6-60}$$

在稳定传热情况下，$q_1 = q_2 = q_3 = q$，将式(6-58)、(6-59)、(6-60)整理后得

$$q = (t - t_0)/(1/\alpha_{\Sigma 1} + s/\lambda + 1/\alpha_{\Sigma 2}) \tag{6-61}$$

式中：q 为炉气通过炉墙向车间空气中的散热热流密度；$\alpha_{\Sigma 1}$ 为炉气对炉墙内表面的综合传热系数[W/(m² · ℃)]；$\alpha_{\Sigma 2}$ 为炉墙外表面对空气的综合传热系数[W/(m² · ℃)]。

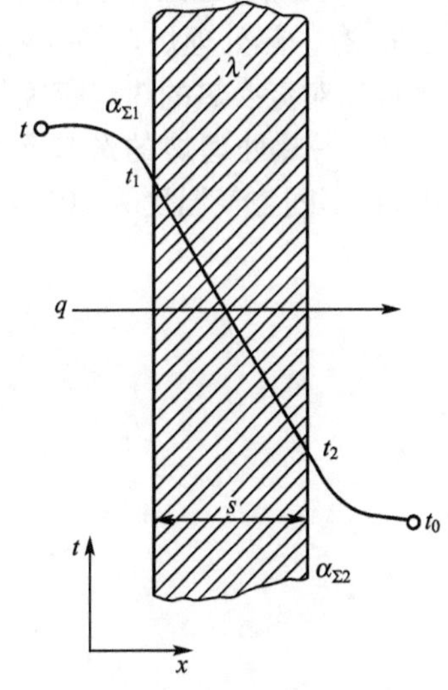

图 6.10 平壁炉墙的综合传热过程

由式(6-61)可以看出，炉墙内外气体可看成是多层平壁的组成部分。即平壁内侧有一附加层，热阻为 $1/\alpha_{\Sigma 1}$，其外侧也有一附加层，热阻为 $1/\alpha_{\Sigma 2}$。由于 $\alpha_{\Sigma 1}$ 值较大，故其热阻 $1/\alpha_{\Sigma 1}$ 很小，可以忽略不计。另外，炉墙外壁温度要求低于 60℃，此时 $\alpha_{\Sigma 2}$ 一般为 18W/(m² · ℃)，因此 $1/\alpha_{\Sigma 2} = 0.06$(m² · ℃)/W。式(6-61)可以写成

$$q = (t - t_0)/(s/\lambda + 1/\alpha_{\Sigma 2})$$
$$= (t - t_0)/(s/\lambda + 0.06) \tag{6-62}$$

对于 n 层炉墙的传热，可导出下式

$$q = (t - t_0)/s_1/\lambda_1 + s_2/\lambda_2 + \cdots + s_n/\lambda_n + 1/\alpha_{\Sigma 2})$$
$$= (t - t_0)/s_1/\lambda_1 + s_2/\lambda_2 + \cdots + s_n/\lambda_n + 0.06) \tag{6-63}$$

n 层炉墙的综合传热的热量为

$$Q=(t-t_0)/s_1/\lambda_1+s_2/\lambda_2+\cdots+s_n/\lambda_n+1/\alpha_{\Sigma 2})F$$
$$=(t-t_0)/s_1/\lambda_1+s_2/\lambda_2+\cdots+s_n/\lambda_n+0.06)F \quad (6-64)$$

1. 试比较传导、对流、辐射传热过程的共同性和特殊性。
2. 试解释热导率、对流换热系数、辐射传热系数的意义。
3. 对流换热系数的影响因素有哪些？并说明增大或减小对流换热系数的措施。
4. 谈谈单色辐射与全辐射的区别和联系。
5. 列出双层圆筒壁导热计算公式，分析公式中各参数的意义和计算方法。
6. 试述在辐射传热过程中角度系数的物理意义。
7. 怎样强化高温热处理炉内辐射传热和减少辐射热损失？
8. 某热处理炉的内壁温度为950℃，炉墙采用QN－0.8轻质黏土砖($\lambda=0.294+0.212\times10^{-3}$ W·m^{-1}·℃$^{-1}$)115mm和B级硅藻土砖($\lambda=0.131+0.23\times10^{-3}$ W·m^{-1}·℃$^{-1}$)230mm，在热稳定条件下测得炉外壁温度为70℃，试求通过炉壁的热流密度。
9. 有一热处理炉，炉外壁温度为60℃，炉外壁周围空气温度为20℃，试求炉外壁对空气自然对流换热的热流密度。
10. 一热处理炉的炉口尺寸为250mm×500mm，炉口厚度为250mm，炉内温度为850℃，车间空气温度为20℃，试求每小时通过炉门口的辐射热损失。

第7章 热处理炉用材料

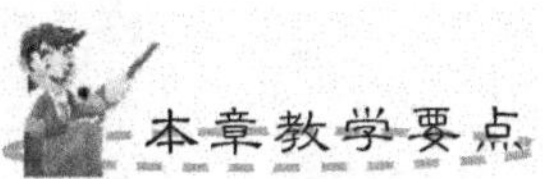

知识要点	掌握程度	相关知识
耐火材料	掌握耐火材料的性能要求；了解耐火材料性能的检测方法；熟悉耐热材料和保温材料的类型、成分、性能特点及其用途	耐火材料的结晶形态(矿相组成)；结晶形态对性能的影响
电热元件材料	掌握电热元件材料的性能要求；熟悉电热元件材料的类型、成分、牌号、性能特点、应用范围及注意事项	温度及不同环境介质对电热元件性能的影响

导入案例

南阳市北关瓦房庄遗址中，发现西汉时期坩埚炼炉17座，其中3座较完整，都近似长方形。其中一座长3.6m，宽1.82m，深度残存0.82m。炉的建筑方法是，就地面挖出长方坑，留下炉门，周壁经过夯打后再涂薄泥一层。炉顶用弧形的耐火砖砌成，砖的大小不同，砖的内面敷有一层厚约1cm的耐火泥，泥的表面还留有很薄的灰白色岩浆，砖的背面涂有较厚(约5cm)的草拌泥。

常用的热处理炉用材料包括两大类：耐火材料和电热元件材料。合理选择炉用材料，对满足热处理工艺要求，提高炉子使用寿命，节约能源，降低成本都具有重要意义。本章重点介绍热处理各种炉用材料的种类、规格、性能特点和作用。

7.1 耐火材料

耐火材料是耐热材料和保温材料的总称。前者主要用作炉体内衬耐火层，直接承受高温作用，后者则用作炉体外衬保温层起保温作用，减少炉体散热。

7.1.1 耐火材料的技术性能指标

1. 耐火度

耐火度是耐火材料抵抗高温作用的性能。它决定于材料的化学组成、分散度、液相在其中所占比例以及液相黏度等。它不是材料的熔点，也非材料的实际使用温度。其测定方法是将试验物料做成规定尺寸的截头三角锥，在一定的升温速度下加热时，由于本身的重量而逐渐弯倒，试验锥弯倒至其顶端与底盘接触时的温度即试验物料的耐火度。耐火度试验示意图如图7.1所示。

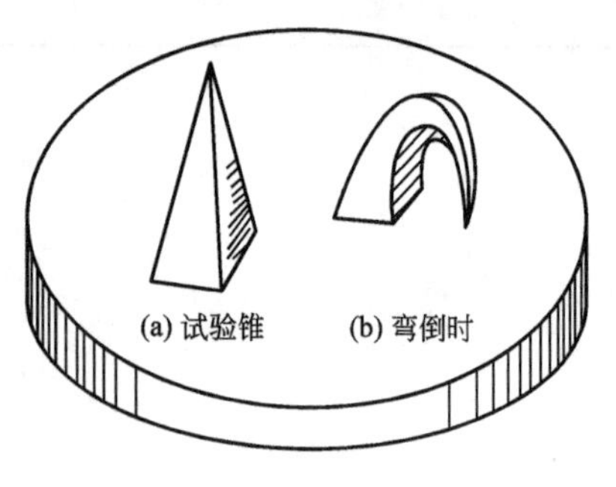

图7.1 耐火度试验

根据耐火度的不同，耐火材料可以分为以下几种。

(1) 普通耐火材料：耐火度为1580～1770℃。

(2) 高级耐火材料：耐火度为1770～2000℃。

(3) 特级耐火材料：耐火度为2000℃以上。

2. 高温结构强度

高温结构强度是指耐火制品在高温下承受压力而不发生变形的抗力。常以荷重软化温度来评定。所谓荷重软化温度是指耐火材料在一定的压力(196kPa，轻质材料为98kPa)下，以一定的升温速度加热，测出样品开始变形的温度和压缩变形达4%或40%的温度。前者的温度叫作荷重软化开始温度，后者温度叫作荷重软化4%或40%的软化点。

3. 高温化学稳定性

高温化学稳定性是指耐火材料在高温下，抗金属氧化物、熔盐和炉气侵蚀的能力，这种侵蚀包括物理溶解和化学侵蚀。常用抗渣性来评定，这种性质主要取决于耐火材料本身相组成物的化学特点和物理结构，目前多数仅以定性指标来表示。如在无罐可控气氛炉中，耐火材料应具有抗气体介质渗透和侵蚀的能力；在盐浴炉中，坩埚应具有抗高温盐浴对其腐蚀的能力；在电阻炉里，搁丝砖应具有不与电热元件材料发生化学作用的能力等。

4. 热震稳定性

热震稳定性是指耐火材料(制品)对急冷急热的温度反复变化时，抵抗破坏和剥落的能力。热处理炉在工作中，温度常发生剧烈变化，如开启炉门装卸料，炉内冷却等，因此，要求耐火材料具有不因温度突然变化而开裂、剥落的热震稳定性。其测定方法为将试样加热到850℃，然后在流动的水中冷却，反复进行直至破裂或剥落至其重量损失20%以上为止，其所经历的次数作为耐火材料的热震稳定性指标。热震稳定性与制品的物理性能、形状和大小等因素有关。

5. 高温体积稳定性

高温体积稳定性是指高温下耐火制品外形体积保持稳定的性能，或加热至高温后，耐火制品尺寸不可逆的减少或增加的性能。一般用制品在无负荷作用状态下的重烧体积变化百分率衡量其优劣，常以线变化来表示。一般要求各种耐火制品的残余胀缩不超过0.5%～1.0%，如黏土砖和高铝砖的重烧线收缩为0.5%(1350℃)，硅砖的重烧线收缩为0.8%。高温体积稳定性直接与炉内砌体的开裂损坏有关，是耐火材料及制品的重要质量性能之一。

此外，还有体积密度、比热容、热导率和电绝缘性等。

7.1.2 热处理炉常用耐热材料

1. 黏土砖

粘土砖约占耐热材料总量的60%～70%。主要原料为耐火黏土和高岭土；主要成分是高岭石($Al_2O_3 \cdot 2SiO_2 \cdot 2H_2O$)，其中$Al_2O_3$<48%，其余为$SiO_2$和5%～7%碱金属和碱土金属(Fe、Ca、K、Na、Mg等)的氧化物杂质，属于硅酸铝耐火材料。

黏土砖的使用性能如下。

(1) 耐火度：1630～1730℃。

(2) 荷重软化开始温度：1250～1300℃。

(3) 属于弱酸性耐火材料，能抵抗弱酸性炉渣侵蚀。

(4) 重烧线收缩为0.5%～0.7%。

(5) 耐急冷急热性好(10～25次)，常用于砌筑炉子温度变化大的部位。

此外，黏土砖的热导率、比热容均小于其他耐火材料，并且资源丰富，成本低廉。

黏土砖因密度不同有重质和轻质之分，通常密度为1.8～2.2g/cm³称为重质黏土砖，密度为1.3g/cm³、1.0g/cm³、0.8g/cm³、0.6g/cm³和0.4g/cm³分别称为相应级别的轻质黏土砖。密度越小，其热导率和强度越低，工作温度越低，其最高使用温度依砖的级别而异，通常在1150～1350℃之间。这类砖是热处理炉炉体耐火层的主要用砖，有利于减少传热和蓄热损失。

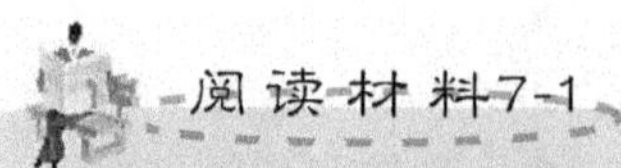

黏土被水湿润后具有黏结性和可塑性，烘干后硬结，具有干强度，而硬结的黏土加水后又能恢复黏结性和可塑性，因而具有较好的复用性。但如果烘烤温度过高，黏土被烧死或烧枯，就不能加水恢复黏性。黏土资源丰富，价格低廉，所以应用广泛。

资料来源：吉泽升．热处理炉［M］．哈尔滨：哈尔滨工程大学出版社，2008

2. 高铝砖

高铝砖是 Al_2O_3 含量大于 48%的硅酸铝重质耐火材料。其余为 SiO_2 和少量其他氧化物杂质。普通高铝砖按 Al_2O_3 含量不同分为>48%、>55%、>65%这 3 类，随着 Al_2O_3 含量增加，使用性能也相应增加。根据原料来源不同可分为 3 类。

(1) 以高铝钒土为原料(我国有丰富的高铝钒土资源)加工制成的高铝砖。

(2) 用硅线石类矿物制成的高铝砖。

(3) 以天然或人造刚玉为原料生产的刚玉质耐火制品(如刚玉管等)，其 Al_2O_3 含量在 95%以上。

高铝砖的使用性能如下。

(1) 耐火度：1750～2000℃。

(2) 荷重软化开始温度>1480℃。

(3) 由于 Al_2O_3 含量较高，Al_2O_3 属于两性氧化物，所以对酸性和碱性炉渣均有一定耐腐蚀能力。

(4) 重烧线收缩<0.5%。

(5) 耐急冷急热性(>5 次)稍低于黏土砖。

高铝砖的使用性能大部分优于黏土砖，其最高使用温度能达到 1400～1500℃，但价格比较贵。高铝砖常用来砌筑电极盐浴炉和制作热处理炉电热元件的搁砖和套管、热电偶导管等。含 Fe_2O_3 量低于 1%的高铝砖称为抗渗碳砖，专用来砌筑无马弗罐气体渗碳炉的内衬。

3. 硅质耐火材料

主要成分为 SiO_2，其含量>95%，原料为石英岩，一般制成硅砖，也可破碎至一定粒度，成为石英砂，直接供给感应电炉等工业炉捣筑炉衬使用。

硅质耐火材料的主要性能如下。

(1) 耐火度：1690～1710℃，与黏土砖相差无几。

(2) 荷重软化开始温度；1620～1640℃。

(3) 属于强酸性耐火材料，对酸性炉渣有较强的抗蚀能力，但不能抵抗碱性炉渣侵蚀。

(4) 由于 SiO_2 在一定的温度变化下有晶型转变，并伴随着体积变化，所以耐急冷急热性差。

由于硅质耐火材料的荷重软化开始温度与耐火度相差 100℃，所以其高温结构强度较高，可以在较高的温度下使用。

4. 碳化硅耐火制品

碳化硅耐火制品主要化学成分为 SiC，由细粒碳化硅加入少量黏土和糊精焙烧而成。

其耐火度可达2000℃以上，具有较高的高温结构强度，抗磨性、耐急热性、导热性和导电性好，根据其制造工艺不同，可用作马弗炉的马弗罐、高温炉的炉底板和导轨、镶嵌电热元件的加热板等。但在超过1250℃时长期使用易发生氧化。

5. 不定型耐火材料

不定型耐火材料是一种不经过煅烧的新型耐火材料，其耐火度不低于1580℃。同烧成的定形耐火材料比，不定形耐火材料因生产工艺简单，生产周期短，从制备到施工的综合能耗低，可机械化施工且施工效率高，可通过局部修补并在残衬上进行补浇而减少材料消耗，适宜于复杂构型的衬体施工和修补，便于根据施工和使用要求调整组成和性能等优点，在世界各国都得到了迅猛发展。

不定型耐火材料品种繁多，其生产方法和使用方法可分为混凝土、浇注料、可塑料、捣打料、喷补料、投射料、涂抹料、干式捣打料、火泥料，各种补炉料(沥青结合大面补炉料、马丁砂等)也属于不定型之列。尽管不定型产品名称繁多，其典型生产方法可归为以下3种主要形式：混凝土、浇注料和可塑料。

1) 耐火混凝土

耐火混凝土出现的较早，它是不定型产品中的定型产品。

耐火混凝土是以一定粒度的耐火熟料为骨料，加入掺和料和胶结剂按比例混合、成型、硬化后得到的耐火材料。混凝土的生产方法，是将配制好的材料注入模型中，振动成型，脱模及硬化后，提供给用户。耐火混凝土具有便于复杂制品成型的特点，可用以制造盐浴炉的盐槽坩埚，制造炉顶和炉衬的预制件等。

耐火混凝土骨料构成主要耐火基体，应具有足够的耐火度，骨料一般可用高铝钒土熟料、黏土熟料或废耐火砖，对耐火度要求更高的，可以锆英石、铬渣等材料做骨料。骨料要破碎到一定的粒度，并按粗细适当配比配合。骨料在耐火混凝土中占65%～80%。

掺和料一般用骨料相同材质的细粉，粒度小于0.088mm的应占70%以上。加入掺和料可使泥料更容易混合，有助于提高制品的致密度、荷重软化开始温度和减少重烧收缩。掺和料在混凝土中占10%～30%。

胶结剂占整个混凝土的7%～20%。根据胶结剂不同，耐火混凝土分为以下3类。

(1) 铝酸盐耐火混凝土。其胶结剂为钒土水泥和低钙铝酸盐水泥。前者具有快硬、高强度特点，但耐火度较低；后者硬化速度较慢，早期强度低，但耐火度比前者高。铝酸盐耐火混凝土加水搅拌后，应迅速捣打，不要中间停留，以免捣打不实。该混凝土捣打后会发热，需及时浇水养护，否则制件会疏松、剥落，故又称为“水硬性”混凝土。这种混凝土可用来捣打盐炉坩埚或做拱顶。热处理炉应用最多的是铝酸盐耐火混凝土，其原料配比及其性能见表7-1。

(2) 磷酸盐混凝土。其胶结剂为磷酸，磷酸浓度为40%～60%，用量为整个混凝土的7%～18%。磷酸与骨料形成$AlPO_4$将混凝土粘结成一个整体。该混凝土捣打成型后需经数天自然干燥，然后进行烘炉和高温烧结，切忌浇水养护，故也称“火硬性”混凝土。这种混凝土开裂倾向较小，耐火度和高温强度较高，但成本也较高。

上述两种混凝土的使用温度均可达到1300℃。

(3) 水玻璃混凝土。其胶结剂为水玻璃，具体配比为高铝骨料70%，高铝细粉25%，生耐火粘土5%，稀释水玻璃11%～12%，氟硅酸钠1.2%。水玻璃在使用前还需用热水稀释至密度1.36～1.40g/cm³，以便混合。该混凝土混料时干湿程度需适当，并及时捣打，然后自然干燥，故也称为“气硬性”混凝土。此类混凝土可用作低于1100℃的炉砌体以及振底式炉的炉底板。

表7-1　铝酸盐耐火混凝土原料配比及性能

成形方法 \ 种类		矾土水泥耐火混凝土	低钙铝酸盐水泥耐火混凝土
		振动	振动
原料配比(%)	胶结剂	矾土水泥 12～18	低钙铝酸盐水泥 12～30
	骨料	矾上熟料<5mm 及 5～15mm 各 30～40	矾上熟料<5mm 30～40 5～15mm　30～40
	掺合料	矾土熟料小于0.1mm<15	矾上熟料粉<15
	水(外加)	9～12	9～15
性能	Al_2O_3 含量(%)	≮45	>70
	耐火度/℃	≮1650	≮1730
	常温耐压强度/Pa	(1960～2450)×10⁴	(980～1470)×10⁴
	荷重耐压强度开始点	1290	1300
	耐急冷急热性次 850℃，水冷	>25	>25
	加热收缩(%) 加热温度(℃)	0.7～0.1 1200℃	0.40～0.32 1350℃
	显气孔率(%)	17～18	24～25
	密度/(t/m³)	2.17	2.37

2）浇注料和可塑料

浇注料和可塑料的基本成分和耐火混凝土相似，主要是生产和使用方式上的区别。

（1）浇注料。耐火浇注料是一种以浇注方式成型的不定形耐火材料，适用于现场操作。同其他不定形耐火材料相比，结合剂和水分含量较高，故流动性较好。它们的应用范围较广，可根据使用条件对所用材质和结合剂加以选择，既可直接浇注成衬体使用，又可用浇注或震实方法制成预制块使用。

（2）可塑料。从生产方法上说可塑料介于混凝土和浇注料中间。它由耐火材料厂先将“浇注料”做成具有可塑性的泥条，配料中有缓凝剂，由塑料袋封装，在现场进行施工和硬化。可塑料施工中的最大问题是打结接茬处易起皮脱落，缓凝剂用量不当或是塑封不良易硬化结块。

6. 耐火纤维

耐火纤维是由各种耐火物质加工形成的一种纤维状轻质耐火材料，它既可以做热处理炉的内衬，也可以作为高温隔热材料。一般热处理炉用硅酸铝耐火纤维，真空炉及可控气氛炉使用石墨耐火纤维。根据其内部结构的不同，硅酸铝耐火纤维又分为结晶态纤维和玻璃态纤维。结晶态纤维采用胶体法制造，玻璃态纤维则由原料经熔化后吹丝急冷而成。目前广泛使用的是玻璃态硅酸铝耐火纤维。

耐火纤维可以散装充填，也可以加工成毡、纸、板、绳等使用，其中以毡最为普遍，现有毡的标准尺寸有600×400×20、600×400×10和1000×600×20这3种，体积密度分为$100g/cm^3$、$130g/cm^3$、$160g/cm^3$、和$190g/cm^3$。

硅酸铝耐火纤维的化学成分为Al_2O_3 40%～63%，SiO_2 37%～55%，其余为各种氧化物。纤维直径在2～3μm，纤维长度为38～100mm，平均长度为75mm。其主要性能如下。

(1) 耐火度大于1790℃，最高使用温度1500℃。

(2) 导热系数低，比其他保温材料的导热系数至少小20%，因而可使炉衬厚度降低，但导热系数具有方向异性，导热方向和纤维方向一致时，导热系数大，导热方向和纤维方向垂直时，导热系数小，前者与后者之比为1.1～1.5。

(3) 体积密度小，约为轻质砖的1/5～1/10。

(4) 炉衬蓄热少，升温快，节省热能。

(5) 耐振动、柔软、容易施工，不考虑热应力的影响。

(6) 耐急冷急热性好，化学稳定性好。

主要缺点是玻璃态纤维经长期高温使用后会重新结晶，从而发生较大收缩；抗高速炉气冲刷能力差，做炉衬时电热元件固定较困难，制造成本较贵。

在高温下，玻璃态纤维将析出晶体，逐渐失去透明性，当析晶量超过60%时，纤维即失去使用价值。一般规定，纤维毡的使用温度比试验加热收缩4%的温度低200℃。国外经验表明，纤维毡的使用寿命在5～10年之间。

7. *耐火泥*

耐火泥用于砌筑耐火砖时填充砖缝，使砌体具有一定强度，并保持气密性。耐火泥是将耐火原料破碎、研磨至一定细度(有耐火材料厂供给)，到施工现场后，再加入适量水(有时还需加入水玻璃、磷酸等胶结剂)调制成泥浆。耐火泥的主要成分应与所砌耐火砖的相同或相近。

7.1.3 热处理炉常用保温材料

保温材料的特点为气孔率高(一般在70%以上)，导热系数小，热容量小，体积密度小，机械强度低，承受温度一般不高。

根据承受温度不同，保温材料又分为高温保温材料(1000℃以上)和中低温保温材料(1000℃以下)。

高温保温材料有前面提到过的轻质黏土和耐火纤维等。它们既可作为中低温热处理炉的耐热材料，又可作为中高温热处理炉的隔热保温材料。

常用的中低温保温材料如下。

1. *石棉*

石棉是一种纤维状的矿物，主要成分为蛇纹石($3MgO\cdot 2SiO_2\cdot 2H_2O$)，熔点为1500℃，500℃失去结晶水，700～800℃会脆化，最高使用温度为500℃，可以散料使用，也可以加工成石棉绳和石棉板等制品使用。

2. *矿渣棉*

矿渣棉是熔融的矿渣经压缩空气喷吹而成的棉花状纤维物质，纤维长度2～60mm、直径2～20μm，最高使用温度为600℃。一般是散料状态使用，也可加工成砖块使用。

3. 硅藻土

硅藻土是由微海藻类的介壳构成的沉积岩，成分为 74%～94%的无定形 SiO_2 和少量的黏土杂质。耐火度高于 1400℃，最高使用温度为 900～950℃，通常制成型砖使用，型砖的密度通常分为 500g/cm³，600g/cm³，700(g/cm³)，也可以粉料使用。

4. 膨胀蛭石

蛭石俗称黑云母或金云母，其主要成分为 $SiO_2$12%～40%，$Fe_2O_3$6%～28%，$Al_2O_3$14%～18%，MgO11%～12%，CaO1%～2%。加热到 800℃～900℃时，蛭石中的水分蒸发，体积膨胀数倍，体积密度很小，具有良好的隔热保温性能。它的熔点为 1300℃～1370℃，最高使用温度为 1100℃，可以散料状态使用，也可以用水玻璃或高铝水泥作粘合剂制成砖或板等各种制品使用。

5. 膨胀珍珠岩

膨胀珍珠岩是火山喷出的酸性岩浆经急冷后所形成的珍珠岩矿石。其主要成分是 $SiO_2$70%和少量杂质、水分。这种矿石破碎后，在高温下焙烧可膨胀成许多薄壳小颗粒形同珍珠，体积密度小(60g/cm³)、隔热保温性良好、耐火度高、使用温度可达 1000℃，可以散料状态使用，也可用磷酸盐、水玻璃、水泥等作粘合剂制成各种成型保温材料。近几年，珍珠岩保温砖以它的容重低、热导率低、节能显著等优点取代了硅藻土砖，受到电炉厂家的青睐。

表 7－2 为各种隔热保温制品的性能。

表 7－2　各种隔热保温制品的性能

材料名称	密度 /kg·m⁻³	允许工作温度 /℃	比热容 /kJ·(kg·℃)⁻¹	耐压强度 /MPa	热导率 /W·(m·℃)⁻¹
硅藻土砖	500±50	900	—	—	$0.105+0.233\times10^{-3}t$
硅藻土砖	550±50	900	—	—	$0.131+0.233\times10^{-3}t$
硅藻土砖	650±50	900	—	—	$0.159+0.314\times10^{-3}t$
泡沫硅藻土砖	500	900	—	—	$0.111+0.233\times10^{-3}t$
优质石棉绒	340	500	—	—	$0.087+0.233\times10^{-3}t$
矿渣棉	200	700	0.754	—	$0.07+0.157\times10^{-3}t$
玻璃绒	250	600	—	—	$0.037+0.256\times10^{-3}t$
膨胀蛭石	100～300	1000	0.657	—	$0.072+0.256\times10^{-3}t$
石棉板	900～1000	500	0.816	—	$0.163+0.174\times10^{-3}t$
石棉绳	800	300	—	—	$0.073+0.314\times10^{-3}t$
硅酸钙板	200～230	1050	—	—	$<0.056+0.11\times10^{-3}t$
硅藻土粉	550	900	—	—	$0.072+0.198\times10^{-3}t$
硅藻土石棉粉	450	800	—	—	0.0698
碳酸钙石棉灰	310	700	—	—	0.085
浮石	900	700	—	10～20	0.2535
超细玻璃棉	20	350～400	—	—	$0.0326+0.0002t$
超细无碱玻璃棉	60	600～650	—	—	$0.0326+0.0002t$

(续)

材料名称	密度 /kg·m^{-3}	允许工作温度 /℃	比热容 /kJ·(kg·℃)$^{-1}$	耐压强度 /MPa	热导率 /W·(m·℃)$^{-1}$
膨胀珍珠岩	31～135	200～1000	—	—	0.035+0.047
磷酸盐珍珠岩	220	1000	—	—	$0.052+0.029\times10^{-3}t$
磷酸镁石棉灰	140	450	—	—	0.047

注：t为平均温度，以℃为单位。

7.2 电热元件材料

电热元件是电阻加热炉最重要的部件之一，电阻炉性能的好坏和使用寿命的长短与所用电热元件材料密切相关，所以，在设计制造和使用热处理炉过程中必须给予充分重视并正确选用。

电热元件材料可分为两大类：金属电热元件材料和非金属电热元件材料。

7.2.1 电热元件材料的性能要求

作为理想的电阻炉电热元件材料，应具备以下性能。

(1) 较高的熔点，较高的抗氧化性、耐热性和高温强度。电热元件的工作温度一般比炉温要高100～200℃，首先电热元件在高温下长期工作应保持不熔化、不挥发；其次是在高温下不氧化起皮，否则会使截面减少，电阻增大，寿命降低；第三，要求其在高温下长期工作不发生明显蠕变和塌陷。

(2) 较大的电阻率。电热元件电阻R和电阻率ρ的关系如下式表示。

$$R=\rho L/S \tag{7-1}$$

式中：R为电热元件电阻(Ω)；ρ为电热元件电阻率(Ω·mm^2/m)；L为电热元件长度(m)；S为电热元件截面积。

如果电热元件电阻和截面积不变，电阻率大的材料，电热元件长度较短，有利于在炉内的布置安装。

(3) 较小的电阻温度系数。电阻温度系数a是材料的电阻率ρ随温度变化的系数，即

$$\rho_t=\rho_0(1+at) \tag{7-2}$$

式中：ρ_t、ρ_0为电热元件分别在0℃和t℃时的电阻率(Ω·mm^2/m)；t为电热元件的工作温度(℃)；a为电热元件的温度系数(1/℃)。

通常，金属电热元件的a为正值，非金属电热元件的a为负值。电阻温度系数a较小时，炉子功率随温度变化发生的波动较小。对于电阻温度系数a较大的电热元件，需配备变压器，以保证炉子功率的稳定。

(4) 较小的热膨胀系数。电热元件受热膨胀而伸长，可用式(7-3)计算。

$$L_t=L_0(1+\beta t) \tag{7-3}$$

式中：L_t、L_0为电热元件分别在0℃和t℃时的长度(m)；t为电热元件的工作温度(℃)；a为电热元件的热膨胀系数(1/℃)。

对热膨胀系数β较大的电热元件，在设计安装电热元件时应考虑预留适当的膨胀余

地，以免其在使用过程中发生鼓出或脱落造成短路。

(5) 加工性能。电热元件材料应易于轧制和拉丝，便于绕制成所需要的形状，并具有良好的焊接性能。

(6) 耐腐蚀性能。热处理炉内环境介质主要是各种气氛，电热元件在工作时会受到环境介质的侵蚀而使电阻改变，从而影响炉子的正常工作，所以在选用电热元件时应考虑其对所遇到的气体的适应性。

(7) 经济性。从电热元件的经济性角度，其成分要尽可能符合我国的资源状况，冶炼加工成本要低。

7.2.2 金属电热元件材料

金属电热元件材料主要为高合金特殊电工钢铁铬铝合金、镍铬合金以及高熔点纯金属钼、钨、铂等。

1. 铁铬铝合金

铁铬铝合金是根据我国国情，为节约镍而研制的，是目前我国热处理炉应用最广的铁基电热元件材料。常用的牌号有 1Cr13Al4、0Cr25Al5、0Cr13Al6Mo2、0Cr27Al7Mo2、0Cr24Al6Re 等，其中 1Cr13Al4 用于低温炉，0Cr25Al5 和 0Cr13Al6Mo2 用于中温炉，0Cr24Al6Re 用于工作条件较恶劣的(1200℃以下)工业电阻炉，0Cr27Al7Mo2 最高使用温度可达 1400℃，能取代碳硅棒，用于高温炉。此外还有抗渗碳的铁铬铝合金，牌号为 Cr23Al6Y0.5，其化学成分为 Cr22.3%、Al5.83%、Y0.5%，该合金抗渗碳能力强，加工性能和焊接性能也较其他铁铬铝合金有了改善。

铁铬铝合金的优点：熔点高，使用温度高；在空气介质中加热后表面能生成致密 Al_2O_3 保护膜，具有良好的高温抗氧化性能和抗硫气氛侵蚀的能力；合金的电阻率大，密度小，与镍铬合金相比，同样功率条件下，用料少；电阻温度系数小，炉子使用过程中，功率波动小；一次使用寿命长，且铁铬铝合金不含镍，含铬量也不高，其价格比镍铬合金低好几倍。

铁铬铝合金的主要缺点：高温条件下(如在高温使用或焊接后)晶粒易长大，使用后冷态脆性大，容易断裂，难于维修，应避免急冷急热和震动；高温强度低，易塌陷；塑性差，加工性能差，拉拔、绕制困难，焊接性能也稍差；热膨胀系数大，安装时要留有适当膨胀空间；耐 N、NH_3 腐蚀能力差，在高温下，Cr、Al 与 N 的亲和力强，会生成氮化物，使保护膜破坏，所以在氮基气氛中使用时，必须降低使用温度，最高为 900～950℃；必须用高铝钒土搁丝砖，这是因为普通黏土中 SiO_2、Fe_2O_3 含量高，易于铁铬铝合金表面的 Al_2O_3 发生反应，生成低熔点熔渣，破坏 Al_2O_3 膜的保护作用。

在整个铁铬铝电热合金中，0Cr27Al7Mo2 的特点更加突出：使用寿命长，比 0Cr25Al5 长 64.2%；电阻率 ρ 更大，用料更省；电阻温度系数 a 为负值，随着温度升高，电阻下降，所以有少量功率储备；高温强度好，不易损坏；可用于高温炉，代替常用的硅碳棒，其寿命比硅碳棒长，不需安装变压器，且功率波动小。

2. 镍铬合金

常用的镍铬电热合金有 Cr20Ni80、Cr15Ni60 两种，前者用于 1000℃以下中温炉，后者常用于低温电阻炉。

镍铬合金的优点：具有很好的塑性，便于拉拔、绕制、焊接；高温使用后，冷态不易脆化，便于返修回用；在中、低温热处理电阻炉中使用寿命要比铁铬铝合金长很多；具有良好的抗渗氮能力，可用于含氮气氛电阻炉。

镍铬合金的缺点：电阻率 ρ 小，同样长度电热元件电阻值小，用料多，炉子所需功率大时则不易安装；电阻温度系数 a 大，在使用过程中，电阻值随温度变化大，功率变化也大；抗渗碳能力弱，易受硫腐蚀。

总的来说，镍铬电热合金是性能较好的电热元件材料，但镍、铬特别是镍为我国稀缺资源，且成本较高，故一般尽量少用。

在实际使用铁铬铝和镍铬电热合金时，除了需综合考虑上述因素外，还需注意以下两点。

1）截面较实际需要大

铁铬铝、镍铬等系列电热合金由于各自化学成分的不同，其使用温度、抗氧化性能以及电阻率的不同，决定了使用温度和使用寿命的长短，在铁铬铝电热合金材料内决定电阻率的成分为Al元素，镍铬电热合金材料中决定电阻率的成分为Ni元素。在高温状态下，合金元件表面生成的氧化膜也不断老化和破坏。其元件内部元素不断消耗，如AL、Ni等，从而缩短使用寿命，因此，在选用丝径时应选用大规格的线材或厚一点的扁带。

2）需要预氧化

铁铬铝、镍铬电热合金其抗氧化性能一般都较强，但由于炉内含各种气体，像空气、碳气氛、硫气氛以及氢、氮气氛等，这些气体对元件在高温使用下都有一定的影响，虽然各种电热合金在出厂之前都进行了抗氧化处理，但在运输、绕制、安装等环节上都会在一定程度上造成元件损伤，而降低使用寿命，为延长使用寿命，要求在使用前进行预氧化处理，其方法是将安装完毕的电热合金元件，在干燥的空气中通电加热到低于合金允许最高使用温度100～200℃，保温5～10h，然后随炉缓冷即可。

3. 纯金属电热材料

用于热处理炉电热元件材料的纯金属主要有钨、钼、钽和铂。

钨、钼和钽的熔点很高(分别为3370℃、2610℃和3000℃)，塑性很好，可做成丝、带及圆筒状的电热元件。其中以钼使用最广。但这类材料高温时易氧化，需在高纯度氢气氛、氨分解气氛和真空中使用，在高真空条件下，钨、钼和钽的最高使用温度分别为2400℃、1800℃和2200℃。

钼在空气炉中使用时，易于挥发，在600℃左右与氧生成氧化钼气体而升华，在真空中超过1800℃后也会迅速挥发，同时在高温下长期工作晶粒会变粗、脆性增大。钼常以细丝缠绕在炉管的外壁上使用，表面常覆盖一层纯 Al_2O_3 粉，所用炉管应用高纯 Al_2O_3 制成。因钼在高温下会与Si和 SiO_2 发生反应，应避免采用 SiO_2 制品；钼在渗碳气氛中还会因渗碳而变脆，电阻率增大。

钨的性质与钼大致相同，使用温度较高，加工性能较差。

铂的熔点为1773.5℃，在高温空气中不氧化可用以制作1200～1600℃高温电热元件，但铂不能用于还原性气氛，因铂会与氢和碳氢化合物发生反应。另外，铂较贵，一般很少使用。

纯金属电热材料电阻温度系数都较大，使用时需用调压器调节功率。

常用金属电热材料及其性能见表7-3。

表 7-3　常用金属电热材料性能

项目		单位	Cr20Ni80	Cr15Ni60	0Cr13A16Mo2	0Cr25A15	0Cr27Al7Mo2	0Cr25A16RE	铂	钼	钨	钽
主要化学成分		质量分数（%）	Cr=20～23 Ni=75～78	Cr=15～18 Ni=55～61	Cr=12～14 Al=5～7 Mo=1.5～2.5	Cr=23～27 Al=4.5～6.5	Cr=27 Al=6.5 Mo=2	Cr=24～25 Al=5.5～6.5 RE0.5				
密度		$g \cdot cm^{-3}$	8.4	8.2	7.2	7.1	7.1	7.1	21.45	10.22	19.3	16.67
抗拉强度		MPa	650～800	650～800	700～850	650～800	700～800	650～800				
延伸率×100			≥20	≥20	≥12	≥12	≥10	≥15				
电阻率		$\Omega \cdot mm^2/m$	1.11	1.10	1.40	1.40	1.50	1.45	0.094	0.052	0.051	0.131
电阻温度系数		$\times 10^{-5}$℃$^{-1}$	8.5 （20～1100℃）	14 （20～1000℃）	7.25 （0～1000℃）	3～4 （20～1200℃）	0.65 （20～1200℃）	1 （20～1000℃）	399	471	482	385
热膨胀系数		$\times 10^{-6}$℃$^{-1}$	14 （20～1000℃）	13 （20～1000℃）	15.6 （20～1000℃）	16 （20～1000℃）	16.6 （20～1000℃）	13	8.9	4.9	4.6 （20℃）	665
熔点		℃	1400	1390	1500	1500	1520	1500	1773.5	2625	3370	3000
工作温度	正常	℃	1000～1050	900～950	1050～1200	1050～1200	1200～1300					
	最高		1150	1050	1300	1300	1400	1400	1600	1800	2400	2200

7.2.3 非金属电热元件材料

1. 碳化硅电热元件

主要成分为97%～98%以上的碳化硅，是以焦炭与石英砂做原料经焙烧后得到碳化硅生料，再加沥青、焦油等粘结剂，经挤压加工成形，然后在高温下烧制而成。碳化硅电热元件常制成棒状(俗称硅碳棒)，硅碳棒两端较粗主要是为减少该段电阻，使其少发热，以便连接。中间较细为加热段位于炉膛内，作为发热元件。碳化硅棒在氧化性气氛中，可在1350℃高温下长期工作，其最高工作温度达1500℃。该材料电阻率很大，且在800℃以下为负值，在800℃以上为正值。这种元件经长期加热冷却，氧化硅反复形成和破裂，使氧化加深，电阻值不断增高，即产生“老化”，为此需相应提高电压才能保证原有功率。故采用这种元件的炉子通常配有变压器。硅碳棒材质脆、强度低、易与氢气和水蒸气发生作用，所以当炉内含有水分时，升温过程中应打开炉门，使其排除。表7-4为两端加粗硅碳棒的规格尺寸。

表7-4 两端加粗硅碳棒规格尺寸

规格型号($d/l/l_1/D$)	总长L/mm	电阻范围/Ω
8/180/60/14	300	2.6～5.2
8/200/150/14	500	2.9～5.8
12/200/200/20	600	1.4～2.9
14/200/250/22	700	1.2～2.3
14/400/350/22	1100	2.3～4.7
18/300/250/28	800	1.1～2.2
18/400/250/28	900	1.4～2.9
18/400/400/28	1200	1.4～2.9
25/400/400/38	1200	0.8～1.7
30/1200/500/45	2200	1.3～2.6
40/1000/500/56	2000	0.8～1.7
40/2400/700/56	3800	2.0～4.0

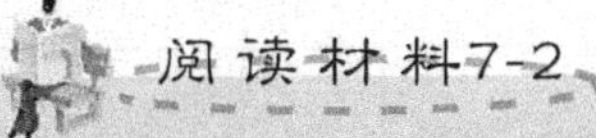

碳化硅(SiC)是用石英砂、石油焦(或煤焦)、木屑为原料通过电阻炉高温冶炼而成的。碳化硅在大自然也存在罕见的矿物，莫桑石。

碳化硅又称碳硅石。在当代C、N、B等非氧化物高技术耐火原料中，碳化硅为应用最广泛、最经济的一种，可以称为金刚砂或耐火砂。目前我国工业生产的碳化硅分为黑色碳化硅(含 SiC 95%以上)和绿色碳化硅(含 SiC 97%以上)两种，均为六方晶体，比重为 3.20～3.25，显微硬度为 2840～3320kg/mm^2。

资料来源：baike. baidu. com/view/9636. htm 2011-3-26

2. 二硅化钼电热元件

这种材料是以钼粉和硅粉为原料，掺入黏结剂混合，经压制成形后烧结而成的。二硅化钼电热元件外形层 U 形或 W 形，俗称硅钼棒。这是一种耐高温又没有明显老化的电热元件。最高工作温度可达 1700～1800℃。硅钼棒在室温下非常硬脆，在 1300℃以上变软并有一定的延展性。在高温下，表面可形成一层致密的 SiO_2 膜，对基体有保护作用，此膜破坏后还可自动再生。硅钼棒对一氧化碳、氮分解气和碳氢化合物气氛的化学作用有一定的抗力。但在 400～700℃之间易于氧化，应避免在这一温度使用。二硅化钼的电阻温度系数较大，使用时应配备调压器。

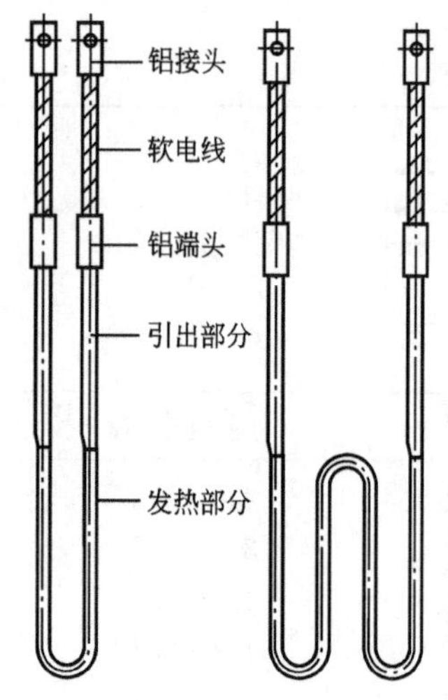

图 7.2　硅钼棒形状

二硅化钼电热元件形状如图 7.2 所示。其中工作部分直径为 6mm 或 9mm，接线引出部分直径为 12mm 或 18mm，棒的中心距离为 50mm 或 60mm。

3. 碳系电热元件

石墨、碳粒和各种碳质商品都属于碳系电热元件。碳与氧的亲和力很强，故常用在中性气氛或真空中。其中应用最多的是石墨电热元件，炽热的石墨不熔化(超过 3600℃可升华)，常应用 1400～2500℃之间的炉子，最高使用温度达 3600℃，一般制成管状和带状使用。石墨热膨胀系数小，热导率较大，易加工，耐急冷急热性好，价格低廉，石墨带由高纯碳材料制成，常用聚丙烯腈碳纱经石墨化处理(2300℃以上高温真空处理)然后编制而成，其性能优于一般碳布(其石墨化温度较低，纯度一般较低且不编织)。石墨带质地柔软，高温性能稳定，常用作真空炉的电热元件。

以碳粒作为电热元件时，通常将碳粒填充在沟槽内或圆筒中，这时的电阻为碳粒本身的电阻与粒子间的接触电阻之和。

常用非金属电热元件材料的性能见表 7-5。

表 7-5　常用非金属电热元件材料性能

种类	密度 /(kg·m^{-3})	电阻率 /(Ω·mm^2/m)	电阻温度系数 /(10^{-5}℃$^{-1}$)	热膨胀系数 /(10^{-6}℃$^{-1}$)	熔点 /℃	最高工作温度 /℃
硅碳棒	3.0～3.2	600～1400 (1400℃)	<800℃为负值 >800℃为正值	～5		1500
硅相棒	～5.5	0.25(20℃)	480	7～8	2000	1700
石墨	2.2	8～13	126(负值)	120 (0～100℃)	3500	2200 (真空)

（续）

种类	密度 /$(kg \cdot m^{-3})$	电阻率 /$(\Omega \cdot mm^2/m)$	电阻温度系数 /$(10^{-5}℃^{-1})$	热膨胀系数 /$(10^{-6}℃^{-1})$	熔点 /℃	最高工作温度 /℃
碳粒	1.0～1.25	600～2000			3500	2500（真空）
石墨带	1.7～1.77	1～10			3500	2200（真空）

1. 耐火材料的基本性能要求有哪些？
2. 常用耐热材料和保温材料有哪些？谈谈它们的主要用途。
3. 试比较铝酸盐、磷酸盐和水玻璃耐火混凝土的使用特点。
4. 硅酸铝耐火纤维的主要性能特点和缺点有哪些？
5. 电热元件材料的性能要求有哪些？
6. 试述铁铬铝电热元件材料的优缺点。
7. 试比较各类电热元件的特点和应用范围。

第 8 章 热处理电阻炉设计概要

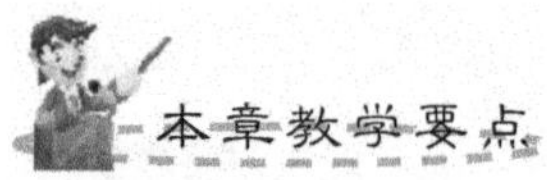

知识要点	掌握程度	相关知识
热处理电阻炉基本结构	熟悉热处理电阻炉的基本结构及其作用；掌握热处理电阻炉的选型原则；熟练掌握炉膛尺寸的确定方法	炉子的装载能力、加热能力和生产率
炉体结构设计	了解炉体各组成部分的工作特点，能根据炉型的不同确定炉体结构、尺寸及砌筑方法并能选择合适的筑炉材料	
电阻炉功率确定	熟悉电阻炉功率的理论计算法；能熟练运用经验计算法；掌握炉内功率补偿的作用和方法	平衡气体的压力分布、静止炉气的静压头和位压头的概念
电热元件的计算和安装	熟悉电热元件的计算内容和计算方法；能根据不同炉型确定使用的电热元件种类、结构和安装方法	

导入案例

热处理的能源消耗在机械制造企业中约占20%～30%。20世纪90年代中期调查我国每年用于热处理的电能约86亿度(约占总发电量的1%)，全国热处理营业额约50亿人民币。1996年美国热处理用电总量为51亿度，比我国低40.7%，而全国热处理营业额为150亿美元，按当时汇率合计为1245亿人民币，是我国的24.9倍。由此可见，我国热处理的能耗远远落后于发达国家。因而，我国热处理设备和现行热处理工艺的改进、完善和开发十分必要，节约能源的前景很大。

热处理电阻炉(箱式炉和井式炉)是热处理炉的基础炉型，本章主要介绍热处理电阻炉的基本结构和设计步骤以及主要组成部分的设计要点。

8.1 热处理电阻炉基本结构

电阻炉的基本结构组成部分是炉体和电热元件。炉体主要由炉壳、炉衬和炉门组成，形成加热空间，起放置工件和保持加热温度场的作用。电热元件是炉子的发热体，是使电能转化为热能的加热工件。当然作为一个完整的炉子还需有许多机械传动装置和操作参数测量及控制装置。

8.1.1 炉架与炉壳

炉架的作用是承受炉衬和工件载荷以及支撑炉拱的侧推力。炉架通常用型钢焊接成框架，型钢的型号随炉子大小、炉衬材料和结构而异。

炉壳的作用是保护炉衬，加固炉子结构和保持炉子的密封性，通常是用钢板复贴在钢架上焊接而成。对小型电阻炉，也可不设炉架，用厚钢板焊接成炉壳，同时起钢架的作用。炉壳钢板厚度一般取2～6mm，炉底用较厚钢板，侧壁用较薄的钢板制作。空气介质炉的炉壳一般采用断续焊接，可控气氛炉采用连续焊接。

8.1.2 炉衬

广义的炉衬是指炉子的炉壁，由炉底、炉壁、炉顶组成。炉衬的作用是保持炉膛温度、炉膛良好的温度均匀度和减少炉内热量的散失。根据炉子使用温度不同，炉衬常常采用两层或三层，中、低温炉常采用两层，内层为耐火层，外层为保温层；高温炉常采用三层，在耐火层和保温层之间增加一层过渡层。

8.1.3 炉门与炉盖

炉门(炉盖)部分包括炉门洞口、炉门框、炉门、炉门导板(炉面板)和压紧机构，有时还设有密封辅助装置。

炉门在保证装出料和炉子安装电热元件及维修需要的前提下，应密封好，有足够的保温能力，热损失小，保持炉前区有良好的温度均匀度。

8.2 热处理电阻炉设计步骤

8.2.1 炉型选择与炉膛尺寸确定

1. 炉型选择

正确地选择炉型是炉子设计的关键，电阻炉的类型很多，各有其特点和用途。因此，应根据炉子的生产量和作业制度、工件的特点和热处理工艺要求以及劳动条件等进行综合的技术经济分析，选定炉型。对某些特殊要求现有炉型不能满足需要时，应积极创新，设计新炉型。炉型选择的原则简述如下。

(1) 炉子的生产量。生产量大，品种单一，工艺稳定的，可选用连续作业炉；产量不大，品种多，工艺多变的，则宜采用周期作业通用性大的炉子，如箱式电阻炉。

(2) 工件特点和工艺要求。加热细长轴类工件，为防止加热时的弯曲变形，用井式炉吊挂加热。对中小型轴承钢球(或短滚柱)，则选用滚筒式炉，加热均匀，生产效率高。对大中型铸锻毛坯件的退火、正火、回火等热处理，则宜采用台车式电阻炉。当产量特别大时，则可采用推杆式连续作业炉。对精加工最后热处理的工件，为防止其氧化脱碳，则应考虑通保护气氛等。对于回火、时效等低温炉，则应考虑炉气的强制循环，以增强加热速度和使温度均匀。

(3) 劳动条件。所选炉型应尽量改善工人的劳动条件提高机械化和自动化水平，并防止对环境污染。

(4) 其他。对车间厂房结构、地基、炉子的建造维修条件和起重设备等也应作周密的考虑。

总之，应综合考虑技术经济等各方面的因素，统筹兼顾，结合工厂具体条件正确选择炉型，保证所确定的炉型技术上是先进的，经济上是合理的，能切实满足热处理生产的要求。

2. 炉膛尺寸的确定

下面以箱式电阻炉和井式炉为例说明炉膛尺寸的确定方法。

1) 炉底面积

为防止工件装、出料时碰撞电热元件和保证工件温度的均匀性，工件与电热元件或工件与炉膛前、后壁之间应保持一定距离，一般为 0.1～0.15m，常把用于布料的面积称为有效面积，它一般为炉底总面积 A_Σ 的 70%～85%，大型炉取上限，炉底宽度与长度之比应保持在 2/3～1/2 范围内。

因此，炉底面积尺可确定如下。

(1) 实际排料法。

$$L=l+(0.2\sim0.3) \tag{8-1}$$

$$B=b+(0.2\sim0.3) \tag{8-2}$$

式中：L、B 分别是炉底的长度和宽度(m)；l、b 分别为炉底布料区的长度和宽度(m)。

按排料法决定炉底有效尺寸时，应注意炉底布料区的长度 l 与宽度 b 之间的恰当比例，一般 $l:b=(2\sim1.5):1$；高温炉人工装出料不方便，$l:b=1.5:1$ 为宜。

(2) 炉底强度指标法。当工件品种多且工艺周期不同时，则可按炉底强度 G_h 法计算，G_h 为每小时每平方米炉底面积的生产能力。G_h 值可参见表 8-1。

表 8-1　各种箱式热处理炉的生产能力 G_h (kg/m² · h)

炉子名称		箱式	台车式	坑式	罩式	井式*	推杆式	输送带式	振底式	滚底式	转底式
退火	≥12h	40～60	35～50	40～60	100～120						
	≤6h	60～80	50～70								
	锻件(合金钢)	40～60	50～70								
	钢铸件	36～60	40～60								
	可锻化	20～30	25～30								
淬火、正火	一般	100～120	90～140	100～120		80～120	150～180	150～200	130～160	180～200	180～220
	锻件正火	110～120	120～150				150～200				
	铸件正火	80～140	100～160				120～180				
	合金钢淬火	80～100					120～140				
回火	550～600℃	80～110	60～90	80～100			100～120	150～200	80～100	150～180	160～200
时效		80～120									
渗碳	固体	10～12	10～20								
	气体					50～85	30～45				

*井式炉炉底单位面积生产能力是指其最大纵剖面上的生产能力，最大纵剖面积(m²)＝直径×有效高度。

炉底有效面积 $A_{效}$ 的计算式为

$$A_{效}=g_{件}/G_h(\mathrm{m^2}) \tag{8-3}$$

式中：$g_{件}$ 为炉子的生产率(质量或个数/h)。

按照 L：B 为 2/1～3/2 的关系，即可求出

炉底有效长度　　$l=\sqrt{(2\sim1.5)A_{效}}(\mathrm{m})$

炉底有效宽度　　$b=\sqrt{(1/2\sim2/3)A_{效}}(\mathrm{m})$

按排料法或炉底强度指标法所确定的炉底有效尺寸($l\times b$)，最后尚需修正，使其与相近的标准系列电阻炉一致，以便选用标准尺寸的炉底板。

井式炉的炉底面积一般根据工件装载方式确定。如果是吊装，炉膛有效直径 $\Phi_{效}$ 按照下列原则确定：工件距电热元件的距离保持 0.1～0.2m，工件之间的距离一般不少于工件的直径或厚度。如果是料筐装载，$\Phi_{效}$ 即为料筐外沿直径，料筐外沿距电热元件的距离为 0.1～0.2m。

2) 炉膛高度

炉膛高度的确定目前尚无严格的计算方法，根据大量的统计资料，炉膛高度与炉膛宽度存在一定的比例关系，所以炉膛高度的确定采用的是经验设计。对于箱式炉、台车式炉

等，一般装炉高度较大，电热元件不知在两侧炉墙和炉底，炉膛高度主要从辐射传热、电热体安装及操作方便3方面来考虑，一般高度 C 与宽度 B 之比为0.52～0.9。目前很多炉子为了提高工件加热速度，有降低炉膛高度的趋势，在设计时，可取下限。

实际上，炉膛高度决定于装料高度，装料上方一般应保持0.2～0.3m的空间，同时还要考虑热电偶伸入炉内0.2m时不与工件接触。

井式炉的炉膛高度按工件距离炉底和炉顶各0.15～0.25m来确定。

8.2.2 炉体结构设计和材料选择

炉体包括炉壁、炉顶、炉底和炉口装置。

1. *炉壁*

炉壁主要为砌体，外部包以炉壳钢板。中、低温炉炉壁砌体一般分两层，内层耐火层常由轻质黏土砖砌成，外层为保温层用保温材料和石棉板构成，石棉板起到均温和吸潮作用。高温炉炉壁常采用3层，内层用重质黏土砖或高铝砖砌筑，中层为过渡层，一般也用轻质砖砌筑。当炉温低于500℃时，炉壁可只用保温材料，如硅藻土砖。有的低温炉(≤300℃)用双层钢板内填充保温材料的结构。耐火纤维的应用，使炉衬结构多样化，有全纤维炉衬、复合纤维炉衬，以及在砖墙中加纤维夹层等形式。

炉壁砌体应有适当的厚度以保证必要的强度和保温能力，减少蓄热和散热损失。确定炉衬厚度的基本原则是保证炉外壳温度不超过许可的温升(一般为50～60℃)。

炉壁砌筑应以炉子中心为基准，砖缝要错开，炉墙转角处相互咬合，保证整体结构强度。炉壁每米长度留5～6mm膨胀缝，各层间膨胀缝应错开，缝内填入马粪纸或纤维，炉温低于800℃的炉墙可不设膨胀缝。

常用热处理电阻炉炉温炉壁材料组成及尺寸见表8－2。

表8－2　热处理电阻炉温度炉壁材料组成及尺寸

炉温/℃	耐火砖		中间层		隔热层	
	材料	厚度/mm	材料	厚度/mm	材料	厚度/mm
<300	—	—	—	—	珍珠岩、蛭石粉	<150
300～650	轻质黏土砖或耐火纤维	90～113	—	—	硅藻土砖、珍珠岩、蛭石岩棉	100～185
650～950	密度为400～1000kg/m³的轻质黏土砖或耐火纤维	90～113	有时加普通硅酸盐纤维	40～60	硅藻土砖、珍珠岩、蛭石粉、耐火纤维	120～200
<1200	密度为400～1000kg/m³的轻质黏土砖或耐火纤维	90～113	轻质砖或高铝纤维毡	60	硅藻土砖、珍珠岩、耐火纤维	185～230
<1350	轻质高铝砖或轻质耐火纤维	90～113	轻质砖或耐火纤维	60	硅藻土砖、珍珠岩、耐火纤维	235～265
<1600	高铝砖	90～113	泡沫氧化铝砖	113	耐火纤维	235～300

注：(1) 砖的密度选择应考虑炉子大小、砖的抗压强度。

(2) 炉底的厚度取较大值。

2. 炉顶

炉顶结构形式主要有拱顶和平顶两种形式，少数大型炉用吊顶，如图 8.1 所示。砖砌的热处理炉大多采用拱顶。耐火纤维炉衬常用预制耐火纤维块作平顶。

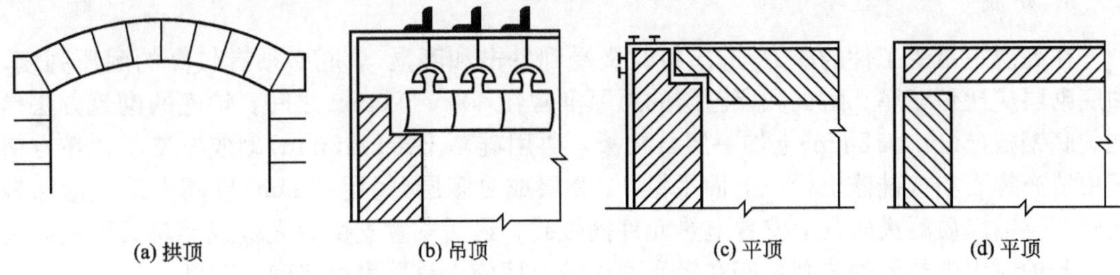

图 8.1 常用炉顶结构

图 8.2 为一般箱式炉拱顶结构。拱顶的同心角称为拱角，一般采用 60°。拱顶跨度较大且<3.944m 时采用 90°。60°拱角的拱顶称为标准拱顶，其拱顶曲率半径$R=B$，矢高$h=0.134B$。90°拱顶，$R=0.707B$，矢高$h=0.207B$。拱顶重力及其受热时产生的膨胀力形成侧推力作用于拱角上，图 8.3 为拱顶参数。拱顶常采用轻质楔形砖砌筑，其上再铺或砌以轻质保温材料，拱角则用密度为 1.0～1.33g/cm³ 拱角砖砌筑。拱顶灰缝不大于 1.5mm，拱顶砖斜面应与拱角相适应，不得用加厚灰缝或砍制斜面的办法找平。拱角砖与拱脚之间必须撑实，拱顶应从两边拱脚分别向中心对称砌筑。跨度小于 3m 的拱顶应在中心打入一锁砖；跨度超过 3m，应均匀打入 3 块锁砖，锁砖插入深度为砖长的 2/3，然后用木锤打入。拱角砖的侧面紧靠拱角梁，以支撑侧推力。

拱顶的砌法有错砌和环砌两种，如图 8.4 所示。错砌比较常用，但拆修不方便，一般周期性作业炉采用此法；环砌多用于连续式炉或工作温度较高、拱顶易坏的场所。拱顶砌砖厚度与炉膛宽度的关系见表 8-3。

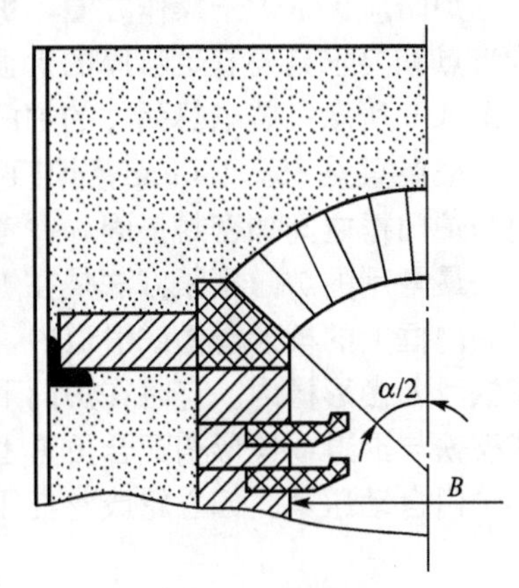

图 8.2 拱顶结构

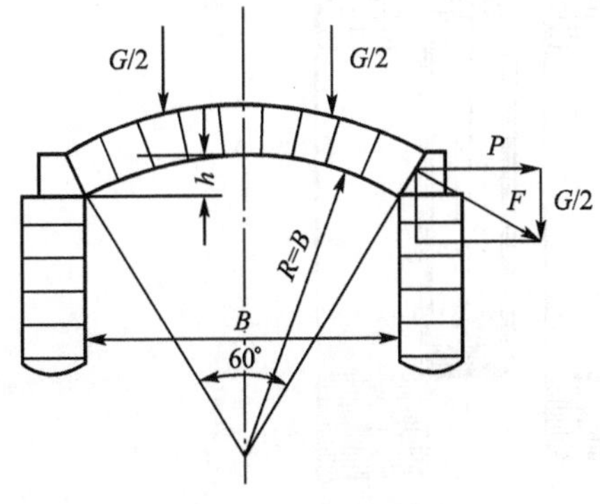

图 8.3 拱顶参数

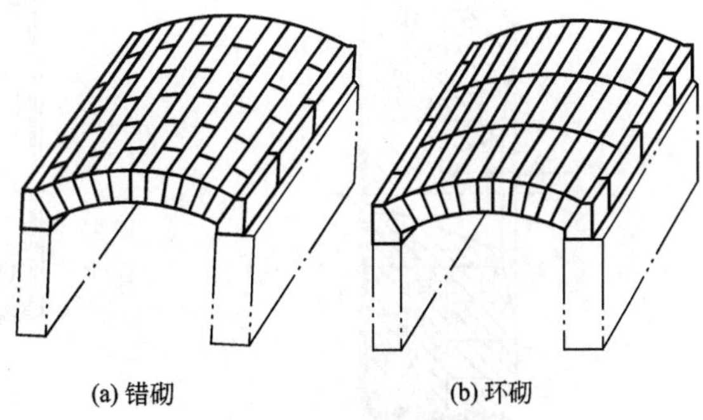

图 8.4 拱顶砌造形式

表 8－3 拱顶砌砖厚度与炉膛宽度的关系

炉膛宽度/m	<1	1～2	2～3	3～4
拱顶砌砖厚度/mm	113	230	345	460

3. 炉底

在高温下承受工件的压力，进出料时又受到冲击和磨损，炉底必须有较高的耐压强度，炉底砌层应比炉墙厚。耐火和保温层的总厚度常在 400～690mm 之间。炉底的砌筑方法是在炉底钢板(6mm，12mm)上加一层石棉板，再用硅藻土砖(115mm)砌成方格子，在方格子中填充蛭石粉或硅藻土粉，上面平铺 1、2 层或更多层(每层 67mm)硅藻土砖或泡沫轻质砖，再铺轻质耐火砖其上安置电热元件搁板砖，最后安置支撑炉底板或导轨的重质耐火砖。若炉底无电热元件，则炉底在轻质耐火砖上面施以重质耐火砖砌筑即可。

4. 炉口装置

炉门部分包括炉门洞口、炉门框和炉门。炉门洞口截面尺寸要保证装出料方便和炉子安装电热元件和维修的需要，通常应小于炉膛截面尺寸，以减少热损失和保护电热元件。高温炉的炉门洞口长度应较大，以减少炉口辐射热损。炉门洞口的砌体常受工件摩擦撞击，应采用重质砖或其他较坚固的耐火砖砌筑。

炉门应保证炉子操作方便，炉口密封好(特别是可控气氛炉)和减少热损失。其基本结构特点和要求是要有足够厚的保温层，炉门砌体表面应从四周向中间逐渐凹陷 3～5mm，如图 8.5 所示；装电热元件的炉门，其搁丝砖应比炉门边框缩进 10～15mm。炉门边缘与炉门框要重叠 65～130mm；炉门要压紧炉门框；炉门下缘常楔入工作台上的砂槽内；炉门与炉门框之间加密封垫圈，并考虑减轻炉门重量等。

最常用的炉门压紧方法是在炉门侧面设置楔铁或滚轮，当炉门落下时，楔铁或滚轮滑入炉门框上的楔形滑槽或滑道内。炉门越向下。炉门将越压紧炉门框。一般靠炉门自重使楔铁滑入楔形槽内。有时在炉门下设一汽缸，靠汽缸的活塞杆的作用把炉门拉下，使滚轮或楔铁与滑道或楔形槽配合更紧密，将炉门紧压在炉门框上，如图 8.6 所示。此外还有倾斜炉门自动压紧、偏心轮或丝杠压紧等方法。

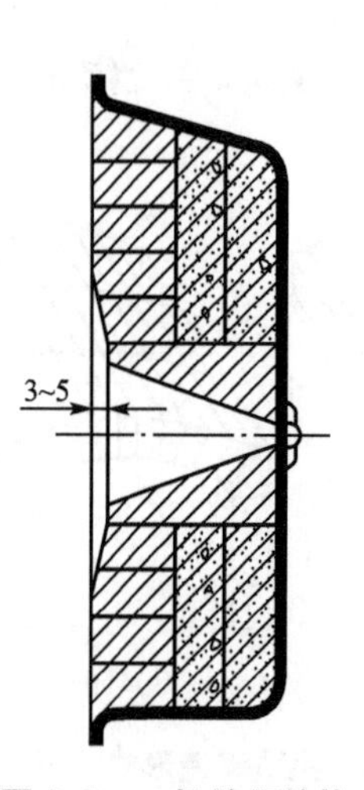

图 8.5 一般炉门结构

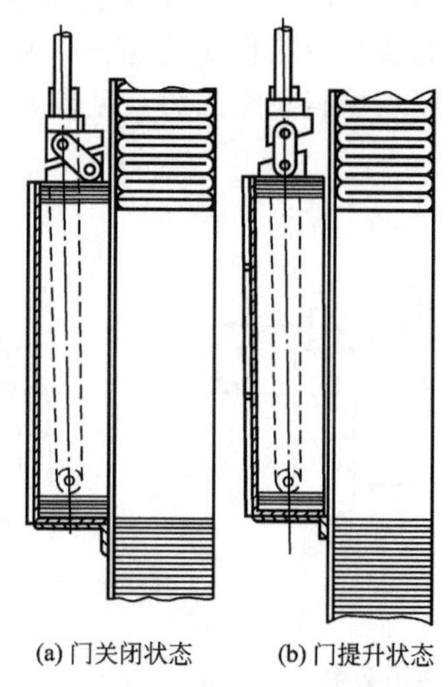

图 8.6 汽缸带动曲柄连杆机构的炉口压紧装置

炉门框可用铸造或钢板焊接制造，后者重量轻，便于启闭，但容易变形，影响密封性。对可控气氛炉也常用耐热钢制造，或利用水套冷却炉门框。对高温炉处在炉口上缘的炉门框板还常开出条形切口，作为热膨胀缝。

炉门、炉盖砌筑尺寸见表8-4。

表8-4　炉门、炉盖砌筑尺寸

炉温/℃	耐火层厚度/mm	隔热层厚度/mm
<650	65～113	130
650～950	65～113	130～170
950～1300	65～113	170～200

8.2.3　电阻炉功率确定

热处理电阻炉功率的大小与炉子的生产任务、工件的加热温度、热处理工艺时间、炉子的结构和作业制度等因素有关。确定功率的方法有经验法和理论法两种。经验法计算简便,但局限性大,仅适用于某种类型的炉子,对有实际经验的设计人员,选用针对性强的经验计算法确定功率迅速准确。理论法采用热平衡计算综合考虑了影响功率的各种因素,有普遍意义,结果比较准确可靠。但计算程序较繁杂,计算中涉及不少参数若选用不当,也会造成大的误差。热平衡计算法可帮助设计者分析讨论影响炉子功率的各种因素。对某些特殊的炉子,或设计者缺乏实际经验,采用热平衡计算法比较稳妥。

1. *经验计算法*

1) 按炉膛容积确定功率

根据经验统计，一般箱式电阻炉和井式电阻炉的炉膛容积V(m^3)与炉子功率之间可按如下公式计算。

炉温　1200℃　$$P=(100\sim150)\sqrt[3]{V^2}\quad(\text{kW})\tag{8-4}$$

炉温　1000℃　$$P=(70\sim100)\sqrt[3]{V^2}\quad(\text{kW})\tag{8-5}$$

炉温　700℃　$$P=(50\sim70)\sqrt[3]{V^2}\quad(\text{kW})\tag{8-6}$$

炉温　400℃　$$P=(35\sim50)\sqrt[3]{V^2}\quad(\text{kW})\tag{8-7}$$

要求快速升温或生产率高的炉子，上述参数应取上限，对于井式电阻炉，一般取下限。

2) 按炉膛面积确定功率

每平方米炉膛内表面积的功率值见表8-5。炉子功率P等于该值乘以炉膛内总表面积。

表8-5　炉膛每平方米表面积功率

炉膛温度/℃	每平方米表面积功率/(kW/m²)
1200	15～20
1000	10～15
700	6～10
400	4～7

3) 经验公式法

炉子功率可用下列公式计算。

$$P=C\tau^{-0.5}F^{0.9}(t/1000)^{1.55} \tag{8-8}$$

式中：τ 为空炉升温时间(h)；F 为炉膛内壁面积(m^2)；t 为炉温(℃)；C 为系数，热损失大的炉子，C = 30 ～ 35；热损失小的炉子，C = 20 ～ 25，单位为[(kW · $h^{0.5}$)/($m^{1.8}$ · ℃$^{1.55}$)]。

上述公式适用于周期性作业封闭式电阻炉。

对于中温(700～950℃)井式电阻炉，其功率可还可按下式确定。

$$P=50DH(\text{kW}) \tag{8-9}$$

式中：D 为炉腔砌砖体内径(m)；H 为炉膛砌砖体深度(m)。

4) 类比法

类比法就是与同类型的炉子相比较估算功率。应尽可能参照与所设计炉子很相近，且性能良好的炉子，确定所设计炉子的功率。如果所设计的炉子与参照的炉子在尺寸、炉衬材料的选择及技术指标等方面有所不同时，可根据实际情况适当增减，以估算所设计炉子的功率。这种方法很简便，生产中经常采用。

2. 理论计算法

理论计算法就是用热平衡计算的方法即根据炉子的输入总功率(收入项)应等于炉子各项能量消耗总和(支出项)的原则来确定炉子的功率。

1) 热处理电阻炉的主要能量支出项

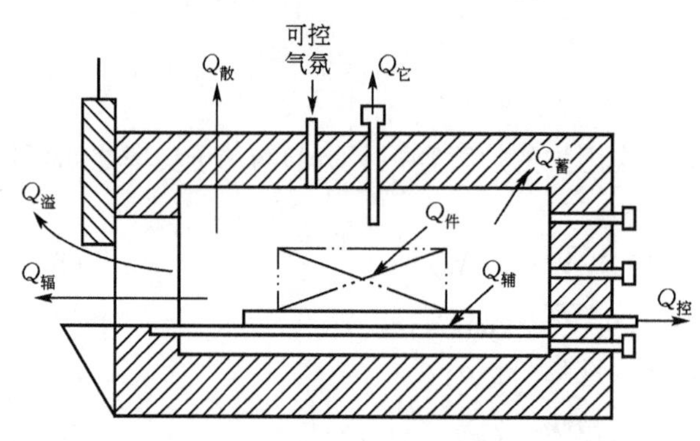

图 8.7 电阻炉热支出项目示意图

炉子能量消耗包括加热工件的热量(有效热量)、在生产操作中的各项热损失和电能输入炉子过程中在电气设备及导线中的电能损失(如变压器和炉外电缆的电能损失等)。炉子能量消耗量与炉子结构、尺寸、生产率、热处理工艺和供电方式有关。一般电阻炉能量消耗的基本项目如图 8.7 所示。工件吸收的热量 $Q_{件}$ 是有效热，其余的热量则为无效热损失。

对连续作业炉，因连续生产，炉子蓄热损失是一次性损失，设计时可以忽略。对周期式作业炉在升温阶段能量消耗最大，常把加热阶段所需功率作为功率计算依据。对工件随炉升温的炉型计算功率时，热量支出项目还应包括 $Q_{蓄}$。

电阻炉主要热量支出项目的计算方法如下。

(1) 加热工件所需热量 $Q_{件}$。

$$Q_{件}=P(c_2t_2-c_1t_1) \quad (\text{kJ/h}) \tag{8-10}$$

式中：P 为炉子的生产率(kg/h)；t_1，t_2 为工件加热的初始和终了温度(℃)；c_1，c_2 为工件在 t_1 和 t_2 时的比热容[kJ/(kg · ℃)]。

若以加热阶段作为热平衡时间单位时，$Q_{件}$ 应为

$$Q_{件}=G_{装}(c_2t_2-c_1t_1)/\tau_{加} \quad (kJ/h) \tag{8-11}$$

式中：$G_{装}$ 为一次装炉料重量(kg)；$\tau_{加}$ 为加热阶段时间(h)。

(2) 加热辅助构件(料筐、工夹具、支承架、炉底板及料盘等)所需热量 $Q_{辅}$。

$$Q_{辅}=p_{辅}(c_2t_2-c_1t_1) \quad (kJ/h) \tag{8-12}$$

式中：$p_{辅}$ 为每小时加热辅助构件的重量(kg/h)；t_1，t_2 为辅助构件加热的初始和终了温度(℃)；c_1，c_2 为辅助构件在 t_1 和 t_2 时比热容[kJ/(kg·℃)]

(3) 加热控制气体所需热量 $Q_{控}$。

$$Q_{控}=V_{控}\,c_{控}(t_2-t_1) \quad (kJ/h) \tag{8-13}$$

式中：$V_{控}$ 为控制气体的用量(m^3/h)；t_1，t_2 为控制气体入炉前温度和工作温度(℃)；$c_{控}$ 为控制气体在 $t_1 \sim t_2$ 温度范围内的平均比热容[kJ/(kg·℃)]。

(4) 通过炉衬的散热损失 $Q_{散}$。

在炉体处于稳定态传热时，通过双层炉衬的散热损失 $Q_{散}$ 为

$$Q_{散}=3.6(t_g-t_a)F_{散}/(s_1/\lambda_1+s_2/\lambda_2+1/\alpha_{\Sigma 2}) \quad (kJ/h) \tag{8-14}$$

式中：t_g，t_a 为炉气和炉外空气温度(℃)，对电阻炉可以认为 t_g 近似地等于炉内壁温度或炉温；s_1，s_2 为第一层和第二层炉衬的厚度(m)；λ_1，λ_2 为第一层和第二层炉衬的平均热导率[W/(m·℃)]；$\alpha_{\Sigma 2}$为炉体外壳对其周围空气的综合传热系数[W/(m^2·℃)]；$F_{散}$为炉体的平均散热面积(m^2)；3.6 为时间系数。

当炉壁、炉顶、炉底和炉门各部分炉衬材料和厚度不同时，应分别计算各自的散热损失。

(5) 通过开启炉门或炉壁缝隙的辐射热损失 $Q_{辐}$。

$$Q_{辐}=3.6C_0F\Phi\delta_t[(T_g/100)^4-(T_a/100)^4] \quad (kJ/h) \tag{8-15}$$

式中：C_0 为黑体辐射系数；F 为炉门开启面积或缝隙面积(m^2)；3.6 为时间系数；Φ 为炉口遮蔽系数；δ_t 为炉门开启率(即平均 1 小时内开启的时间)，对常开炉门或炉壁缝隙而言 $\delta_t=1$。

(6) 通过开启炉门或炉壁缝隙的溢气或吸气热损失 $Q_{溢}$ 或 $Q_{吸}$。

$Q_{溢}$ 或 $Q_{吸}$ 是开启炉门或炉壁存在缝隙时热炉气溢出炉外或冷空气吸入炉内所造成的热损失。当炉压为正值时(如可控气氛炉)，开启炉门将引起炉气外溢；当炉压为负值时(一般对燃料炉而言)，将吸入冷空气。对于一般箱式电阻炉，开启炉门时，通常以加热吸入的冷空气所需要的热量作为该项热损失，即

$$Q_{吸}=q_{va}\rho_a c_a(t'_g-t_a)\delta_t \quad (kJ/h) \tag{8-16}$$

式中：t_a 为炉外冷空气温度(℃)；t'_g为溢出热空气温度(℃)，随炉门开启时间的增长而降低，若开启时间很短取炉子工作温度；ρ_a 为空气的密度(kg/m^3)；c_a 为空气在 $t_a \sim t'_g$温度内的平均比热容[kJ/(kg·℃)]；q_{va}为吸入炉内的空气流量(m^3/h)。

对于空气介质电阻炉，零压面在炉门开启高度中分线。可按下式计算。

$$q_{va}=1997BH\sqrt{H} \quad (m^3/h) \tag{8-17}$$

式中：B 为炉门或缝隙的宽度(m)；H 为炉门开启高度或缝隙高度(m)；1997 为系数($m^{0.5}/h$)。

对于可控气氛炉，其溢气热损失已计入到 $Q_{控}$ 一项中，在此不能重复计算。

(7) 砌体蓄热量 $Q_{蓄}$。

砌体蓄热量指炉子从室温加热至工作温度并且达到稳定状态时炉衬本身所吸收的热量。对双层砌体可按下式计算：

$$Q_{蓄}=V_1\rho_1(c_1't_1'-c_1t_0)+V_2\rho_2(c_2't_2'-c_2t_0) \quad (\text{kJ}) \tag{8-18}$$

式中：V_1，V_2 为耐火层和保温层的体积(m_3)；ρ_1、ρ_2 为耐火材料和保温材料的密度(kg/m^3)；t_1'，t_2'为耐火层和保温层在温度达到稳定状态时的平均温度(℃)；t_0 为室温(℃)；c_1'，c_2'为耐火和保温材料在 t_1'和 t_2'时的比热容[kJ/(kg·℃)]；c_1，c_2 为耐火和保温材料在 t_0 时的比热容[kJ/(kg·℃)]。

在实际生产中，炉子并非在每一生产周期都从室温开始加热，炉砌体常保持远高于室温的温度，其温度值与生产过程中冷却阶段和装料阶段的热损失有关，特别是与炉子重新开炉前的空闲(停炉)时间有关，因此，此项热损失的真正值，应视具体情况而修正。

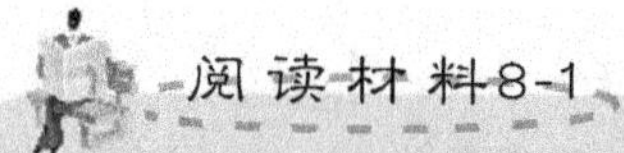

硅酸铝耐火纤维是一种高效节能材料，炉子热平衡表明，周期式砖体热处理炉的蓄散热损失占总供热的25%～35%，而炉体的蓄散热与炉衬的重量及绝热性能成正比关系，耐火纤维不仅导热系数低，而且容重轻，纤维炉衬仅为砖体炉衬的1/25～1/30。因此，纤维炉衬能大幅度地降低炉子的蓄散热损失，节能效果显著，一般地说，与砖体炉子相比节能20～25 。由于炉衬轻，热容量小，炉子升温快，有利于缩短操作周期，提高炉子作业率和热效率，使炉子同时获得节能、增产的效果。

资料来源：http//www.nbht.org

(8) 其他热损失 $Q_{其他}$。

此项热损失包括未考虑到的各种热损失及一些不易精确计算的热损失，如炉衬砖缝不严、炉子长期使用后保温材料隔热性能和炉子密封性能降低以及热电偶、电热元件引出杆的热短路等造成的热损失。此项热损失可取上述各项热损失总和的某一近似百分数。通常对箱式炉为10%～20%，对机械化炉为25%，对敞开式盐浴炉为30%～50%。

2) 炉子所需功率

(1) 连续作业的炉子功率。

连续作业炉工作时，可认为炉体已处于热稳定状态，不再吸热，因此其总的热支出为

$$Q_{总}=Q_{件}+Q_{辅}+Q_{控}+Q_{散}+Q_{辐}+Q_{吸}+Q_{其他}$$

$Q_{总}$ 为维持炉子正常工作所必不可少的热量支出。在实际生产中还必须考虑某些具体情况，如炉子长期使用后炉衬局部损坏引起热损失增加，电压波动、电热元件老化引起炉子功率下降以及工艺制度变更要求提高功率等。因此，炉子的功率应有一定储备，其安装功率应为

$$P_{安}=KQ_{总}/3600 \quad (\text{kW}) \tag{8-19}$$

式中：K 为功率储备系数。对连续作业炉，$K=1.2～1.3$；对周期作业炉，$K=1.3～1.5$。

炉子的热效率 η 可由下式求得。

$$\eta= Q_{件}/Q_{总}\times 100\% \tag{8-20}$$

η 越大，炉子热利用率越高，如果 η 过小，说明设计不合理，一般电阻炉的热效率为

30%～80%。有时也将正常工作时的效率和保温时(关闭炉门)的热效率分别计算。

(2) 周期作业的炉子功率。

周期作业炉按加热阶段作为热平衡计算时间单位时，其热损失主要项目是加热工件和辅助构件所需的热量和炉砌体的蓄热量。炉子实际的蓄热损失量与炉子冷却阶段、装卸料阶段和停炉期造成炉体降温的程度有关。在加热阶段的其他热损失应视具体炉型和工艺规程而定。

对一般热装炉的周期作业炉，也常先按上述 $P_{安}=KQ_{总}/3600$ 计算出功率，然后按照下面公式考核空炉升温时间。

$$\tau_{升}=Q_{蓄}/3600P_{安} \quad (\mathrm{h}) \tag{8-21}$$

一般周期作业式电阻炉空炉从室温升到额定温度需3～8小时，若升温时间太长，则说明功率不够，需将 $P_{安}$ 加到满足空炉升温时间数值。还需说明的是，在计算 $Q_{蓄}$ 时，所用温度为额定温度下已处于稳定态传热条件的耐火层、保温层温度，这比炉子升温时实际耐火层、保温层的平均温度要高得多，故计算求得的空炉升温时间 $\tau_{升}$ 比实际测得的要长。

8.2.4 炉子功率分配和电热元件接线

1. 热处理电阻炉的功率分配

由于炉膛内各部分散热条件和炉气运动状态存在着差异，炉内温度分布常不均匀。为实现热处理工艺的准确性和提高炉膛利用率，常须对炉子输入功率进行合理分配，通过对炉子各部分输入不同的功率，分区段布置电热元件，实现炉温均匀，必要时还应分区控温。

1) 箱式电阻炉的功率分配

箱式电阻炉的炉口部位，由于炉门经常启闭，密封往往又不严密，所以热量散失较大，温度容易偏低。

对于炉膛长度不超过1m的炉子，一般可将功率均匀分配在炉内两侧炉壁和炉底上。

对于大型的箱式炉，通常在靠近炉门口处增加一些功率，即在约占炉长(1/4～1/3)处，其功率比平均功率增加15%～25%左右，剩余功率按余下炉长平均分配。大型箱式炉也可在炉门上分配一些功率。

在分配炉子功率时，还应考虑到炉膛内表面的单位负荷不能超过 $35\mathrm{kW/m^2}$，否则会缩短炉墙寿命，但是为了保证炉子的升温速度，此值也不能小于 $15\mathrm{kW/m^2}$。目前设计中一般采用 $20\sim25\mathrm{kW/m^2}$，数值过大对电热元件的布置也有困难。

2) 井式炉功率分配

井式炉的炉口易溢气，炉盖薄，保温性能差，吊具、风扇等金属直通外壳，存在热短路现象，所以热损失较大，温度偏低；而炉底为冷炉底，又热气上浮，温度也较低。

对炉深 $H<2\mathrm{m}$ 且没有强制对流设备的井式炉，应当在炉子的上部与下部适当增加一些功率：在靠近炉口约 $1/4H\sim1/3H$ 的部分加大平均功率的20%～40%，在靠近炉底约 $1/5H\sim1/4H$ 部分加大平均功率的5%～10%，剩余功率按余下炉深平均分配。

对于一般井式炉也可采用分区控制方法调节炉温。当炉深(H)与直径(D)之比<1时，可采用一个加热区；当 H/B 为1～2时，采用两个加热区；当 H/B 为1.5～3时，可采用3个加热区。各区的功率分配可参考表8-6。

表 8-6　井式电阻炉的功率分配

H/D	加热区数	炉温/℃	炉膛内壁的单位表面负荷/(kW/m^2)		
			上区	中区	下区
<1	Ⅰ	950 1200	— —	～15 20～25	— —
1～2	Ⅱ	950 1200	～15 20～25	— —	～15 20～25
1.5～3	Ⅲ	950 1200	～15 20～25	～10 15～20	～15 20～25

对带有强制对流设备的井式炉，功率可平均分配，因为通过炉气强制循环，温度容易均匀。

3）连续作业电阻炉

连续作业电阻炉的功率分配要根据各区段工件的吸热量与炉子的散热量多少来确定。在加热区工件的吸热最多，在均热区工件的吸热量显著减少，而在保温区工件基本上不吸收热量。因此，加热区的功率应当是最大，均热区的功率就要降低一些，保温区的功率最小，主要用来补偿炉体的散热损失，维护保温区的恒温。

2. 供电电压和接线方法

电阻炉的供电电压，除少数因电热元件的电阻温度系数大或要求采用低压供电的大截面电阻板外，一般均采用车间电网电压，即 220V 或 380V。

电热元件的接线，应根据炉子功率大小等因素考虑决定。当炉子功率小于 25kW 时，采用 220V 或 380V 单相接法。炉子功率为 25～75kW 时，采用三相 380V 星形接法，个别的也可用三相 380V 三角形接法。当炉子功率大于 75kW 时，可将电热元件分成两组或两组以上的 380V 星形接法或三角形接法，如图 8.8 所示。每组功率以 30～75kW 为宜，即每相功率在 10～25kW 之间。这样，可使每一电热元件的功率不致过大，便于布置安装，而且电热元件的尺寸也较合适。

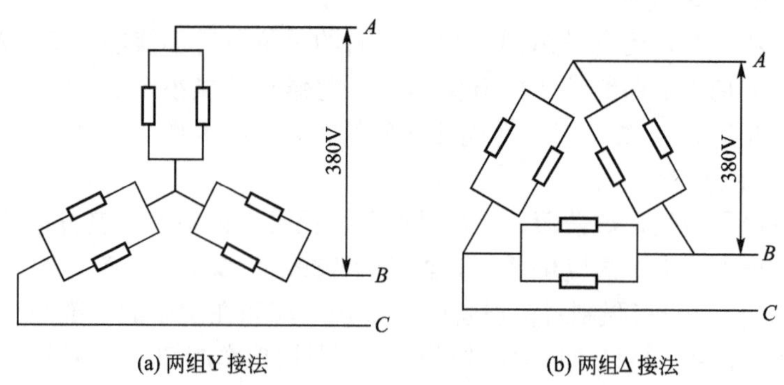

图 8.8　电热元件连接法

电阻炉的功率，由于工艺要求不同，各阶段相差甚大，如台车炉、井式气体渗碳炉，工件在升温加热阶段需要功率很大，而在保温或渗碳阶段所需功率甚小，旧系列热处理电阻炉大多采用位式控温，因此，保温阶段由于功率不匹配，控制精度差，波动大。新设计多通过可控硅采用PID连续调节或计算机控制温度。在升温段提供较大功率，在保温段提供较小功率，这样不仅提高了控温精度，也大大提高了电热元件的使用寿命。

8.2.5 电热元件的计算

电热元件计算的目的是使使用的电热元件能够满足炉子功率、一定的使用寿命和尽可能地节约材料。金属电热元件的计算主要包括元件的截面尺寸、长度和质量以及一些结构尺寸。对硅碳棒，主要是确定其数目和端电压。

1. 电热元件的表面负荷

电热元件的表面负荷W指元件单位表面积上所发出的功率，单位为W/cm^2。元件表面负荷越高，发出的热量就越多，元件温度就越高，所用元件材料也越少，但是，如果表面负荷过高，元件寿命会缩短。因此，表面负荷应有一个允许的数，称为允许表面负荷$W_{允}$，其大小取决于元件材料和工作温度。

实际选用允许表面负荷时，应考虑到电热元件的工作环境，环境好可取大些，环境差可取小些。如有腐蚀气体和保护气体时可取低些；电热元件装在辐射管中或炉底之下应取低些；若敞开在炉膛中可取高些；强制对流时可取更高值；工件黑度小时应取低值；带状应比丝状电热元件的值高；电热元件不易更换时应取低值，易更换时应取高值。图8.9为合金电热元件的允许表面负荷曲线。图中上限为敞露型电热元件的最低允许表面负荷，一般取上下限之间。电热元件温度一般比炉温高出100～200℃。

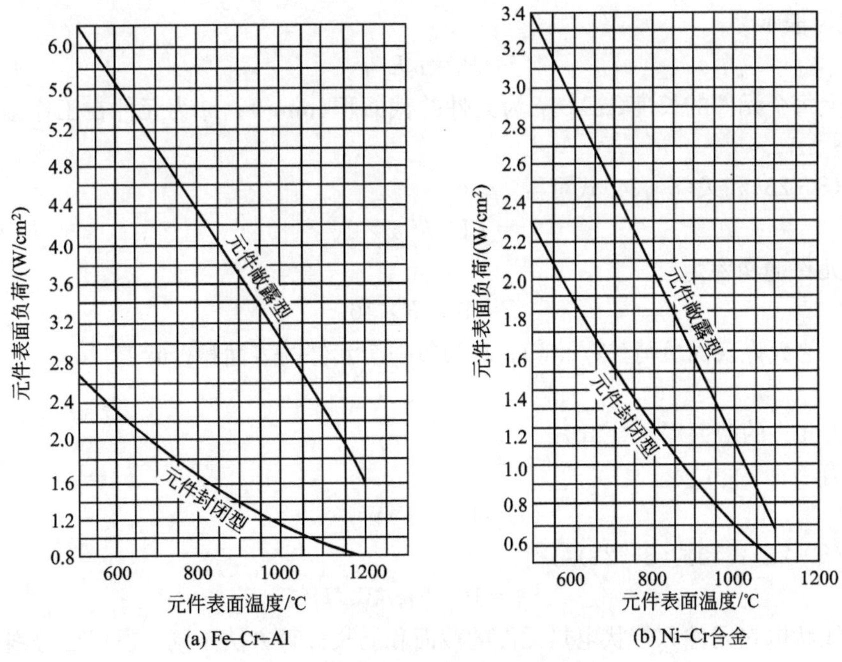

图8.9 合金电热元件允许表面负荷

表8-7为电阻丝在不同温度下常用的允许表面负荷，表8-8为硅碳棒在不同温度下

的允许表面负荷，可供设计时选用。

表 8-7 电阻丝的允许表面负荷 $W_{允}$ （W/cm^2）

材料	炉膛温度/℃							
	600	700	800	900	1000	1100	1200	1300
0Cr25Al5	—	3.0～3.7	2.6～3.2	2.1～2.6	1.6～2.0	1.2～1.5	0.8～1.0	0.5～0.7
Cr20Ni80	3.0	2.5	2.0	1.5	1.1	0.5	—	—
Cr15Ni60	2.5	2.0	1.5	0.8	—	—	—	—

表 8-8 硅碳棒的允许表面负荷 $W_{允}$ （W/cm^2）

炉膛温度/℃	1000	1100	1200	1250	1300	1350	1400
$W_{允}$	35	26	21	18	14	10	5

2. 金属电热元件的计算

1) 电热元件的尺寸和重量

设炉子共有 n 个电热元件，炉子的安装功率为 $P_{安}$，则每个电热元件的功率为

$$P=P_{安}/n \tag{8-22}$$

在炉子工作温度为 t 时，每个电热元件的电阻 R_t 应为

$$R_t=U^2/P\times10^{-3} \tag{8-23}$$

式中：U 为元件的端电压(V)。

R_t 又可表示为

$$R_t=\rho_t L/f \tag{8-24}$$

式中：L 为每个元件的长度(m)；f 为元件的截面积(mm^2)；ρ_t 为元件在工作温度下的电阻率($\mu\Omega\cdot m$)。

由式(8-23)和式(8-24)式可得

$$L=f\,U^2/P\rho_t\times10^{-3} \tag{8-25}$$

电热元件的功率为

$$P=W_{允}\,F\times10^{-2} \tag{8-26}$$

式中：$W_{允}$ 为允许表面负荷(W/cm^2)；F 为每一个元件的表面积(cm^2)。

$$F=10SL \tag{8-27}$$

式中：S 为元件的截面周长(mm)。

因此有

$$L=10^2\times P/W_{允}\,S \tag{8-28}$$

由式(8-25)式和式(8-28)可得：

$$Sf=10^5P^2\rho_t/W_{允}\,U^2 \tag{8-29}$$

由于线状电热元件和带状电热元件的截面和周长计算方法不同，所以要分别讨论。

(1) 直径为 d 的线状电热元件。

因 $S=\pi d$(mm)，$f=\pi d^2/4$(mm^2)，所以

$$Sf=\pi^2d^3/4 \tag{8-30}$$

将式(8-30)代入式(8-29)并经整理可得

$$d=\sqrt[3]{4\times10^5P^2\rho_t/\pi^2U^2W_{允}}=34.3\sqrt[3]{P^2\rho_t/U^2W_{允}} \tag{8-31}$$

则每个电热元件的长度可按式(8-24)式求得

$$L=R_t\, f/\rho_t=0.785R_td^2/\rho_t=0.785\times10^{-3}U^2\, d^2/P\rho_t \quad (\mathrm{m}) \tag{8-32}$$

每个元件的重量为

$$G=\pi d^2L\rho_M\times10^{-2}/4 \quad (\mathrm{kg}) \tag{8-33}$$

式中：ρ_M 为元件材料密度($\mathrm{g/cm^3}$)。

所需电热元件总长度和总重量为

$$L_{总}=nL \quad (\mathrm{m}) \tag{8-34}$$

$$G_{总}=nG \quad (\mathrm{kg}) \tag{8-35}$$

(2) 带状电热元件。

设带状电热元件宽为 b(mm)，厚为 a(mm)，则 $b/a=m$。一般地，$m=8\sim12$

电热元件的横截面积

$$f=ab=ma^2 \quad (\mathrm{mm^2}) \tag{8-36}$$

电热元件截面周长

$$S=k(a+b)=k(m+1)a \quad (\mathrm{mm}) \tag{8-37}$$

式中：k 为周长减少系数，有轧制圆角时 k 取1.88，无轧制圆角(直角)时 k 值取2。

将 f 和 S 值代入式(8-29)得

$$a=\sqrt[3]{P^2\rho_t\times10^5/k(m+1)mU^2W_{允}} \quad (\mathrm{mm})$$

$$b=ma$$

则每段电热元件长度

$$L=ab\,R_t/\rho_t \quad (\mathrm{mm}) \tag{8-38}$$

每段电热元件的重量

$$G=abL\rho_M\times10^{-3} \quad (\mathrm{kg}) \tag{8-39}$$

所需电热元件的总长度和总重量可用式(8-24)和式(8-25)求得。

2) 电热元件的形状及结构尺寸

计算出电热元件截面及长度之后，还要将它制成适当形状，然后才能布置在炉内。

线状电热元件一般绕成螺旋形，如图8.10所示。线径较大，绕制困难时，也可绕成波纹形，如图8.11所示。

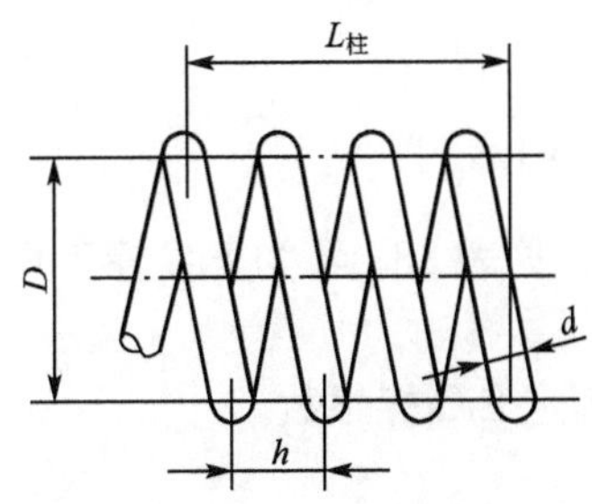

图8.10 线状螺旋形电热元件

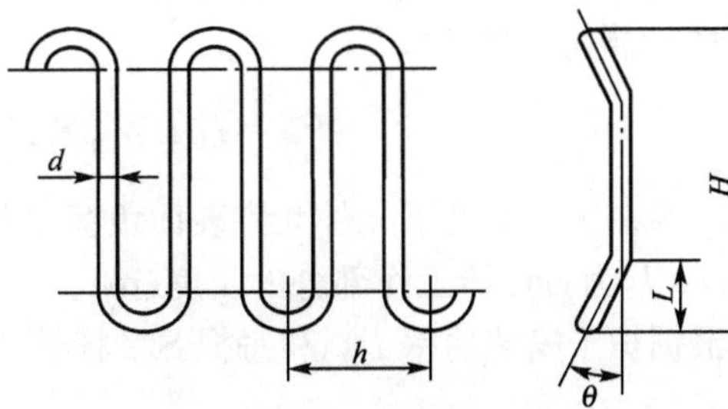

图8.11 线状波纹形电热元件结构

绕制成螺旋形时，节径 D 和螺距 h 应保证不坍塌，同时又要热屏蔽小。D 和 h 过小，虽然不易坍塌，但热屏蔽大。所以不能过大或过小，一般可按表 8-9 的所列公式计算。

表 8-9　螺旋形电热元件绕制尺寸

项目	Fe-Cr-Al 合金		Cr-Ni 合金		
	>1000℃	<1000℃	950℃	950～750℃	<750℃
节径 D/mm	$(4\sim6)d$	$(6\sim8)d$	$(5\sim6)d$	$(6\sim8)d$	$(8\sim12)d$
螺距 h/mm	$(2\sim4)d$	$(2\sim4)d$	$(2\sim4)d$	$(2\sim4)d$	$(2\sim4)d$
螺旋柱长度 L'/m	$\frac{Lh}{\pi D}$	$\frac{Lh}{\pi D}$	$\frac{Lh}{\pi D}$	$\frac{Lh}{\pi D}$	$\frac{Lh}{\pi D}$

按表中关系计算出的螺旋柱长度 L'必须满足在炉内布置的要求。如果 L'过长，影响安装则应进行适当调整，然后再确定 D 和 h，直至在表所列值的范围内，又适合布置要求。

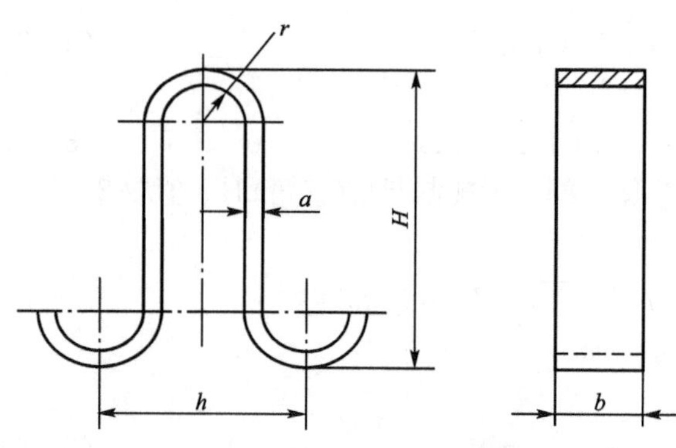

图 8.12　带状波纹形电热元件结构

在确定 L'时，应考虑元件的热膨胀量，对普通箱式电阻炉，每一行元件应留 30～50mm 膨胀空隙。

线状元件也可制成波纹形其结构尺寸为：对 FeCrAl 元件，波纹深度 $H=150\sim250$mm，对 CrNi 元件，$H=200\sim300$mm；波纹间距 $h>3d$；$\theta=10°\sim20°$；$L=(1/4\sim1/6)H$。

带状电热元件都绕制成波纹状，如图 8.12 所示。带的宽度为 b，厚度为 a，波纹结构尺寸如下。

波纹高度：$H\leqslant10b$。

波纹间距：$h=(10\sim30)a$。

曲率半径：$r=(4\sim8)a$。

波纹体长度：$L_{波}=Lh/2(H+2.14r)$。　(8-40)

3. 碳化硅电热元件计算

(1) 根据炉膛尺寸确定 SiC 棒的规格。

按下式计算每根的功率。

$$P_{棒}=\pi dLW_{允}\times10^{-2}\quad(\text{kW})\tag{8-41}$$

式中：$W_{允}$ 为在工作温度下元件允许表面负荷(W/cm^2)，见表 13；d 为 SiC 棒工作部分的直径(mm)；L 为 SiC 棒工作部分的长度(m)。

(2) 根据炉子安装功率 $P_{安}$ 和每根 SiC 棒功率 $P_{棒}$ 确定 SiC 棒根数。

$$n=P_{安}/P_{棒}\tag{8-42}$$

上式计算出 n 应取整数，一般为偶数，以便在炉内对称布置，若为三相接法，还应是 3 的倍数。

(3) 计算 SiC 棒的端电压(V)。

$$U=\sqrt{10^3\times P_{棒}R_t} \tag{8-43}$$

式中：R_t为 SiC 棒在工作温度下的电阻(Ω)。

(4) 确定电压调节范围。

$$U_{调}=(0.35\sim2)U \tag{8-44}$$

8.2.6 电热元件的布置与安装

1. 电热元件在炉内的安装方式

电热元件的安装方式与炉子热效率、元件使用寿命及炉子的操作和维修都有密切关系。安装电热元件时应保证元件固定可靠，不下垂倒伏；要尽可能减少元件之间及其与炉壁、支撑砖之间的辐射遮蔽，最好不与炉壁特别是保温材料接触或被包裹在其中，以防止元件局部过热损坏；要满足炉壁表面功率负荷(单位面积炉壁的安装功率)的要求；要便于电热元件的维修和更换；在可控气氛炉中要注意防止炉气对元件的侵蚀和沉积炭黑造成元件短路。

线状螺旋形电热元件，由于结构简单、容易绕制，且易在单位炉壁表面上布置较大功率，因此应用最广，但因其辐射遮蔽较大，垂直安装时易下垂，只能水平安装，因此，常被其他形式元件取代。线状波纹形元件辐射遮蔽较小、散热条件较好，但炉壁表面负荷功率较低，制作较困难，成本也比较高，多用于无马弗的化学热处理炉。

安装电热元件的支撑物通常有支托和挂钩两种。支托物有搁砖、异型砖、陶瓷套筒以及各种支架。采用搁砖时，电热元件稳定可靠，筑炉也较方便，但辐射遮蔽较大，而且支托物本身重量也较大，会增加蓄热损失，挂钩有金属挂钩和陶瓷挂钩，常水平或斜向插入砌体中，筑炉较麻烦。

一般箱式炉电热元件都布置在炉底和侧墙上，大型箱式炉还在炉顶甚至炉门上布置电热元件，后墙一般不布置电热元件。

常用的电热元件安装方式有如下几种。

(1) 安装于侧炉壁，如图 8.13 所示。图 8.13(a)为电热元件放置在高铝搁砖上，搁砖与阶梯砖搭砌。图 8.13(b)为电热元件支托砖与炉壁砖制一体，炉壁便于砌筑但为保证结构强度，应采用较重的耐火砖，其主要缺点是支托砖一经碰坏便无法更换。图 8.13(c)为线状波纹形电热元件固定在炉壁的挂钩上。图 8.13(d)为波纹深度较大的线状波纹形电热元件悬挂在炉壁上，并在下方用陶瓷销钉加以固定。图 8.13(e)为带状电热元件悬挂于炉子侧壁上。图 8.13(f)为螺旋形电热元件安装在套管上的情况。

(2) 安装于炉顶。线状螺旋形或带状波纹形电热元件安装在炉顶上时，应采用异型支托砖或挂钩支持，如图 8.14 所示。其中图 8.14(a)为螺旋形电热元件安装于炉顶异型砖沟槽内的情况，这种结构较简单，但辐射遮蔽较大。图 8.14(b)为带状电热元件安装于异型砖内的情况，多用于平炉顶。在图 8.14(c)中螺旋形电热元件安装在套管上，套管再由拱顶异型砖夹持。图 8.14(d)为波纹形带状电热元件，由挂钩固定在炉顶上。

(3) 安装于炉底。此时电热元件常水平放置在炉底搁砖上，如图 8.15 所示。

(4) 安装在气流通道中。对于气流循环电阻炉，为使气流与电热元件进行充分热交换，电热元件常固定在特定的支架上放置于气流通道中。

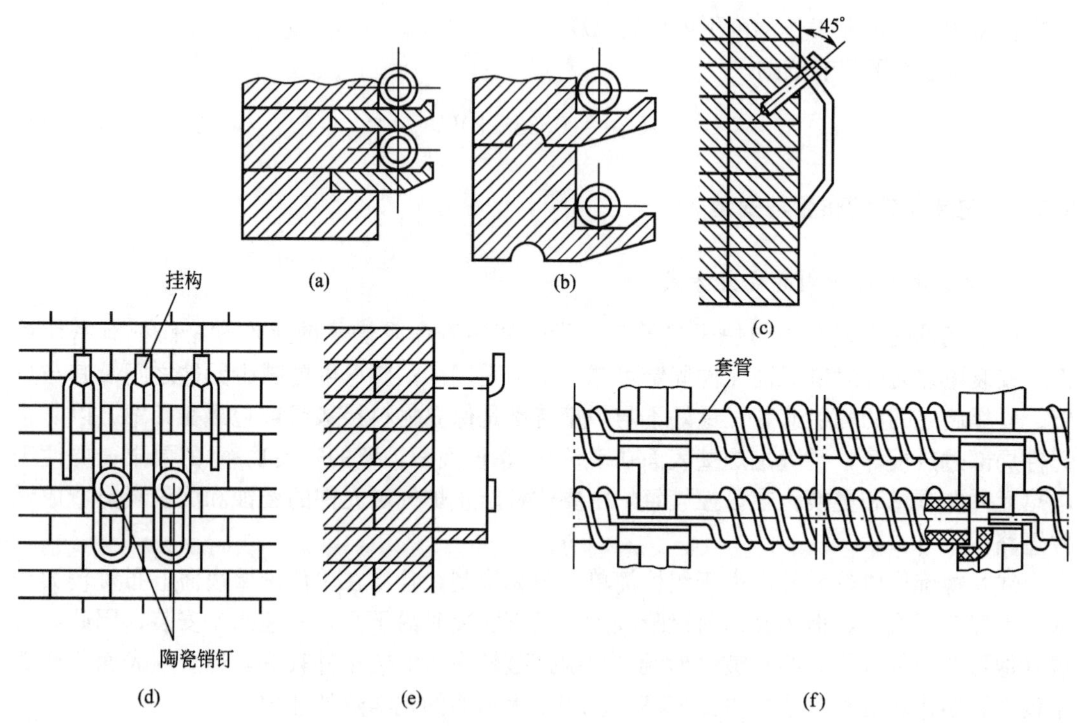

图 8.13　电热元件安装与炉壁上的方式

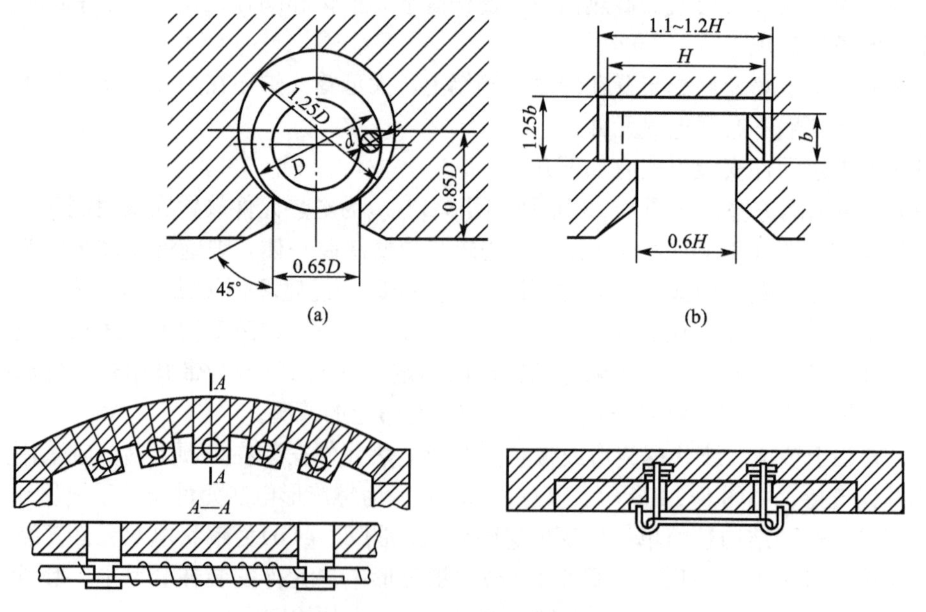

图 8.14　电热元件安装在炉顶上的方式

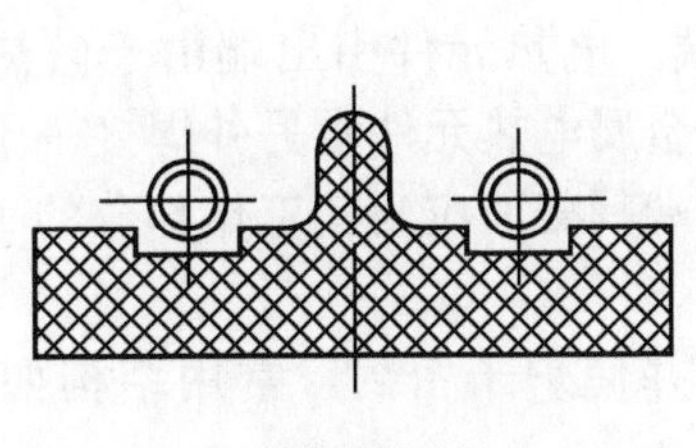

(a) 线状电热元件

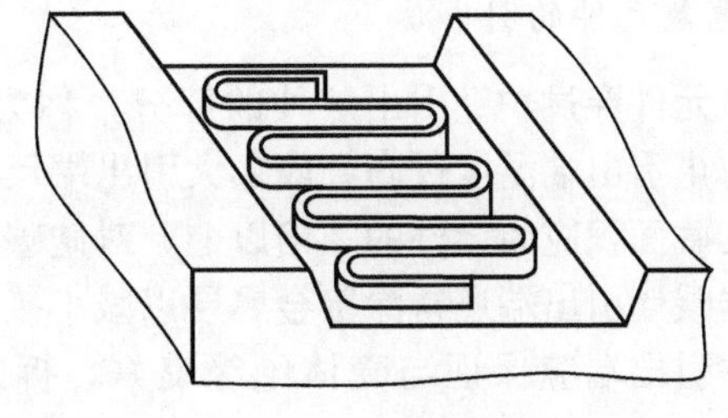

(b) 带状电热元件

图 8.15 电热元件安装在炉底

(5) 安装在辐射管内。高温电热辐射管多用于可控气氛炉，以保护电热元件不受炉内气氛侵蚀，而且便于更换，电热元件绕在芯棒(架)上，再套上圆筒形辐射管，有的电热辐射管

采用沿轴向来往穿绕电热元件的结构，用耐火陶瓷多孔隔板支撑元件；多孔隔板每隔一定距离安置一个。隔板可做成圆形或方形，如图 8.16 所示；元件直径较粗难于弯曲穿绕时可预先截成几段，分别插入隔板孔中，然后再将端头串联焊接。

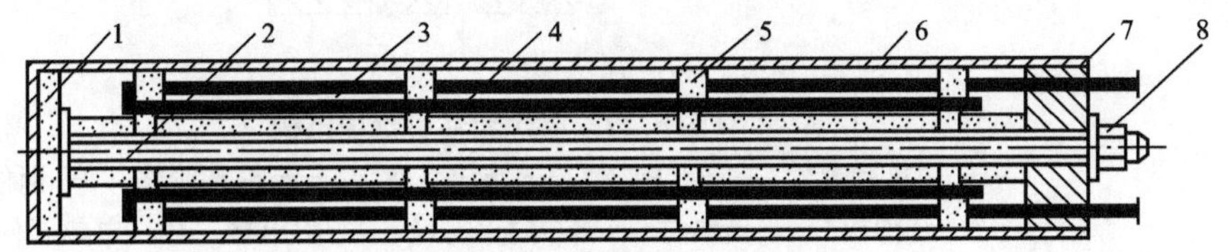

图 8.16 电热辐射管示意图

1—陶瓷垫片 2—耐热钢固定杆 3—陶瓷套筒 4—电热元件
5—隔板 6—辐射管 7—堵头 8—螺帽

(6) 非金属电热元件安装。碳硅棒电热元件可以垂直或水平安装。箱式高温电阻炉一般均将碳硅棒垂直安装在炉膛的两侧，其上下加粗的冷端引出炉外，由引线夹头连接电源。小的箱式高温电阻炉可水平安装一排碳硅棒。要根据炉子功率大小、炉膛结构型式和碳化硅棒的安装方式确定碳硅棒的根数。所确定的根数要保证炉膛加热的均匀和便于连接，碳硅棒的间距至少应大于直径的 2 倍，以减少相互间的辐射屏蔽。碳硅棒的安装尺寸可参考表 8-10。二硅化钼棒由于在高温下容易变形，只能水平安装。

表 8-10 碳硅棒的安装尺寸

碳化硅棒工作部分直径/mm	碳化硅棒中心最小距离/mm	碳化硅棒与炉墙或工件间最小距离/mm
6	25	19
8	33	25
12	50	38
14	58	44
18	76	57
26	103	79
30	124	94

2. 电热元件的引出端

电热元件穿过炉壁引出炉外的部分，称为引出端。电热元件引出端由于散热条件很差，为防止引出端温度过高，应加大引出端尺寸。对金属电热元件常另外焊接一不锈钢引出棒，其截面积应为元件的 3 倍以上。对硅碳棒引出端其截面应为其工作部分的 1.5 倍以上。在硅碳棒引出端还常涂覆金属层以减小接触电阻。

元件引出端应保证与壳体绝缘良好，拆卸方便并使炉子密封，常用结构如图 8.17 所示。

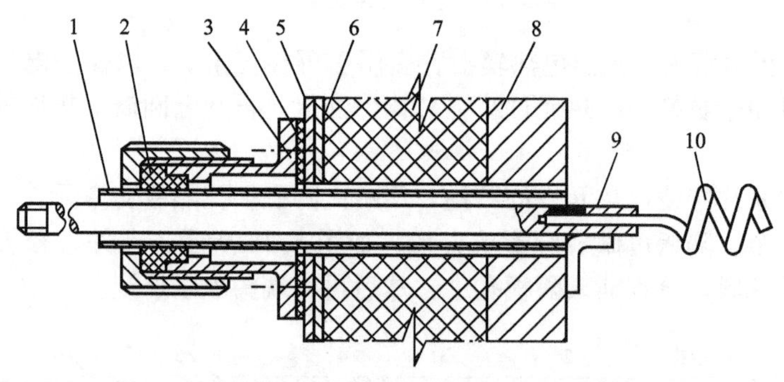

图 8.17　电热元件引出端结构

1—耐火瓷套管　2—石棉绳　3—接线头座　4—石棉橡胶垫　5—钢板
6—石棉板　7—隔热材料　8—耐火材料　9—引出棒　10—电热元件

电热元件 10 与引出棒焊接后，穿入耐火瓷套管 1 中，瓷套管支撑在接线头座 3 和炉墙上。为了减少通过引出孔的热损失，应在接线头座与瓷管之间填塞石棉绳 2，整个接线头座固定在钢板外壳 5 上，中间加石棉橡胶垫 4。

上述结构适用于一般密封要求的电阻炉，如对炉子密封性有严格要求，其结构将更复杂一些。

3. 电热元件的焊接

电热元件的焊接性一般都比较差，对于不同电热元件，应选择适当的焊接方法，采用成分与电热元件相同或相近的焊条，并严格按照焊接工艺规程进行焊接。镍铬元件焊接性较好，可采用电弧焊或气焊。铁铬铝元件，一般质量要求的可用电弧焊，质量要求较高时应采用氩弧焊。

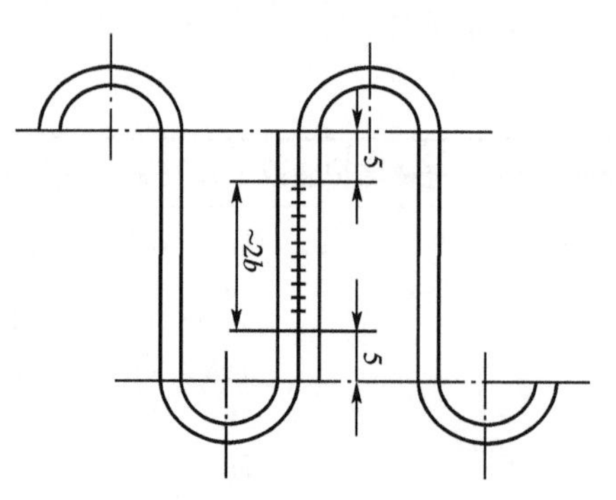

图 8.18　电热元件搭焊

元件各部分之间的焊接常采用搭焊(图 8.18)，元件与引出棒之间采用钻孔焊或铣槽焊(图 8.19)。

铁铬铝元件经高温加热后会因晶粒粗大而变脆，因此应进行快速焊接。此外，为保证焊接区的强度搭焊时端部应留有约 5～

10mm 的不焊接区。

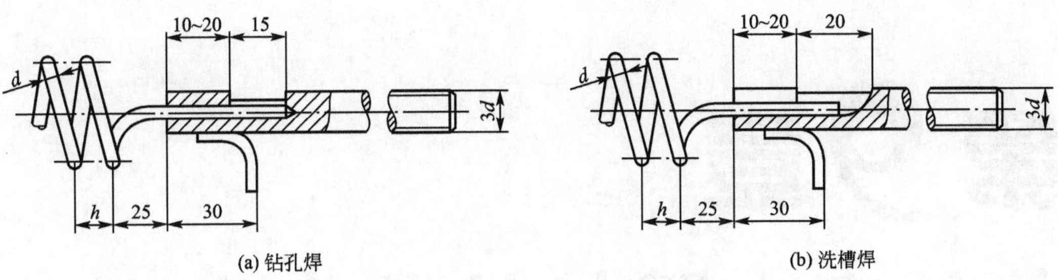

图 8.19 电热元件引出棒的焊接

习题与思考题

1. 试述炉型选择的基本原则。

2. 分析一般箱式炉电阻炉的结构，说明各部位选用何种材料。

3. 用理论计算法确定炉子功率时，都要考虑哪些热量损失与消耗?

4. 影响电热元件允许的表面负荷率的因素有哪些? 如何影响的?

5. 为什么要进行功率分配，箱式电阻炉是如何分配功率的?

6. 选择电热元件安装方式时应考虑哪些因素?

7. 设计一箱式电阻炉，计算和确定主要项目，并绘出草图。

1) 基本技术条件

(1) 用途：碳钢、低合金钢等的淬火、调质以及退火、正火。

(2) 工件：中小型零件，小批量多品种，最长 0.8m。

(3) 最高工作温度为 950℃。

(4) 炉外壁温度小于 60℃。

(5) 生产率：60kg/h。

2) 设计计算的主要项目

(1) 确定炉膛尺寸。

(2) 选择炉衬材料及厚度，确定炉体外形尺寸。

(3) 计算炉子功率，进行热平衡计算，并与经验计算法比较。

(4) 计算炉子主要经济技术指标(热效率、空载功率、空炉升温时间)。

(5) 选择和计算电热元件，确定其布置方法。

(6) 写出技术规范。

第9章 热处理电阻炉的基本类型

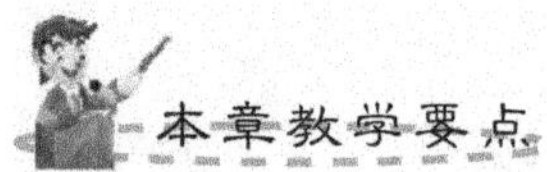

知识要点	掌握程度	相关知识
通用性周期作业热处理电阻炉	熟悉通用性周期作业热处理电阻炉的命名方法；了解各种炉型的结构特点；熟练掌握各种炉型的用途	常用材料的调质、正火、退火工艺
周期性可控气氛炉	熟悉周期性可控气氛炉的结构特征、工作原理；熟悉各炉型的用途	材料的渗碳及渗氮工艺；碳势控制原理
连续作业热处理炉	了解并熟悉各种连续作业热处理炉的主要结构和用途	机械传动原理，材料热处理工艺

导入案例

有一个陈老板，最初靠贩卖服装起家，在资金积累到一定程度后，他决定办一个机械加工厂，当然，他对机械加工几乎一窍不通，但其长处是诚实待人，在各方面找了些不错的管理人员、技术人员，生产还是井然有序，企业发展的很是迅速，其中一部分零件的热处理是通过外委方式进行的。几年之后，随着企业的壮大，加上外委的热处理质量得不到保证，常常影响产品的交货期，他准备上热处理车间。这个事情很快传了出去，有个热处理设备制造厂的销售员通过陈老板一个朋友介绍来见陈老板，一见面就大谈自己厂里的加工能力和技术，当时陈老板的企业里还没有一个搞热处理的技术人员，由于是朋友介绍来的再加上那个销售员巧舌如簧，陈老板当场就签下了购货合同，并将预付款打入对方帐户。

合同签订的第二天，有一个热处理工程师来应聘，陈老板面试后觉得很满意，就把购炉合同给这位工程师看，说是请教，可这位工程师看罢，立怔当场，只见合同关于炉子只有一句话："加工能力200KG/小时的网带炉一台"。片刻，这位工程师像是自言自语，又像问陈老板：工件的尺寸、材料、工艺不同炉子的加工能力能一样吗?

热处理电阻炉种类很多，按操作规程可分为周期性作业炉和连续性作业炉两类；按炉内气氛又可分为空气、真空和可控气氛炉。

周期性作业炉是指工件整批入炉，在炉中完成加热、保温等工序，出炉后，另一批工件再重新入炉，如此周期式的生产的炉子。这类炉子大都间歇使用。因此要求炉子的升温要快，蓄热量要小。常用的周期作业电阻炉炉型有箱式炉、井式炉、台车式炉等。

连续作业式电阻炉是指加热的工件连续地(或脉动地)进入炉膛，并不断向前移动，完成整个加热、保温等工序后工件即出炉。这类炉子的特点是生产连续进行，生产能力大，炉子机械化、自动化程度较高，适用于大批量生产。连续作业炉的炉膛常分为加热、保温、冷却区段，应分别计算、确定各区段的功率，分段进行控温。连续作业炉一般均长期连续工作，因此炉子升到工作温度所需的时间和蓄热损失不太重要，而应尽量减少炉衬的散热损失，要求炉衬的保温性能好，炉外壳的温度要低，炉子及其传动机构要可靠耐用，以减少停炉检修的时间。常用的连续作业电阻炉有输送带式炉、网带式炉、推杆式炉、振底式炉、转底式炉等。

无论是周期性作业炉还是连续作业式电阻炉只要炉体密封良好，都可以通入相应的可控气氛或保护气氛，以实现工件的无氧化、无脱碳加热及根据工艺要求进行化学热处理。

9.1 周期性作业炉

周期性作业热处理炉是应用最广泛的炉子，其中最基本炉型为箱式和井式热处理炉，根据实际工作条件和工艺要求，上述炉型又演变出多种结构形式，如适用不同尺寸工件的和进行化学热处理的炉子。

9.1.1 通用性周期作业热处理炉

通用性周期作业热处理炉主要指箱式电阻炉和井式电阻炉两大系列，按其工作温度，又有高、中、低温 3 个分系列。这类炉子的命名方式如下。

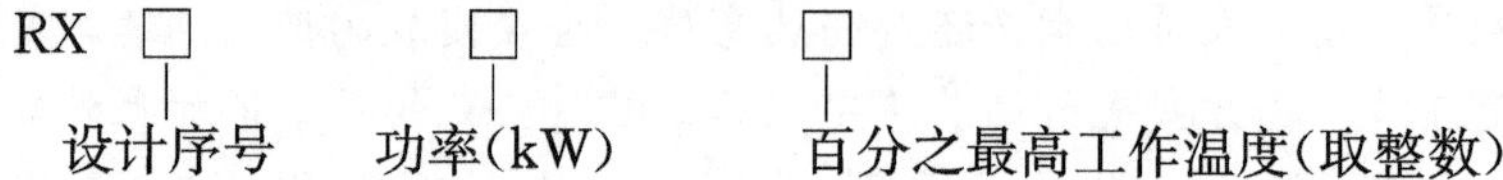

其中，R 表示电阻加热，X 表示箱式炉，如为 J，则指井式炉，如为 T，则指台车炉式等。

1. 箱式电阻炉

箱式电阻炉广泛用于小型工件的小批量热处理生产，如淬火、正火、退火，也可进行回火和固体渗碳。按工作温度它可分为高温、中温和低温箱式电阻炉。以中温箱式电阻炉使用最为广泛。

1) 中温箱式电阻炉

我国生产的中温箱式电阻炉有 RX3 -□- 9 系列，最高工作温度为 950℃。中温箱式电阻炉电热元件常用铁铬铝电阻丝绕成螺旋体，安置在炉膛两侧和炉底的搁砖上，炉底的电阻丝上覆盖耐热钢炉底板，上面放置工件；大型箱式电阻炉也可采用在炉膛顶面、后壁和炉门内侧安装电热元件。炉衬耐热层一般采用体积密度不大于 1.0g/cm^2 的轻质耐火黏土砖。近年来推广使用低体积密度如 0.6g/cm^2 的轻质耐火黏土砖作耐热层。保温层采用珍珠岩保温砖并填以蛭石粉、膨胀珍珠岩等，也有的在耐热层和保温层中间夹一层硅酸铝耐火纤维，这种结构的炉衬保温性能好，可使炉衬变薄、重量减轻，因而有效地减少炉衬的蓄热和散热损失，降低炉子的空载功率和缩短空炉的升温时间。

图 9.1 为 45kW 中温箱式电阻炉的结构。

2) 高温箱式电阻炉

高温箱式电阻炉主要用于高铬钢模具和高速钢刃具等的热处理。我国生产的高温箱式电阻炉有 RX -□- 12 和 RX -□- 13 两种系列，按其最高工作温度可分为 1200℃和 1350℃两种。

这类炉子的特点是，工件加热依靠热辐射，为此电热元件直接布置在炉膛内，且尽量不受遮蔽。炉门口较深；以减少炉门热辐射损失。高温箱式电阻炉的炉衬通常有 3 层：用高铝砖砌耐热层，用轻质耐火黏土砖砌中间层；外层则为保温填料。炉底板用碳化硅或高铝砖。

1200℃高温箱式电阻炉电热元件采用 0Cr27A17M02 高温铁铬铝电热材料。

采用碳硅棒为电热元件的高温箱式电阻炉，最高工作温度为 1350℃。碳硅棒一般均垂直布置在炉膛两侧，也有布置在炉顶和炉底处，其炉子结构如图 9.2 所示。

3) 低温箱式电阻炉

低温箱式电阻炉的最高工作温度为 650℃，大多用于回火，也可用于铝合金淬火加热。低温炉主要靠对流换热。为提高炉温均匀性和传热效果，在炉顶或炉后墙上安装风扇，同时装有导风装置，以强迫炉气循环流动并引导气流均匀地通过整个炉膛。目前我国尚没有

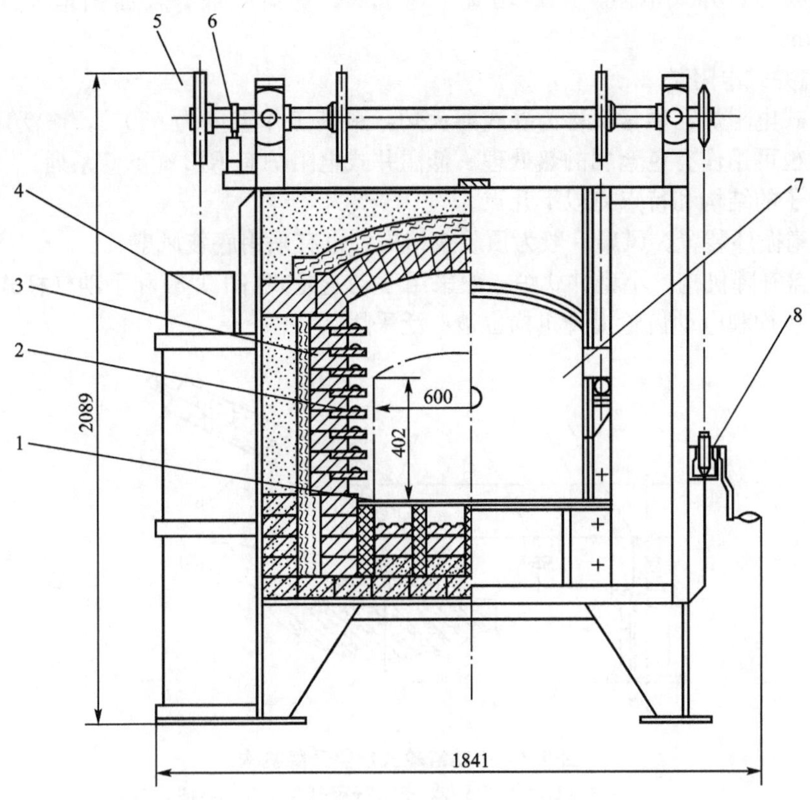

图 9.1 45kW 中温箱式电阻炉结构

1—炉底板 2—电热元件 3—炉衬 4—配重 5—炉门升降机构
6—限位开关 7—炉门 8—链轮

低温箱式电阻炉的标准定型系列产品。

2. 井式电阻炉

井式电阻炉一般适用于细长工件的加热，以减少加热过程中工件的变形，中小型工件也可放在料筐里，用吊车进出炉也很方便。井式电阻炉占地面积小，在车间也便于布置。井式电阻炉主要缺点是：炉温不易均匀，因热气上浮，炉盖开启时，热炉气大量上溢，散热很大，靠近炉口和炉底处温度易偏低，所以需要合理分配功率，对深井式电阻炉(特别是高、中温井式电阻炉)还需分区段单独供电，并有热电偶分别控制各区段温度。另外，同箱式电阻炉相比，同样炉膛体积的装料量要少得多，生产率较低。

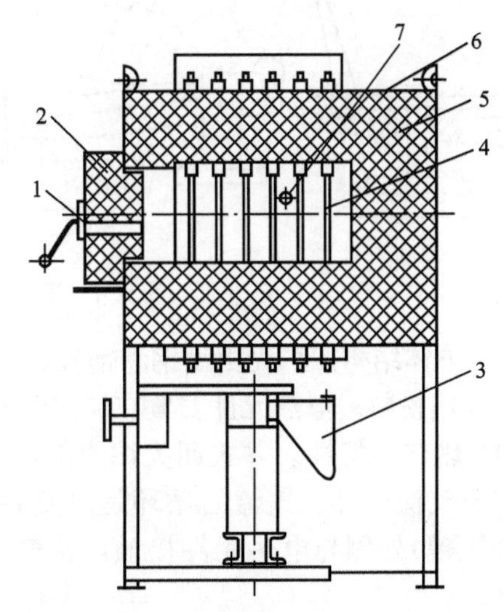

图 9.2 高温箱式电阻炉结构

1—观察孔 2—炉门 3—变压器 4—碳硅棒
5—炉衬 6—炉壳 7—热电偶孔

为方便操作，井式电阻炉一般均置于地坑中，炉口一般只需露出地面或操作平台 500～600mm。

1）低温井式电阻炉

低温井式电阻炉，通常又称为井式回火炉，最高工作温度为 650℃，广泛用于钢件的回火处理，也可用作有色金属的热处理。低温井式电阻炉有 RJ2 -□- 6 系列。

这类炉子的结构和特点有以下几点。

(1) 风扇循环装置。风扇一般为顶装式结构，也有采用底装风扇。

(2) 炉盖升降机构。小型井式炉一般采用手动链轮式(图 9.3)和手动杠杆式(图 9.4)。液压缸提升机构和电动齿轮提升机构也被广泛采用。

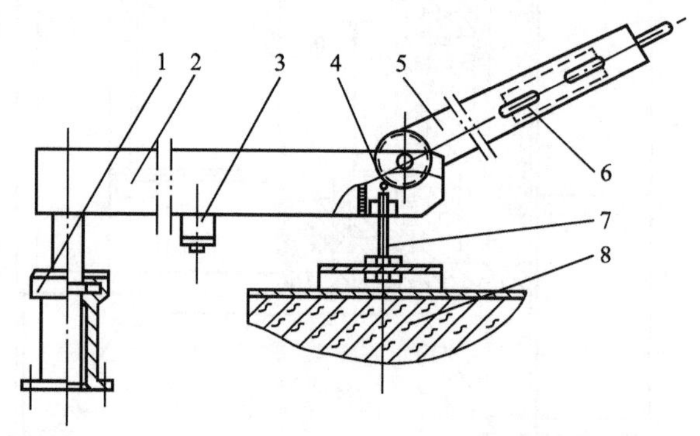

图 9.3　手动链轮式炉盖升降机构

1—支承座　2—支架　3—行程开关　5—手把
6—配重　7—吊杆　8—链条　9—炉盖

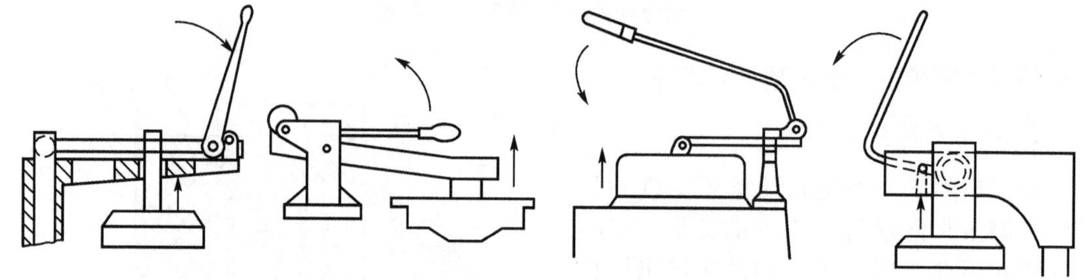

图 9.4　手动杠杆式炉盖升降机构

(3) 炉体结构。炉壳由型钢和钢板焊接而成，炉衬用轻质黏土砖砌筑，炉衬与炉壳之间填满隔热粉料。电热元件安置在炉内壁的搁砖(托板砖)上。

(4) 热交换特性。井式回火炉的传热以对流换热为主，炉子热效率及温度均匀度主要决定于气流循环。气流的循环是以安装在炉盖上的风扇为动力。驱动气流经罐(或料框或导风罐)外侧与电热元件接触，将气流加热，再由炉罐底部进入炉罐，与工件进行热交换。

RJ 型低温井式电阻炉的炉型结构如图 9.5 所示。

2）中温井式电阻炉

中温井式炉有 RJ2 -□- 9 系列，额定温度为 950℃。这种炉子主要供金属杆件加热。

炉盖可采用砂封、水封或油封，其炉盖衬常用耐火纤维制作；中小型炉子炉盖升降采用杠杆升降机构，大型炉子可以是整体吊开式、整体水平旋开式、整体水平移开式、对分向上旋开式及对分水平移开式等。炉盖可人力操作，也可用动力驱动。炉膛结构与低温井式炉相似。电热元件为螺旋状置于搁砖上，大型炉子电热元件用电热丝或带绕成“之”字形挂于炉墙上。

图 9.6 为 RJ 型中温井式电阻炉的结构图。

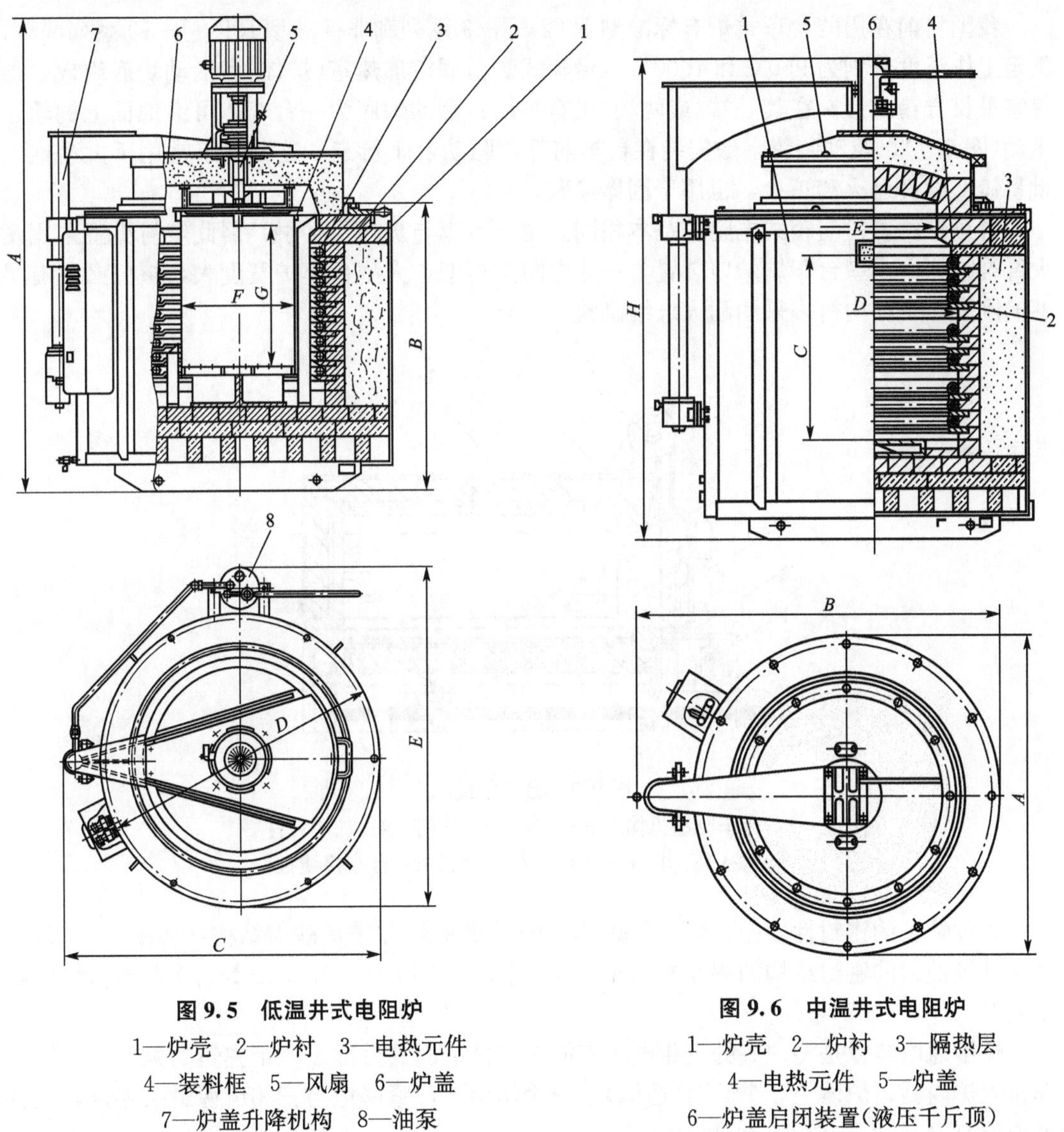

图 9.5 低温井式电阻炉

1—炉壳 2—炉衬 3—电热元件

4—装料框 5—风扇 6—炉盖

7—炉盖升降机构 8—油泵

图 9.6 中温井式电阻炉

1—炉壳 2—炉衬 3—隔热层

4—电热元件 5—炉盖

6—炉盖启闭装置(液压千斤顶)

高温井式电阻炉用细长高速钢拉刀或高合金材料工件的淬火加热，但工件容易发生氧化脱碳，需有严格保护措施，如工件表面刷涂防氧化涂料。高温井式电阻炉目前已较少使用。

高温井式电阻炉有 RJ2 -□- 12 系列和 RJ2 -□- 13 系列两种。高温井式电阻炉的炉型结构与中温井式电阻炉相似，按其最高工作温度可分为1200℃和1350℃两种。

1200℃高温井式电阻炉采用0Cr27A17Mo2高温铁铬铝电热元件加热。炉子功率在50～165kW之间。

1350℃高温井式电阻炉用碳硅棒作为电热元件。碳硅棒水平安装于炉膛两侧，并分为两段或3段布置。各段由可调变压器分别控制。

3. 台车式炉

我国目前在用的台车式炉有标准型RT2-□-9系列和非标准型RT-□-10系列两种，额定工作温度分别为950℃和1000℃。台车式炉由固定加热室(炉体)和活动炉底组成。加热室呈长方箱式形，在其一端(或两端)设有炉门；活动炉底为一台车，可沿地面上的轨道运动(图9.7)。驱动装置多数安装在台车前部，驱动台车行走。这种炉子常用于大型或大批量铸、锻件退火和正火，也用于固体渗碳。

台车炉的炉衬与箱式电阻炉基本相同。由于台车与炉衬不接触，因此炉衬更宜采用耐火纤维结构。小型台车炉炉口装置与一般电阻炉相似，大型台车炉宽度大，炉门必须有足够的刚度，炉门内衬多采用耐火纤维砌筑。

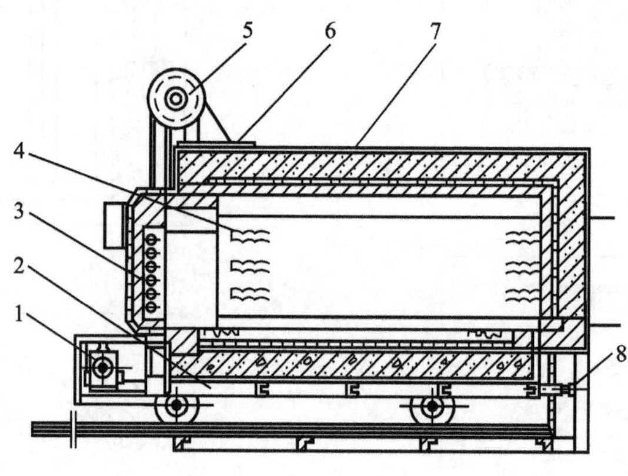

图9.7　台车炉结构

1—台车驱动机构　2—台车　3—炉门　4—加热元件
5—炉门机构　6—炉衬　7—炉壳　8—台车接线板

这种炉子的密封性较差，台车与炉体间的常规密封方法是砂封结构，如图9.8所示。耐火纤维贴紧的密封结构如图9.9、图9.10和图9.11所示。图9.12为台车后端滚管密封结构图。

炉子通电装置是将炉底的三相电源安放在炉体下面的后部3个带弹簧的触头上。当台车推入炉内后，炉体上3个凸台(镀铜)在弹簧作用下，紧密地与三相电源触头相连，而接通电源。

为了安全起见，大型台车炉台车上的电机电源采用36V安全供电，即采用一对升降压变压器，先将380V降到36V，后送到台车行走轨道，然后通过升压变压器将36V升到380V，以供台车上电机之用。

台车式炉底常为“冷”炉底，影响工件加热均匀性，为克服此缺点，可在台车上安设电热元件，设置火焰通道或排烟道。其另一缺点是台车蓄热损失很大，在装卸料时，会散失很大热量，为提高炉膛利用率，一个炉体可配备两台台车，炉膛制成贯通式，当一台车由炉膛一端出料后，立即由另一端送入另一台车。

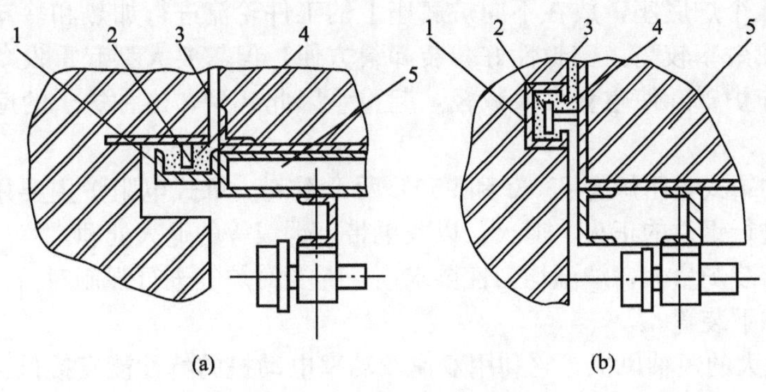

图 9.8 台车炉砂封结构

1—砂封槽 2—砂封刀 3—炉体 4—砂 5—台车

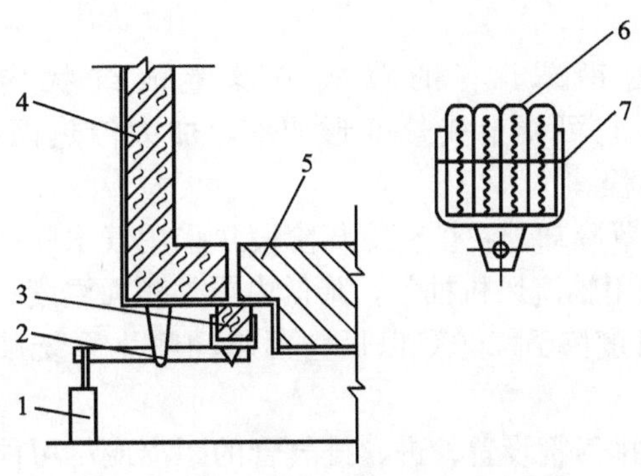

图 9.9 杠杆汽缸式台车侧面柔性密封

1—汽缸 2—杠杆 3—柔性密封块 4—炉侧墙 5—台车 6—耐火纤维针刺毯 7—贯穿螺钉

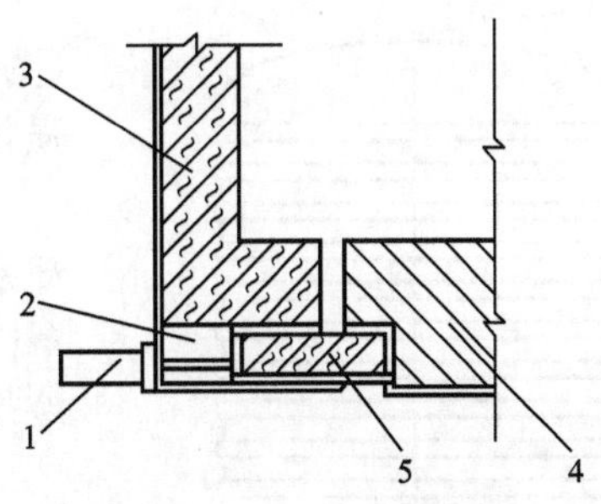

图 9.10 直动式汽缸台车侧面柔性密封

1—汽缸 2—密封块盒 3—炉侧墙 4—台车 5—密封块

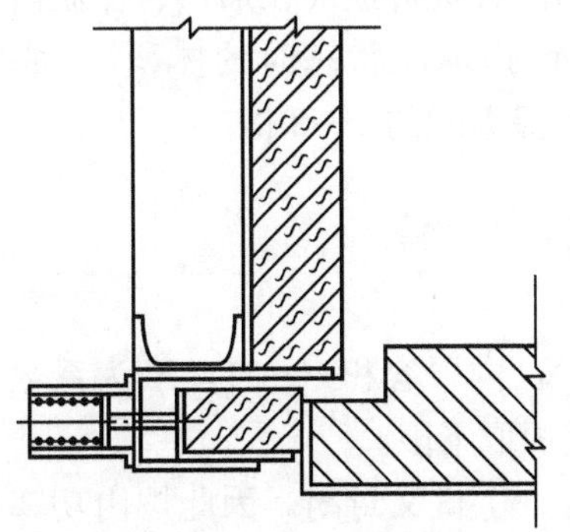

图 9.11 台车后端柔性密封

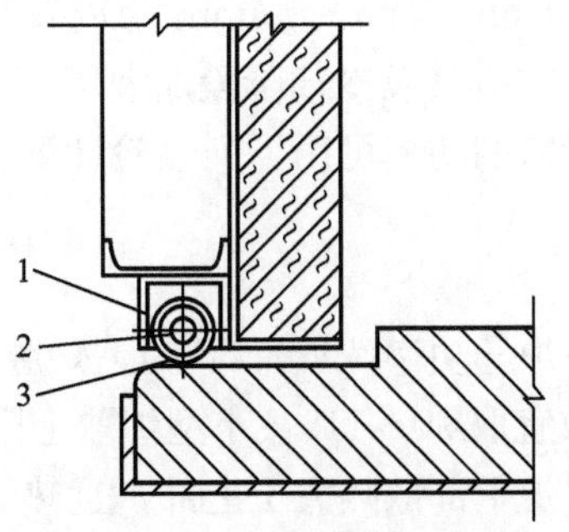

图 9.12 台车后端滚管密封

1—滚管盒 2—圆钢 3—无缝钢管

4. 罩式炉

罩式炉是一个炉底固定，炉身(带炉衬和电热元件)像一个罩子且可移动的炉子。一个炉身常配有几个炉底座，放在不同炉底座上的工件轮流进行加热和冷却。这种炉子的装炉量很大，热效率较高，密封性好，装卸料方便，但需要大型起重设备。目前由于采用耐火纤维制作炉罩，使重量大大减轻，起重量因此减少，这种炉子的应用呈日益广泛的趋势。

目前在用的罩式电阻炉有750℃和950℃两个系列。罩式电阻炉主要用于在自然气氛或保护气氛中进行钢件的正火、退火，以及铜带、铜线等的退火处理。

罩式炉由于装炉量大，炉温均匀性要求高，需要对炉气进行强制对流。强制炉气对流罩式炉装备有如下装置。

(1) 功率强大的短轴风机。它利用双速双功率电动机的特性能直接低速起动：在升温阶段高功率、高转速运行；保温阶段低功率、低转速运行；降温阶段又高功率、高转速运行。

(2) 抽真空系统。在需要通入氢作为保护气氛时，为了在取料时不发生事故，罩式炉采用抽真空系统排除炉内气氛。

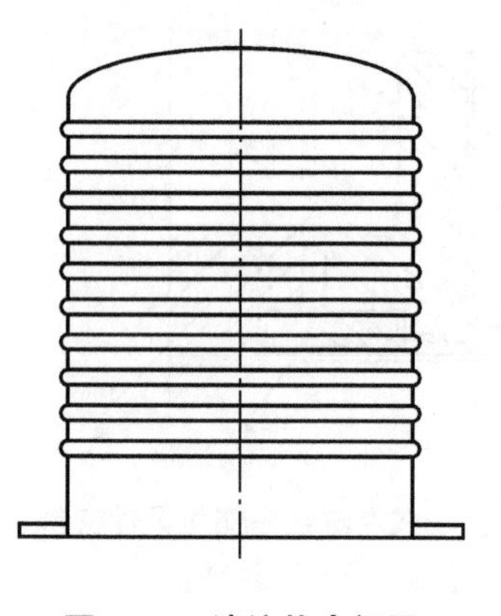

图 9.13　波纹状内钢罩

(3) 内钢罩。有的罩式炉设置波纹状内罩(图 9.13)。它可调节受热变形伸缩，加大传热面积，强化传热过程。

(4) 内罩冷却。在炉料冷却阶段常采用气水联合冷却系统。先用轴流风机抽气，降低内罩外表面温度；待罩内炉料温度降到200℃以后，再起动喷水系统喷水冷却。

(5) 进排气管设置。进、排气管的距离应尽可能拉大，常将进气口延伸到内罩顶部，排气口设在炉台的平面以下。

(6) 密封。炉台与内罩之间的密封采用水冷橡胶密封圈。

罩式炉的保护气用量在工艺各个阶段是不同的。有资料建议在加热、保温阶段保护气用量为0.3～0.6m^3/mm·h(mm为内罩周长，m^3指标准状态时的体积)，炉压控制在100～400Pa；在排气及冷却阶段加大用气量，约为保温时的1～2倍。

罩式炉所需的功率可用下列经验计算法确定。

$$P=KV^{2/3} \tag{9-1}$$

式中：P为一炉子功率(kW)；V为一炉膛有效容积(内罩容积)(m^3)；K为系数。有资料介绍，K系数宜取90～115，小型炉取上限，大型炉取下限。

由于罩式炉下部散热大于上部，且热炉气上浮，上口又封闭，因此炉内功率分布应该是从下到上逐渐减少；对自然气流循环的罩式炉，炉子下半部约占60%～70%；对中小型炉的电热元件布置起点应尽可能向下部挪动；对大型罩式炉最好将总功率的1/8～1/6布置在炉底座上，其余的功率按上述的比例布置。

强制炉气对流罩式退火炉结构如图 9.14 所示。

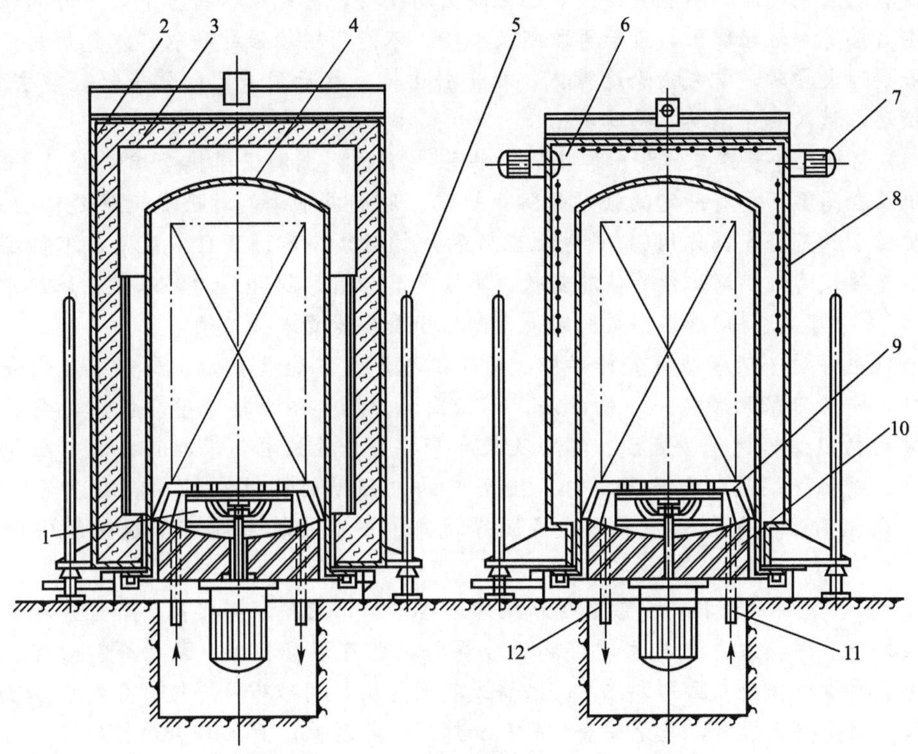

图 9.14 强制炉气对流的罩式退火炉结构

1—风扇 2—加热罩外壳 3—炉衬 4—内罩 5—导向装置 6—冷却装置 7—鼓风装置 8—喷水系统 9—底栅 10—底座 11—充气系统 12—抽真空系统

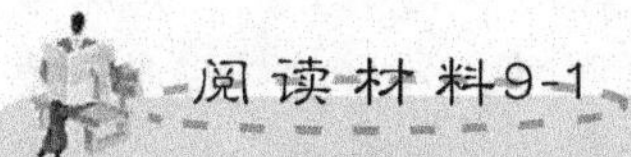

电阻炉维修

(1) 热处理电阻炉加工工艺多集中在 650～1700℃的温度，炉温变化大，炉体受高温烧蚀，以及各种炉气、熔液和炉渣的化学侵蚀等，因此其日常的修理特点是避免带有事故性质的热修，以冷修为主要方式。

(2) 如果炉墙是用两种或两种以上的砖砌筑时，经过多次加热和冷却，不同种砖砌的炉墙易分离。为保持炉墙的整体性和稳固性，在砌筑炉子或维修时，采取每隔 5～8 层，在砌砖层高度相同重合的地方内外墙互相拉固的砌筑法，即将耐火砖的一半插入另一砖层中，或用金属锚固件固定。

(3) 对局部进行的针对性修理时，拆除要保证砌体不修理部分的完整和不松动，消除砌体倒塌，或个别砖块掉落的可能。

炉内拆修部分浇水时，可用细水喷溅，要避免使水积存在炉内和流到不需进行修理的部位；留用的旧砌体要找平、找齐；如有阶梯形凸台，要认真清理干净；要注意新旧砌体间的结合，当旧泥浆粘接牢固，不易除去，在咬砌阶梯形砖体时必须使用稀泥浆；对于低洼不平的地方，可用带碎砖的浓稠泥浆填堵。

拔取断裂搁砖时，不能直接拔取已经断头的搁砖，首先拔取断头附近完好的一块搁砖，左右摇晃，轻轻取出，最后再取断头搁砖。不能用硬物强敲硬取，以免炉衬产生裂缝。修换耐火管时，首先拆除绝缘体，取走引出棒，然后用专门的钩子轻轻敲击管子，使其松动，插入管子末端，将其钩出。

(4) 电热元件长期工作会出现变软、膨胀、下坠、先倒伏搭接后熔断(融)等现象。为使炉丝在高温下具有一定的强度，防止软化、倒塌或下垂，对出现倒伏趋势的炉丝，检查炉丝小钩是否发挥作用(架设电阻丝带的炉钩必须砌牢、压住、塞紧，不得松动)，并可用气焊或喷灯烘烤炉丝等使其变软，再恢复其原有形状和尺寸，以及在炉丝中穿套瓷管(瓷管中可穿芯棒)等。如果同时使用两根瓷管，瓷管端头必须紧靠。

电热元件对一般断头可直接焊补，对于倒塌严重不能整直的，局部过烧部分损坏严重的，一般可采用换补一段的方法，不必因其中局部不合格就整套报废，要注意用于补焊的电阻丝的材料、直径、螺距及长度等要符合原技术要求，新补的电阻丝不能有裂纹、锈蚀等缺陷，要疏密均匀。使用旧的电阻丝时，电阻丝不能有明显的粗细不均、氧化腐蚀、裂纹变形和老化变脆等现象。旧引出棒不能有严重的氧化和腐蚀现象。

(5) 合金元件的焊接与一般金属结构的焊接不同，它要求焊接接头部分能承受外力而不至折断。焊接方式主要用对焊和插合焊补，也可用钻孔焊、铣槽焊、对焊、搭焊等。焊前要清理合金表面的氧化皮、铁锈或其他污垢，用砂布将焊接部分的金属基体暴露出来。温度要掌握好，避免夹渣、气孔和焊不透等现象。更换合金元件较多时，焊好后要测量一下整个炉子的冷态电阻和三相电流平衡，进行适当调整，使其符合原设计要求。

修理镍铬合金时，首先将其折断以了解元件氧化情况。氧化严重时，银白色的铁芯很细，补焊时容易烧断，即使勉强补焊，也使用不了多久；氧化不太严重，可用搭接法；如还比较新，可用对接法。一般多用气焊，镍铬电阻丝作焊丝。采用对接法时，要用中性焰，火焰体积要小，焰心要直，热量要集中；采用搭接焊法时，搭接长度，电阻丝不小于直径的10倍；电阻带不小于带宽的1倍。镍铬合金元件与引出棒之间的焊接采用搭焊或对焊。加热过的铁铬铝合金不允许在冷态下弯曲、拉伸或剧烈振动，若需整形或展开螺距必须加热至暗樱红色进行。用电弧焊焊条用稀土铁铬铝焊条，采用插合补焊和间断式焊接方法，以控制其受热范围和过热程度，也可用铣槽焊、钻孔焊和铣槽冷焊方法。铁铬铝合金元件与引出棒之间一般用钻孔焊。

如果一层炉丝搁砖中间会有一两块断裂或不绝缘，当用一根直的电阻丝跨过断裂或不绝缘的炉丝搁砖直接焊接，会造成该组炉丝电阻小，工作时从外观看，就比其他炉丝红，使用寿命变短。可采用在新换的炉丝中穿套瓷管，瓷棒(瓷管穿芯棒)垫起悬空，架在两搁砖间，象架桥一样，跨过断砖的方法或在不绝缘搁砖上垫瓷片的方法，这样不改变炉丝原有参数。

(6) 发现硅碳棒有断棒，要及时更换，一般情况下，应整体更换，并且各相阻值应匹配。当硅碳棒电阻增大时，应及早改变接法或调整电压。

(7) 对炉体进行较大面积的修砌后，要烘炉。烘炉前，要用摇表检测设备的绝缘，一般不小于2MΩ。砖砌炉烘炉分3个阶段：①水分排出期0～200℃，是泥浆中的水分和砌体中潮气的排出期，必须打开炉门，同时保温时间较长。②砌体膨胀期是砌体开始膨胀及膨胀变形期，这时升温不超过 50℃/h。③保温期 600℃ 以上，每升高 100～200℃，要保温一段时间，过急易损坏砌体。

9.1.2 周期式可控气氛炉

可控气氛炉是我国重点发展的热处理加热设备。与普通热处理炉相比，可控气氛炉应当具备炉膛严格密封并始终维持炉内处于正压状态、强制炉气循环运动、装设有安全装置、炉内构件能抗气氛侵蚀的条件。

1. 井式气体渗碳电阻炉

我国生产的井式气体渗碳电阻炉有 RQ3-□-9 系列，最高使用温度为 950℃，主要用途是气体渗碳，也可用来进行渗氮、氰化、碳氮共渗、蒸汽处理以及重要零件的淬火、退火处理等。

RQ 系列井式气体渗碳电阻炉的主要结构特征是炉膛内有一耐热钢的马弗罐，其上端开口，外缘有砂封槽，炉盖下降时将马弗罐口盖住，两者连接的法兰盘上有石棉盘根衬垫，以保证密封良好。炉盖下部装有风扇，炉盖上装有可同时分别滴入 3 种有机液体的滴量器，有机液体滴入马弗罐内，经高温裂解制备成渗碳气氛，废气经炉盖上的排气管引出并点燃。工件可放在料筐或专门设计的夹具上，吊入马弗罐内。

风扇的作用是为了提高炉气和炉温的均匀性。风扇工作时，其离心力驱动炉气流向四周运动，把从滴注管滴入的渗剂裂解成的渗碳气氛搅动带入气流，气流在炉罐壁上受阻，沿着炉罐内壁与料框(或导向筒)的通道向下流动到炉罐底，再在风扇中心负压的作用下，气流经料框底的孔洞向上流入料框，把新鲜渗碳气氛提供给工件。同时破除停滞在工件表面的非活性气体层，随之被吸入风扇心部负压区，重新进行循环。在风扇下常吊挂一个挡风板，以防止气流直接从料框上方返回风扇。在气体不断流动的同时，也实现了炉温的均匀。

渗碳炉中轴动态密封较困难，常用方法有迷宫式密封(图 9.15)、活塞环式密封(图 9.16)、密闭式电动机密封。活塞环式密封采用的是二级密封，第一级用石棉石墨盘根，第二级采用 6 个标准的活塞环密封。密闭式电动机密封是电动机连接风扇转轴，直接压紧在炉盖上，实现完全密封。

料筐、导风筒、炉罐、罐底座、料筐底盘等应用耐热钢制造，通常用 CrMnN 铸钢制造。该钢最高工作温度为 950℃，限制了炉子的工作温度，炉罐也常用 Cr25Ni20 钢制造。炉罐等构件受热时会变形和膨胀，要留有膨胀的余地。

作为渗氮炉时，炉罐通常采用 0Cr18Ni9Ti 等高镍钢制造，不能用普通钢板制造。普通钢板易被渗氮，使罐表面龟裂剥皮，并对氮分解起催化作用，增加氨消耗且使氨分解不稳定，甚至无法渗氮。

标准的井式气体渗碳炉的结构如图 9.17 所示。

对井式渗碳炉实现计算机控制时，增设有氧探头插入管，其结构如图 9.18 所示。炉盖上一般有 3 个孔，即试样孔兼大排气孔、氧探头安装孔兼小排气孔及滴注孔(图上没有画出)。

渗氮计算机控制时，目前实际上是检测和控制炉气中 H_2 的含量，作为氨的分解率的指标，间接控制氮势。设备还装有抽排气系统。

2. 预抽真空井式气氛炉

这种炉子主要是处理零件之前先将炉膛或炉罐抽真空到100Pa左右，然后向炉内充入所需气氛进行工艺处理。与一般真空及保护气氛炉功能类似，能实现无氧化脱碳，产品质量好，且耗气量仅为一般气氛炉的1/10，造价为真空炉的1/2～2/3。这种炉子可用于各种热处理工艺，如光亮退火、正火、回火、渗碳等。

预抽真空炉炉壳或炉罐采用密封焊接，由于抽真空后立即快速充气，对压升率要求不高，因此所有密封部位达到粗真空要求即可。目前国内与抽真空炉多为井式预抽真空退火炉、渗碳炉，现已系列生产，预抽真空退火炉简单结构如图9.19所示。

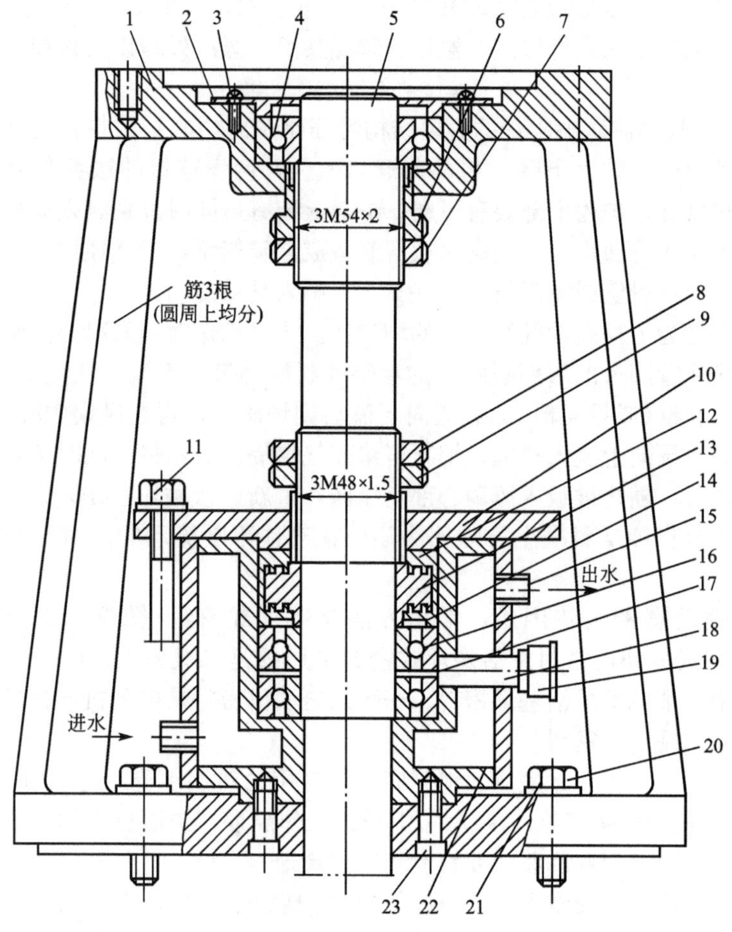

图9.15 井式气体渗碳炉风扇轴的迷宫式密封结构

1—支架 2—轴承盖 3—螺钉 4—轴承 5—风扇轴 6，7—螺母 8、9—左旋螺母 10—盖 11—螺杆 12—迷宫式油封(上) 13—迷宫式油封(中) 14—迷宫式油封(下) 15—出水管 16—轴承 17—开口垫圈 18—润滑油管 19—润滑油盖 20—螺钉 21—弹簧垫圈 22—带冷却水套的支架座 23—固定螺钉

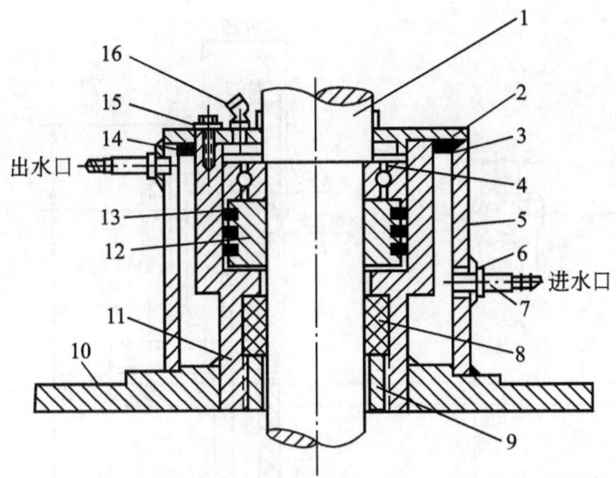

图 9.16 井式气体渗碳炉风扇轴的活塞环式密封装置

1—风扇轴 2—法兰盖 3—焊缝卡环 4—轴承 5—水套外围 6—凸耳 17—水管 8—石墨石棉盘根 9—压紧螺母 10—底板 11—密封本体 10—活塞环座圈 11—活塞环 12—螺钉 13—垫圈 14—弯头油嘴

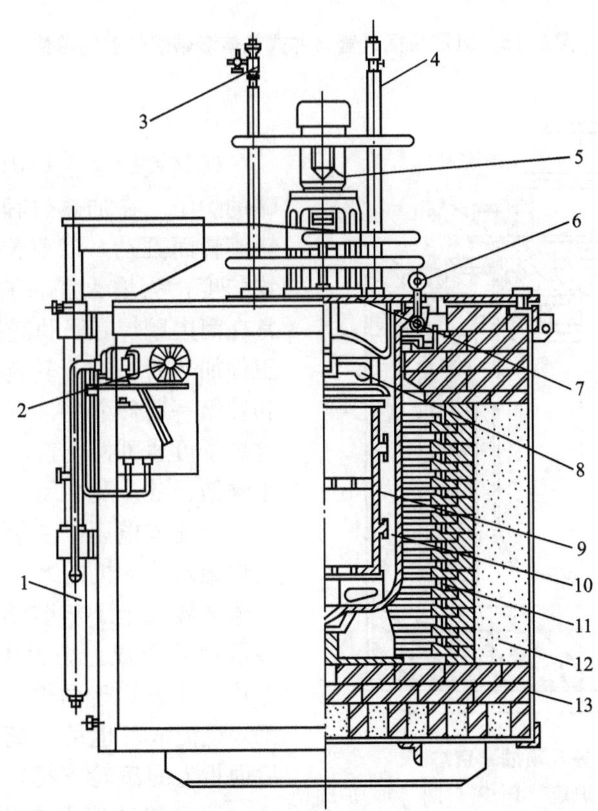

图 9.17 井式气体渗碳炉结构

1—油缸 2—电动机油泵 3—滴管 4—取气管 5—电动机 6—吊环螺钉 7—炉盖 8—风叶 9—料筐 10—炉罐 11—电热元件 12—炉衬 13—炉壳

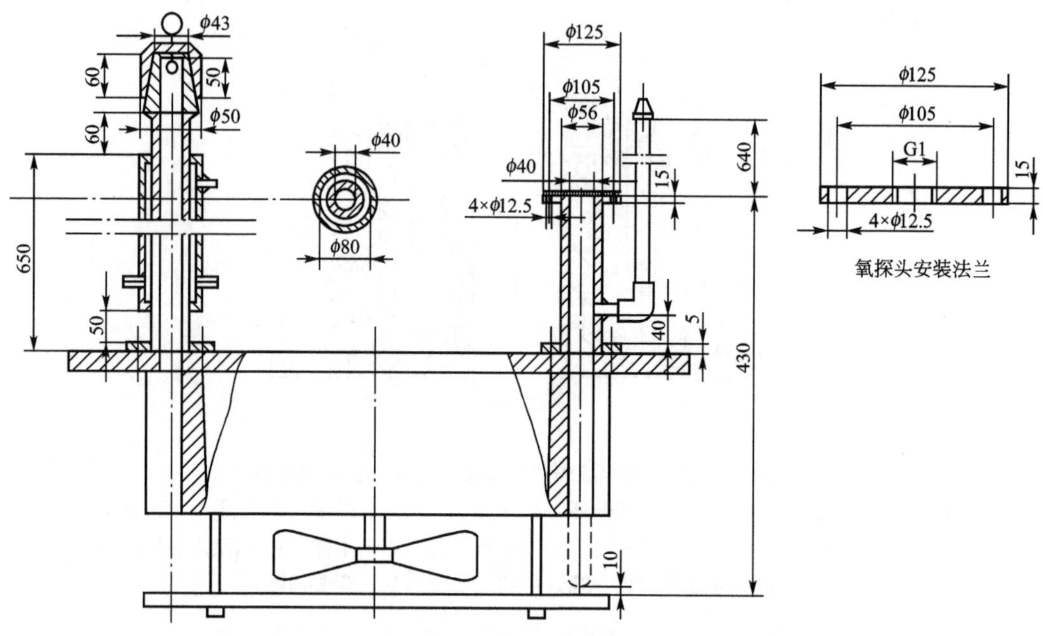

图 9.18　氧探头插入管与井式气体渗碳炉炉盖的结构

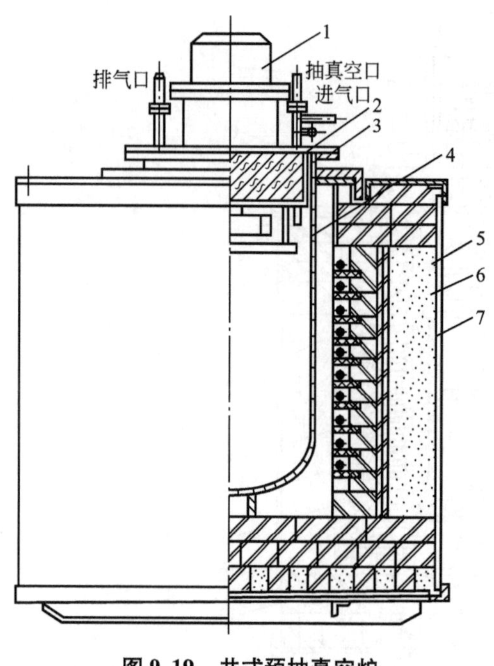

图 9.19　井式预抽真空炉

1—风扇电动机　2—炉盖　3—密封圈　4—炉罐
5—炉衬　6—电热元件　7—炉壳

3. 转筒式炉

转筒式炉是在炉内装有一筒状旋转炉罐的炉子。在加热过程中炉罐内工件随炉罐旋转而翻动，以改善加热和接触气氛的均匀度，为增大工件在筒内的翻动程度，常在筒内壁焊有筋肋或把转筒制成多角形。工件加热后，打开转筒口盖，然后使炉体和转筒一起倾斜将工件倒入淬火槽内。这种炉子可通可控气氛，主要用于处理滚珠、小轴销、链片及小尺寸标准件。

转筒式电阻炉主要由炉壳、炉衬、筒状炉罐及传动机构组成。为便于炉罐安装，炉体常做成上下组装结构。炉壳由钢板及型钢焊接而成。炉衬由轻质黏土砖砌筑。电热元件放置于两侧及底部。炉多用耐热钢焊接而成，也可用离心浇铸。炉罐由前后面板上的滚轮支撑，通过链轮、链条转动。炉罐转动速度采用无级变速器调整，一般为 0.8～8.0r/min 。炉体中心轴安装于支架上，可以纵向翻转使炉罐倾斜。炉内所需气氛可采取滴注或通气方式，进气口设在炉罐后部中心位置。炉罐前部有随炉罐一起转动的密封炉门，废气由中心排气孔排出。炉子的支撑架应有较大的刚度。

图 9.20 为一小型转筒式气体渗碳炉结构。其功率为 45kW，工作温度为 950℃，每次可装 60～100kg 工件。此外，还有较大装载量的转筒式气体渗碳炉。

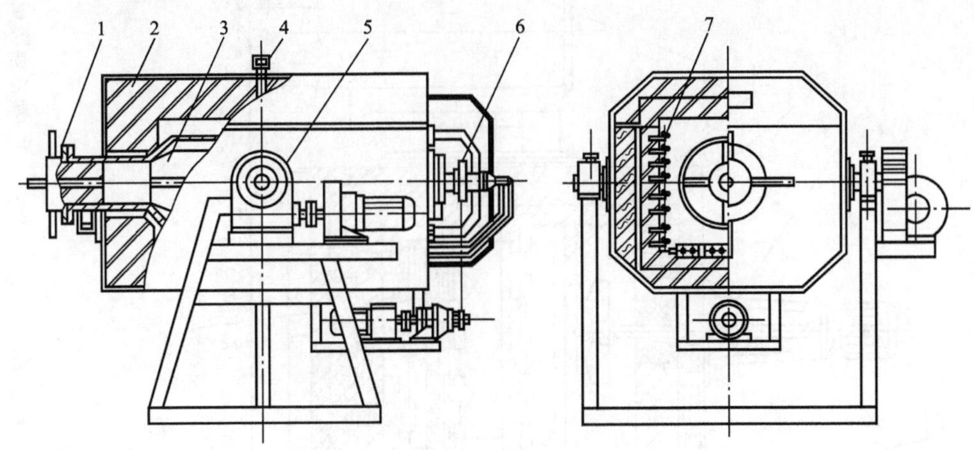

图 9.20 转筒式气体渗碳炉结构

1—炉门 2—炉壳 3—转筒 4—热电偶 5—倾炉机构
6—转筒转动机构 7—电热元件

4. 密封箱式可控气氛炉

密封箱式可控气氛炉又称多用炉，现已被广泛用于机械零件的渗碳、碳氮共渗、光亮淬火、光亮正火、光亮退火、中性淬火等多种热处理工艺。密封箱式可控气氛炉进行机械零件的热处理过程包括预热、加热、渗碳、扩散、冷却(气冷、油冷)等完全在可控气氛保护下进行处理，不会与空气接触，能够获得高的热处理质量以及高的表面质量。

密封箱式可控气氛炉一般由加热室、前室、淬火槽、缓冷室、传动机构、温度及气氛控制仪表等组成，其中，炉内碳势采用红外线 CO_2 分析仪或氧探头自动控制系统，温度采用微处理机控制，此外还有零件清洗机、气源与产气装置、回火炉等附属设备。

密封箱式可控气氛炉根据推拉料机的数量，分为单推拉料机式和双推拉料机式；根据出料方式，分为经过前室门出料的和油下出料的两种；根据前室有无缓冷室及其设置位置，又可分为只进行淬火作业的，可进行淬火的和缓冷作业(其中，又分为有上缓冷室和有侧缓冷室)的几种。

图 9.21 为单推拉机式密封箱式可控气氛炉。

单推拉机式密封箱式可控气氛炉工作时，由推拉料头将置于装卸料台上的工件经前室推入炉膛内进行加热。工件加热后，推拉料机再进入炉内将工件拉至前室升降台上，进行淬火或缓冷，最后推拉料机从前室将处理好的工件拉到装卸料台上。

工件进行淬火时，上层升降台是进料的过渡台，下层升降台用来进行淬火和出料。工件进行缓冷时，与淬火相反，下层升降台是进料的过渡台，而上层则用来进行缓冷和出料。

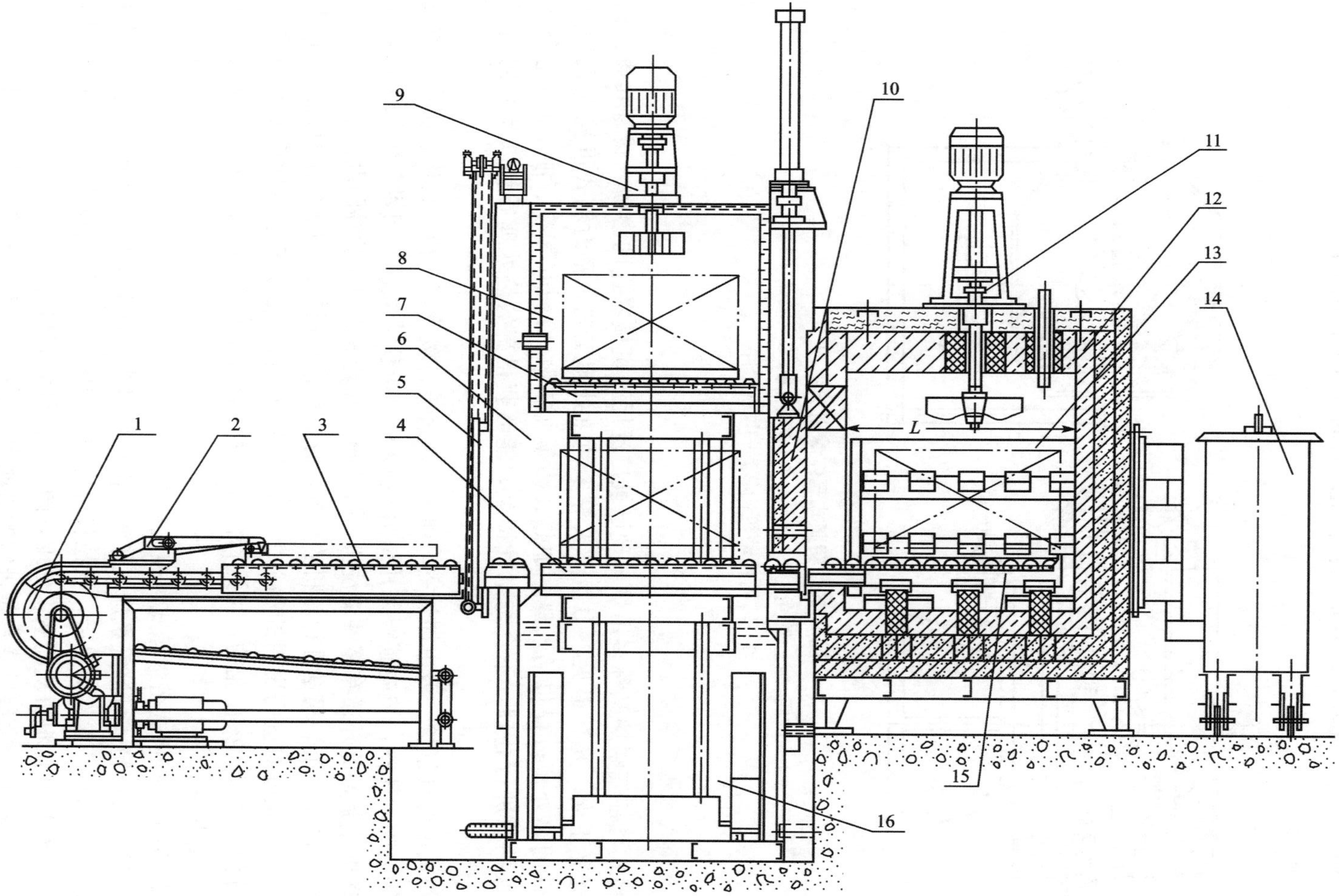

图 9.21　单推拉机式密封箱式可控气氛炉

1—传动装置　2—推拉料头　3—装卸料台　4—下层升降台　5—前室门　6—前室　7—上层升降台　8—缓冷室　9—缓冷室风扇装置　10—炉门　11—炉体风扇装置　12—炉衬　13—电阻板　14—变压器　15—炉内导轨　16—淬火油槽

双推拉机式密封箱式可控气氛炉在结构上的不同之处主要是设置了后推拉料机。前推拉料机的作用是将装卸料台上的工件推入前室升降台上，或将前室已淬火或缓冷的工件拉至装卸料台上。后推拉料机的作用是将前室未加热的工件拉入炉内加热，或将炉内工件推至前室升降台上。

油下出料式密封箱式可控气氛炉的优点是可以减少前室门的开启次数，提高前室和炉体的密封性。这种炉子由预备室、前室、炉体、出料室等组成。前室和出料室的下面是淬火油槽。前室和出料室用油封隔离。升降台用油缸提升，并可在油下旋转180°。送料车的左端有一个金属门，当工件经预备室门进入(用手推) 预备室时，此送料车上的门把前室封住。预备室经一定时间换气后，工件和送料车一起被油缸向左推入前室，再用前推拉料机将工件推入炉膛进行加热。加热好的工件，仍用前推拉料机将工件拉至前室升降台上，下降淬火，并在油下旋转180°，升降台上升，工件进入出料室，经出料门用人工将工件拉出。

密封箱式可控气氛炉的结构形式和型号很多，该炉型我国的标准型号为RM型。

1) 加热室(炉体)

加热室是密封箱式可控气氛炉的关键部位，也是热处理过程对零件处理的加热部位。加热室主要由炉壳、炉衬、炉门、循环风扇、供气管道、电热元件等组成。电热元件有电辐射管或电阻板两种形式。炉衬常使用硅酸铝陶瓷纤维，应用耐热钢穿销将硅酸铝纤维固定于炉壁。有的密封箱式周期炉加热室使用抗渗碳砖砌筑，但抗渗碳砖热容大，炉子升温、降温时间长，保温性能不如硅酸铝纤维、能源损耗较大。密封箱式可控气氛炉炉内装有一个耐热钢铸造的料盘，料盘的结构尺寸视炉子生产能力大小及零件形状、尺寸而定。炉底结构分轨道(滑动)与滚道(滚动)两种形式(图9.22)，制造材料一般为耐热钢，滑动轨道也有用碳化硅材料的。为使炉气充分循环，轨道或滚道要在炉底上架空，而且轨道或滚道面须高出炉底150～300mm。随工艺不同，可控气氛可选择使用滴注式系统，或用由各种发生器提供的可控气氛系统。图9.23为一种无马弗电辐射管加热的密封箱式周期炉的加热室结构。

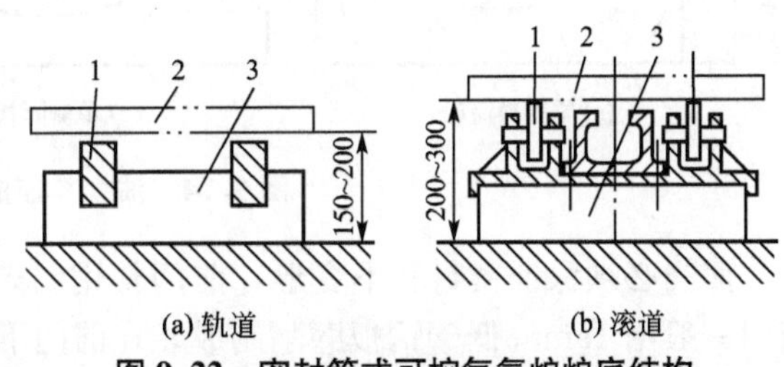

图9.22　密封箱式可控气氛炉炉底结构

1—轨道　2—料盘　3—砌体

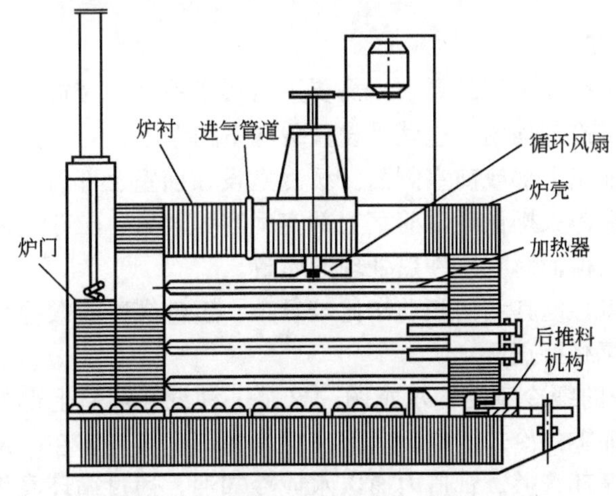

图9.23　密封箱式可控气氛炉加热室

2) 前室

前室与加热室相连，其作用是为完成工件装出炉、淬火、淋油、缓冷等工序。前室主要由壳体、升降台、淬火油槽、前门、防爆阀、火帘、排烟管等组成。前室与加热室之间设有内炉门。

前室壳体密封要求高。壳体顶部分别设有大、小排气管。大排气管供淬火时排气用，炉外大排气管要引到淬火液面以下，靠引风机或喷射器排烟；小排气管用以连续排出前室内废气。在大、小排气管附近均设有引燃用的点火装置。前室侧面设有无挡板式窥视孔。

淬火油槽设于前室下部，包括贮油、循环、搅拌、加热和冷却装置。淬火油槽的容积一般按每千克淬火金属相应需 10L 油的经验指标来确定。

贮油槽设于淬火油槽一侧，其容积等于淬火升降台、淬火工件、料盘和夹具等全部空间体积之和的 2～2.5 倍。贮油槽内平时只充有槽容积的 0.25～0.5 倍的淬火油，淬火时淬火油槽内的油会溢进贮油槽，淬火后再靠贮油槽上面的液面泵把油打进淬火油槽，使淬火油槽始终维持一定的液面高度。

油搅拌器分单侧和双侧两种，均设于淬火油槽内。油搅拌器的结构示意图如图 9.24 所示。油的加热一般采用电加热，也有使用火焰加热的；油的冷却分水冷和风冷两类。

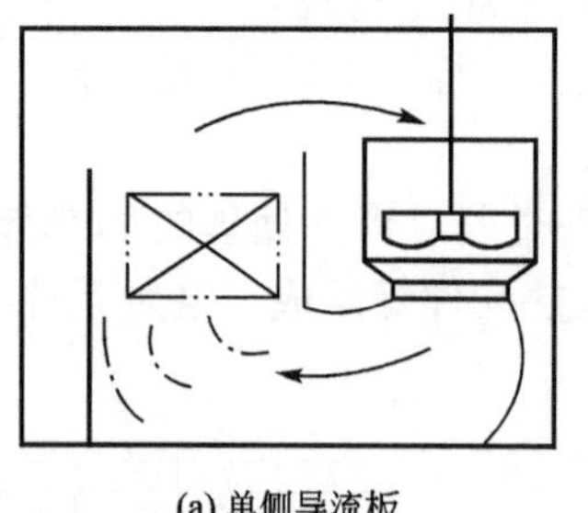

(a) 单侧导流板

(b) 单侧隔板

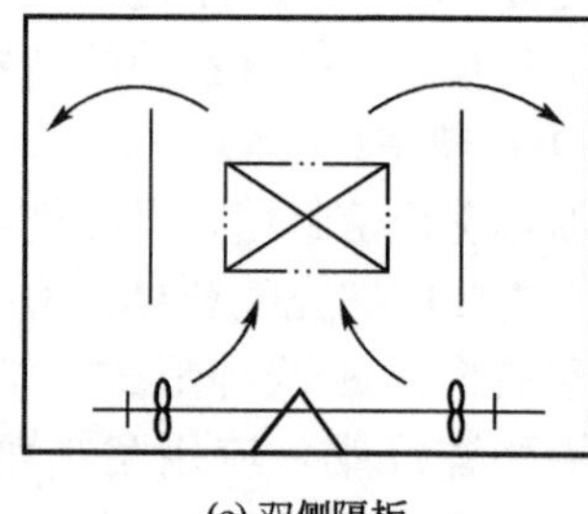

(c) 双侧隔板

图 9.24　油搅拌器的结构示意图

前门必须保证密封和不变形，前门常用斜炉门，靠液压或气动机构升降和拉紧施压，前门一般用 15mm 低碳钢板磨削制成，在前门下端中央开有一长方形缺口，当前室的工件要推入加热室或加热室的工件要拉出前室时，外门部分升起，露出长方形缺口，料车的传送推拉头及软链条由此入炉。外门框需磨削，炉门与门框之间的间隙应小于 0.12mm。只有前推拉料机的前门都附有推头通过的小门，当料盘推入前室后，便可关闭前门，然后推头再经过小门将料盘推入炉内。

火帘主要为防止前室炉门开启进出料时空气进入，火帘上设有常燃的点火器，炉门打开时即点燃，关闭时熄灭。

3）缓冷室

有些完成渗碳或碳氮共渗的零件由于后续工序的要求，需要进行缓慢冷却。缓慢冷却时必须在可控气氛保护下进行，并且要求冷却均匀。这就是设置缓冷室的作用。

密封箱式可控气氛炉缓冷室多设在前室上部或前室侧面。缓冷室设在前室上部时，靠升降台上升，工件直接进入缓冷室，但在淬火操作时，前室上部空间容积较大，贮存气体量多，易爆炸和产生较多冷凝水流进淬火槽而影响工件热处理的质量。

缓冷室在侧面时，就消除了上述缺点，但其结构和动作比较复杂。工件缓冷时缓冷室应当与前室隔离密封，同时保证室内气氛维持正压。

图 9.25 为一种密封箱式可控气氛炉的缓冷室结构示意图。这是一种设在前室上部的缓冷室。缓冷室的循环风扇的作用是保证零件冷却均匀。为保证缓慢冷却速度能够在一定范围内调整，在缓冷室周围设置有冷却循环管道。管道内通以水或冷却油，通过循环泵将水或冷却油泵至缓冷室冷却循环管道冷却缓冷室环境，使缓冷零件冷却速度通过水或冷却

油的循环得到改变。

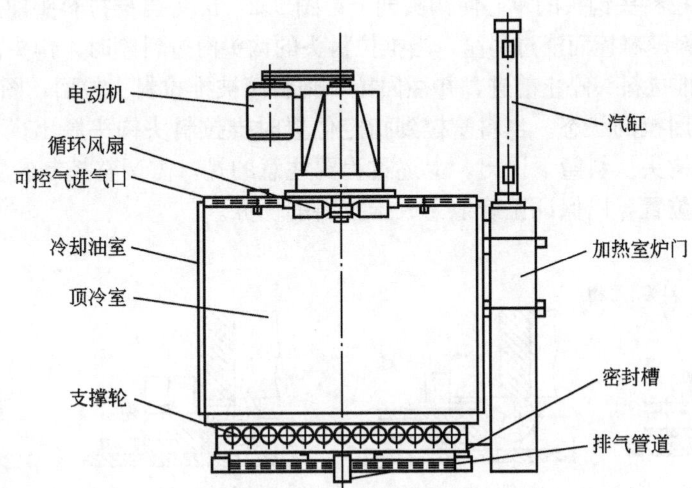

图 9.25 一种密封箱式可控气氛炉缓冷室结构示意图

4）推拉料机构

单推料机结构简单紧凑，推拉料基本上在常温下工作，便于维修；但会导致前室密封性差，影响加热室气氛的稳定。

双推料机，即增加一台后推料机，可将加热室的料盘推入前室升降台上，或将料盘从升降台拉入加热室，同时便于与前、中门开启配合，炉内气氛较稳定。其缺点是推拉料头及部分开式链等始终处于高温状态，易出故障，难以维修。

图 9.26 为一种前推料机的结构图。

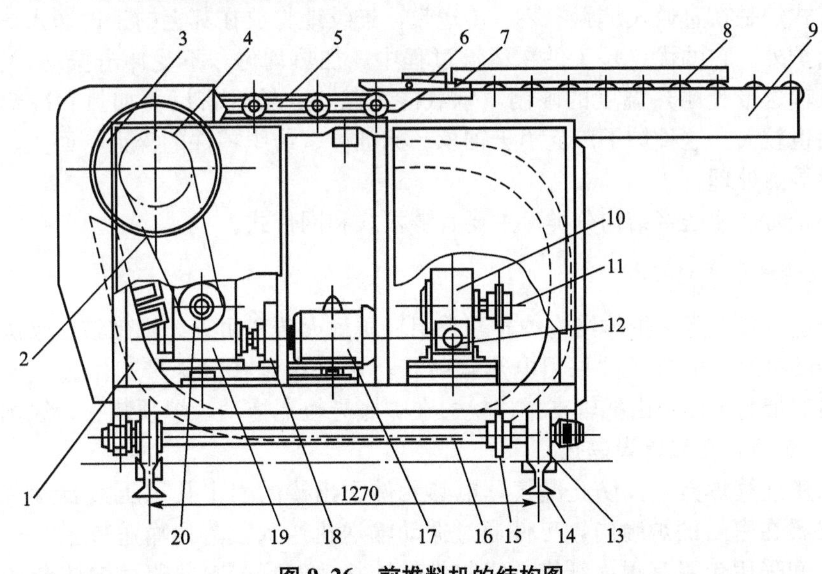

图 9.26 前推料机的结构图

1—链条导向箱 2—链条 3—主链轮 4、11、15、20—链轮 5—开式滚动链条
6—推料头 7—拉料头 8—料盘 9—工作台 10—减速箱
12、17—电动机 13—车轮 14—轨道 15—主动轴 16—联轴节

图 9.27 为一种推拉料头结构以及推拉料情况示意图。图 9.27(a)为推拉料头处于未加载正常状态。推拉料头钩头的重心使钩头朝上；图 9.27(b)为当推拉料头前进，其钩头碰到料筐时，钩头被料筐碰撞而滑过料筐，当推拉料头的钩头滑过料筐时，钩头由于重力作用而抬头，此时如果推拉料头停止前进，并往回拉，则料筐被推拉料头拉回；图 9.27(c)为推拉料头钩住料筐往回拉的状态。当料筐拉到指定位置时推拉料头钩头脱出，如图 9.27(d)所示的状态，料头钩头从料筐下退出。上述过程要注意的是，需调整控制装置使推拉料头能够准确到达要求位置，以保证正确地完成推拉料的任务。

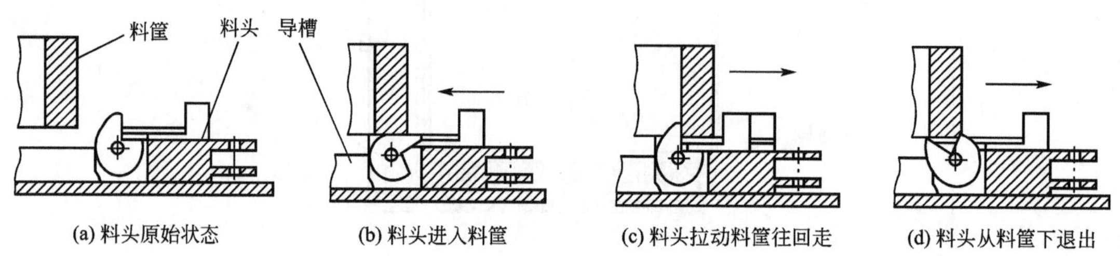

图 9.27　推拉料头及料头运动方式

9.2　连续作业热处理炉

9.2.1　输送式电阻炉

输送带式炉是在直通式炉膛中装一传送带，连续地将放在其上的工件送入炉内，并通过炉腔送出炉外。它的优点是工件在运输过程中，加热均匀，不受冲击振动，变形量小。主要问题是输送带受耐热温度的限制，承载能力较小；输送带反复加热和冷却，寿命较短；热损失也较大。这种炉子广泛用于轴承、标准件、纺织零件的淬火、回火、薄层渗碳和碳氮共渗等热处理。

这类炉子常依输送带结构分类，主要有链板式和网带式。

1. 链板传送带式电阻炉

链板传送带式电阻炉炉体结构炉衬多采用轻质耐火砖和耐火纤维砌筑。渗碳链板炉则采用抗渗碳砖砌筑。电热元件采用电热辐射管，水平布置在输送带工作边〔紧边)的上、下两面。输送带的工作边由托辊支撑，松边在炉底导轨上拖动。炉顶装一台风扇，开两个进气孔(氧探头插入孔和烧炭黑孔)。

炉壳采用连续焊接，以防止漏气，电热元件引出棒的引出孔用压紧装置密封。输送带从动轮安置在密封的炉膛内，工件通过振动输送机送入，落到输送带上。有的在输送机与炉体之间采用包裹有耐火纤维的密封带软连接，实现密封并避免炉体振动。传动带被动轴两端在炉壳上的活动板用密封箱密封。进料时用火帘密封。有的在炉膛进料端处设一强力离心风扇，在该处形成紊流增压，实现炉门密封。在与淬火槽连接的落料通道管上，加冷却水套，依靠液压泵形成油帘密封，同时设抽油烟口，以防淬火油烟进入炉膛。

图 9.28 为典型的输送带传动机构，由链轮带动输送链连续传动，在出料端装有主动轮，进料端装有被动轮。输送链在炉内会受热伸长，所以在出料端设置拉紧从动轮的装置。

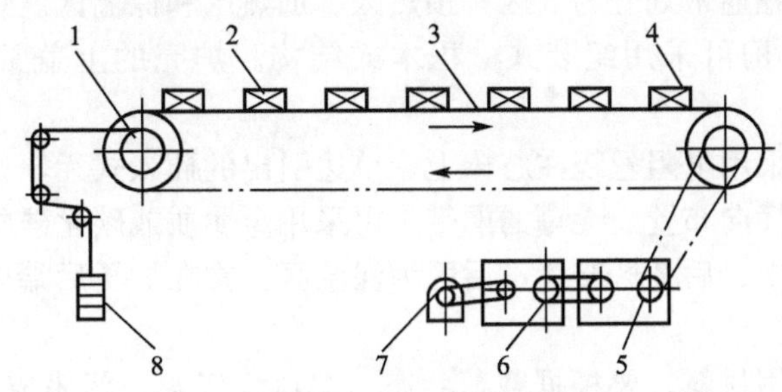

图 9.28　输送带传动机构

1—被动轮　2—工件　3—输送带　4—主动轮　5—减速装置
6—调速装置　7—电动机　8—张紧装置

输送带链板式的输送带常用的有冲压链板和精密铸造的链板。铸造链板比冲压链板有较大的承载能力。在较高温度下使用时，由于各链片之间的拉力是由穿过链片的芯棒承受，易弯曲变形，传送带易拉长，带子的使用寿命相对较短。改进的办法是在铸造链板上加两个凸肩，靠链板的凸肩来传送拉力，芯棒只起拉紧整排链板的作用，不易弯曲变形。

链板传送带式电阻炉的结构如图 9.29 所示。

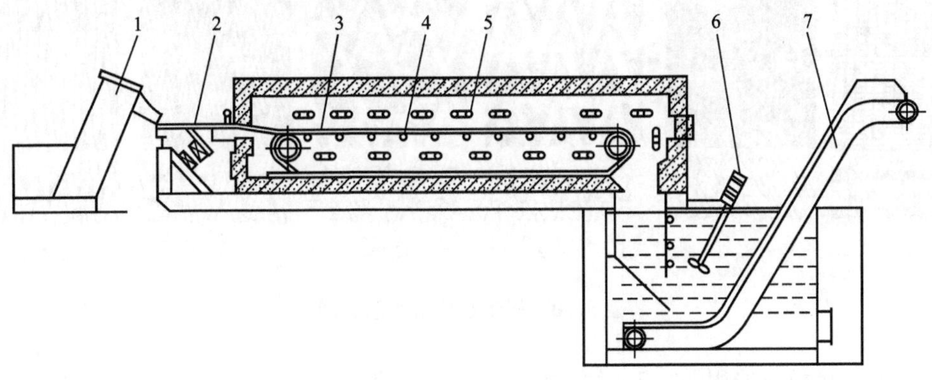

图 9.29　链板式炉结构

1—上料机　2—振动送料板　3—传送带　4—支撑辊轮
5—辐射管　6—搅拌器　7 —淬火槽输送带

2. 网带式电阻炉

网带式电阻炉按炉膛结构分为有罐和无罐两种，有罐式的优点是炉膛气密性较好，既节约炉子气氛又可保护电热元件不受蚀损，但其密封罐用耐热钢制造，价格昂贵，使用寿命较短。无罐式的优点是结构简单，成本低，但气密性差，耗气量大。

网带的传动可分为两种，一种是炉底托板驱动网带，网带置于托板上，托板由产生往复运动的偏心轮驱动，托板回缩时网带停止不后退，网带与托板相对摩擦，网带拉力减小，可提高网带寿命。另一类是网带由两个滚筒靠摩擦力拖动，网带在炉内部分用辊子支撑，这种结构适用于无罐网带式炉。

网带式电阻炉炉膛通常划分为 3 区：预热区、加热区和保温区。炉衬多用轻质砖和耐火纤维砌筑，炉衬结构可采用组装式、积木式结构。炉壳的上盖常制成可拆式，便于维修。

有罐的网带炉多采用电阻丝绕在芯棒上、单边引出的插入式无辐射套管结构，布置在炉膛的上下两面，呈横向布置。无罐的网带炉可采用金属质或碳化硅质辐射管。

电热元件分前、中、后 3 区布置，后区为保温区，常在炉子后端墙增设电热元件，防止工件在淬火前降温。

网带的式样和使用材料，要根据载荷状态、温度、气氛、污染成分和传动方法选定。基本网带形式如图 9.30 所示，选定方法如下。

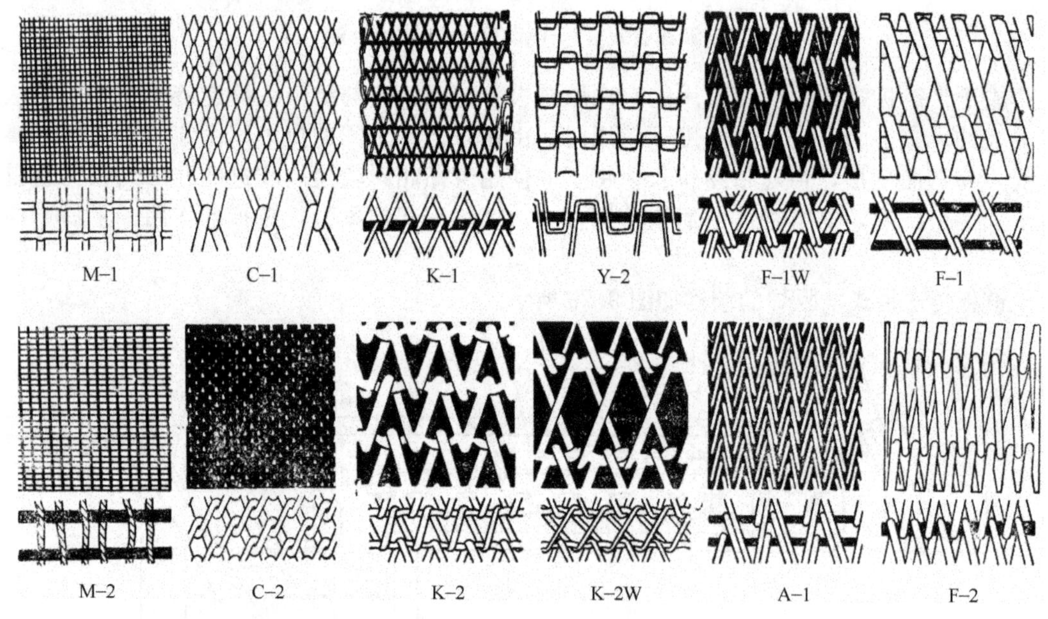

图 9.30　网带结构形式示意图

低温用：轻载荷选用 M－1、M－2、C－1、C－2。

中温用：轻载荷选用 K－2、A－1，重载荷选用 K－1、K－2W、Y－2。

高温用：轻载荷选用 F－1W，重载荷选用 F－1、F－2。

网带可选用的钢材，按最高使用温度推荐如下。

400℃：碳素钢　　1100℃：Cr25Ni20

700℃：Cr13，Cr18　　1150℃：Cr25Ni20Si2，Cr15Ni35

800℃：Cr18Ni8　　1180℃：Cr20Ni80

900℃：Cr18Ni8Mo3

网带式电阻炉单向传动网带的最小长度是其宽度的 3 倍，最大宽度取决其结构，通常很少超过 3m。

炉罐材料根据炉子额定温度而不同：小于 400℃时，采用 1Cr18Ni9Ti；小于 1000℃时，采用 3Cr24Ni7N；等于 1100℃时，采用 1 Cr25Ni20。炉罐也有采用碳化硅材料制造的。

炉罐壁厚有厚壁与薄壁之分，大于 10mm 为厚壁，多用于渗碳；小于 6mm 为薄壁，多用于一般热处理。

炉罐的结构形式应该是顶部做成弧形，其拱顶半径应不大于炉罐宽度。炉罐底部做成箱形波纹状，薄壁炉罐常在顶部和两侧焊接加强肋，以提高刚度，但焊缝易开裂。最好做成拱顶部分为横向模压多条肋或纵向肋，尤其炉罐中后部，如图 9.31 所示。炉罐底部用碳化硅板作支撑，能提高炉罐的使用寿命。炉罐的拼合处应进行两面焊接。为减少炉罐受热影响而变形，有的在炉罐底面上增设底板，输送带在底板上运行，而不直接在炉罐底面上运行；炉罐在炉内应有膨胀的余地，常是后端固定，前端自由。

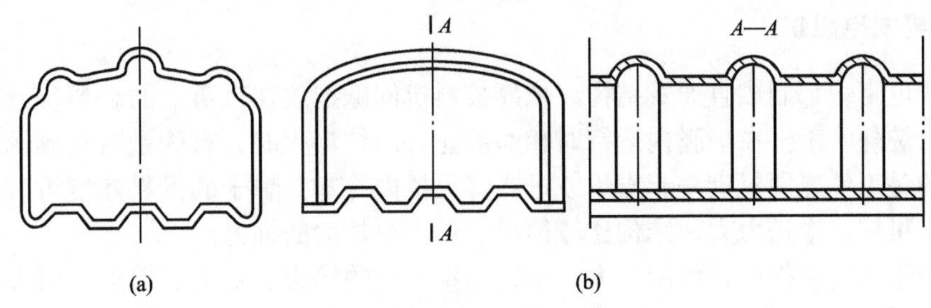

图 9.31　炉罐结构形式

电热元件的安装位置不可距炉罐太近，以防局部强辐射或造成短路，损坏炉罐。

由于炉子进料口处于开启状态，单独依靠炉气喷出，不足以将其密封。常设置火帘，或设置可调节高度的倾斜活动门，或炉门悬挂耐火编织布，或设置喷射式炉气密封装置。

有、无罐式网带炉结构分别如图 9.32、图 9.33 所示。

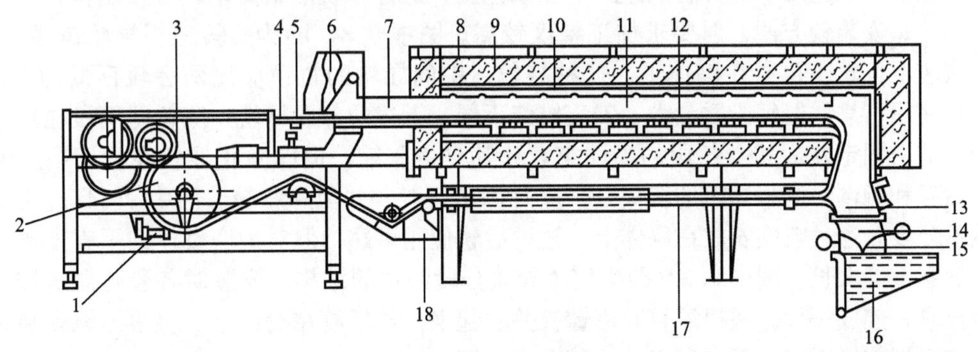

图 9.32　有罐式网带炉结构

1—驱动鼓轮机构　2—驱动鼓轮　3—装料台　4—网带　5—炉底板驱动机构　6—火帘　7—密封罐　8—外壳　9—炉衬　10—炉膛　11—热电偶　12—活动底板　13—气体进口　14—滑道　15—淬火剂幕　16—淬火槽　17—网带退回通道　18—水封

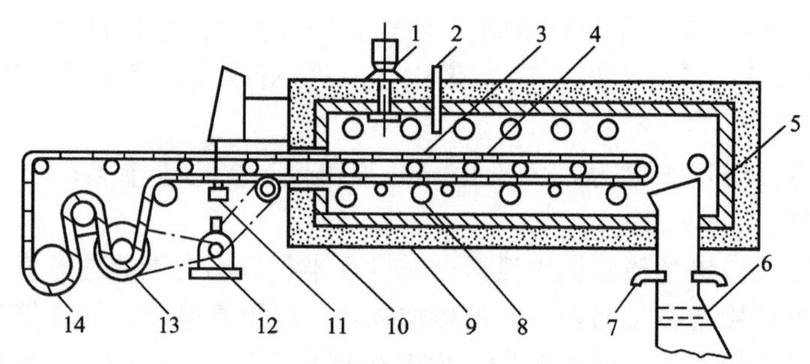

图 9.33 无罐式网带炉结构

1—风扇 2—进气口 3—网带 4—托辊 5—抗渗层 6—淬火门
7—油帘装置 8—辐射管 9—保温层 10—炉壳 11—气帘装置
12—驱动电动机 13—传动轮 14—张紧鼓

9.2.2 推杆式电阻炉

推杆式电阻炉都制成直通式结构。依靠推料机间隙把放在轨道上的炉料(或料盘)推入炉内和推出炉外。工件在炉膛内运行时相对静止，出炉淬火时，有的是料盘倾倒，把炉料倒出；有的是工件连同料盘一起出炉或进入淬火槽内冷却。炉子的推料速度可以改变。其特点是动作可靠，推送力大，结构比较简单，但需要较大的推力。

这种炉子的用途很广，可用于大、中、小型工件的淬火、正火、退火、回火和化学热处理等多种用途。由于炉内构件简单，用作高温炉更显示其优越性。

推杆机构有液压、气动和机械式三大类。液压推料机应用最广，推力大，运动平稳，速度可调。气动推料机结构简单，但冲击力大，推料不甚平稳，应用较少。机械式推料机有多种结构形式，主要有曲柄连杆机构、开式链条和丝杆等形式，动作可靠，但机构复杂。

推杆炉常用导轨的结构如图 9.34 所示。图中 9.34(a)为矩形导轨的安装方式，导轨安放在轨座上，软座的下部带有凸边，卡在砌体上，这种导轨形状简单，分段制作，每段一根，加工、安装较方便，但要求加工精度较高。图中 9.34(b)为每段三根导轨铸成一体，放在轨座上，轨座再卡在砌体上。这种导轨，中间导轨的轨顶应比两旁轨顶低约 5mm。此结构使用可靠，但每段质量大，安装维修不便。上述的分段导轨，除首尾两段在靠近炉门的一端需固定外，其余各段均不固定，让其自由胀缩。但应防止导轨在使用中发生移动、抬起和倾倒。两根导轨的接头处，应有倒角过渡，并留膨胀缝。图中 9.34(c)为整根导轨不分段，通过轨座安放在砌体上，这种导轨使用可靠，但对炉底砌体的平直度要求较高，炉膛不能太长。图中 9.34(d)为整体导轨分段制作的结构，安装时各段首尾对接，用螺栓拧紧，连成一片。两根浮轨间用螺栓并联起来，然后放在砌体上。整根导轨安装时应只在进料端加以固定，而在出料端让其自由胀缩。

为减少料盘与导轨的摩擦，也常用滚轮式导轨，导轨座可以是分段或整体的。导轨座也常用支架或拉杆直接与炉底钢架相连，炉底钢架也应有足够的强度，防止底座的膨胀力使其变形，而导致导轨变形，如图 9.35 所示。

料盘是推送式炉的易损件，它不但起承载作用，而且还起传递推力的作用。料盘传

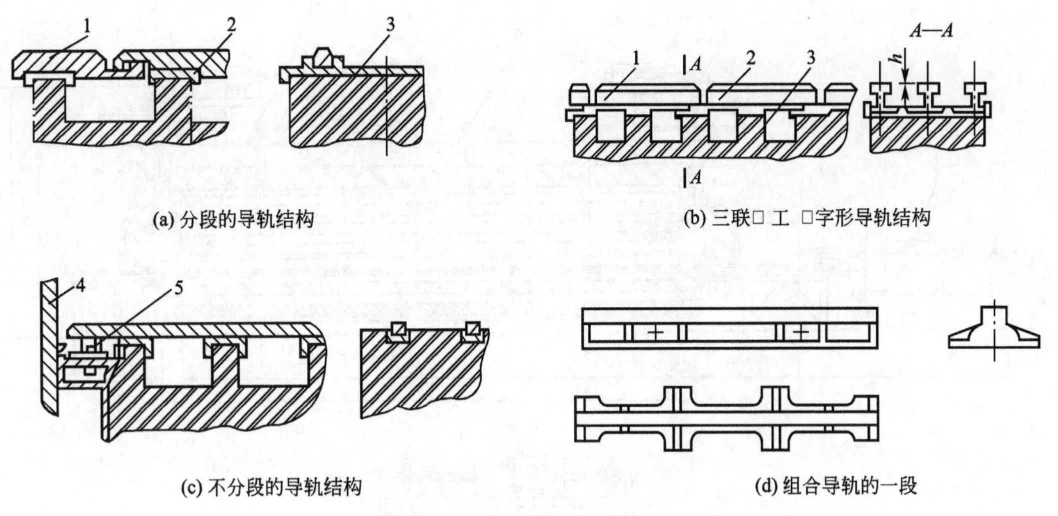

(a) 分段的导轨结构　(b) 三联□工□字形导轨结构

(c) 不分段的导轨结构　(d) 组合导轨的一段

图 9.34　导轨结构示意图

1—导轨　2—轨座　3—砌体　4—炉门　5—固定销

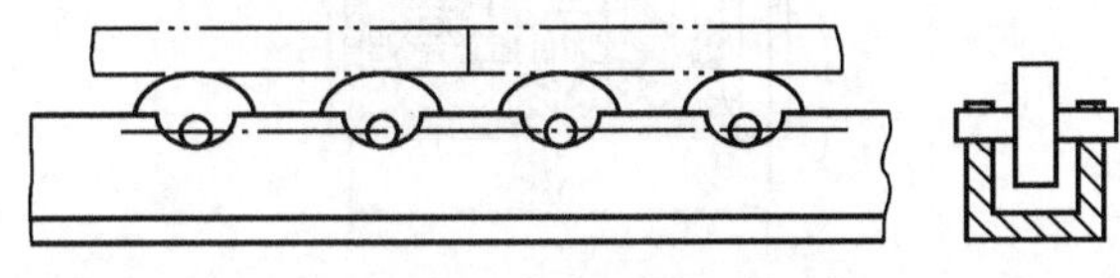

图 9.35　滚轮式导轨

递力的两端面应加工平整，以保证推料时不产生向上或侧向分力，防止料盘在推动过程中拱起翻倒。料盘因反复加热和冷却易发生变形和开裂，故其结构应轮廓圆滑，无应力集中的尖角锐边，壁厚应均匀一致。料盘易损坏和增加炉子热损失是该类炉子的主要缺点。

推杆式炉的标准炉型为 RT 型推杆式电阻炉，如图 9.36 所示。中温炉供淬火和正火使用，低温炉主要用作回火炉。

除淬火、正火和回火外，推杆式炉还广泛用于化学热处理，如渗碳、渗氮和碳氮共渗等。

推杆式气体渗碳炉由主推料机构、侧推料机构、前室、前室门、防爆阀、内炉门、炉体、侧推料(或拉料)机构、后炉门、后室、淬火槽、升降台等组成，可实现渗碳和光亮淬火。这种炉子与清洗机、回火炉及料盘输送机构组成生产线，可使全过程实现自动化操作。

一般推杆式炉的推进出料方式为端进料方式。端进料方式是将炉料直接从前端门推入，后端门推出，推料简便，但热炉气易溢出，造成炉内气氛不稳定和降温。推杆式气体渗碳炉多采用侧进料，设前室和后室。

推杆式气体渗碳炉前室是进料的过渡区，料盘首先进入前室进行排气，前室设有火帘，防止进料时空气进入炉内，保证炉膛内气氛稳定。前室一般设有水封，以便排气和调节炉压。为了防止发生爆炸事故，顶部设防爆装置。

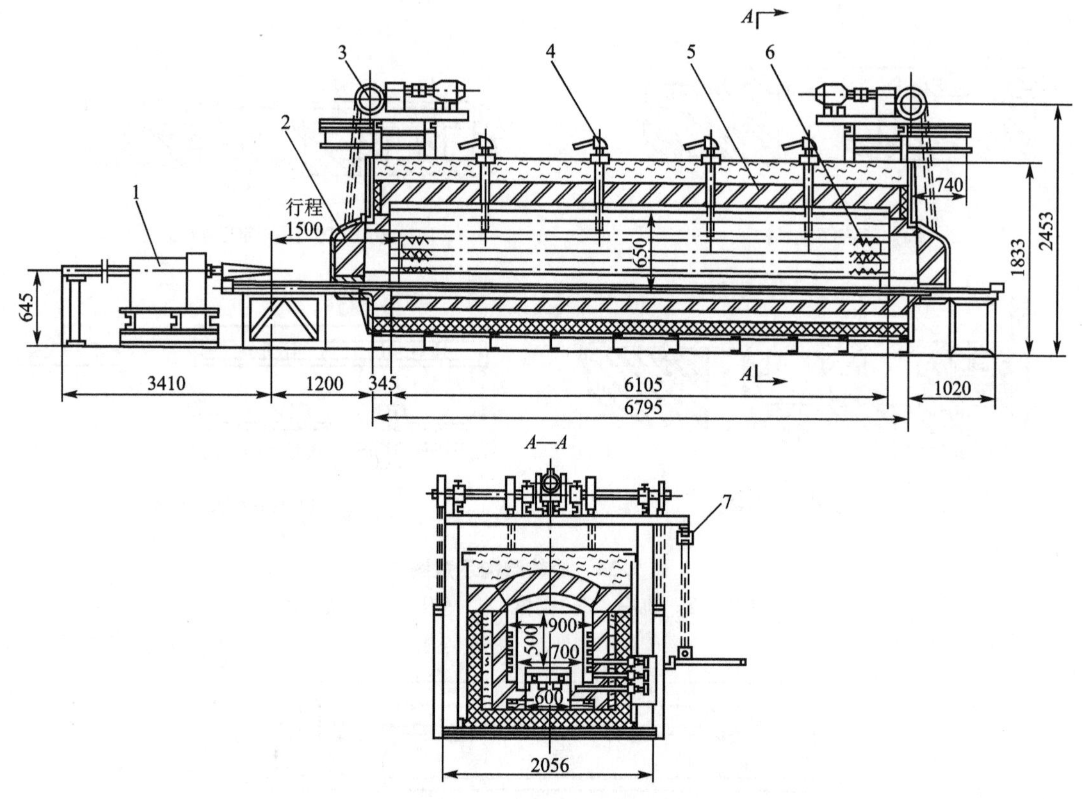

图 9.36 推送式电阻炉

1—推料机 2—炉门 3—炉门升降机构 4—热电偶

5—炉衬 6—电热元件 7—悬挂叉

推杆式气体渗碳炉炉膛根据工艺过程分为加热阶段、渗碳阶段、扩散阶段和预冷淬火阶段，由于各阶段的温度和气氛常各不相同，因此要求炉子也相应分成区段，推送炉区段长度常取料盘长度的倍数。每区段中间交界处炉膛横截面积减小，使各区温度及气氛相互干扰降低，这对各区保持不同温度和碳势有一定的作用。电热元件过去多采用大截面电阻板，现在大多使用电热辐射管，电热辐射管常布置在炉膛两侧，以便炉顶安设风扇。

后室有直出炉后室和侧出炉后室两种。光亮退火及光亮淬火采用直出炉后室较为合理。一般后室都位于淬火冷却油槽的上面，后室四壁伸出淬火油以下 200～300mm，后室与炉体之间多用螺栓紧固，以保证后室密封。

零件在后室下降淬火后移出方式有油上及油下出料两种。油上出料方式结构简单，但后室有门需火帘密封，影响炉内气氛稳定。油下出料方式结构较复杂，但后室没有门，炉内气氛稳定。无论哪一种出料方式，都设有淬火升降台，料盘在完成渗碳处理后，由侧推拉料机构送到淬火升降台上，然后下降淬火，再通过平移上升出料。

为了保证淬火质量，淬火槽设有油加热装置、油搅拌装置、油冷却循环装置、导流装置、液压自动控制装置、副油槽等，使淬火槽具有多种功能，以满足不同产品的淬火要求。

推杆式气体渗碳炉结构及自动生产线如图 9.37 所示。

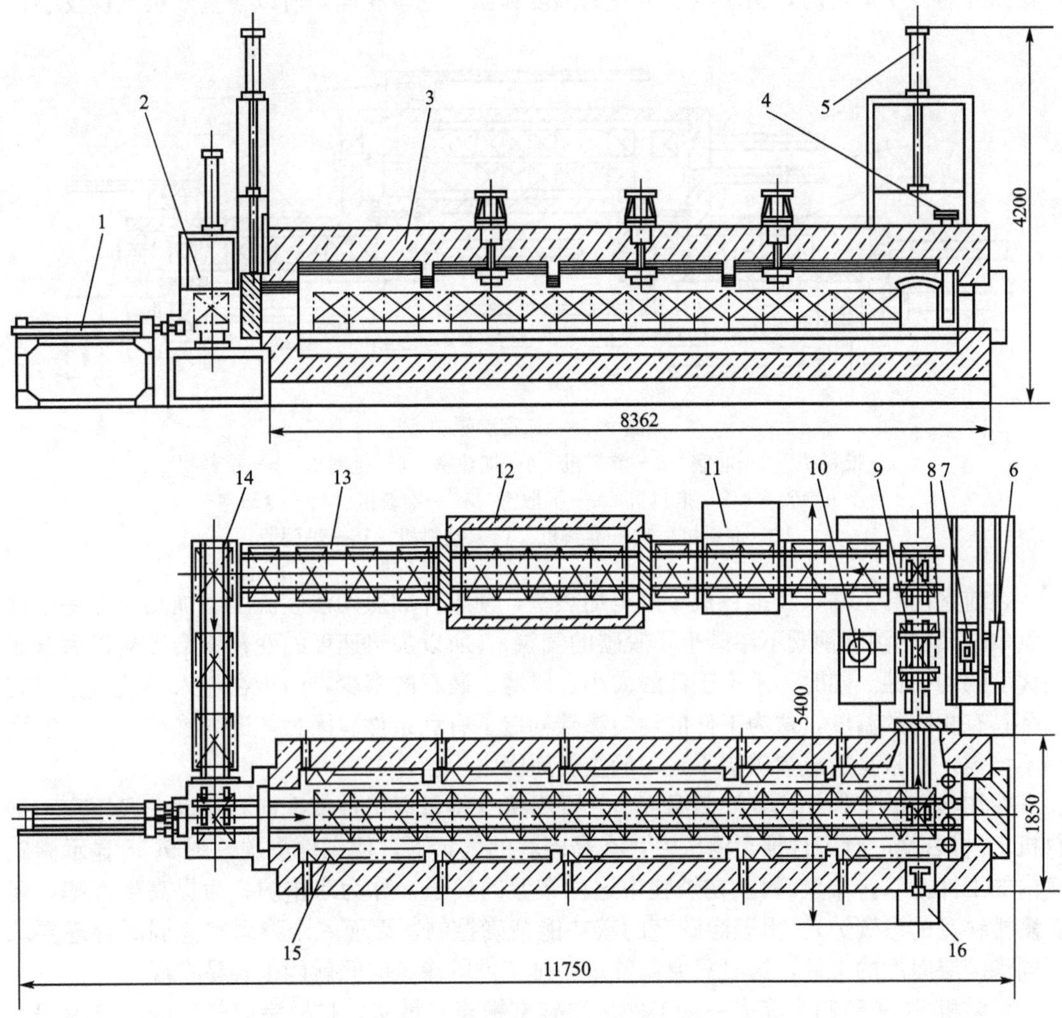

图 9.37　推杆式气体渗碳炉结构及生产线示意图

1—前推料油缸　2—前室　3—渗碳炉　4—加热元件　5—后侧炉门提升油缸
6—升降台平移油缸　7—升降台提升油缸　8—后室　9—升降台　10—油搅拌器
11—清洗机　12—回火炉　13—纵向运输机构　14—前侧进料机构
15—电阻板　16—后侧进料机构

9.2.3　多室推杆式渗碳炉

上述单室渗碳自动线的缺点是，加热、渗碳、扩散和预冷等各区，实际上并没有隔开，因而炉内气氛互相干扰混合(由于风扇的影响，以及料盘进出时气体纵向流动所造成)，以致加热区、预冷区和均热区的气氛的碳势过高，会大量析出炭黑，破坏炉内的碳势控制。因此，单室炉实际上不可能进行精确的碳势控制。而多室渗碳炉，如双室炉、三室炉和四室炉等即可解决上述问题。

图 9.38 为三室渗碳炉，主要由前室、加热室、渗碳室、扩散室、冷却室和推料机等

组成。三室渗碳炉的三室，是指加热室、渗碳室和扩散室。这 3 个室用炉门隔开，当推送料盘而开启一个炉门时，由于相邻两室的温度和压力基本相同，所以各室气氛干扰较小。

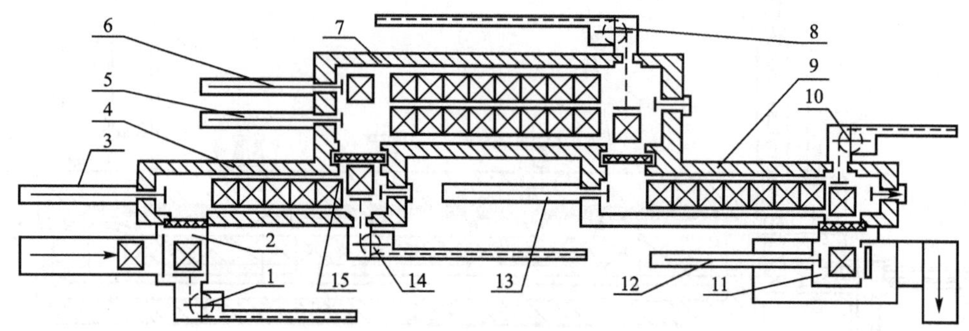

图 9.38 三室渗碳炉

1—推料机 2—前室 3—推料机 4—加热室 5—推料机 6—推料机 7—渗碳室 8—推料机 9—扩散室 10—推料机 11—冷却室 12—推料机 13—推料机 14—推料机 15—炉门

在前室内的工件，经推料机 1 推至加热室，使工件加热到渗碳温度。加热室保持中性气氛(对低碳的渗碳钢既不渗碳也不脱碳的气氛)，所以加热速度的变化不会影响以后渗碳层深度的均匀性。同时，不论工件的大小、厚薄、装料的多少，由于在进入渗碳气氛时它们都具有相同的温度，这为工件的均匀渗碳创造了有利条件。因为，进入渗碳区工件温度的不均匀，常常是造成渗碳层不均匀的主要原因之一。

在加热室的工件加热到渗碳温度后，推料机 3 将每盘工件依次向右移动一段距离，推料机 14 将右端一盘工件推至渗碳室，在高碳势的气氛下，使工件渗碳。图 9.38 显示渗碳室内的工件为双排布置(料盘在炉膛中这样布置的炉子，称为双排炉。为提高生产率，还有多排料盘的渗碳炉)。由于渗碳室的碳势能精确控制，因而一个渗碳室能同时处理要求不同渗碳层厚度的工件，这时只要调整每一排工件的渗碳时间就能很容易实现。

推料机 5(或 6)和 8 等将一盘工件从渗碳室推至扩散室。扩散室内气氛的碳势根据工件要求调节，可以使工件表面含碳量不变化，也可使表面部分降低碳量，以获得平坦的碳层分布曲线。

经过扩散室的工件，在推料机 10 和 13 的作用下，被推至具有水冷套的冷却室内，以较快的速度冷却到室温，以免渗碳层厚度增加。为避免工件氧化，冷却室内需通放热式气氛。

9.2.4 振底式电阻炉

振底式连续作业电阻炉由炉体、振动底板和振动机构组成。

振底式电阻炉是依靠振动机构使装有工件的活动底板往复运动，驱动工件前移而完成加热工艺过程的一种热处理设备。这种炉子结构较简单，自动化程度高，由于振动炉底板一直处在炉内，无需工夹具，故炉子热效率高。

依振动机构的不同，这类炉子分机械式、气动式和电磁振动式。3 种振底炉的特点和应用范围见表 9-1。

表9-1 3种振底炉的特点和应用范围

类别	特点	应用
机械驱动	运动可靠，结构较复杂，采用无级变速器调节加热时间	多用于中、小型工件的淬火和其他热处理
气动驱动	结构简单，动作灵敏，但受气压波动影响较大。汽缸活塞易损耗，汽缸工作时振动较大。采用时间继电器调节加热时间	广泛用于大、中、小型工件的淬火、正火、回火及其他热处理
电磁驱动	结构简单，利用共振驱动，驱动力较小，采用时间继电器调节加热时间	用于小型工件的热处理

1. 气动振底式炉

气动振底式炉的基本结构为：振动底板与汽缸活塞杆连接，在炉内由滚球支撑。电热元件常分布在炉子侧壁上，也有的分布在炉顶，有时也在炉底安设电热元件，以便使炉底两面均匀受热。振底式炉的工件为单层布料，所以炉膛高度应尽可能小。落料口连接一落料管道，与淬火槽连接。为防止淬火介质蒸汽上浮进入炉膛，在落料管道上设有一冷水(或油)喷射装置，不断喷射冷水(或油)，形成薄膜以隔绝蒸汽进入炉内。为保证快速和均匀冷却，在通道上还设有喷头(图9.39)。

进料端因连续装料，常开启炉口，热量和可控气氛消耗大，因此，需尽量降低炉口高度。最好装设自动装料装置，将炉口密封。

气动振底式炉的工作原理可由图9.40示意说明。汽缸工作时，首先活塞杆带动炉底板快速向前运动，处在底板上的工件也随之前进；活塞移动一定距离 L，底板速度达到一定值后突然停止；在此瞬间，工件借惯性作用继续前进一段距离 S，然后活塞杆带动底板缓慢返回原来位置。因此，在底板一周期运动中，工件实际向前移动了 S，$S=L_2-L_1$。

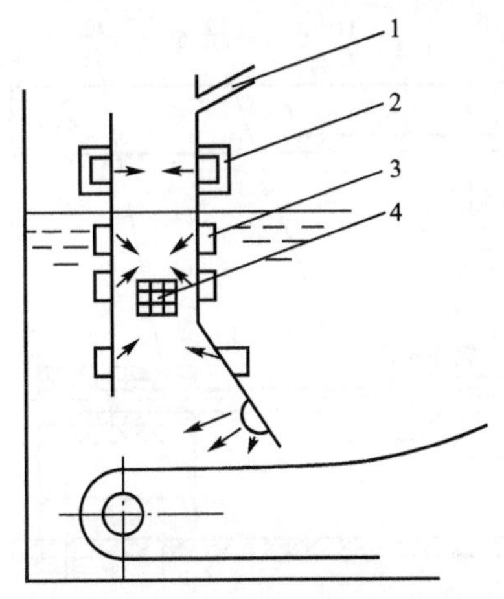

图9.39 带喷头的淬火油槽示意图

1—排烟管 2—带喷流的夹套冷却器 3—进入喷头 4—多孔板

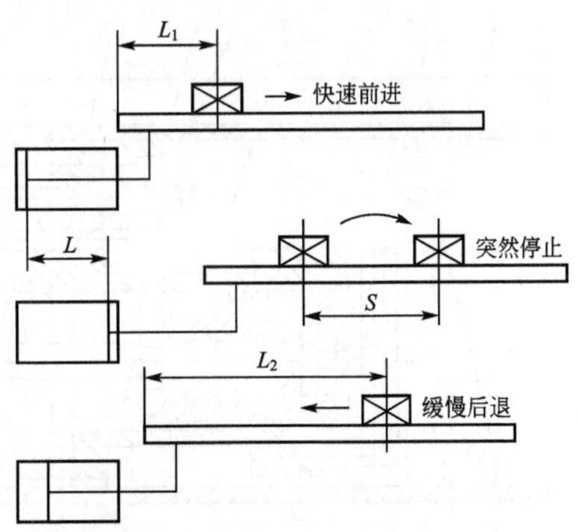

图9.40 工件在振动底板上运动的动作原理图

气动振底式炉的振动机构气路系统如图 9.41 所示。可以看出压缩空气推动汽缸中的活塞作往复运动，从而带动底板运动。气动振动结构如图 9.42 所示，活塞杆通过连接板 10、销轴 9 和弹簧 7 与炉底板 3 连接。销轴 9 与衬套 8、定位螺母 5 与弹簧座 6 之间均是松动配合，所以活塞杆与炉底板的连接是一种“软”连接。

工件运动的快慢取决于汽缸活塞的运动速度和炉底板的摩擦力大小。调节汽缸来回频率大小，可得到不同的工件移动速度。炉底板的振动周期，一般是利用时间继电器控制电磁阀，按规定的时间间隔改变汽缸送气的方向。

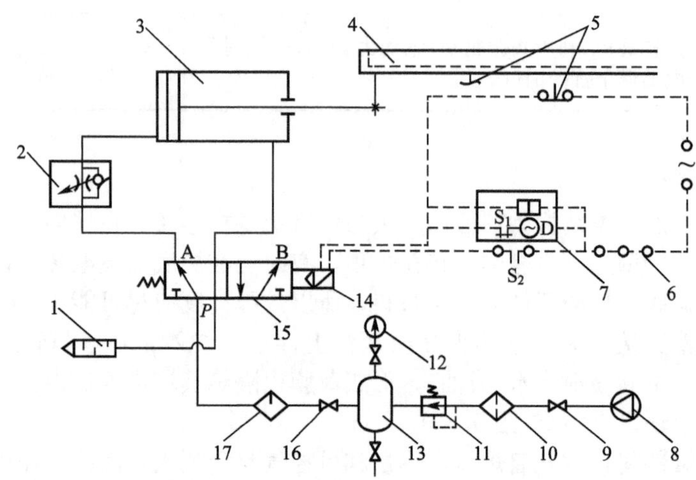

图 9.41　汽动振底式炉振动气路系统

1—消声器　2—单向节流阀　3—汽缸　4—炉底板　5—行程开关　6—控制开关
7—时间继电器(通电延时)　8—气源　9—手动阀　10—分水滤气器
11—限压切断阀　12—压力表　13—蓄压器　14—先导阀(常开式)
15—二位四通(五口)换向控制阀　16—手动阀　17—一次油雾器

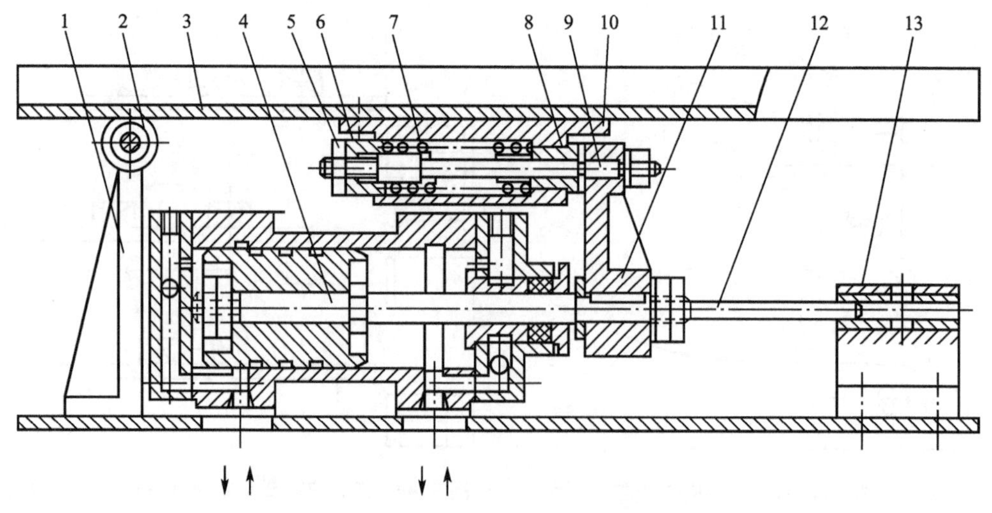

图 9.42　汽动振动机构

1—支座　2—滚轮　3—炉底板　4—汽缸　5—定位螺母　6—弹簧座　7—弹簧
8—衬套　9—销轴　10—连接板　11—中心座　12—活塞杆　13—滑座

炉底板根据不同工作温度可选择不同材料，如碳钢和耐热钢等，其形状一般为槽形体，在槽形体底面设有导向槽，它既能防止底板在往复运动中发生歪斜，又起到加强肋的作用，增加底板的刚度，减少变形。导向槽的形状，可根据所用的滚动体形状而定。对滚柱状的滚动体，导向槽为矩形；对滚球状的滚动体，导向槽为倒V形，如图9.43所示。

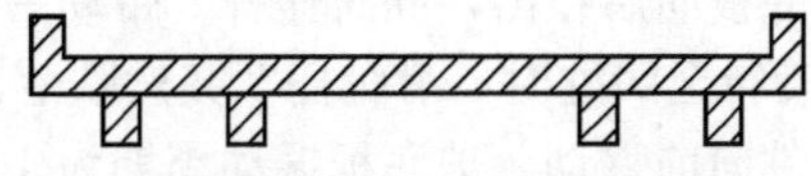

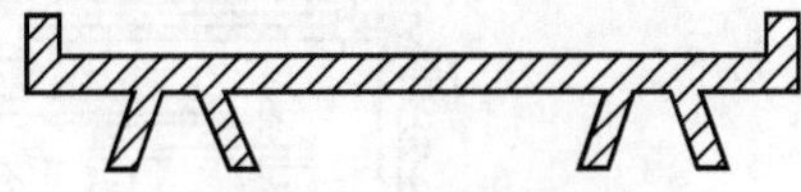

图9.43 炉底板的结构

中、小型振底式炉的炉底板常用下列支承方式。

(1) 滚动支承。在炉体底部设耐热钢滚道，滚道上隔离成许多隔间，分别放入耐热钢或陶瓷的滚动体(圆柱形或球形)。

(2) 滑动支承。其结构是沿炉底纵向砌有2～4条碳化硅滑道，底板直接在碳化硅滑道上滑动。

图9.44为一气动振底式炉。炉子所用电热元件为电阻带，分10组布置在炉底下部和炉顶。

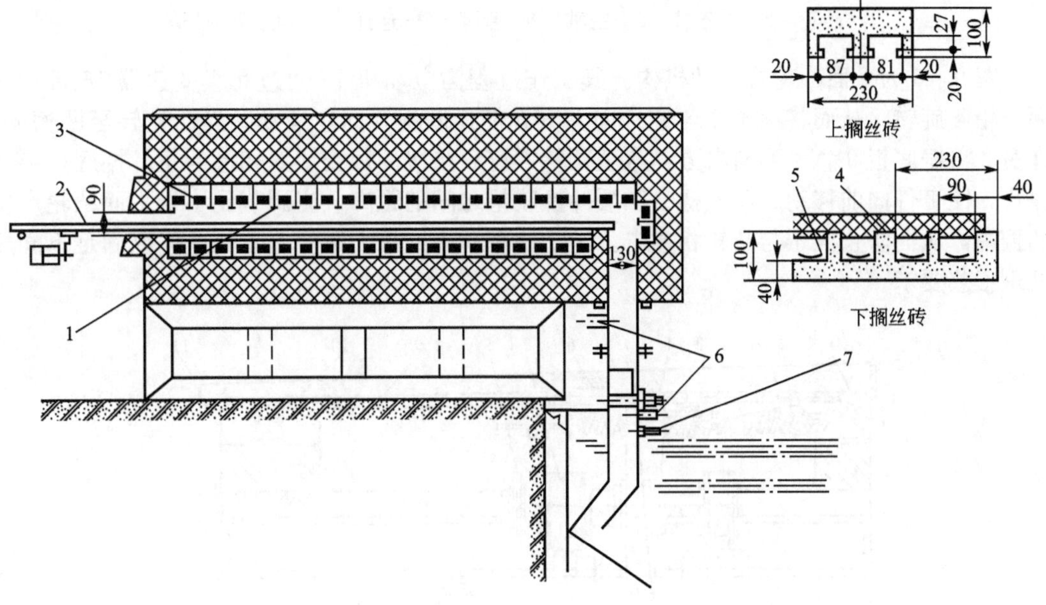

图9.44 气动振底式炉

1—热电偶孔 2—炉底板 3—电热元件 4—碳化硅砖
5—炉底搁砖 6—保护气进口 7—水油膜喷口

2. 机械式振底炉

机械式振底炉的炉型结构除振动机构外，与小型气动振底炉完全相同，其振动原理实质上也是一样的。

机械式振底炉的机械振动机构有凸轮-连杆式振动机构和平面凸轮振动机构两种。

图9.45是凸轮-连杆式振动机构。其工作过程为变速箱带动凸轮1旋转，将滑轮杆2顶高，由于滑轮固定在主轴3的一端，主轴也向同一方向旋转，主轴上装有两只弯脚4将

炉底板向后拉出，同时连杆 5 带动另一根牵引轴 6 转动，使另一端的拉簧 7 张紧；当凸轮 1 旋转至凹处时，滑轮杆 2 突然跌落，拉簧则牵引连杆 5 猛力将炉底板推向下方，从而使工件向前移动。炉底板振动周期为 1～45 秒/次。

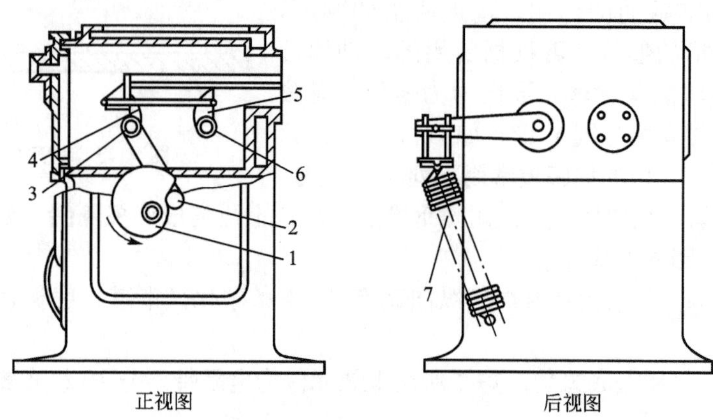

图 9.45　凸轮-连杆式振动机构

1—凸轮　2—滑轮杆　3—主轴　4—弯脚　5—连杆　6—轴　7—拉簧

图 9.46 为平面凸轮式振动机构。其工作过程为电动机 15 通过无级变速器 16 带动平面凸轮 4 旋转，从而将滚子 3 匀速顶向左方，使振底板 9 向左运动。当凸轮转至凹槽处，弹簧 2 将振底板 9 急速弹向右方，直至调整螺钉 5 与缓冲橡胶垫 6 相撞为止。振底板突然停止，使工件向前移动。调整螺钉和缓冲橡胶垫之间的距离 7 应调节到小于平面凸轮产生的振幅，从而防止滚子与凸轮相撞击。炉子的振动周期靠无级变速器调整，以满足不同热处理工艺要求。

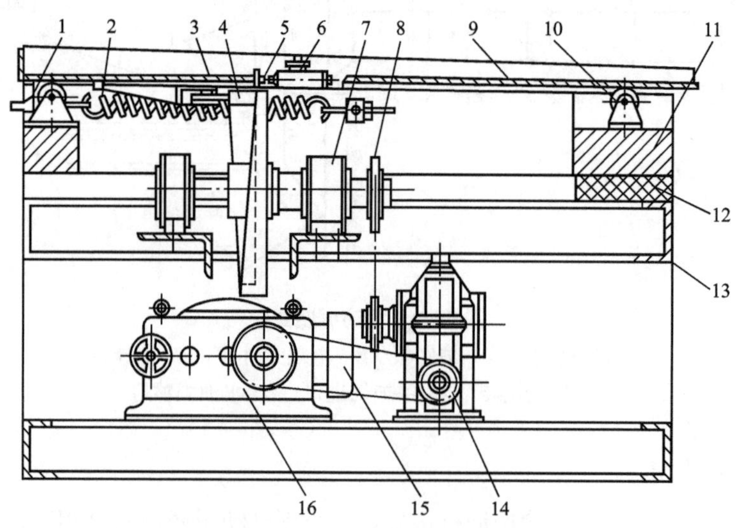

图 9.46　平面凸轮振动机构

1—调整螺母　2—弹簧　3—滚子　4—平面凸轮　5—调整螺钉　6—缓冲橡胶垫　7—滑动轴承　8—链轮　9—振底板　10—支承滚轮　11—底座　12—减振装置　13—基座　14—减速器　15—电动机　16—无级变速器

3. 电磁式振底炉

电磁振底式炉的炉体与小型气动振底炉基本相同，但其振动机构的结构和工作原理则有很大差异。

图 9.47 为电磁振动机构的振动原理。它由炉底板、电磁振动机构、底座以及连接、支承件等组成。电磁振动机构以激振电磁铁作为振源，它与板簧相结合，产生共振，把振动传递给槽板和炉底板，实现炉底板往复振动。

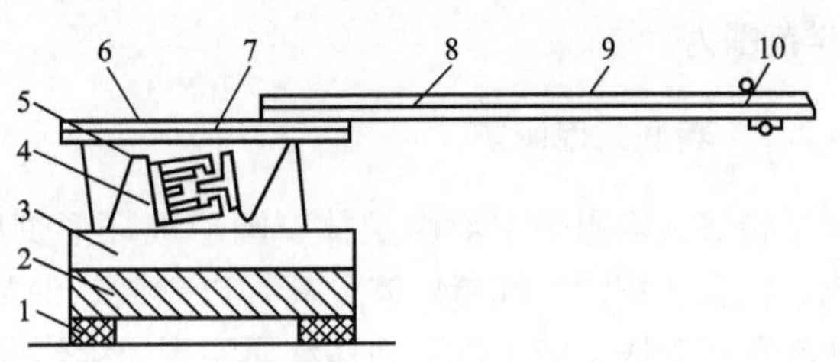

图 9.47 电磁振底机构

1—减振橡胶垫 2—平台 3—底座
4—电磁铁座 5—激振电磁铁 6—槽板
7，8—板簧 9—底板 10—吊挂式支承

激振电磁铁由频率 50Hz 的半波整流电源供电，在通电上半周时，电磁铁吸引板簧；在下半周时磁铁吸力消失，板簧弹回。板簧与槽板相连。为产生共振，板簧的固有频率应与激振电磁铁的频率基本一致。常以改变板簧厚度调整其固有频率。通常板簧常约 200mm，板簧振幅约 1mm。

炉底板一端通过连接件与槽板连接，或用螺钉和弹簧连接，连接点做成可调式，使槽板自由地把振动传给炉底板。炉底板的另一端架在对以自由摆动的支承吊框上，吊框所处的平面与炉前振动机构的板簧大致平行，以保证炉底板自由摆动，这也是电磁振底炉调整要点之一。

底座应具有较大质量，以降低其振幅。橡皮垫进一步起消振作用，以免振动通过地基传到炉体和炉子周围的设备。

电磁振动底板输送工件的原理可用图 9.48 说明。在电磁铁的吸引下，在板簧被拉向左下方极点即将反方向弹回的瞬间产生向左下方的惯性力 ma，惯性力可分解为垂直分力 $ma\sin\alpha$ 和水平分力 $ma\cos\alpha$(图 9.47(a))。垂直分力与工件重力 mg 同向，因此可增大工件与底板间的摩擦力，即

$$F=\mu N=\mu(mg+ma\sin\alpha) \tag{9-2}$$

此时，作用在工件上的水平分力比摩擦力 F 小，故不可能使工件向左方滑动。

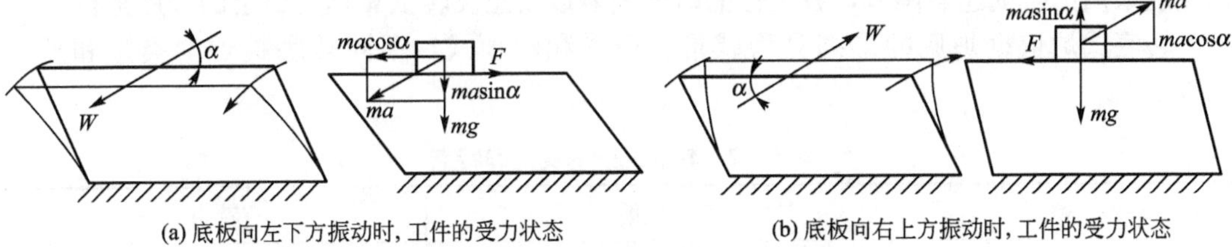

(a) 底板向左下方振动时，工件的受力状态　(b) 底板向右上方振动时，工件的受力状态

图 9.48 电磁振动机构的输送原理图

当电磁铁失去作用，底板被板簧弹向右上方时，情况正相反，如图 9.47(b)所示。惯性力垂直分力的方向与工件重力相反，减少了工件运动的摩擦力。即

$$F'=\mu N'=\mu(mg-ma\sin\alpha) \tag{9-3}$$

此时，作用在工件上的惯性力水平分力大于摩擦力 F'，工件将相对于底板向右方滑动。如果 $ma\sin\alpha\geqslant mg$，惯性力垂直分力克服了重力，工件将在向上的惯性力垂直分力作

用下，脱离底板沿 ma 的方向被抛起，这就成为抛料运送过程。随着底板不断振动，工件不断重复上述受力过程，并沿同一方向移动。

从以上受力分析可以看出，板簧倾斜方向决定了工件的运动方向。板簧向左方倾斜，将使工件向右方移动，振动角 α 可影响垂直分力大小和工件运行的状态，一般应在 10°～15°范围内。

9.2.5 转底式电阻炉

转底式电阻炉主要由炉体、圆形或环形炉底、炉门、气路系统及电气控制装置等组成。转底式炉的炉底与炉体分离，以砂封、油封或水封连接，由驱动机构带动炉底旋转，使放置在炉底上的工件随同移动而实现连续作业。

这种炉子结构紧凑，占地面积小，使用温度范围宽，对变更炉料和工艺的适应性强，主要用于齿轮、齿轴、曲轴以及连杆等多种零件的淬火加热、渗碳、碳氮共渗等处理。

转底式电阻炉炉壳由钢板及型钢焊接。对较大型转底炉，炉膛一般划分为不同区段，如预热、加热或预热、渗碳等区段。各区段也常设拱隔墙，使各区段温度、气氛保持相对独立。炉衬根据加热元件安装方式和炉内气氛而不同，普通渗碳气氛的炉子，多用轻质抗渗碳砖作内衬或耐火纤维砌筑。炉顶有拱顶和平顶不同形式，拱顶有错砌的弧形拱或用浇注耐火料预制块砌筑。平顶采用耐火纤维毯折叠块构件，用锚固件固定在炉顶钢板上。对设有风扇的炉子，风扇设置在炉顶，同时在耐火纤维块表面喷涂粘结剂，以提高抗风蚀的能力。炉底的底层常用标准砖和保温砖砌筑，表面铺上金属底板。炉底与炉墙间保持一定间隙，称为环缝，环缝大小与炉子直径、炉衬材料等有关，一般为 40～80mm，环缝下部常设砂封或油封，为加强密封，常采用双刀密封。炉底上设有凸起支架，以便使工件加热均匀。炉门设在炉体侧面，有单门和双门两种(有些炉子装料口与出料口分开)。为实现气氛保护的加热和化学热处理，应加强炉门的密封。

转底式电阻炉电热元件有的用电阻丝支架在内外墙的托板砖上，有的用电阻带悬挂在内外墙壁上，也有的用金属辐射管垂直插在外环内四周或水平放置在金属托盘的上下两面。

转底部分结构大体可分为 3 种形式：转底支撑采用 3 个斜压轮，中心轴承定位；转底采用沿滑道滚动的多只滚轮支撑，中心轴承定位；转底支撑与定位完全依靠轴承。转底转动速度采用无机变速器调节，各工位的时间间隔以及正反转依靠预定给定的程序进行。

转底式炉依据炉底的形态分为碟形、环形和转顶式，不同转底式炉的类型和特点见表 9－2。

表 9－2 转底式炉的类型和特点

类型		说明	特点
碟形转底式炉	炉内整体转动	炉墙固定，整个炉底转动	只适用于小型炉
	炉内金属支架转动	炉体全部固定，炉内有一转动的伞形耐热钢支架	耐热钢耗用多，支架为单轴支承，适用于小型炉，密封性较好
环形转底式炉		炉底有一环形区可以转动，炉体其余部位固定	适用于大型炉，密封性较碟形炉差
转顶式炉		炉顶盖转动，工件悬挂于炉顶	需专用工夹具，适用于加热长条形工件

图 9.49 为有耐热钢支架的碟形转底式炉结构。该炉若通入渗碳型的可控气氛应改用辐射管加热；为加强炉门密封，可用斜炉门，用汽缸拉紧炉门密封；为防止炉门框变形，也常用水冷炉门框。

图 9.50 为炉底整体转动的碟形转底式炉结构，图 9.51 为带气流循环系统的碟形转底炉结构。

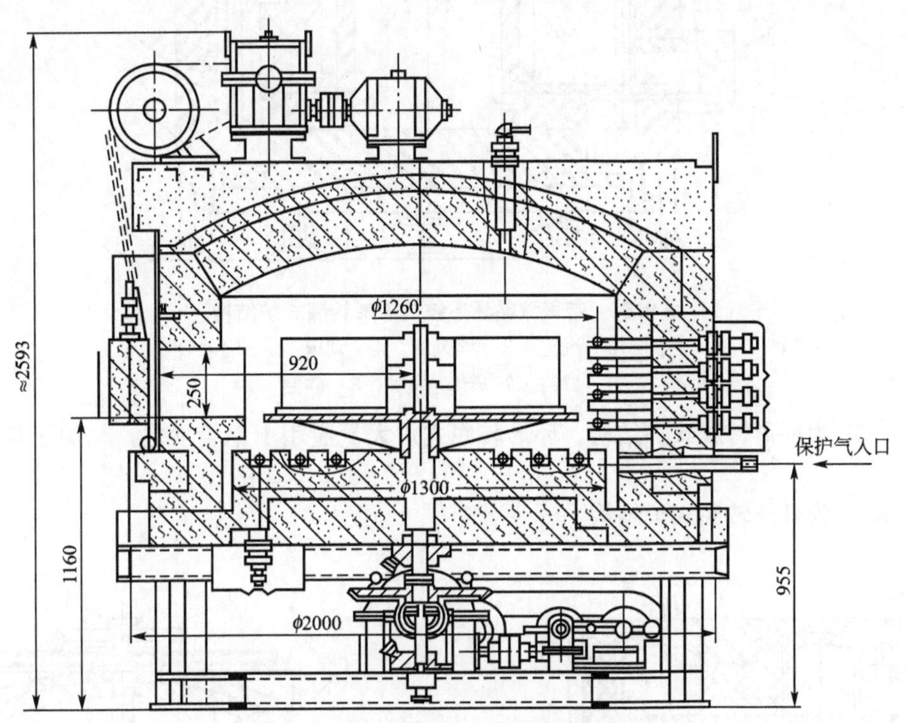

图 9.49　有耐热钢支架的碟形转底式炉结构

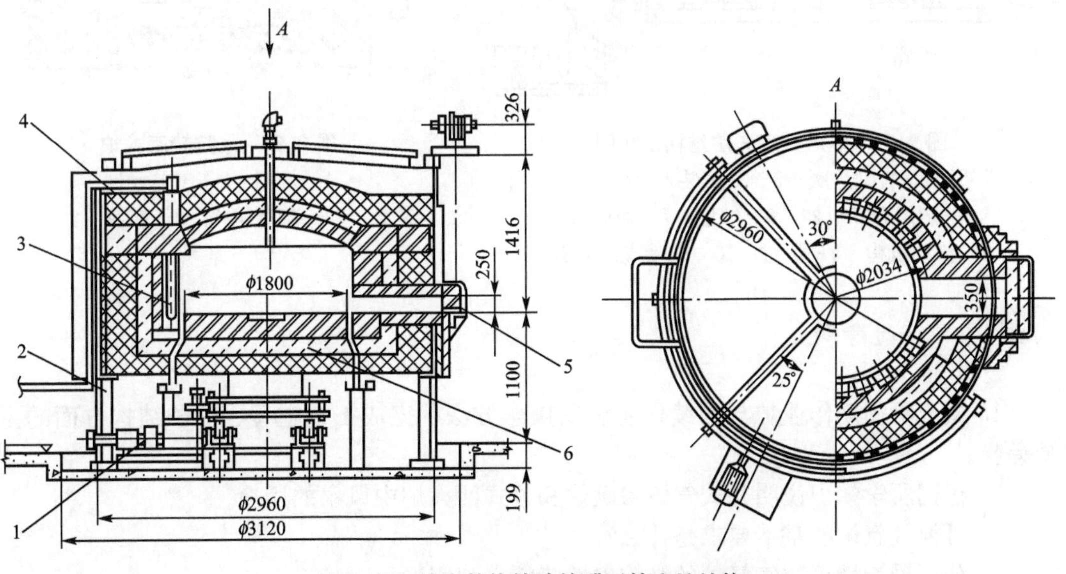

图 9.50　炉底整体转动的碟形转底炉结构

1—定心装置　2—支腿　3—辐射管　4—炉衬　5—炉门　6—转底

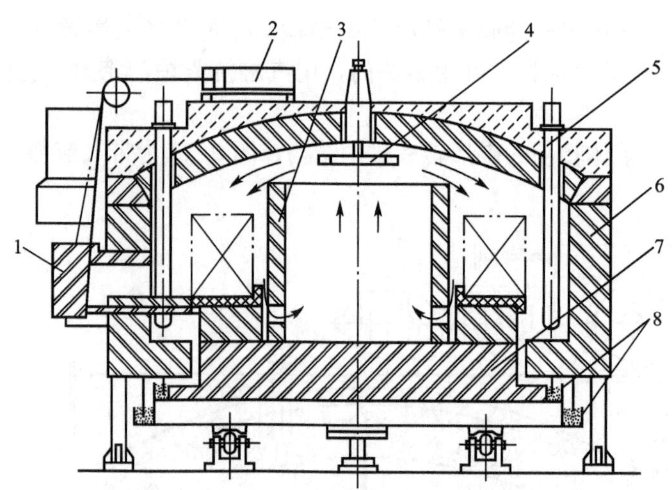

图 9.51　带气流循环系统的碟形转底式炉结构

1—炉门　2—汽缸　3—导风筒　4—风扇　5—辐射管

6—炉衬　7—转动炉底　8—砂封

图 9.52 为环形转底式炉结构。环形转底式炉大量应用于钢管加热，其炉子规格一般都很大。

图 9.53 为悬挂转底式炉结构。

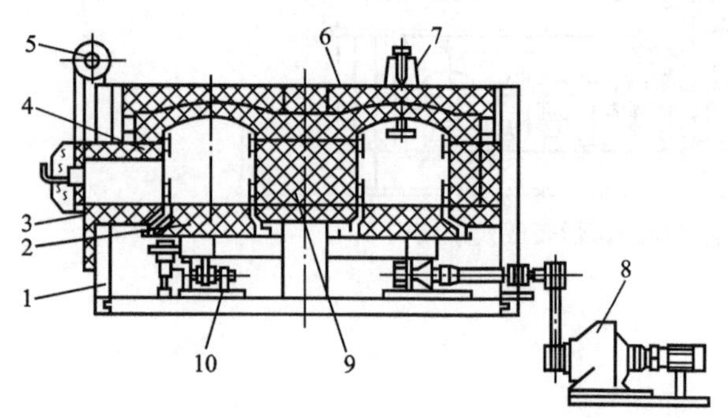

图 9.52　环形转底式炉结构示意图

1—骨架　2—转动炉底　3—火帘装置　4—加热元件

5—炉门升降机构　6—炉顶　7—通风机

8—传动机构　9—炉衬　10—传动支承装置

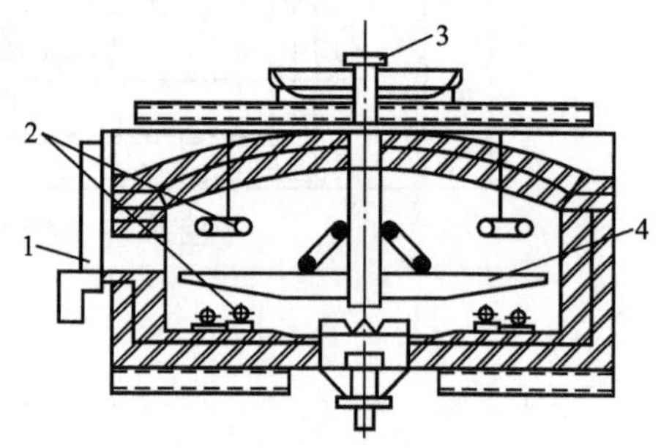

图 9.53　悬挂转底式炉

1—炉门　2—电热元件

3—旋转机构　4—转盘

习题与思考题

1. 试分析周期作业炉与连续作业炉在操作方法、完成工艺过程、炉子结构方面的主要差异。

2. 根据所学知识说明井式气体渗碳炉和井式回火炉中风扇的用途。

3. 可控气氛炉的基本要求是什么?

4. 分析周期性可控气氛炉的结构、性能特点和用途。

5. 分析各类连续作业炉的结构特点和用途。

第10章

热处理浴炉和流动粒子炉

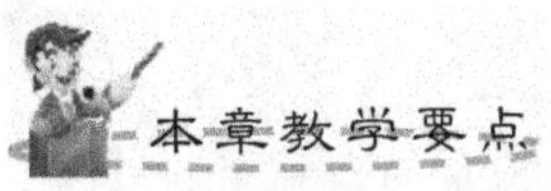

知识要点	掌握程度	相关知识
浴炉	了解浴炉的类型和特点；熟悉各种浴炉炉型的基本结构和工作原理；熟悉各种浴炉炉型的应用范围	浴剂的物理及化学性能
电极盐浴炉	熟悉电极盐浴炉的工作特点和结构原理；了解电极浴炉的设计过程；掌握电极的布置方案和设计方法	电磁搅拌原理；电解质导电原理
流动粒子炉	熟悉流动粒子炉的工作原理、类型、加热方法和用途	固体流态化技术及应用

导入案例

超薄刀具是指厚度比小于1∶20的工件。超薄刀具在刀具热处理行业中是一种很难加工的产品。人们在生产过程却经常遇到这种超薄刀具。在通常情况下，超薄刀具要采用特殊的热处理工艺。其中，叶铣刀就是一个极具代表性的例子。叶铣刀不仅是一种超薄件，而且其有效尺寸变化极多，刀具精度也很高。

(1) 叶铣刀技术要求：材料，W9Mo3Co4V；规格，直径Φ240mm6mm；硬度，63～66HRC；平面度，≤0.4mm。

(2) 设备：中温盐浴炉(800～900℃)；高温盐浴炉(1200～1290℃)；2-3-5盐浴炉(550～650℃)；低温硝盐炉(280～290℃)；淬火工具，回火筐。

(3) 工艺路线：装卡-中温预热-高温加热-2-3-5分级-低温硝盐-热清洗-校直-装筐回火(3次)-清洗-校直-防锈处理-检查。

(4) 工艺：预热，850～900℃(6min)；加热，1220℃(3min)；冷却，580～620℃(3min)、270～280℃(120min)；回火，560℃[60min(3次)]。

采用上述工艺操作后，W9Mo3Co4V材质的叶根铣刀的热处理工序达到工艺要求。后经数次刀具生产实验，例规格一直径Φ240mm×8mm错齿三面刃铣刀的热处理，其效果也良好，即本工艺针对小批量W9Mo3Co4V材质的超薄刀具效果良好。

资料来源：黄玉琴，裴崇轩，潘磊. W9Mo3Co4V材质的超薄刀具的热处理. 上海大中型电机，2009，(4)

10.1 浴炉的特点及类型

10.1.1 浴炉的特点

浴炉是利用液体作为介质进行加热或冷却工件的一种热处理炉。按所用液体介质的不同，浴炉有盐浴炉、碱浴炉、油浴炉、沿浴炉等。其中以盐浴炉使用最为普遍，也是本章重点介绍的内容。

浴炉的工作温度范围很宽(60～1350℃)，除不能完成随炉冷却的退火工艺外，可以完成多种热处理工艺，如淬火、回火、分级淬火、等温淬火、正火、局部加热及化学热处理等。

工件在浴炉中加热与液体介质相接触，靠对流换热，换热系数很大，加上工件加热时不直接与空气接触，因此，具有加热速度快、温度均匀和不易氧化脱碳等优点。由于炉口向上，工件在浴炉中加热时，加热速度又快，所以便于对工件进行局部加热及高温短时快速表面加热。浴炉结构简单，制造方便，炉口向上工件在悬挂状态下加热，变形较小，操作方便，便于实现机械化。

电极盐浴炉除具有以上优点外，炉体内的坩埚无需消耗耐热钢而用耐火材料制成，在1350℃下使用仍有较长的寿命。因此，电极盐浴炉的应用最为广泛。

与电阻炉相比，浴炉的主要缺点是装料少，只适用于中小零件的加热，炉口向上敞开，热损失大、启动、脱氧操作麻烦，需要消耗盐、碱等介质，劳动条件较差，液体介质的蒸汽污染环境。另外，盐浴炉处理后的零件，必须仔细清洗，因为零件上粘附盐，极易受腐蚀。盐浴炉虽有以上缺点，但其所具备的优点使其仍然成为热处理车间的主要设备，特别适用于加热一些尺寸不大、形状复杂、表面质量要求较高的工模具及精密零件。

10.1.2 浴炉的分类

浴炉可以按照液体介质和加热方式进行分类。

1. 按浴液分类的浴炉

1）盐浴炉

浴液为不同成分熔融盐的浴炉，按温度可划分为低、中、高温浴炉。低温浴炉浴液主要是硝盐，用于温度在150～550℃温度范围的等温淬火、分级淬火和回火；中、高温盐浴炉的浴液成分为氯化钡、碱金属氯化盐、碱土金属氯化盐以及它们的混合盐，用于温度在600～1300℃范围内的工模具零件的加热和液态化学热处理。

2）金属浴炉

浴液为熔融金属的浴炉，主要是铅浴炉。铅浴热容量很大，热导率很高，传热速度快，可实现快速加热。但铅蒸气有较大毒性，它主要用于等温处理。

工业纯铅的熔点约在327℃。加热时铅不附着在清洁的钢件上，但铅易被氧化，氧化铅会附着在钢件上。在生产中当温度超过480℃时，常用颗粒状炭质材料，如木炭作铅浴表面的保护覆盖层，有时用熔盐作保护层。

铅的密度大，零件在铅浴中加热时，如果不用夹具压下，就会浮起。

3）油浴炉

浴液为不同品级汽缸油的浴炉。油浴炉广泛应用于低温回火，有较高的温度均匀度，使用温度低于230℃。浴炉也用于进行分级淬火。与盐浴相比，油浴的优点是油在室温时易于清理，油带走的热损失较少，油浴对所有钢奥氏体化加热用盐的带入都可适应。油浴炉的缺点是可使用的温度较低，油暴露在空气中会加速变质，例如，在60℃以上每增加10℃，油被氧化的速率约增加一倍，生成酸性渣，会影响淬火工件的硬度和颜色；在油中进行马氏体分级淬火时，工件达到温度均匀所需的时间较长，当马氏体分级淬火温度高于205℃以上时，用盐浴比油浴好。

2. 按加热方式分类的浴炉

1）电加热浴炉

电加热浴炉又分为外热式浴炉、内热式电极盐浴炉和内热式管状加热器浴炉。

(1) 外热式浴炉。外热式浴炉主要由炉体和坩埚组成，是将电热元件放在坩埚外，热量通过坩埚壁传入介质中进行加热的浴炉。坩埚可用10～15mm左右的耐热钢或低碳钢板焊接而成，也可以用20mm左右壁厚的耐热铸铁铸造而成。浴炉上边缘与炉体的重叠尺寸应大一些，且与炉体紧密相接，以防止盐浴流入炉体加热室内腐蚀坩埚外壁和电热元件。坩埚上应焊吊耳，以便装吊。坩埚底部应支承在炉体的耐火材料上，防止在工作时由于盐的重量过大使坩埚底部焊缝开裂。坩埚的容积大小将在本章第二节电极盐浴炉中讨论。外热式浴炉加热介质可以根据工艺要求选择与配制。

外热式浴炉的炉体结构设计与一般电阻炉相同。但必须注意，电热元件的布置高度要略低于坩埚内液体介质的高度，否则坩埚壁会因局部过热及氧化而过早损坏。

外热式浴炉的优点是电热元件与加热介质不接触，故溶液成分容易保持稳定；不需要昂贵的变压器；启动操作方便。

外热式浴炉的主要缺点是金属坩埚寿命较短；热惰性较大，浴液内温度梯度较大；重新启动时，浴槽的侧壁和底部容易过热，有造成喷盐的危险。

随着工作温度升高，坩埚寿命将急剧降低，所以外热式浴炉的工作温度一般多在850℃以下，主要用于碳钢与合金钢工件的淬火、正火、回火等，特别适宜做各种化学热处理(液体碳氮共渗、液体软氮化等)，也可作等温冷却用。

根据工作温度外热式浴炉分为低温浴炉和中温浴炉。

低温浴炉主要型号为RYW5，以油作浴剂时，最高工作温度不得超过300℃，以硝盐作浴剂时，最高工作温度不得超过550℃。低温浴炉广泛用于马氏体分级淬火、贝氏体等温淬火、工件回火、形变铝合金热处理等。图10.1为带搅拌器的外部电加热式硝盐浴炉。

中温浴炉标准型号为RYW8，其浴剂为氯化盐或不同氯化盐的混合盐，最高使用温度为850℃。其坩埚为耐热钢浇铸而成，呈半球形底圆筒形式，或用耐热钢板焊接而成，呈蝶形底圆筒形式。其炉体结构与井式电阻炉相似。中温浴炉的典型结构如图10.2所示。

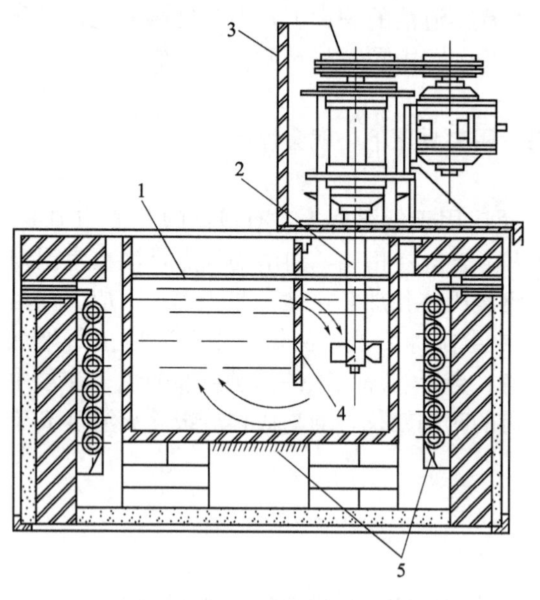

图10.1　带搅拌器的外部电加热式硝盐浴护

1—盐液面　2—搅拌器　3—挡板
4—隔离板　5—电热元件

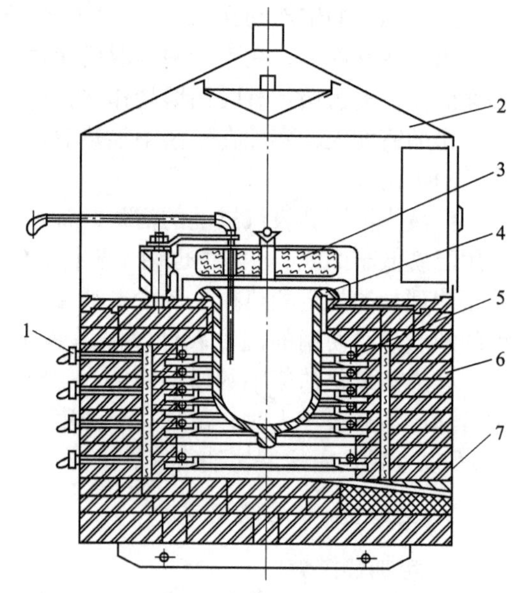

图10.2　外部电加热式中温浴炉

1—接线座　2—炉罩　3—炉盖　4—坩埚
5—电热元件　6—炉衬　7—清理孔

(2) 内热式电极浴炉。这类炉子的特点是电极布置在导电介质中直接通电产生热量。它常采用盐类作加热介质，故通常称电极盐浴炉。电极盐浴炉由炉体坩埚、电极及盐炉变压器等组成。电极盐浴炉按炉温可分为低温(<650℃)、中温(650～1000℃)和高温(1000～1300℃)3种，低温炉常用于高速钢的分级淬火和回火；中温炉用于碳钢、低合金

钢件的淬火加热、高速钢的淬火预热和化学热处理；高温炉主要用于高速钢和高合金钢件的淬火加热。

电极盐浴炉的优点是升温速度快，无需金属坩埚，可以进行高、中、低温加热，因而被广泛应用在各类工厂企业。

电极盐浴炉的缺点是盐液面热损失大，盐蒸汽污染环境，需要特殊启动方式。

电极盐浴炉加热原理是交流电经变压器降压后，输入电极，流经熔盐，由于熔盐的电阻远大于金属电极，所以产生大量所需热量，加热置于其中的工件，此时熔盐主要起发热体的作用。

由于交流电通过电极和电极间熔盐产生较强的电磁力，将驱动熔盐在电极附近循环流动，如图 10.3 所示。当电流通过电极 2 时，电极周围产生强磁场。磁力线 3 的方向按右手定则决定。又根据左手定则，磁场、电流与导体的受力方向应互相垂直，两电极间任一位置的熔盐 1(导体)即受一向下的力而向下运动，上部的熔盐则随之补充。当电流改变方向时，磁力线 3 的方向也随之改变，因此受力方向始终向下。熔盐的不断循环，促使盐浴温度均匀，工件迅速加热。

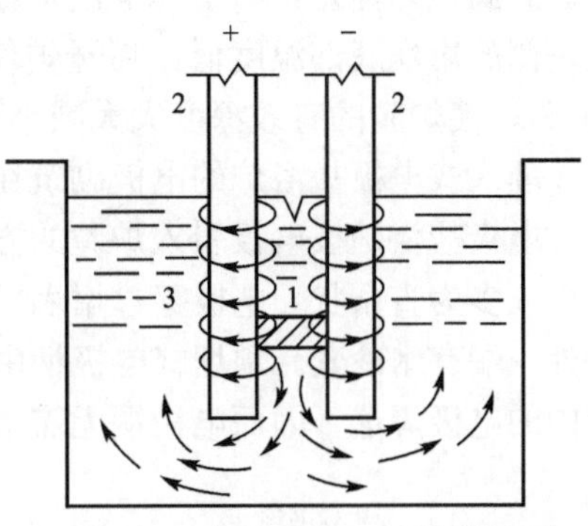

图 10.3　熔盐电磁力驱动盐液循环

依电极浸入介质的方式电极浴炉分为插入式和埋入式两种。

插入式电极盐浴炉的结构示意图如图 10.4 所示。它的电极由坩埚上方直接插入盐槽中，电极和坩埚可分别制造及更换。电极一般为棒状，断面常用圆形，少数电极用板状。电极材料一般用低碳钢，个别也有用不锈钢(抗硝盐腐蚀)或高铬钢(抗高温氧化)。电极电压通常为 5.5～17.5V，用棒状电极时，由于其电极间距小(20～70mm)，电极间的熔盐内

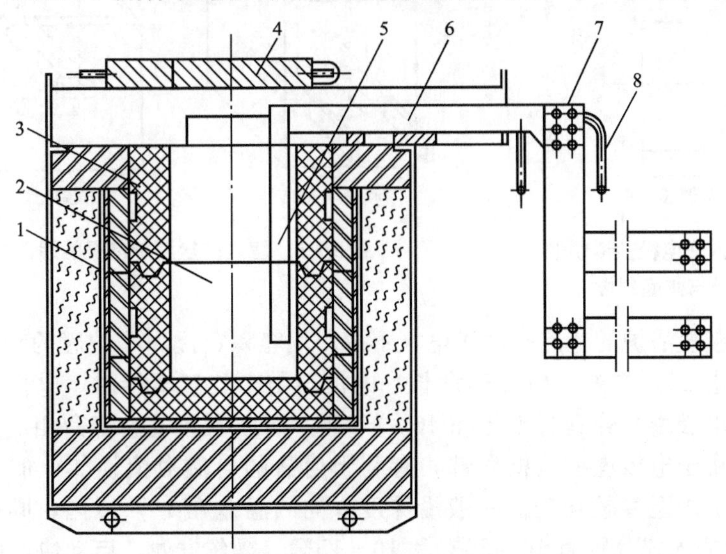

图 10.4　插入式电极盐浴炉

1—钢板槽　2—炉膛　3—坩埚　4—炉盖　5—电极　6—电极柄　7—汇流板　8—冷却水管

电流密度高，因而电极区内的熔盐受电磁搅拌作用强烈。坩埚炉膛形状有方形、圆形或多角形。小功率盐浴炉用单相，功率大的用三相。

插入式电极盐浴炉的优点是，结构简单，坩埚和电极可单独更换，电极的制造、装卸方便，电极间距可调。

插入式电极盐浴炉的缺点是坩埚容积利用率低，一般仅为三分之二，其余三分之一被电极区所占据，不能用于加热工件，浪费大量电力。电极寿命短，由于电极自上方插入盐浴，电极与盐面交界处极易氧化，造成缩颈现象(图 10.5)。缩颈处电极的电流密度增大，温度升高，更加速了电极的烧损。这种情况在高温盐炉中尤为突出，因而其电极寿命很短。炉温均匀性差，由于其电极布置在炉膛一侧，因此在电极附近的熔盐温度高，远离电极一侧的坩埚底部温度低，在开炉使用初期，该处的盐不能熔化，形成“炉底斜坡”(图 10.5)，使炉膛的有效深度大大减小。此种情况在中、低温盐炉中最为常见。

埋入式电极盐浴炉的电极砌筑在炉膛下部的坩埚侧壁内，只有一个面与熔盐接触。埋入式电极盐浴炉按电极引入炉膛的方式不同，分为侧埋式和顶埋式两种(图 10.6)。侧埋式电极大多为直条状，电极穿过坩埚后壁水平埋在坩埚的两侧壁内，为防止坩埚漏盐，电极柄处一端有水冷套。顶埋式电极柄由顶部垂直埋入坩埚壁中，下端再与埋在炉膛下部坩埚壁内的电极焊透，因而电极柄无需水冷套。

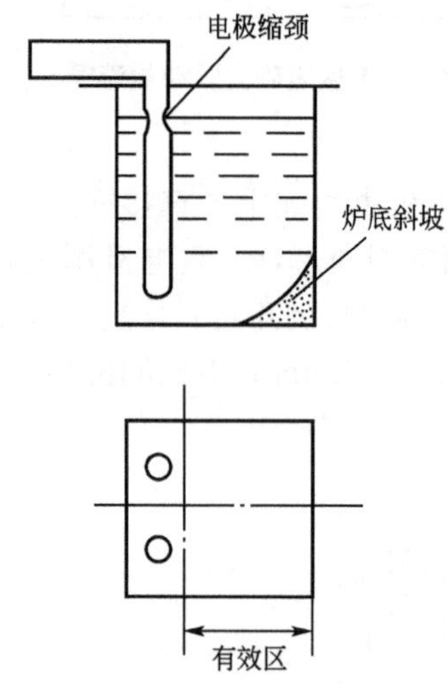

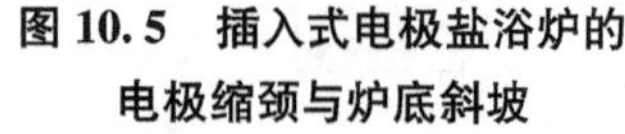

图 10.5　插入式电极盐浴炉的电极缩颈与炉底斜坡

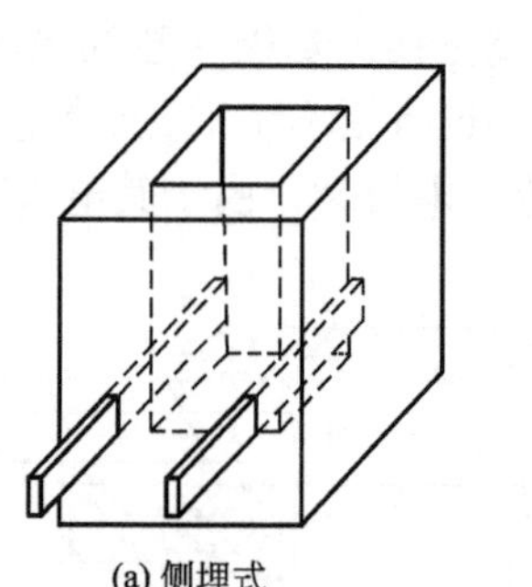

(a) 侧埋式

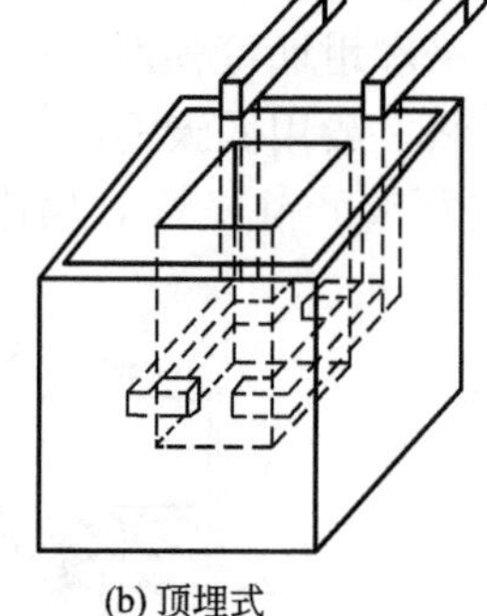

(b) 顶埋式

图 10.6　埋入式盐浴炉电极的埋入方式

埋入式电极盐浴炉的优点是由于电极不占坩埚容积，提高了炉膛的利用率，在生产率相同时可节电 20%左右。电极寿命长，电极不与空气直接接触，电极烧损慢。中温炉和高温炉的电极寿命分别为半年和 40～45 天，而插入式电极寿命相应的只有一个月和一周左右。由于电极埋在盐槽底部，有利于熔盐的自然对流换热，加上电磁搅拌作用，使整个熔盐内温度较均匀。一般沿深度方向的温差在 10℃以内，同一水平面上温差 3～4℃。而插入式分别为 10～25℃和 10～15℃，操作方便，启动快，捞渣容易。

埋入式电极盐浴炉的缺点是坩埚砌筑麻烦，寿命短。一股中温炉坩埚寿命为 0.5～1 年。由于电极砌死在坩埚侧壁内下部，电极间距无法进行调节，若电极尺寸设计不当，容易造成功率过大或过小，对三相盐炉还会造成三相电流不平衡，严重时甚至使盐炉无法正常工作。电极与坩埚不能单独更换。

(3) 内热式管状加热器浴炉。这是将管状加热器浸埋在加热介质内的一种浴炉，它由管状电热元件、坩埚和炉衬等组成。硝盐炉、碱浴炉、油炉均可采用管状电热元件加热，此类炉子由于使用温度一般低于 550℃，主要用于 550℃以下的钢件回火、等温淬火和铝合金淬火加热。

内热式管状加热器浴炉坩埚用 10mm 左右的低碳钢板焊成，对大型铝合金件淬火加热用硝盐槽，坩埚壁厚可达 20mm。坩埚底部应支承在炉体保温材料上。

管状电热元物热的浴炉炉体结构，由于炉温低，只需在炉壳内填充 100～200mm 厚的保温材料即可。

这种浴炉的优点是炉体结构简单紧凑，加热器安装方便，热效率高，温度均匀度好，便于炉温控制。

其主要缺点是管状加热元件使用温度受金属管材料耐热和耐蚀性的限制，以及管内电热种的负荷率较高，使用温度一般小于 400℃，故主要用于油浴炉、硝盐炉和碱浴炉。

管状加热器的结构是在金属管内装入电热元件，并用绝缘的导热性较好的耐火材料(如结晶氧化镁)填充制成直形、U 形、W 形等结构形式。

2) 燃料加热浴炉

燃料加热浴炉属外热式加热浴炉，主要应用于中温浴炉，燃料便于就地取用，设备投资和生产费用较低廉。其缺点是浴槽易局部过热，寿命短，燃料燃烧过程较难控制，炉温的均匀度和控制精度较差。这类浴炉的特性除加热方式外与外电热浴炉相似。

10.1.3 常用浴剂

浴炉所采用的浴剂主要有油类、熔碱、熔盐或低熔点金属及合金等。不同浴剂的工作温度范围介于 100～1350℃之间，可用于淬火、正火、回火、局部淬火、等温或分级淬火、各种液体化学热处理等工艺处理。

浴炉所用的浴剂应根据工作温度和热处理的工艺要求决定。低于 300℃的回火，主要是采用矿物油作加热介质，温度均匀性好，回火后的硬度均匀度高，但控温要求必须严格，超温易引起火灾事故。钢件的中、高温回火及铝合金淬火加热，等温或分级淬火等工艺所用的加热或冷却介质，多数采用熔融的硝盐或硝盐的混合物作介质，其成分配比不同，其熔点可变动于 100～350℃之间，工作温度可处于 150～600℃之间。硝盐液的工作温度不宜超过 600℃，否则，会产生剧烈分解和蒸发，并有产生爆炸的危险，要禁忌木炭或易于炭化的物质混入硝盐液中。当浴炉的工作温度为 650～1000℃时，常用氯化盐或氯化盐的混合物作介质，NaCl、$BaCl_2$、KCl、$CaCl_2$ 等氯化盐按不同比例混合，其熔点可在 500～810℃之间变化，其工作温度介于 560～1100℃之间。高温盐炉(1350℃)一般是采用熔点为 1000℃的 $BaCl_2$ 盐液作加热介质。液体渗碳、氰碳共渗等，多数是采用尿素与氯化盐、碳酸盐的混合物作为活性加热介质。其他化学热处理如渗硼、渗金属等都是依据渗入活性元素、还原性、流动性、工作温度等方面的要求来配制的。钢件的分级或等温淬火、光亮淬火常用熔碱浴，主要成分为 NaOH、KOH 外加少量水。不同成分配比的碱浴，其熔点可在 130～360℃之间变化，相应的工作温度为 150～550℃之间。

浴炉常用浴剂的种类、使用温度范围及主要用途可参考表 10-1。

表 10-1 常用浴剂的种类、使用温度及主要用途

介质成分(%)(质量分数)	熔点/℃	使用温度范围/℃	主要用途
$100BaCl_2$	962	1100～1400	钢件的淬火、正火加热
100NaCl	803	850～1100	
100KC1	776	800～1000	
$100CaCl_2$	772	800～1000	
$85BaCl_2+15NaCl$	850	1000～1350	
$70BaCl_2+30NaCl$	720	750～900	
$50BaCl_2+50KC1$	640	670～1000	
50NaCl+50KC1	658	670～1000	
$50BaCl_2+50CaCl_2$	620	650～900	
$30KCl+20NaCl+50BaCl_2$	560	580～880	
$21NaCl+31BaCl_2+48CaCl_2$	435	480～780	
$28NaCl+72CaCl_2$	500	540～870	
$100KNO_3$	337	350～600	钢件回火、铝合金淬火加热、钢件分级或等温淬火冷却
$100NaNO_3$	308	325～600	
$100NaNO_2$	281	300～550	
$50NaNO_3+50NaNO_2$	205	260～550	
$50KNO_3+50NaNO_3$	143	160～550	
$55KNO_3+45NaNO_3$	137	150～550	
$25KNO_3+75NaNO_3$	240	380～540	
$50KNO_3+25NaNO_3+25NaNO_2$	175	205～600	
$46NaNO_3+27NaNO_2+27KNO_3$	120	140～260	
$53KNO_3+40NaNO_2+7NaNO_3+2\sim3.5H_2O$(外加)	100	140～260	
100KOH	360	400～556	钢件分级、等温以及光亮淬火冷却
100NaOH	322	350～500	
37NaOH+63KOH	159	180～350	
35NaOH+65KOH	155	160～400	
$20NaOH+80KOH+6H_2O$(外加)	130	150～300	
$20NaOH+80KOH+10\sim15H_2O$(外加)	130	150～250	
60NaOH+40NaCl	450	500～700	钢件回火加热和分级、等温淬火冷却
$100NaNO_3+2\sim4NaOH$(外加)	317	325～600	
$75NaOH+35NaNO_3$	280	420～500	
$83NaOH+14NaNO_2+2\sim3H_2O$	140	150～300	
3 号锭子油	170(闪点)	130	钢件的低温回火、时效处理
24 号汽缸油	240(闪点)	≤210	
38 号汽缸油	290(闪点)	≤250	
52 号过热汽缸油	300(闪点)	≤260	
65 号过热汽缸油	325(闪点)	≤300	
72 号过热汽缸油	340(闪点)	≤300	

工件在高温及中温盐浴炉中加热，由于盐浴炉中溶解的氧和氧化物等杂质逐渐增多，会造成工件的氧化脱碳，所以在使用过程中每隔一定时间(一般为 4～8 小时)必须向盐浴

中加入少量的脱氧剂进行脱氧，以保证盐浴中 BaO 及 FeO 的含量均低于 0.5%。常用的脱氧剂有硼砂、硅胶、二氧化钛、硅钙铁、氯化铵、黄血盐等。黄血盐有毒应尽量少用。脱氧剂常用几种成分混合使用效果更好，加入的量为，每 100 千克 $BaCl_2$ 高温盐浴中加入脱氧剂为二氧化钛 0.4～0.8kg、硅胶 0.2～0.4kg、硅钙铁 0.1kg 和无水氯化钡 0.5～1kg 均匀混合。每 100 千克(70%$BaCl_2$＋30%NaCl)或(50%$BaCl_2$＋50%KCl)的中温盐浴中加入脱氧剂为二氧化钛 0.13kg、硅胶 0.067kg、硅钙铁 0.067kg 和无水氯化钡 0.17kg 均匀混合。

目前市场上也有配置好的高、中温盐浴炉校正剂(脱氧剂)出售，可以直接买来按照产品说明书要求使用即可。

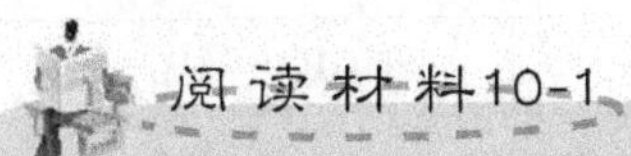

电极盐浴炉(简称盐炉)是一种结构简单、使用灵活、投资及维护费用低的热处理设备。它可在脱氧良好的条件下利用盐浴进行少无氧化脱碳的热处理。盐浴热处理在德国的应用，至今仍十分广泛，尤其在工模具行业，仍不失为一种有效的加热方法。

氯化钡盐炉是原国家经贸委于 2002 年 6 月颁布的 32 号中国要求限期淘汰的产品之一，但当前工具热处理生产并未放弃高温氯化钡盐浴炉。高速钢工具符合氯化钡盐浴炉生产效率高、成本低、操作方便的特点，这是其他设备(如真空炉)无法适应的。可见，包括氯化钡盐浴炉在内的盐炉，还要存在一段较长的时间。

基于盐浴热处理的现状，除高速钢工具热处理外，应选用非氯化钡(即盐浴成分不含氯化钡)的盐炉。同时要结合本单位实际，选择合适的筑炉方法、电极形式和起动技术，以达到环保、节能和降低生产成本的目的。

资料来源：张庆德．使用电极盐浴炉的若干选择．机械工人，2005，(4)

10.2 电极盐浴炉的设计

10.2.1 电极盐浴炉的结构设计

电极盐浴炉由耐火材料(有些低温炉也可是金属材料)坩埚、炉胆、保温层、炉壳、电极、电极柄、铜排、盐炉变压器等组成。其中坩埚、炉胆、保温层、炉壳构成炉体。

电极盐浴炉的坩埚一般采用重质黏土砖、高铝砖(标准砖或异型砖)砌筑，也可用耐火混凝土捣制成形。连续使用的盐浴炉及高温盐浴炉，采用高铝砖砌坩埚，使用寿命较长。

砖砌坩埚在砌筑时必须错开砖缝，同时砖缝要小，一般要求不大于 1mm，最好采用专门的耐火泥浆作为粘接剂。

用耐火混凝土制造坩埚的优点是坩埚为整体，没有砖缝，漏盐现象大为减少，使用寿命一般比砖砌坩埚长，在大量生产的情况下，坩埚制造方便，成本也较低。目前，大量使用的有磷酸盐耐火混凝土和矾土水泥耐火混凝土两种，此外，也有采用水玻璃耐火混凝土的。

磷酸盐耐火混凝土具有高强度、高耐火度、良好的高温韧性和热稳定性，但价格高，施工较烦琐，捣打质量要求高。矾土水泥耐火混凝土的耐火度和高温强度都比较差，开裂的倾向也大，但材料价格便宜，施工方便，整体性强。这两种耐火混凝土均可用来制作高、中温盐浴炉的坩埚。

坩埚厚度见表 10－2，埋入电极的那一侧的壁厚应大一些，有利于增加强度和防止漏盐。

表 10－2　电极浴炉炉衬厚度

工作温度/℃	耐火层厚度/mm		保温层厚度/mm
	耐火混凝土	耐火砖	
150～650	150～180	180～200	100～150
650～1000	160～230	180～230	120～160
1000～1350	180～250	220～270	140～200

由于坩埚热胀冷缩易开裂，常用炉胆加固，也可防止盐液外漏。炉胆一般用 6～12mm 钢板焊接而成。对侧埋电极的浴炉，炉胆后壁每一电极引出处都应留有电极引出孔，孔的尺寸要保证炉胆不与电极接触，以防止短路。在炉胆内壁可贴一层耐火纤维毡，使耐火混凝土坩埚与炉胆隔绝，不致相互粘接，既便于拆除废耐火混凝土坩埚，又增加炉子的保温能力。保温层有时用粉状保温材料填充，但在侧埋式电极引出部位必须应用成形砖砌筑，以减少漏盐的危险性。炉壳侧壁常用 2.5～3.5mm 钢板，炉底用 4～5mm 钢板，炉架用不大于 5 号的角钢制造。浴炉常设有炉盖和抽风罩等装置。

10.2.2　盐槽尺寸设计

盐槽尺寸的确定方法有类比法和经验计算法两种。确定原则为：应尽可能使浴面面积减少，以减少辐射热损失；浴槽深度要比熔盐的深度大一些，以免放工件后盐外溢，工件应与电极保持一定距离，避免工件局部过热。

1. 类比法

类比法是根据工件尺寸形状及装料量、参考标准浴炉确定盐槽尺寸。

2. 经验计算法

经验计算法首先根据生产率 p(kg/h)确定熔盐重量 G(kg)。

对低温炉：$G=(5\sim10)p$(kg)

对中温炉：$G=(2\sim3)p$(kg)

对高温炉：$G=(1.5\sim2)p$(kg)

根据熔盐的重量 G(kg)及熔盐在工作温度下的密度 γ_t(kg/1)，可算出在工作温度下熔盐的容积 V_t。

$$V_t=G/\gamma_t$$

常用浴盐物理性能见表 10－3，表中可得不同熔盐在工作温度下的密度。

熔盐体积 V_t 确定后，可根据图 10.7 来确定盐槽的尺寸。

图中 L、B 和 H 分别为盐槽的长、宽和高。其中插入式电极浴炉除考虑熔盐体积外，还需考虑电极插入部分的体积。

表 10-3 常用浴盐的物理性能

物理性质	碱金属亚硝酸盐和硝酸盐的混合盐	碱金属硝酸盐的混合盐	碱金属氧化物和碳酸盐的混合盐	碱金属氯化物的混合盐	碱金属与碱土金属氯化物的混合盐	碱土金属氯化物
熔点/℃	145	170	590	670	550	960
25℃时密度/(kg/m³)	2120	2150	2260	2050	2075	3870
工作温度/℃	300	430	670	850	750	1290
在工作温度时密度/(kg/m³)	1850	1800	1900	1600	2280	2970
固体比热容/[kJ/(kg·℃)]	1.340	1.340	0.963	0.837	0.586	0.377
液体比热容/[kJ/(kg·℃)]	1.549	1.507	1.424	1.089	0.754	0.502
熔化热/(kJ/kg)	127.7	230.2	368.4	669.9	345.4	182.1

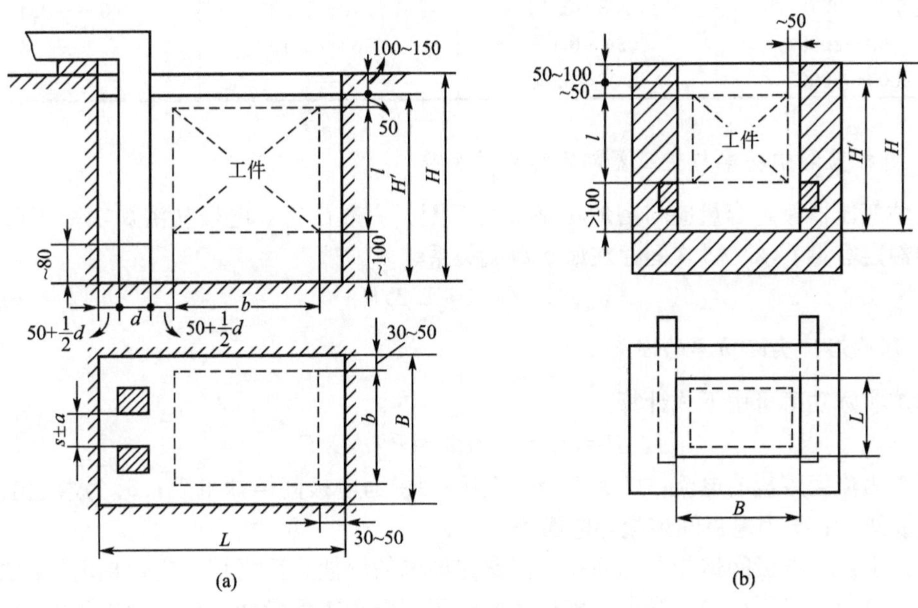

图 10.7 电极盐浴炉的盐槽尺寸

10.2.3 盐浴炉功率的确定

1. 电极盐浴炉的功率计算

电极盐浴炉的功率理论上可以依据热平衡计算。热处理浴炉的热消耗主要有以下几项：加热工件和夹具的热量，炉壁散热，电极散热，浴面辐射和对流热损失，盐熔化和蒸发吸收的热量，以及变压器、汇流排等的热损失等。但这种方法麻烦，不能计算准确。

通常采用熔盐容积法，即在一定温度下，利用熔盐容积与功率的经验式计算。

$$P=p_0V \tag{10-1}$$

式中：P 为盐浴炉的功率(kW)；V 为熔盐体积(dm^3)；p_0 为单位容积功率(kW/dm^3)。

p_0 又称功容比。当浴槽深度不超过 1m 时，浴槽容积按盐液面离浴槽顶面 100mm 计算，当浴槽深度超过 1m 时，按离浴槽顶面 150mm 计算。

p_0 可由表 10－4 查得。有时为了增大炉子功率储备，缩短升温时间，p_0 常采用上限数据。对埋入式电极浴炉，常采用大一级别的功率。

表 10－4　电极盐浴炉单位容积所需功率 p_0(kW/dm^3)

熔化浴盐体积/dm^3	工作温度/℃		
	150～650	650～950	1000～1300
＜10	0.6～0.8	1.0～1.2	1.6～2.0
10～20	0.5～0.6	0.8～1.0	1.2～1.6
20～50	0.35～0.5	0.5～0.8	1.0～1.2
50～100	0.20～0.35	0.35～0.5	0.7～1.0
100～300	0.14～0.20	0.20～0.35	0.5～0.7
300～500	0.10～0.14	0.14～0.20	0.4～0.5
500～1000	0.08～0.10	0.10～0.12	0.3～0.4
1000～2000	0.4～0.08	0.08～0.10	—
2000～3000	0.02～0.04	—	—

2. 电极盐浴炉功率与变压器额定容量的关系

浴炉变压器额定容量应与浴炉功率适当匹配。一般认为，电极盐浴炉功率 P(kW)与变压器额定容量 C(kVA)之间存在如下数值关系。

$$C=(1.1\sim1.2)P \quad (10-2)$$

3. 影响浴炉实际功率的因素

浴炉实际功率可由下式计算。

$$P=UI=U^2/R_S=U^2/\rho_S L/F \quad (10-3)$$

式中：A 为流经熔盐的电流；U 为电极间电压；R_S 为电极间熔盐电阻；ρ_S 为熔盐电阻率；L 为电极间距；F 为电极间熔盐导电面积。

理论上讲，电极间熔盐导电面积是指参加导电的熔盐总截面积，它包括电极间熔盐的横截面积以及电极附近参与导电的熔盐横截面积，但在实际设计中 F 常以电极对置面积计算。由于参与导电的熔盐截面积很大，降低了总电阻，所以一般采用低电压供电，以保护变压器和人身安全，电压范围为 5～34V。对电极间距 L 较大的浴炉，可用提高电压方法，也可采用增大导电面积以减少电极间熔盐电阻的方法来提高炉子实际功率。

电极间电压等于变压器次级电压减去汇流排和电极柄上的电压降，通常设计时，U 以变压器额定容量的电压为依据。从公式上可以看到，浴炉功率与 U 的平方成正比，所以调节电压对功率的影响最大，也最有效。

电极间距 L 对对置的平板电极而言，它是定值；而对非对置的平板电极来说，它是可变的，可利用电极间距 L 的变化来调节炉子的实际功率。

R_S 是熔盐的电阻值，未计入电极电阻，理想的情况是电极仅起导电的作用，没有电阻，但这是不可能的，通常要求熔盐和电极的电阻值之比应大于 20 或 30。

除上述因素外，影响炉子实发功率的还有浴盐种类和工作温度，随着浴盐种类和工作温度的变化，熔盐的电阻率也会变化，因而炉子的实发功率也随之变化。

表 10－5 所示为 900℃时混合盐($BaCl_2$ 和 NaCl)盐浴的电阻率，表 10－6 所示为不同温度下 $BaCl_2$ 和 NaCl 的电阻率。

表 10－5　混合盐($BaCl_2$ 和 NaCl) 900℃时的电阻率 ρ

$BaCl_2$(%)	0	35.0	52.5	65.4	74.5	88.2	95.0
$\rho/\mu\Omega\cdot m$	2660	3210	3656	3860	4320	4520	5150

表 10－6　不同温度下 $BaCl_2$ 和 NaCl 的电阻率 ρ

温度/℃		800	900	1000	1100	1200	1300
$\rho/\mu\Omega\cdot m$	NaCl	3000	2660	—	—	—	—
	$BaCl_2$	—	—	4870	4330	3960	3650

10.2.4　电极设计

1. 电极材料

常见的材料有纯铁、低碳钢、不锈钢、耐热钢、石墨、碳化硅等。通常纯铁和低碳钢等耐腐蚀的材料用于插入式电极盐浴炉；由于镍易溶解，不含镍的高铬不锈钢常用于硝盐炉；耐热钢常用于高温盐浴炉，耐高温、寿命长。

2. 插入式浴炉的电极设计

1) 电极布置方案

电极的布置形式主要决定于浴槽的形状、尺寸、炉膛温度均匀度、处理件的形状及工艺要求、电极寿命、炉子的功率和三相电流的平衡等。

插入式电极浴炉电极的主要布置形式如图 10.8 所示。

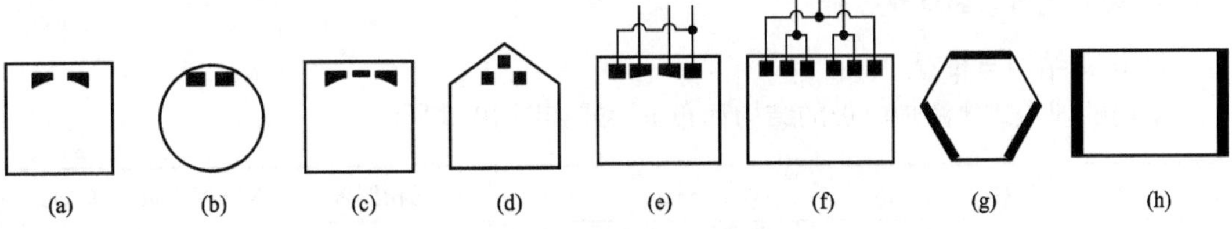

图 10.8　插入式电极盐浴炉电极布置方案

按图 10.8 电极布置的基本特征可分为近置(或称侧置)式和远置(或称对置)式两大类，其中图 10.8(a)～图 10.8(f)所示为近置式，图 10.8(g)～图 10.8(h)所示为远置式。

近置式的特征是电极相邻布置在炉子一侧，电极间距较小，电极导电区和工作区分开，工作区无电流通过，熔盐受电磁力作用较大(单相的比三相的更大)，循环流动较好。但炉膛利用率较低，炉膛内的温度场是，电极区温度较高，远离电极区的温度较低，依靠盐浴对流和传导使温度均匀化，炉渣多沉积在电极的对面侧。

近置式电极浴炉中，单相供电的(图 10.8(a)和图 10.8(b))限于功率小于 50kW 小浴炉，因其电极间距小(40～70mm)，形成强烈电磁循环，电极附近会吸引工件。三相电极并排布置时(图 10.8(c))，三相电流不平衡，电极电流密度不同。为改善此情况，有的改为三相电极呈三角形等距布置(图 10.8(d))，有的采用三相四极(图 10.8(e))。对炉型较大的炉子，采取三相六极(图 10.8(f))甚至三相十二极的布置形式。

远置式的特征是电极分别布置在坩埚对侧边。电极制成板状，镶在侧壁内，一侧面与熔盐接触。电流流经整个炉膛，工作区温度均匀；电极导电面积较大，电流密度较小，电极使用寿命较长；但置于工作区的工件有电流流过，易造成工件尖角过热，一般只适用于处理形状简单的工件。

2) 电极参数确定

插入式电极浴炉的电极可按下列经验参数设计。

(1) 电极间距。对于近置式电极，电极间距一般为 50～70mm；对于远置式电极，其间距决定于炉膛尺寸。

(2) 电极至浴槽底部距离。为保证盐浴循环流动和防止氧化皮或漏失工件积沉引起短路，电极下端与浴槽底之间应保持距离，一般为 80～100mm。

(3) 电极插入熔盐深度。电极插入熔盐深度通常不超过 1.5m；对于深井式浴炉，电极应分层布置成两组或二组，以保证炉温上下均匀。

(4) 电极导电面的电流密度。电极导电表面上的电流密度随盐浴温度而异，一般在 5～40A/cm^2 范围内，见表 10-7。

表 10-7　电极表面电流密度与盐浴温度的关系

温度/℃	200	400	600	800	1000	1200	1300
I/(A·cm^2)	5	8.4	12.4	17.2	23.6	32.4	40

(5) 电极截面电流密度。为保证电极寿命，电极截面电流密度一般取 50～80A/cm^2，可根据此数据求得电极的截面尺寸。

(6) 电极柄截面尺寸。为减少电极柄的电消耗，其截面一般应大于电极截面的 1.26 倍。

3. 埋入式浴炉的电极设计

1) 电极结构与布置

常用的埋入式盐浴炉电极的结构和布置形式如图 10.9 所示。

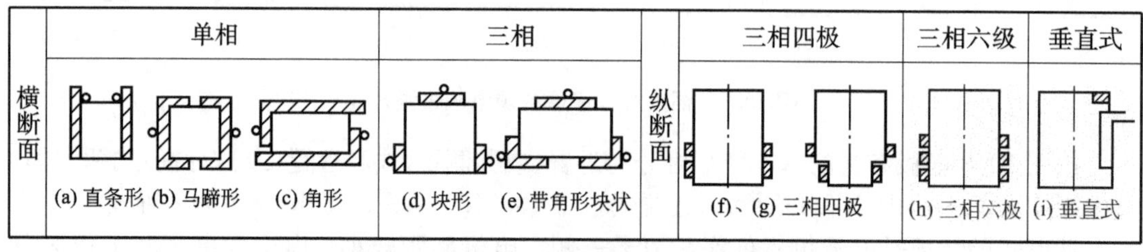

图 10.9　埋入式盐浴炉电极结构与布置形式

图 10.9(a)为单相直条形电极。电极水平布置于坩埚两侧壁上，电极间距较大，等于浴槽宽度。其优点是电极结构简单，导电表面上的电流密度接近一致，炉温均匀，电极烧

损均匀，而且比较缓慢，功率较稳定，但由于电极间距大，故仅适用于25kW以下的小型浴炉。

图10.9(b)、图10.9(c)为单相马蹄形或角形电极。与直条形电极相比，这种电极延长了长度，缩短了局部电极间距，降低了极间熔盐电阻，可输入较大的功率；但电极各处间距不等，电流密度分布不均匀，大量集中在间距最短处，致使该处温度较高，电极端部烧毁较快，还会降低炉温均匀度和功率稳定性。

图10.9(d)、图10.9(e)为三相三极块状电极。其中图10.9(d)是直条状电极，布置于浴槽三侧，其结构较简单，但三相负荷不平衡，且电极间距较大。图10.9(e)是角块状电极，可缩短电极间距，并且较易做到三相电极等间距，达到功率平衡，但电极较复杂。

图10.9(f)、图10.9(g)、图10.9(h)为三相多层电极。其中图10.9(f)、图10.9(g)三相四极双层电极结构，图10.9(h)为三相六极三层电极结构，三相多层电极的优点是可提高深井式浴炉(>1.2m)上下温度均匀度，但当工件伸入电极区时容易通过电流而过热。

图10.9(i)为垂直式电极结构。电极垂直安装在侧壁上，其结构性能与插入式电极有某些相似之处，如电极间距较小，磁流循环作用较强，电极区宽度较大等。为防止装入工件时碰到电极，通常在电极区的上方炉口处砌筑一段耐火砖，作为防护挡盖。

2) 电极参数确定

埋入式电极浴炉的电极尺寸及布置的有关参数常依据下列经验数据确定或直接由表10-8选用。

(1) 电极间距。单相直条状电极间即等于炉膛宽度，一般应小于250～300mm。马蹄形和角形电极端部间距一般为65～120mm。三相角形块状电极端部间距为65～130mm。

(2) 电极至浴槽底的距离。一般为50～80mm，这个数字常比插入式浴炉略小一些，以降低浴槽高度。

(3) 电极导电面积及其电流密度。电极导电面积可依允许的电流密度确定。其值一般为4～7A/cm^2，按此指标计算，其导电面积一般比插入式大，以提高电极的使用寿命。埋入式电极的寿命应尽可能使其与浴槽寿命相同。电极有效长度常依电极形状及浴槽尺寸选定。其高度则可由长度和导电面积计算，对一般单相条状电极常为80～130mm，对单相马蹄形和角状电极为110～130mm，三相块状电极为110～200mm。

(4) 电极截面尺寸及厚度。电极截面尺寸也常依其允许的电流密度确定，并考虑到工件性能要求和加工方便。埋入式电极的截面电流密度一般也取50～80A/cm^2，此数值与插入式相同。埋入式电极与熔盐接触部位，在使用过程中较易被腐蚀而变薄，故使用中常采取计算为大的截面厚度，以延长电极使用寿命。常用数值为60～80mm，高温炉取上限。

(5) 电极冷却装置。浴炉电极或电极须常设冷却装置来降低温度。其主要作用是降低电极柄和汇流排接头的接触电阻，防止接头发热和氧化，对侧埋式电极浴炉还可使沿电极表面流出的盐液迅速凝固、防止盐液泄漏。

常用的电极冷却方法有两种，一种是在电极柄部设一水冷套，即在电极柄部用5～6mm的钢板焊成水套，其长度为100～120mm，内腔厚度为25～30mm，充满循环冷却水，如图10.10所示。水套焊成后，必须经过0.15～0.25Pa的水压试验，确认无渗漏时才可使用。另一种是在电极柄端部钻一深孔作冷却水通道。这种结构紧凑，不易漏水，但冷却面没有水冷套大。

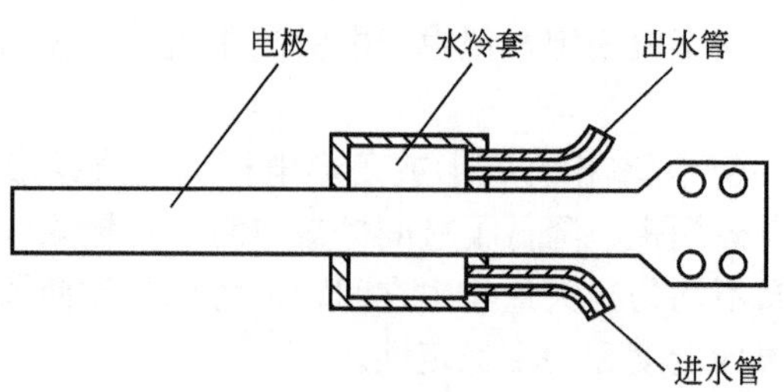

图 10.10 电极柄水冷套

表 10-8 RDM 系列电极浴炉设计数据

规格型号	炉膛尺寸 长×宽×深 /mm	电极尺寸 长×宽×厚 /mm	电极柄 长×宽 /mm	截面积 电流密度 /(A/mm^2)	起动电极 柄截面积 /mm^2	引出柄的 截面积 f_1 /mm^2	起动电极 中径 /mm	展开长 /mm	材料	截面积 f_2 /mm^2	f_1/f_2
RDM-20-8	200× 200×600	200×113×50	113×50	0.101	70×16	40×10	ϕ154	1091	ϕ14/A3	154	2.6
RDM-25-13	200× 200×600	200×113×50	113×50	0.101	70×16	40×10	ϕ154	1091	ϕ14/A3	154	2.6
RDM-30-8	300× 250×700	侧 125×80×65 中 100×80×65	80×20	0.503	70×16	40×10	ϕ152	2448	ϕ12/A3	113	2.66
RDM-45-13	350× 300×700	140×113×65	113×50	0.51	80×16	30×10	ϕ154	2712	ϕ14/A3	154	2.6
RDM-30-6	350× 300×700	侧 190×113×65 中 170×113×65	80×20	0.503	70×16	40×10	ϕ152	3237	ϕ12/A3	154	2.68
RDM-45-8	350× 300×700	侧 206×113×65 中 146×113×65	113×20	0.51	80×16	40×10	ϕ154	3382	ϕ18/A3	264	2.6
RDM-45-6	450× 350×700	230×180×65	113×20	0.51	80×16	40×16	ϕ154	3066	ϕ14/A3	154	2.52
RDM-70-13	350× 300×700	侧 225×113×65 中 170×113×65	113×30	0.457	70×20	40×16	ϕ158	2720	ϕ18/A3	264	2.6
RDM-70-8	450× 350×700	220×130×65	113×30	0.456	70×20	40×16	ϕ158	3140	ϕ18/A3	264	2.52
RDM-90-13	450× 350×700	侧 230×180×65 中 230×180×65	113×30	0.456	80×20	50×16	ϕ160	3210	ϕ20/A3	314	2.55
RDM-90-6	450× 900×700	端 391×113×65 侧 450×113×65 中 430×113×65	113×30	0.605	80×20	50×16	ϕ180	4030 ×2	ϕ20/A3	314	2.55
RDM-130-8	450× 900×700	端 391×113×65 侧 335×113×65 中 430×113×65	113×36	0.76	80×20	50×16	ϕ160	4030 ×2	ϕ20/A3	314	2.55

图例

(a) RDM-20-8 RDM-25-13

(b) RDM-30-8 ~RDM-90-13

(c) RDM-90-6 RDM-130-8

10.2.5 电极盐浴炉变压器选用、抽风装置及盐炉启动

1. 电极盐浴炉变压器选用

盐浴炉常用变压器有以下几种。

1) 空气变压器

这类变压器有 ZUDG 型和 ZUSG 型，其冷却效果较好，绝缘可靠，结构坚固，运行安全；可在超过额定容量 40%以内过负荷使用，但运行时间不得超过 1.5h。其缺点是调压级数较少(5～8 挡)，不易精确控温，调压尚须断电，易使炉温波动。

2) 双水内冷盐浴炉变压器

这类变压器有 ZUDN 型和 ZUSN 型，可向铜管绕组内通水冷却，水压 100～200kPa，水温≤30℃，出水温度 50℃。要求防止漏水，切忌断水通电。其缺点是消耗大量清洁软化水。

3) 油浸式带电抗器的盐浴炉变压器

这类变压器用油浸提高绕组冷却效果，并装有电抗器，可以带电调级，并分 13 级电压调节，便于调节炉温。

4) 磁性调压器

这类变压器有 TDJH 型和 TSJH 型，磁性调压器是借改变励磁线圈的电流，控制铁心的磁导率及一次侧线圈的感应阻抗，可连续无级调节，使电流平稳变化，并可自动控制。

5) 盐浴炉变压器的改接

为适应埋入式电极供电需要提高电压的要求，可将单相变压器的二次侧绕组，由并联改为串联，使输出电压由 5.5～17.5V 提高到 11～35V。将三相变压器二次侧绕组由△改为 Y 形接法，可使输出电压由 5.5～17.5V 提高到 9.5～30.1V。有些三相变压器的△形连接的二次侧绕组，每相又并联二组绕组，将相间连接改为星形，可使电压提高 0.73 倍，或将并联绕组改为串联，可使电压提高一倍，但绝不能同时改接，改接电路如图 10.11 所示。

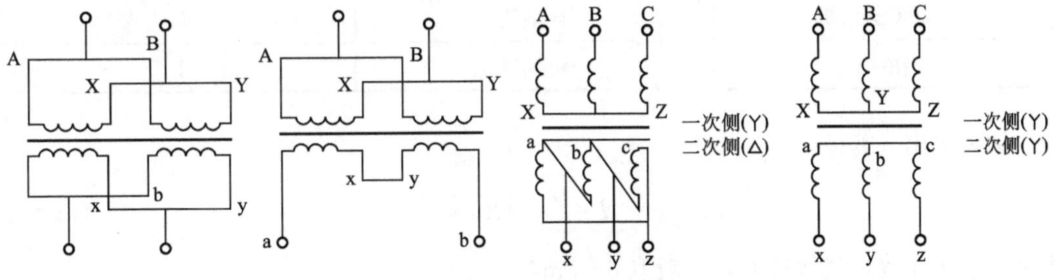

图 10.11 盐浴炉变压器改接电路

2. 浴炉抽风排气装置

为防止盐浴蒸气、油烟等污染车间环境，浴炉应装设抽风排气装置。常用的抽风排烟装置有两种形式，一是在炉口上部装设抽风罩(图 10.12)；二是在炉口侧面装设排气口(图 10.13)。

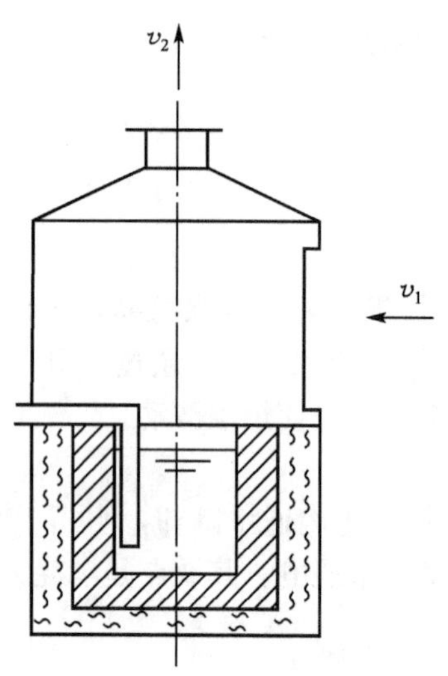

图 10.12　浴炉上部抽风罩

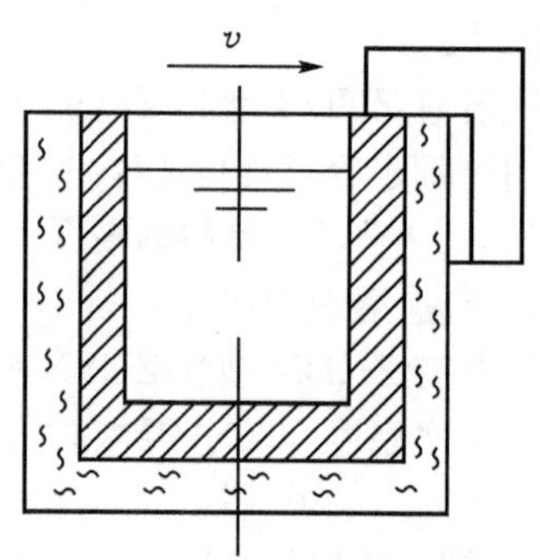

图 10.13　浴炉侧面排气装置

抽风罩连接在炉体上，侧面留有操作口，罩体(圆柱形或角柱形)垂直高度约为 550～600mm，罩顶排气口与总排气管相接。排气量可按下式计算。

$$V=3600Av_1 \quad (m^3/h) \tag{10-4}$$

式中：A 为操作口截面积(m^2)；v_1 为操作口吸入气体流速，v_1 值见表 10-9。

表 10-9　上抽风罩操作口吸入气体流速 v_1

盐浴炉类别	有害挥发烟气	吸入气体流速/(m/s)
氰盐浴炉	氰盐烟气	1.5
1300℃盐浴炉	盐烟气	1.2
650～950℃盐浴炉	盐烟气	1.0
≤650℃盐浴炉	盐烟气	0.7
铅浴炉	铅烟气	1.5

抽风罩出口直径

$$d=\sqrt{V/900\pi v_2} \tag{10-5}$$

式中：v_2 为排气口气体流速，一般取 6～8m/s。

炉口侧面排气是目前应用较多的排气方式。侧排气的排气口宽度约等于炉口宽度，高度可取 100mm 左右，排气口气体流速可取 6～8m/s。排气量仍按上面公式计算。小型炉子一般采用单侧排风，大型炉子可采用双侧排风。

3. *盐炉启动*

由于固态盐的电阻值很大，不能在工作电压下使其导通。因此，在浴炉开始工作时需先用相应的启动方法使电极间的盐熔化。下面介绍几种盐炉的启动方法。

1）启动电阻法

启动电阻是一个电热元件，常用低碳钢棒(Φ16～Φ20mm)绕制成螺旋形使用，螺旋线圈直径Φ90～Φ120mm，螺距25～30mm；也有用板条制成波纹形。启动电阻置于工作电极之间，通电后发热而将附近的固态盐熔化，使工作电极导通，进而使整体盐熔化。

要注意启动电阻的电阻值和电压要适当配合，以免启动电阻被烧坏。根据实践经验，启动电阻截面电流密度不大于20A/cm²，线长度约2m左右，其引出棒截面积比加热部分大1～2倍。

启动电阻法要考虑炉膛结构和形状，电极布置，启动电阻的安放位置，启动电阻本身绕制形状等因素，尽可能形成最有效的熔化盐的导电通路，以缩短启动时间。炉膛较深的盐浴炉可采用多层并联或高度较大的波纹形电阻加热器。

图10.14为启动电阻结构形状及放置示意图。

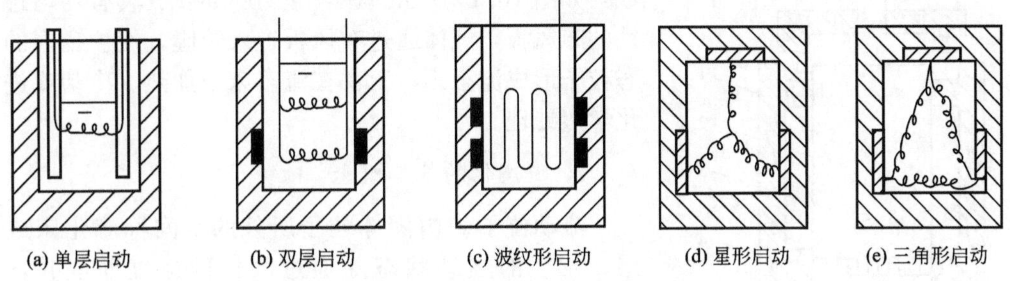

图10.14　启动电阻结构形状及放置示意图

2）盐渣直接启动

这种启动方法是利用浴槽底部的盐渣电阻率较小的特性，在炉底加一块低碳钢辅助底板作为启动电极，启动电极与工作电极的间距取15～20mm，以尽量减少它们之间的电阻，使其电阻保持在约3Ω，当以工作电压接通工作电极后，在它们之间的盐渣即导通发热，并将附近的固态盐熔化。

也可以人为造渣，其方法为在熔盐表面加入一定量的“654”碳粉(主要是活性炭，并加入一定数量的中性盐制成)，使其与盐浴中的含铁氧化物作用，形成烧结物——盐渣，烧结物密度大，能沉底，且具有较大的电导率，可以导通启动电极和工作电极。但是由于“654”碳粉含有碳成分，不能用于硝盐炉，以免爆炸。

3）高电压击穿炉渣启动

电极盐浴炉还可采用盐渣击穿启动。在盐炉启动时，在电极两端施加较高的电压(110V～380V)，将沉积于坩埚底部的炉渣击穿导电，刚击穿导电后仍不能立即改用盐炉变压器供电，因这时的熔盐电阻很大，而盐炉变压器的电压太低，不足以使其导电，故仍需施加较高的电压。为防止电流过大，需逐渐降压供电。所以，此种启动方法需配备一套可控硅调压器，或将盐炉变压器进行改装，以便盐炉启动时能输出较高的电压。

为缩短击穿的距离，降低电极之间的电阻，有的在盐槽底部放置铁板，但应注意防止电极被短路。

浴炉启动除上述方法外，还有小熔池启动法，导流器法，中性板启动法等。以上各种启动方法中，除启动电阻法使用较为成熟外，其余均在不断试验中。

10.3 流动粒子炉

流动粒子炉是以流态化的团体粒子作为加热或冷却介质。在炉膛内装上一定数量的固体小粒子(如石英砂、刚玉砂、锆砂、金属微粒、石墨粒子等)，从炉底向炉膛内供给一定流量的气体，造成固体粒子悬浮翻腾，形成类似液体沸腾一样的假液态的加热炉。

10.3.1 流动粒子炉的工作原理

1. 流动粒子炉的基本结构组成

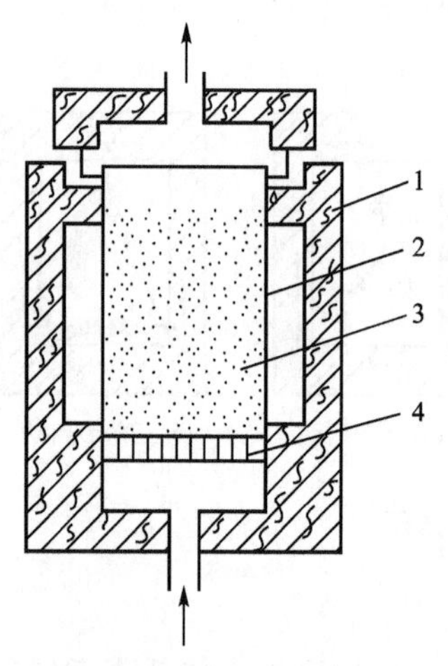

图 10.15 流态粒子炉结构示意图

1—炉体 2—炉罐

3—粒子 4—布风板

流态粒子炉由炉体、炉罐、粒子、布风板等部分组成，如图 10.15 所示。在炉罐的底部安放具有均匀透气性的布风板，气体通过布风板进入炉膛，使炉罐内的固态粒子形成流态床，工件在流态床中加热、冷却或进行化学热处理。

2. 流态化的基本概念

流动粒子炉内固体粒子所处的空间称流化床或床层。粒子的运动状态随通过气体的速度而变化，如图 10.16 所示。当流速低时，气体从静止粒子间的空隙穿过，此时床层不动，称固定床［图 10.16(a)］。当流速达到某一数值，使气体所产生的上托力等于粒子重力时，粒子互相分离，床层开始膨胀，此时的床层称膨胀床。流速增大到使粒子可自由在气体中运动，使床层犹如流体，即所谓起始流态化［图 10.16(b)］，此时的气体速度称初始流态化速度 v_{mf}。气体速度进一步增大，床层体积明显增大，呈平稳悬浮状态，此时的床层称散式或平稳流态化床［图 10.16(c)］。气体流速再次增加，床层变得很不稳定，气体将以气泡形式流过床层，床层总体积减小，称为沸腾流态化或鼓泡流态化床(图 10.16(d))。流速继续增大，气泡也随之增大，当气泡

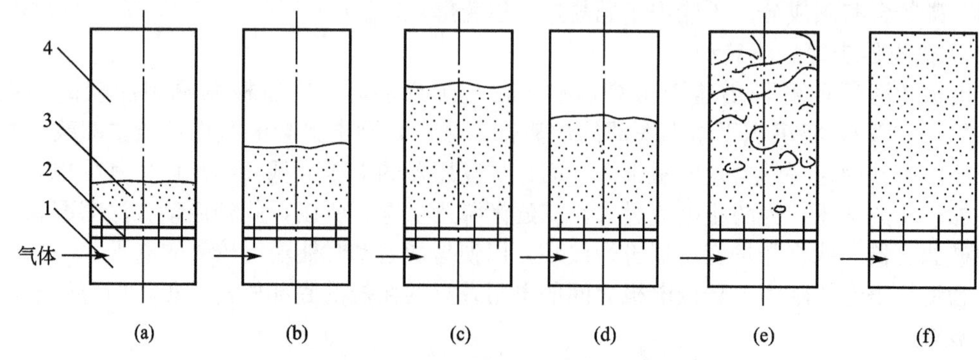

图 10.16 床层流态化的各个阶段

1—风室 2—布风板 3—粒子 4—炉膛

大到与流态化容器直径相等时，将出现喷涌现象，称为腾涌［图 10.16(e)］。在发生腾涌以前的各流态化状态，床层上表面有一个清晰的上界面，此流化状态又称密相流态化。当流速很高时就会出现气流夹带颗粒流出床层，即气力输送颗粒现象，床层上界面消失，此种状态称稀相态［图 10.16(f)］，此时的速度又称极限速度 υ_t。

其中沸腾流态化或鼓泡流态化床是热处理常用的流态化状态。此时的气体流速为 υ_0，此值一般为初始流态化速度 υ_{mf} 的 1.3～3.0 倍，生产中可根据流态化状态确定。初始流态化速度 υ_{mf} 约为粒子直径(d)的平方函数，并和粒子密度 ρ_s 成直线关系，即

$$\upsilon_{mf} \approx K d^2 \rho_s \tag{10-5}$$

式中：K 为系数，随不同流化气体和状态而异。

3. 流态化粒子

在流态化炉中，粒子是加热介质，它在气流作用下，形成紊流，与被加热工件进行无规则的碰撞，从而进行传热和传质，完成热处理的过程。

粒子又是形成流态的主体，它影响到是否可形成均相的流态化和均相的热处理气氛状态，影响炉内温度均匀度和气体的消耗量。

流动粒子炉常用的粒子如下。

(1) 石墨粒子。石墨粒子是导电性粒子。除作为加热介质外，还起导电体和发热体的作用，主要用于电极加热的流态化炉。

石墨粒子在 800℃以下为弱氧化性，800～900℃为中性，1000℃以上呈渗碳性。石墨粒子的堆集密度为 0.76g/cm^3，用石墨粒子作为流态化粒子时，其粒度组成推荐选配范围见表 10-10。

表 10-10 石墨粒子粒度组成推荐选配范围

粒度/mm	0.2～0.4	0.14～0.076	<0.076	硫化质量与床层性能
含量(质量分数)(%)	10～15	55～65	25～30	较好
	15～25	40～50	35～40	尚可

(2) 刚玉粒子。其主要成分是 Al_2O_3(含量 62%～77%)颗粒，随 Al_2O_3 含量提高，流态化能力提高。它是中性粒子，与热处理气氛一般不发生反应，耐高温，耐磨。

(3) 氧化铝空心球。这类粒子因体积密度小，有利于降低初始化速度，圆形度好，易均匀流化。主要缺点是强度较低，易破碎，使用时需定期筛分。市场购入的空心球需经水选筛分。

氧化铝空心球的堆集密度约为 0.35g/cm^3，它用于渗碳、渗氮和保护加热的外部加热流态化粒子炉时，常选用平均粒径小于 0.25mm 的粒子，以减少气氛的消耗量；用于内部燃烧的流态粒子炉，工作温度为 900℃时，平均粒径约为 0.7mm；工作温度为 1010℃时，平均粒径约为 1.1mm。

4. 流态化气体

流态化气体有两个作用：一是使粒子流化；二是作为热处理气氛，满足工件保护加热、渗碳、渗氮等工艺要求。

热处理流态化炉常用的气体如下。

(1) 空气。空气是最廉价的流态化气氛，但它是氧化性气氛。工业用的压缩空气因含有较多的水分，一般需过滤或干燥后使用。空气主要用于不要求防氧化的外热式流态化炉或用于碳粒作粒子的流态化炉，以及用于内燃式流态化炉作为气体助燃剂。

(2) 氮气及氮基气氛。经净化的氮气可作为外热式流态化炉的气体，或者添加还原性或渗碳性气体，组成适用于不同热处理要求的气氛，主要用于外热式流态化炉。

(3) 可燃气体。可燃气体有丙烷、丁烷、液化石油气和天然气等，它们与按一定比例的空气混合，可产生不同燃烧程度的流态化气氛。当空气过剩系数≥1时，进行完全燃烧，炉气氛为氧化性，所产生的热量用于加热炉和工件；当空气过剩系数＜1～0.5时，发生不完全燃烧，如同产生放热型气氛，这种气体主要用于内燃式流态化炉，既作热源又作流态化气体，是最经济的气体；当空气过剩系数＜0.3时，则可产生相当于吸热型气氛，用作渗碳性的气体。

(4) 其他气体。对外热式流态化炉，流态化气体可以任意配制，如氨的裂化气、甲醇裂化气等。

10.3.2 流动粒子炉的类型和结构

这类炉子一般为井式，按其加热方式分为内燃式、外燃式、间接加热式、内热电极式及内部电阻元件加热式等。

1. *内燃式流动粒子炉*

这类炉子采用可燃气与空气混合气作为气源和热源，通过布风板吹动粒子浮动，加热初期先在炉膛上部将气体点燃，火焰向炉底方向传播，最后在布风板以上稳定燃烧。炉膛的温度靠控制混合气量和可燃气与空气的比例调节，但受粒子大小和沸腾状态限制。炉膛温度通常在790～1200℃范围内。这种炉子要注意防止火焰回火到混合室内燃烧，也应防止混合室温度过高而自燃。

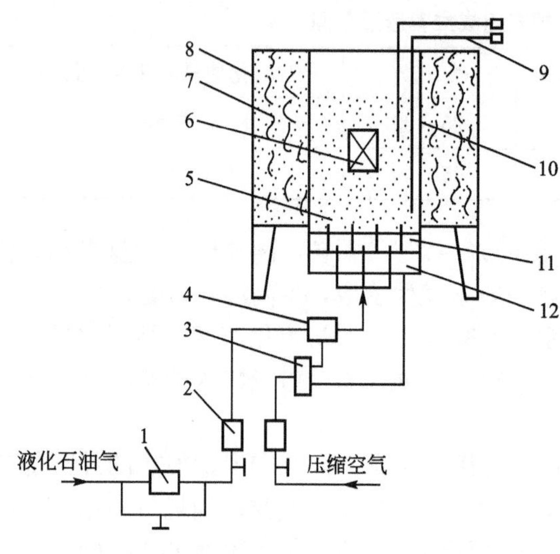

图 10.17　内燃式流动粒子炉结构示意图

1—电磁阀　2—流量计　3—二位三通换向阀　4—混合器　5—粒子　6—工件　7—耐火纤维　8—炉壳　9—热电偶　10—炉罐　11—上气室　12—下气室

图10.17是用液化石油气为燃气的内燃式流态粒子炉。该炉的布风板装置具有内混式和外混式两种供气方式。内混式是指液化石油气与空气在风室内预先混合，然后通过布风板孔进入炉罐内燃烧。这种供气方式混合均匀，燃烧速度快，但有回火的危险，布风板上部温度应低于350℃以下。外混式是指液化石油气经上气室进入炉罐，而空气经下气室进入炉罐，在炉罐内混合、燃烧，无回火危险。在空炉升温阶段可采用混合供气，在炉子工作阶段，应采用分离供气方式。

该炉采用两支热电偶控温，一支用于控制炉子工作温度，炉子到达设定工作温度后，通过控制液化气供气管路上电磁阀的通断来调节可燃气供应量，达到调节温度的作用；另一支热电偶用来检测布风板上部约 80mm 处的粒子温度，当该处温度超过 350℃时，必须使供气管路中的二位三通换向阀处于分离供气状态。

这种炉子的优越性之一是空炉升温时间短，点火半小时即可开始作业，且炉温均匀。由于石油液化气和空气经不完全燃烧，形成还原性或微氧化性气氛，与放热型保护气氛成分相近，工件加热可达到无氧化的目的，加入一定量丙烷，可以进行渗碳。

2. 外热式流动粒子炉

由燃烧气体在炉体下部燃烧室内燃烧，燃烧火焰气流通过布风板进入炉膛，使粒子加热并沸腾。通过安装的过剩空气烧嘴调节过剩空气量，控制燃烧情况，从而控制炉中粒子流态化程度和炉气成分，控制炉温，以满足热处理工艺要求。该炉子容易控制燃烧过程，热效率比内燃式高。外热式炉的供气速度要大于燃烧速度，兼顾加热与流态化的双重效果，并注意与空气混合后因燃烧速度过快而引起的回火现象。

图 10.18 是外热式流动粒子炉结构示意图。

3. 外热式电阻加热流动粒子炉

这类炉子是用电热元件在炉罐外加热，通过炉罐壁加热粒子。粒子多采用非导电耐火材料粒子，流态化气体可根据热处理工艺需要配制，如惰性气体、渗碳气氛、渗氮气氛等，可用于工件渗碳、渗氮、光亮淬火及回火等热处理。该炉的主要缺点是因耐火材料粒子热导率较小，空炉升温时间较长。

图 10.19 所示为一典型的外热式电阻加热流动粒子渗碳炉示意图。炉罐采用耐热合金钢制作，由炉顶装入炉内。炉罐底部有一布风板，罐内的粒子为 80 目的 Al_2O_3 粒子。

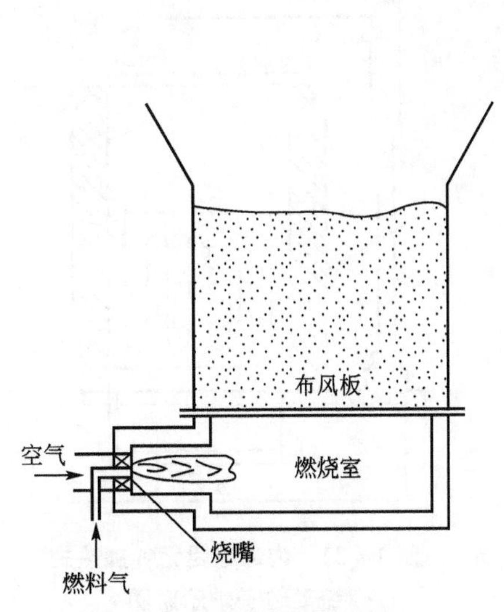

图 10.18 外热式流动粒子炉结构示意图

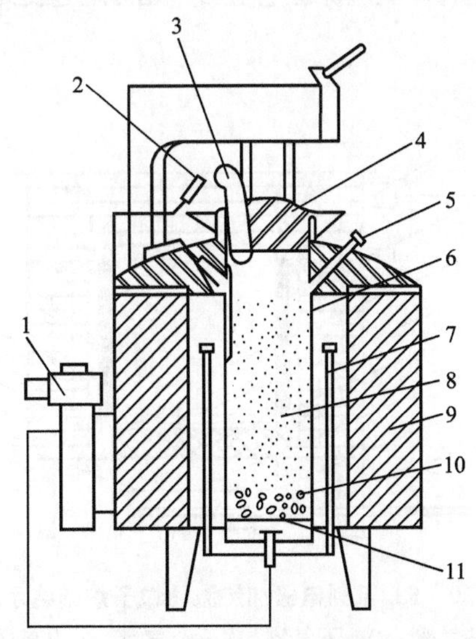

图 10.19 间接加热式流态粒子渗碳炉结构示意图

1—气化器 2—排气口 3—点火器 4—炉盖
5—氧探头 6—炉罐 7—电热元件 8—Al_2O_3 粒子
9—炉体 10—耐热砂层 11—布风板

气氛的碳势用氧分析仪测量，氧探头从45°方向插入流态床中，插入深度大于70mm。该炉用三支热电偶检测温度，一支从炉罐顶沿内壁插入，以控制炉子工作温度；另两支作为超温监控热电偶，分别监控发热体及风室的温度。风室内温度不得超过290℃。

其渗碳工作过程是先将装有工件的吊筐放入通氮气的流态床内，再关好炉盖，并通氮气升至渗碳温度，然后利用汽化器将甲醇汽化，使甲醇气、氮气及少量天然气(甲烷)一起经布风板通入炉罐内，使工件在要求的碳势下进行渗碳。废气由炉盖的排气门排出并点燃。渗碳结束后，用氮气吹洗2min，然后出炉淬火冷却。

4. *电极加热流动粒子炉*

这类炉子是通过设置在炉膛侧壁上的电极及炉膛内的石墨粒子形成回路导电加热。石墨粒子既是加热介质，又是导电体和发热体。图10.20所示为电极加热流动粒子炉结构示意图。

工作时，压缩空气经干燥后由进气管进入下气室，然后经预布风板进入上气室，再经布风板进入炉膛，使石墨粒子流态化。炉膛四角有时装有辅助进气管，起辅助流化的作用。

上下气室和预布风板的作用是，对流态化气体在进入布风板之前起缓冲和均压作用。一般风室内的压力为5～7kPa，流速在10m/s以下。预布风板应有均匀的透气性，耐热、耐磨、不易变形，并要防止石墨粒子落入风室。布风板可用高铝透气砖或金属板打孔制作。耐热砂使气体均压并保护布风板，可使用40～60目刚玉砂，厚度50～70mm。碳粒子粒度40～60目或60～80目。电源经降压整流为150V直流电源，通过电极传递到石墨粒子进而导电加热。

5. *内部电阻元件加热式流动粒子炉*

这类炉子的加热电阻元件安置在粒子中，如图10.21所示。根据炉子工作温度，可选用电热辐射管或碳化硅元件作为加热元件。

这种炉型应保证电阻加热元件附近良好的流态化状态，无局部过热，以免毁坏电阻元件。

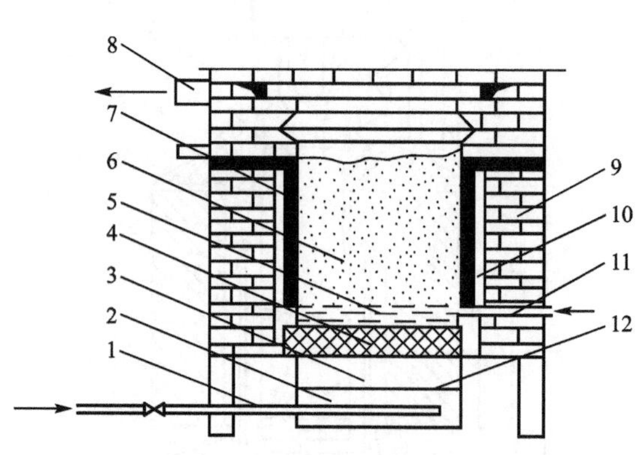

图10.20 RL系列电极加热流动粒子炉结构示意图

1—进气管　2—下气室　3—上气室　4—布风板
5—耐热砂　6—石墨粒子床　7—极板
8—排烟口　9—保温砖　10—炉膛
11—辅助进气管　12—预布风板

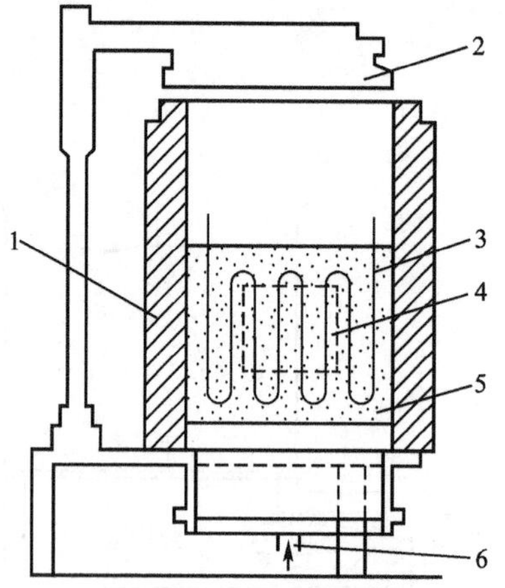

图10.21 内部电阻元件加热式流动粒子炉示意图

1—炉体　2—炉盖　3—加热元件
4—工件　5—粒子　6—流态化气入口

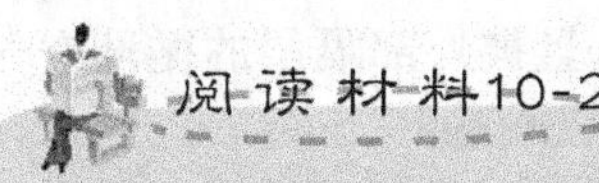

流动粒子炉的实际应用

上海量具刃具厂的产品铰刀(9CrSi)100支，进行了流态床淬火热处理，该产品的技术要求很严，除了硬度要在63HRC以上，变形度须控制在30丝之内，该厂原先使用盐浴炉加热，淬火时为了减少变形而采用硝盐分级淬火，产品合格率在90%以内，在相同加热温度，相同保温时间5min左右，由于条件所限，淬火时采用油淬，处理后的产品经该厂质检部门检验，金相组织：针状马氏体+少量残余碳化物(图10.22)。硬度值HRC63-64，变形度92%控制在30丝之内，达到了该厂目前使用盆浴炉热处理后的质量水平，并符合国家标准。

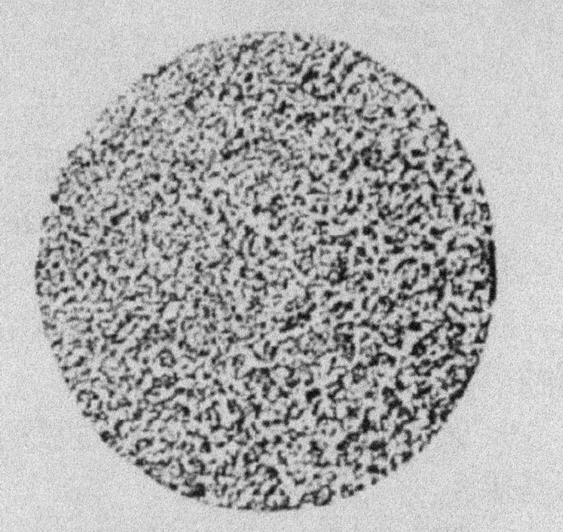

图10.22 铰刀(9CrSi)经流动粒子炉淬火后的金相组织 500×

资料来源：陆志华．保护气氛流动粒子炉的研制．上海金属，2003，25(4)

6. 流态床冷却装置

流态化介质的冷却能力与其粒子的种类、粒度、密度、流态床直径和高度比以及温度等因素有关。粒子的粒度减小、密度增加，其导热率提高，冷却速度加大。在常温下，氧化铝粒子比其他氧化物粒子的冷却速度快。氧化铝粒子流态床传热较快、热稳定性和均匀性好，且无污染。在流态床的流态化温度范围内，钢的冷却速度在1～6℃/s之间。图10.23为高速钢在空气、盐浴及流态床中淬火时冷却速度的比较。

总体看，流态床冷却速度比空冷快，比油冷慢，不能代替水及盐水淬火。

图10.24为一种分级淬火用流动粒子炉，采用氮气流态化，可以防止工件氧化脱碳，

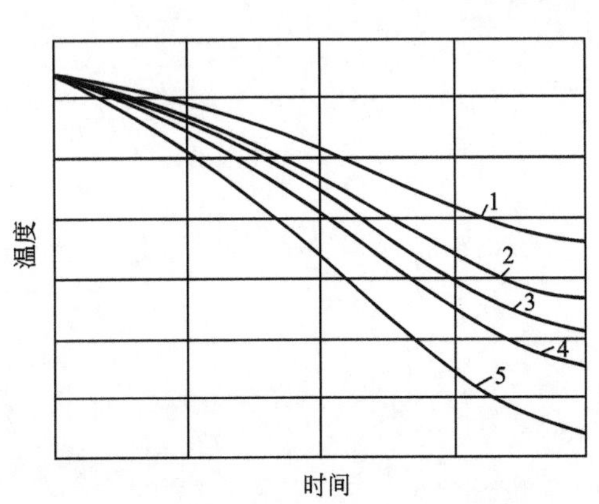

图10.23 高速钢在不同介质中的冷却曲线
1—空气 2—500℃盐浴 3—310℃流态床
4—225℃流态床 5—25℃流态床

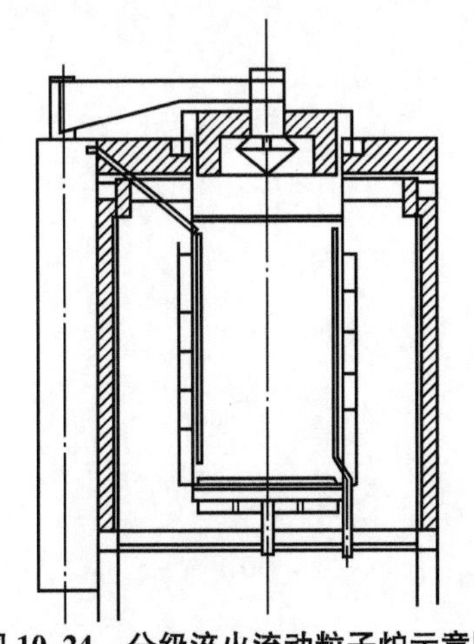

图10.24 分级淬火流动粒子炉示意图

该炉子为内热式电阻加热器流动粒子炉，炉罐内用加热器加热，且被外部隔层的循环空气冷却。这台炉子用于高速钢拉刀分级淬火，有效尺寸为Φ600×1500mm。

习题与思考题

1. 试分析热处理浴炉的优缺点。

2. 分析各种加热方式的热处理浴炉的加热原理及结构性能特点。

3. 试分析各种不同浴液热处理浴炉的特点和用途。

4. 试画图并详细说明电极式盐浴炉电磁搅拌原理。

5. 比较插入式和埋入式电极盐浴炉的基本结构、炉内温度均匀性、节能效果以及维修使用等方面的优缺点。

6. 试比较插入式和埋入式电极的设计方法和所用数据的差异，并说明存在差异的原因是什么。

7. 防止侧埋式电极盐浴炉漏盐的措施有哪些?

8. 试分析启动电阻的作用、材料选择和制作要点。

9. 电极盐浴护的主要项目设计。

已知条件：最高工作温度 950℃，生产率为 60kg/h，加热小尺寸工件(长＜300mm)，采用埋入式电极。设计内容如下。

(1) 确定炉子坩埚尺寸。

(2) 确定炉体结构。

(3) 计算炉子功率。

(4) 设计电极。

10. 说明流动粒子炉的类型、加热方法和结构特点。

第11章 真空炉

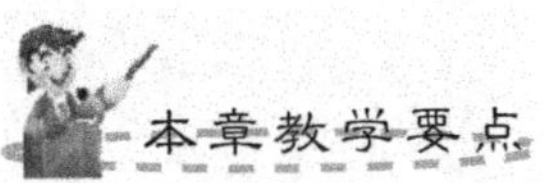

知识要点	掌握程度	相关知识
真空炉	熟悉真空热处理炉的基本类型和各种真空炉的结构特点；了解各种真空炉的用途；了解常用的真空系统及其基本参数；熟悉并掌握真空炉炉用材料的种类和使用	气体的压力：绝对压力和相对压力；氧分压及其对金属材料氧化的影响
离子氮化炉	熟悉离子氮化炉的工作原理；了解离子氮化炉的类型和钟罩式结构特点	气体的放电原理

导入案例

高速钢工具淬火变形控制的难点

难点描述：

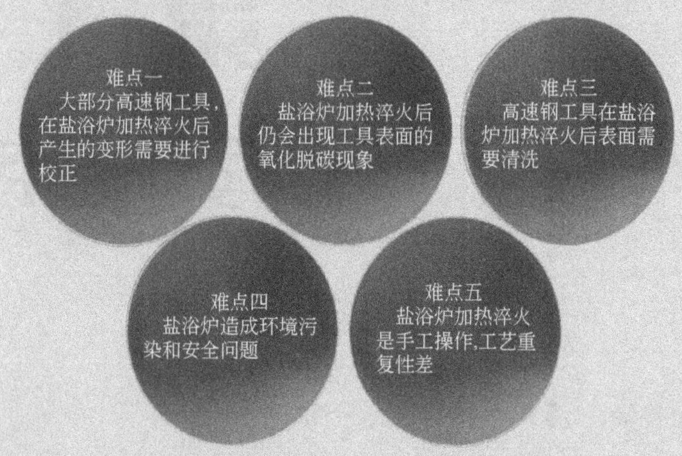

解决方案：

为解决高速钢工具盐浴炉加热淬火出现的上述各种难点问题，特别是变形问题，采用真空高压气淬是最佳的选择。所谓真空高压气淬是在真空炉内被加热的工件使用冷却气体快速冷却，得到需要的组织和性能。

真空高压气淬技术的优越性如下。

1. 变形小

尽管影响工件淬火变形的因素很多，但是冷却和加热过程是最重要的影响因素之一。均匀的冷却、减小冷却时工件表而和心部的温差是减小变形的基本措施，因此冷却介质和冷却方式的选择至关重要。真空高压气淬技术对高速钢工具而言恰恰提供了最佳的冷却介质和冷却方式。另一方面，虽然真空热处理炉炉子升温速度快，但工件在真空，I，加热只靠辐射传热，工件加热速度却比在盐浴，I′慢得多，而且真空热处理可以做到工件从冷炉状态开始加热，这样工件加热时其表面和心部的温差很小，所以也减小了工件加热时的热应力和变形。

实践证明，先进的真空高压气淬技术是热处理工件减小变形的有效途径之一。W6Mo5Cr4V2 高速钢制成的罗拉拉刀经真空淬火后齿刃孔径最大变形量为 0.023mm，平均变形量为 0.013mm。而盐浴炉加热淬火的最大变形量为 0.16mm，平均变形量为 0.09mm。罗拉拉刀真空淬火的变形量是盐浴炉加热淬火变形量的 1/6～1/8。

2. 无氧化脱碳

在真空高压气淬的气氛中，O_2、H_2O、CO_2 以及油脂等有机物蒸汽的实际含量非常少，不足以使被处理的上件产生氧化和脱碳。

3. 工件表面光洁

在真空中加热时，工件表面的轻微锈蚀、氮化物、氢化物等化合物被还原，分解或挥发而消失，从而使工件获得光洁的表面，而且工件在高压气淬后也不用清洗，因此真空高压气淬技术是清洁的热处理技术。

4. 节能及成本低廉

真空热处理炉由于采用了隔热性能好、热容量小的隔热材料和结构，因此炉子蓄热和散热损失很小，热效率高，所以使用真空热处理炉电能的节省是相当可观的。另外，因为：①真空高压气淬后工件变形小，无氧化脱碳，其热处理后的加工量减少，甚至能够免去这些加工；②真空高压气淬后工件光洁，淬火后不用清洗；③对气淬介质使用的气体加设回收装置，进而降低成本。

5. 安全环保

真空高压气淬不存在炉气，没有燃烧排出的废气和烟尘，不用盐、碱等介质，所以它是一种环保、安全的热处理工艺。

6. 自动控制

真空高压气淬设备应用电控系统和微机对工件的汁火工艺全过程进行自动控制，特别是可以通过改变冷却气体的压力和流速控制淬火的冷却速度。

资料来源：高文栋．第九篇　高速钢工具淬火变形控制的难点．现代零部件，2008，(1)

真空热处理是一种先进的热处理技术，它可以使被处理工件具有无氧化、脱碳，表面保持光泽，变形微小，提高耐磨性和服役期限，同时还具有脱气效果好、不污染环境和便于实现自动化操作等一系列突出优点。近年来随着精密机械制造、航空航天、国防核能、精密模具、电子工业等的发展，它正在成为不可缺少的热处理手段之一。随着科学技术的突飞猛进，对零件热处理质量要求越来越高，真空热处理技术的应用已遍及各行各业，代表了尖端热处理技术的方向。

11.1　真空热处理炉的基本类型

真空热处理炉通常按照用途(工艺目的)和特性(真空度、工作温度、作业性质、炉型热源等)不同来分类。

按真空度分类：低真空炉($1333\sim1333\times10^{-1}$Pa)；高真空炉($1333\times10^{-2}\sim1333\times10^{-4}$Pa)；超高真空炉($1333\times10^{-4}$Pa 以上)。

按工作温度分类：低温炉(≤700℃)；中温炉(≤700～1000℃)；高温炉(>1000℃)。

按作业性质分类：间隙作业炉；半连续作业炉；连续作业炉。

按炉型分类：立式炉；卧式炉；组合式炉。

按热源分类：电阻加热；感应加热；电子束加热；等离子加热。

按炉子结构和加热方式分类：外热式真空热处理炉(也称热壁炉)；内热式真空热处理炉(也称冷壁炉)。

其中最常见的分类方法是按炉子结构和加热方式分类。

11.1.1　外热式真空热处理炉

外热式真空热处理炉制造成本低，其结构与普通电阻炉相似。外热式真空热处理炉有一个可以抽成真空的密封罐，被处理的工件装入罐内，而加热元件、耐火材料、保温材料、炉体都在罐外，从外面加热炉罐，因此也称为热壁炉。炉罐通常为圆筒形，以水平或垂直方向全部置于炉体内或部分伸出炉体外形成冷却室。常用的外热式真空热处理炉结构如图 11.1 所示。

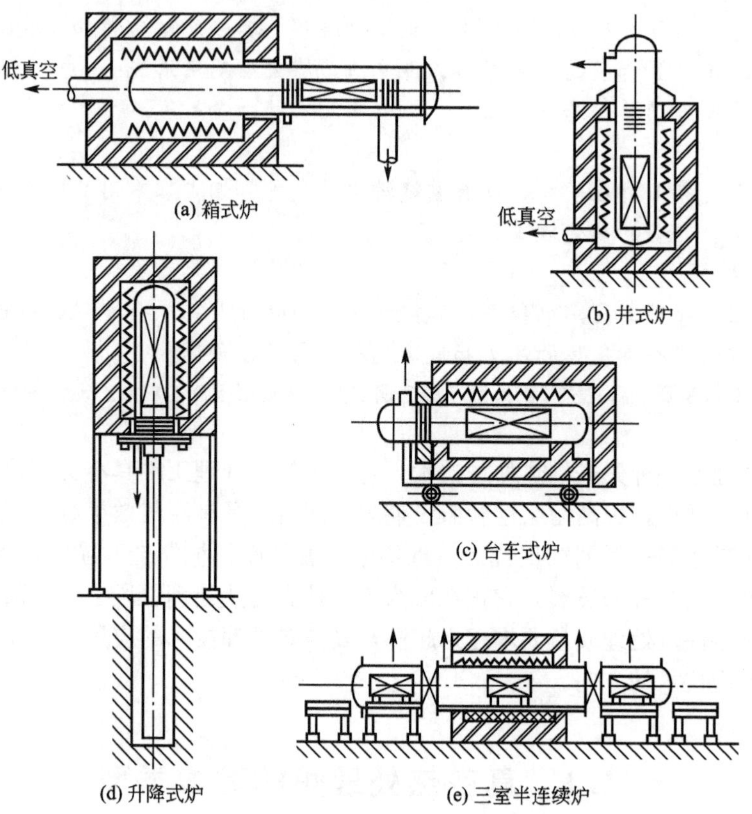

(a) 箱式炉　(b) 井式炉　(c) 台车式炉　(d) 升降式炉　(e) 三室半连续炉

图 11.1　常用的外热式真空热处理炉

为了能在更高的温度下工作、降低罐内外压差对炉罐变形的影响，也有双真空设计的外热室真空热处理炉，即在炉罐外设计另一套抽低真空装置，如图 11.1(a)、11.1(b)所示。

为了提高生产效率，也有半连续作业的三室外热式真空热处理炉结构，实际上是采用了由装料室、加热室和冷却室 3 部分组成。这种炉型的各室都具备独立的真空系统，室与室之间有真空密封门。在冷却室内还可以充入氮气或惰性气体，并与热交换器连接，以加快冷却的速度，如图 11.1(e)所示。

1. 外热式真空热处理炉的优点

(1) 结构简单，易于制造，操作维护简便。

(2) 真空罐容积小，里面只有被处理工件，抽气量少，容易达到所要求的真空度。

(3) 电热元件在真空罐外加热(双重真空除外)，不存在真空放电问题，也无其他电气(如短路、积碳等)问题，生产安全可靠。

(4) 工件被密封在炉罐内，不会与电热元件、炉衬等发生化学反应。

(5) 炉子的机械动作简单，故障率低。

2. 外热式真空热处理炉的缺点

(1) 热源在炉罐外，工件通过罐体间接加热，热惰性大、热效率低、加热速度较慢。

(2) 在高温、高压下炉罐强度受到限制，炉罐尺寸小，炉子的工作温度低，一般不超过 1100℃，真空度也低，一般不超过 10～100Pa。

(3) 炉罐的一部分暴露在大气中，热损失大。

(4) 采用高合金耐热钢制造的炉罐高温强度、焊接质量、气密性要求高，而使用寿命短。

外热式热处理真空炉通常仅适合于合金的真空退火、回火、时效、除气、渗金属、钎焊和烧结等。

11.1.2 内热式真空热处理炉

内热式真空热处理炉就是将整个加热装置(加热元件、耐火保温材料)、炉床、风扇、送料机构、淬火机构等安装在炉内，炉壳采用双层钢板水冷式设计，整个炉壳就是一个真空容器，因此也称为冷壁炉。内热式真空热处理炉结构复杂，制造、安装、调试精度要求较高。

1. 内热式真空热处理炉的优点

(1) 无需采用耐热炉罐，炉子容量大，加热温度范围广，普通的真空热处理炉最高炉温 1300℃；而用于真空高温烧结、红宝石制作、晶体生长等方面的真空炉最高可以达 2200℃。

(2) 热惯性小，加热或冷却速度快，生产效率高。

(3) 炉温均匀性好，工件加热均匀，变形微小，产品质量好。

(4) 设备可以实现大型化，操作自动化程度高，工作时无污染，环境好。

2. 内热式真空热处理炉的缺点

(1) 整体结构复杂，设备造价高。

(2) 炉内容积大，各种构件表面均吸附大量气体，需要配置大功率的抽气系统。

(3) 考虑到真空放电和电气的绝缘性，采用低电压大电流供电，也需配置相应复杂的控制系统。

内热式真空热处理炉主要应用于真空淬火、回火、退火、渗碳、钎焊和烧结等。

11.1.3 内热式真空热处理炉的结构形式

内热式真空热处理炉是近几十年来发展非常迅速的主要炉型，品种繁杂，分类详细。

按照加热冷却室的数量可分为单室、双室、三室(或多室)、组合式炉型、立式或卧式等多种型式。

按工艺目的或用途可分为真空退火炉、真空油气淬火炉、真空回火炉、真空烧结炉、真空钎焊炉、真空渗碳及真空离子渗氮炉、真空热处理多用炉等。

按照冷却方式可分为自冷式真空热处理炉、气冷式真空热处理炉、油冷式真空热处理炉、水冷和盐浴冷式真空热处理炉。

下面主要介绍自冷式、气冷式、油淬式、气冷油淬式真空热处理炉的结构特点。

1. 自冷式真空热处理炉

自冷式真空热处理炉结构如图 11.2 所示。这种炉型没有专门的冷却装置，工件随炉升

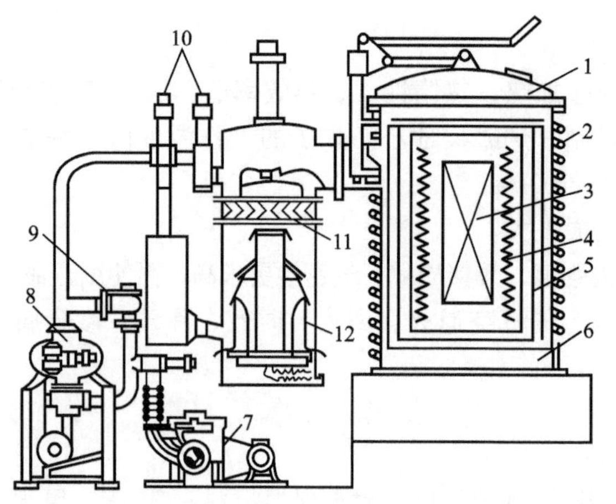

图 11.2 自冷式真空热处理炉

1—炉盖 2—冷却水管 3—工件 4—电热元件 5—隔热屏 6—炉体 7—机械泵 8—罗茨泵 9—旁路阀 10—真空阀 11—冷阱 12—油扩散泵

温和降温，因此冷却速度缓慢，属于周期性炉，生产效率低。自冷式真空热处理炉主要用于难熔金属、活泼金属、磁性合金的退火，金属或合金的钎焊，真空除气和真空烧结等。

2. 气冷式真空热处理炉

气冷式真空热处理炉是利用惰性气体或中性气体作为冷却介质，对工件进行气冷淬火的真空炉。所使用的气体冷却介质主要有氢气、氦气、氮气和氩气。一般常用的气体为氮气，氮气有着不同纯度的气源供应，通常使用99.99%～99.999%的高纯氮气，能够满足绝大多数场合的冷却要求，价格也比较适中。

虽然气淬的冷却速度低于油淬，但是现代气淬真空炉普遍配置专用冷却风扇与水冷热交换器，加快气体的流动并提高气淬的冷却速度。气淬适合于高速钢工件和尺寸相对较小的合金钢工件，气淬的变形很小。

各种类型的气冷真空炉的示意图如图 11.3 所示。其中图 11.3(a)和图 11.3(b)是卧室

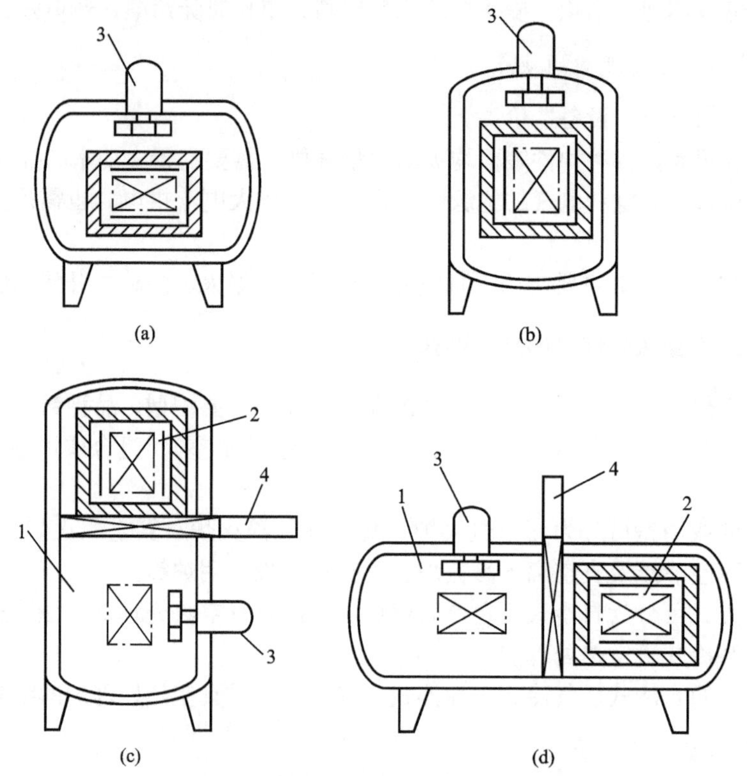

图 11.3 各种气冷真空热处理炉示意图

1—冷室 2—热室 3—气冷风扇 4—真空闸门 5—预备室

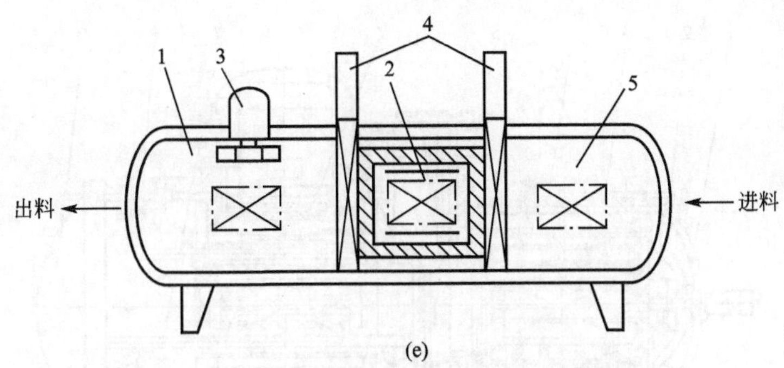

(e)

图 11.3 各种气冷真空热处理炉示意图(续)

1—冷室 2—热室 3—气冷风扇 4—真空闸门 5—预备室

和立式单室气冷真空炉，这种结构的真空炉加热和冷却在同一真空室内进行，因此结构简单，价格便宜，占地面积小，易于操作和维护。但是冷却速度慢，每次炉处理均要破坏真空，生产效率低。电热元件、隔热屏及其他构件都要承受急冷急热与高速气流的冲击，势必对炉子的寿命造成不利的影响。

为了克服单室炉的不足，出现了双室炉、三室炉和多室炉。在图 11.3(c)、图 11.3(d)、图 11.3(e)中，图 11.3(c)、图 11.3(d)是双室气冷真空炉，其加热室和冷却室由中间的一道真空隔热门(也称隔热闸)隔开。工件在加热室里加热保温，在冷却室里冷却。这种炉型在工作时由于冷却气体只充入冷却室，加热室不承受高速气体的冲击，始终处于保温真空状态，工件的冷却速度快，同时可以缩短再次装炉抽真空和升温的时间，节约能源，提高炉子的生产效率。

图 11.3(e)是三室半连续气体真空炉，它是由进料室、加热室和冷却室所组成，相邻两室都设有真空隔热门。虽然它结构复杂，但从提高生产效率、节约能源、降低产品成本的观点来看，这种炉子是今后发展的方向。

通常真空气冷根据充入气体的压力分为负压气冷($<1\times10^5$Pa)、加压气冷($1\times10^5\sim4\times10^5$Pa)、高压气冷($5\times10^5\sim10\times10^5$Pa)和超高压气冷($10\times10^5\sim20\times10^5$Pa)。气体的压力越高，冷却越快。提高了冷却速度，就可以扩大钢种的应用范围。图 11.4 是国产 WZGQ45 型高压气淬真空炉。气冷真空炉有内循环和外循环两种结构，风扇、热交换器均安装在炉壳内形成强制对流循环的称为内循环；而风扇、热交换器均安装在炉壳外称为外循环。

3. 油淬式真空热处理炉

气冷真空热处理炉不能满足许多钢种和大尺寸工件的淬透性要求，因此，出现了油淬式真空热处理炉。油淬式真空热处理炉使用的冷却介质是真空淬火油，这种淬火油具有如下的特性。

(1) 具有低的饱和蒸汽压。在淬火时油的蒸发量小，不致造成对炉膛的污染而影响真空效果。

(2) 由于在真空热处理条件下，压力降低，沸点下降，故工件易于沸腾。真空淬火油必须在真空条件下具有稳定的冷却性能，保证工件的淬透性和淬硬性。

(3) 具有光亮性，使得淬火工件获得良好的光亮表面。

(4) 工件易与淬火油中的残炭、残硫、氧气、水分、酸等反应，因此真空淬火油要具有高的热安定性，保证其使用寿命。

1
2
3
4
5
6
7
8
9

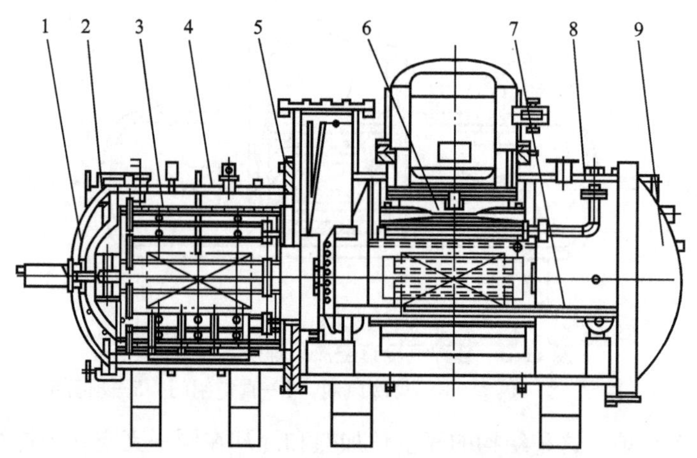

图 11.4　国产 WZGQ 45 型高压气淬真空炉

1—加热室门　2—热循环风机　3—炉胆　4—加热室炉壳　5—热闸阀
6—风冷装置　7—送料机构　8—冷却室炉壳　9—冷却室门

目前，我国国内真空淬火油标准为 SH0564。图 11.5 列出了各种类型油淬真空热处理炉的简图。

1
2
3
4
(a) 卧式单室炉
(b) 立式双室炉
(c) 卧式双室炉
5
出料
进料
(d) 卧式双室炉

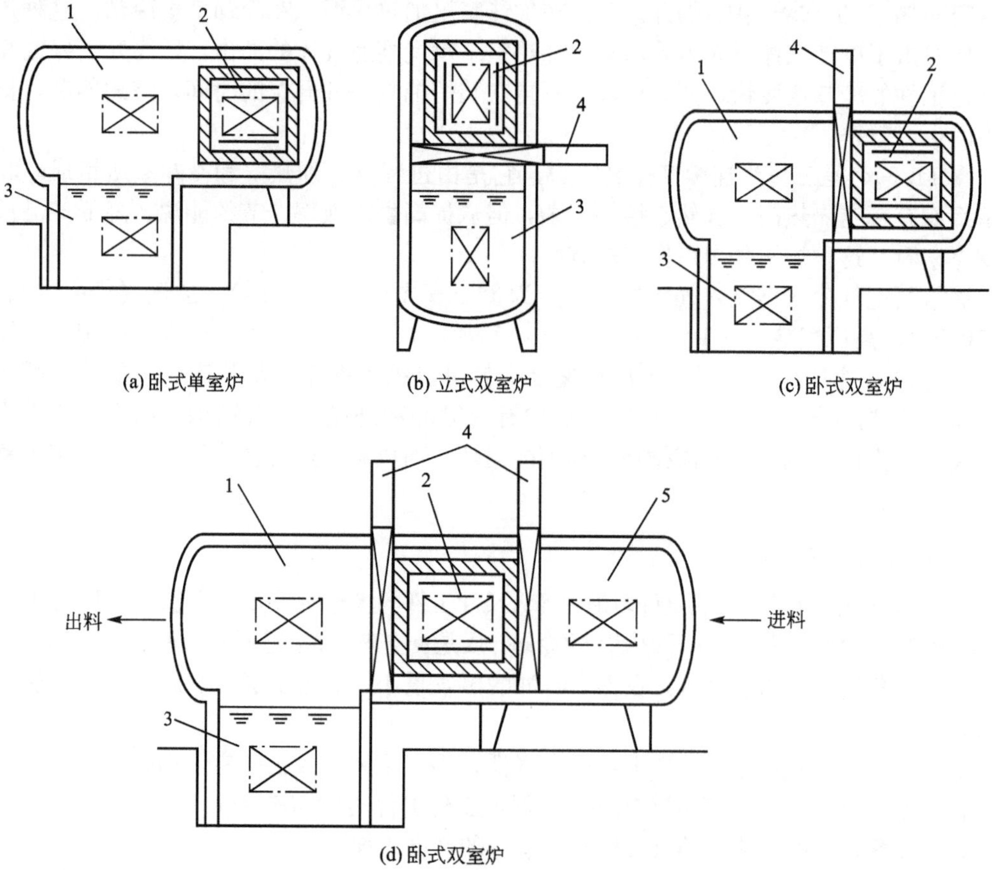

图 11.5　油淬真空热处理炉的简图

1—冷室　2—热室　3—淬火油槽　4—真空闸门　5—预备室

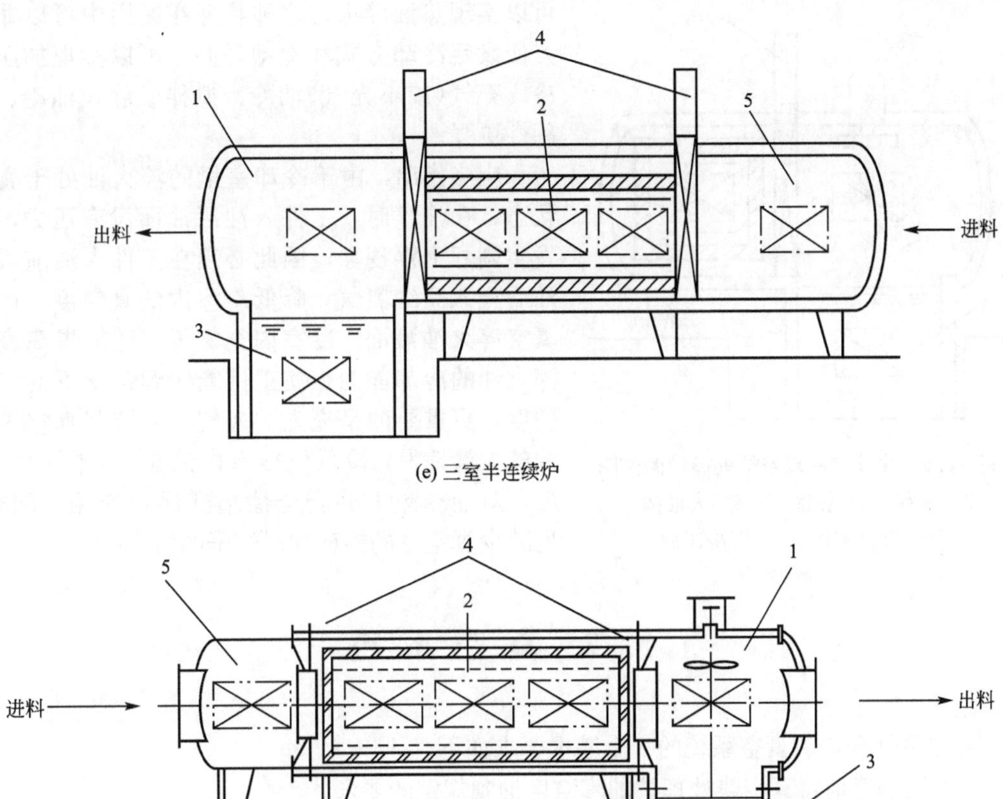

(e) 三室半连续炉

(f) 连续式炉

图 11.5　油淬真空热处理炉的简图(续)

1—冷室　2—热室　3—淬火油槽　4—真空闸门　5—预备室

图 11.5(a)为单室卧室油淬真空炉，它中间没有真空闸门，淬火时产生的油蒸汽进入并污染加热室，影响加热元件的使用寿命和电气绝缘件的绝缘性能，生产效率低，能源利用率也低。图 11.5(b)、图 11.5(c)是立式和卧式双室油淬真空炉，加热室与冷却室之间配置了真空隔离门(隔热闸)，这种炉型可以克服单室油淬炉的缺点，且有较高的生产效率，节能效果也非常显著，但其结构比单室炉复杂得多，炉子造价也高。图 11.5(e)、图 11.5(f)是三室半连续和三室连续真空热处理炉。这种炉型有两个真空隔热闸，将炉体分为预备室、加热室和冷却室，工件加热保温后迅速转移到冷却室经淬火机构进行入油淬火，预备室的机械装置将下一件工件装进加热室，加热室可以始终保持加热或保温状态，因而热损失小，热效率高，适合批量连续生产。

4. 气冷油淬式真空热处理炉

现代真空热处理炉可以同时兼有油冷和加压气冷功能，这种炉子的简图如图 11.6 所示。设备上配备性能较好的风冷系统，气淬效果良好，并装有油加热器及强力搅拌装置，

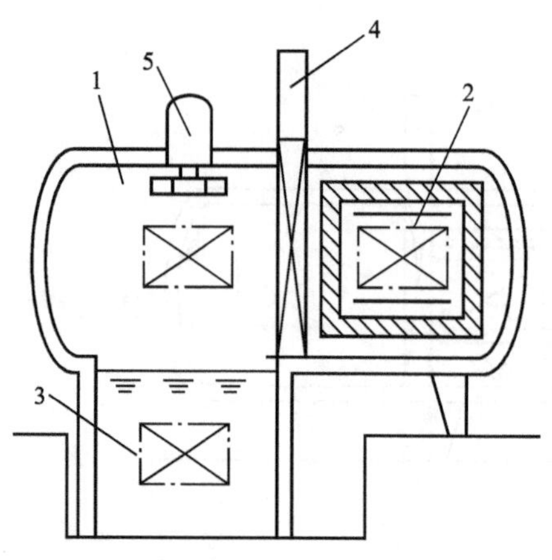

图 11.6　油淬气冷真空热处理炉的简图

1—冷室　2—热室　3—淬火油槽
4—真空闸门　5—气冷风扇

可以实现热油淬火。这种炉型在使用中可以非常方便设定冷却方式和冷却时间，可以实现加压气冷、充气(或不充气)油冷、搅拌或静止油冷、适用性更强。

应当指出，由于冷却室里的淬火油处于真空状态，在油淬时，工件入油后油面没有压力，会发生剧烈上浮现象，因此必须在工件入油前或入油后充入高纯氮气，降低冷室内的真空度，压住真空淬火油液面。冷室内充氮气，还能提高真空淬火油的冷却能力，使工件能达到常压下的淬火硬度，更重要的是充入的氮气，可抑制真空淬火油的大量挥发，降低气冷室内油雾(可燃气)的浓度，对油冷淬火的安全性起到保护作用。同时，也减少真空油的损耗和对炉子的污染。

11.2　真 空 系 统

真空热处理炉的真空系统的 3 个基本要求如下。

(1) 能迅速地将真空热处理炉的真空度抽到规定的要求。

(2) 能及时排出被处理工件和炉内构件所释放出的各种气体，以及因真空泄漏而渗入炉体内的气体。

(3) 真空机组占地面积小，运行安全可靠，操作简便。

11.2.1　真空系统的组成

真空热处理炉的真空系统通常是指真空获得设备(真空泵机组)，由控制真空组件和测量真空组件所组成，它包括如下内容。

(1) 真空泵机组。根据炉子工作压力和抽气量的大小，分别选配不同的低真空泵、中真空泵、高真空泵和超高真空泵。

(2) 真空组件或元件。在真空炉体和真空泵机组之间配备的各种真空组件或真空元件，如管路、密封圈、法兰、波纹管、冷阱、过滤器和阀门等。

(3) 真空测量系统如真空规管、真空压力表和其他真空测量仪表。

(4) 真空检漏仪器、真空控制仪器、充气装置等。

11.2.2　真空炉中常用的几种真空系统

真空炉品种多，对真空系统的要求不一样。就真空度而言，有低真空、中真空和高真空系统。下面介绍几种常用的真空系统。

1. 低真空系统

它适用于真空度在 1333～2Pa 范围的真空热处理炉，如预抽低真空井式炉。大多以油

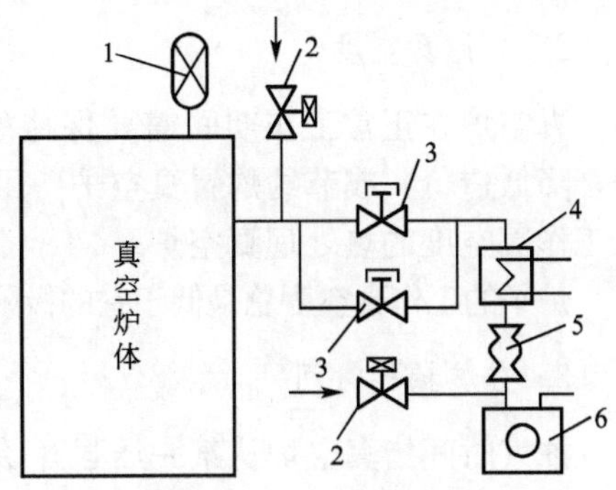

图 11.7 低真空系统

1—热偶规管 2—放气阀 3—真空阀门 4—收集器 5—波纹管 6—旋转机械泵 7—机械增压泵

封式旋转机械泵为主泵的系统，真空系统示意图如图 11.7 所示。

2. 中真空系统

它适用于真空度在 1.333～3×10^{-1} Pa 范围的真空热处理炉。中真空系统在真空热处理炉中应用最广泛，其通常有两级真空泵机组组成。初级泵多采用旋转机械泵或滑阀式机械泵，主泵为机械增压泵(罗茨泵)或油增压泵，真空系统示意图如图 11.8 所示。

3. 高真空系统

它适用于真空度在 1.333×10^{-2}～6.6×10^{-4} Pa 范围的真空热处理炉，如真空退火炉、真空钎焊炉。其通常有三级真空泵机组组成，主泵通常采用油扩散泵、离子泵，初级泵大都也是采用旋转机械泵或滑阀式机械泵，前级泵为机械增压泵(罗茨泵)或油增压泵。真空系统示意图如图 11.9所示。

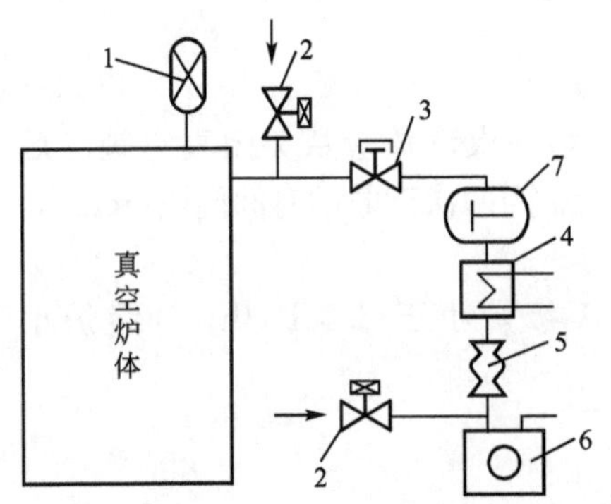

图 11.8 中真空系统

1—热偶规管 2—放气阀 3—真空阀门 4—收集器 5—波纹管 6—旋转机械泵 7—机械增压泵

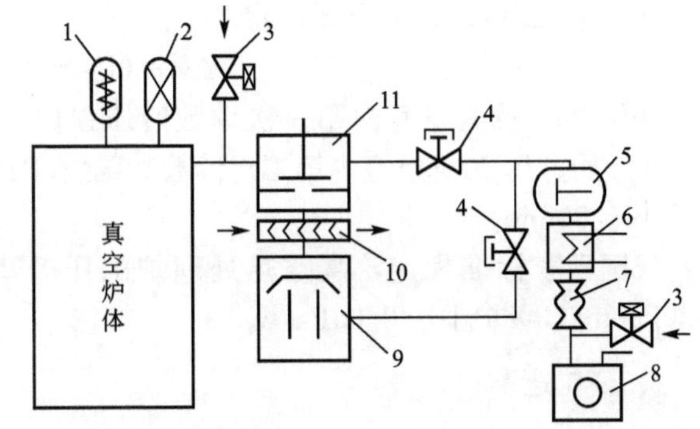

图 11.9 高真空系统

1—电离规管 2—热偶规管 3—放气阀 4—真空阀门 5—机械增压泵 6—收集器 7—波纹管 8—旋转机械泵 9—油扩散泵 10—障板 11—高真空阀

11.2.3 真空系统的基本参数

真空热处理炉的真空系统主要参数有极限真空度、工作真空度、抽气时间、抽气速率、漏气率(压升率)。

1. 极限真空度

真空炉在空炉、冷态下所能达到的最高真空度称为极限真空度。极限真空度是考核真空炉各零部件的加工和装配质量、真空机组的抽气能力与极限真空、炉体的密封与漏气和真空卫生情况的重要指标。

通常，真空炉的极限真空度应低于主泵一个数量级左右。

2. 工作真空度

真空炉在正常工作期间需要保持的真空度称为工作真空度。为了简化炉子的真空系统，降低造价，或节约购置真空炉费用，在满足热处理工艺要求的前提下，应尽量选择较低工作真空度的热处理真空炉。

炉子的工作真空度总是低于它的极限真空度，通常低于极限真空度的半个到一个数量级。

3. 空炉抽气时间

抽气时间指真空炉从某一压强开始抽到要求压强所需的时间，包括前级泵的预抽时间加上主泵从连接后抽至某一要求压强的总时间。油扩散泵与油增压泵的预热时间不包括在抽气时间内。

一般真空炉的预抽时间以小于 10min 为宜，通常大都国内外真空热处理炉的抽气时间都小于 30min。

4. 漏气率(压升率)

漏气率是指处于高压下的气体在单位时间内通过漏孔流入低压的气体量，由于漏气率参数包括了气体体积单位，用起来不太方便，因此通常用压升率作为检验真空炉漏气的指标，压升率 ΔP(Pa/h)由下式确定。

$$\Delta P=(P_2-P_1)/\Delta t \qquad (11-1)$$

式中：P_1 为真空室内第一次读数时压强(Pa)，第一次读数应从关闭真空阀门后约 15min 开始；P_2 为真空室内第二次读数时压强(Pa)；Δt 为两次读数的时间间隔(min)，一般不小于 30min。

我国国家标准规定，真空热处理炉的压升率 A 级炉小于 2.00Pa/h；B 级炉小于 1.30Pa/h；C 级炉小于 0.65Pa/h。

5. 抽气速率

抽气速率是指真空炉的真空系统在单位时间内所抽出的气体体积。为了提高炉子的抽气速率，可以选择大的真空泵，还应该尽可能增大真空管道的流导。

11.2.4 真空泵的选择

1. 真空泵的类型

真空泵是真空系统中的主要组成部分。常用的真空泵有旋片式真空泵、滑阀式真空泵、罗茨真空泵、油增压泵、油扩散泵等类型，见表 11-1。

表 11-1 真空炉常用真空泵的特点与用途

名称及型号	特点及用途
旋片式真空泵(2X 型)	旋片式真空泵是利用装有旋片的偏置转子在泵腔内作回转运动，使由旋片分隔的泵腔工作室容积周期性变化以实现抽气的真空泵，旋片真空泵一般只适于抽除干燥或含有少量可凝性蒸汽的气体(对于后者须装气镇阀)。不适于抽除含氧过高、爆炸性、腐蚀性、对泵油起化学作用和含有固体颗粒的气体。在真空系统中，旋片式真空泵可单独使用，也可作为增压泵、扩散泵等的前级泵使用

（续）

名称及型号	特点及用途
滑阀式真空泵（H型、2H型）	滑阀式真空泵是利用偏心轮在泵腔内作回转运动，使由滑环和滑杠分隔的两个工作室容积作周期性变化以实现抽气的真空泵，滑阀真空泵可单独使用或作为真空机组的前级泵。如安装气镇阀，可抽含有少量可凝性蒸汽的气体。滑阀真空泵在真空冶炼、真空干燥、真空浸渍和真空蒸馏等方面都得到广泛应用。与旋片泵比，滑阀式真空泵具有允许工作压力高(10^4Pa)、抽气量大、能在较恶劣环境下连续工作、经久耐用等突出优点
罗茨真空泵（ZJ型）	罗茨真空泵是一种具有一对同步、反向高速旋转的鞋底形转子，推压作用来移动气体而实现抽气的机械真空泵。罗茨真空泵不可以单独抽气，只能作为增压泵使用。罗茨真空泵的特点是启动快，功耗少，运转维护费用低，对被抽气体中所含的少量水蒸气和灰尘不敏感，在100～1Pa压强范围内有较大抽气速率，能迅速排除突然放出的气体。这个压力范围恰好处于油封式机械真空泵与扩散泵之间。因此，它常被串联在扩散泵与油封式机械真空泵之间，用来提高中间压力范围的抽气量。这时它又称为机械增压泵 罗茨真空泵广泛用于真空冶金中的冶炼、脱气、轧制以及化工、食品、医药工业中的真空蒸馏、真空浓缩和真空干燥等方面
油增压泵(Z型)	油增压泵工作压强范围在机械泵和扩散泵之间，所以油增压泵除作为主泵外，还可作油扩散泵的前级泵，起增压作用。油增压泵结构简单，没有机械传动部分，便于维护
油扩散泵(K型、KT型、KN型、KT型)	油扩散泵是用来获取高真空和超高真空的主要设备，在真空系统一直作为主泵使用。其工作压强范围为10^{-2}～10^{-6}Pa，抽速范围宽，油扩散泵结构简单，没有机械传动部分，便于维护，广泛用于电子、化工、冶金、机械、石油及原子能等工业中

真空泵的工作压强越接近极限压强。抽气效率就越低。因此一般工作压强选择高于极限压强半个到一个数量级。各种真空泵的工作压强和最佳工作范围见表11-2。

表11-2　各种真空泵的工作压强和最佳工作范围

泵的种类	旋片式真空泵	滑阀式真空泵	罗茨泵	油增压泵	油扩散泵
工作压强范围/Pa	1×10^5～10^{-2}	1×10^5～10^{-1}	4×10^3～10^{-2}	10～10^{-2}	10^{-1}～10^{-6}
最佳工作范围/Pa	1×10^5～10	1×10^5～10	10^2～1	1～10^{-1}	5×10^{-2}～10^{-4}

2. 真空泵的选用

真空系统的选用关键是选择主泵，其内容是选择主泵的类型和决定主泵的大小。

(1) 主泵类型的确定依据如下。

① 主泵的极限真空度应该高于真空炉要求的极限真空，通常应高于0.5～1个数量级；

② 主泵的工作压强范围应与真空炉的工作压强相适应。

③ 主泵的抽气速率应满足真空室大小和抽气时间的要求。

(2) 主泵确定以后，就要考虑如何选配合适的前级泵。前级泵选择的依据如下。

① 前级泵应始终保证及时排出主泵所排出的气体流量。

② 前级泵应在的出口处造成的压强低于主泵的最大排气压强。

③ 兼作预抽泵的前级泵要满足预抽时间和预抽真空度的要求。

11.3 真空炉炉用材料

11.3.1 炉衬材料

对于内热式真空炉，炉衬采用隔热屏或耐火炉衬。

耐火炉衬由轻质耐火砖干砌而成，热容量和热惯性较大，脱气效果差，抽真空效果也较差，只能用于低真空炉，这种耐火炉衬现已很少应用。

隔热屏材料在1100℃以下常采用不锈钢板，在1100℃以上采用铂等高熔点金属、石墨或陶瓷等。隔热屏一般5～6层。金属屏厚0.3～1mm，石墨屏厚5～10mm。制成毡的石墨纤维和耐火材料纤维可以方便地固定在金属板上，能部分或全部地代替金属屏。石墨纤维毡不产生气体，价格便宜，但纤维较细易飞扬，可能在很大面积上引起短路，安装和使用时需注意。

对于外热式真空炉，炉衬结构和材料和一般电阻炉一样。

11.3.2 电热元件材料

内热式热处理炉常用电热元件有以下几类。

1. 镍铬及铁铬铝合金

这类元件一般只用于1000℃以下，真空度不超过1.33×10^{-1}～1.33×10^{-2}Pa的范围。

2. 钼、钨、钽纯金属

钼、钨、钽在真空炉中的最高使用温度分别为1800℃、2400℃和2200℃。这类元件使用温度受合金挥发的限制，同时在长期加热时，会使晶粒粗化、变脆。

3. 石墨电热元件

石墨具有膨胀系数小，耐冲击性能好、高温力学性能好、易于加工、价格便宜等优点，其性能见表11-3，常可以做成棒状、板状、管状、带状使用。

表11-3 石墨电热元件的性能

极限强度/MPa	允许表面负荷/(W/cm²)					密度/(g/cm³)	真空中最高使用温度/℃	熔点/℃
	棒状直径/mm			板状厚度/mm				
	20	40	60	10	20			
5	82	41	27	164	82	1.5～1.8	2400	3700
10	164	82	54	328	164			
15	246	123	82	492	246			
20	328	164	107	656	328			

棒状电热元件可以在不同大小的炉膛内使用。立式炉中当炉膛容积较小时，使用管状电热元件。单相电热元件从管子一端切开分为两部分且是相等的，另一端不切开，三相是从管子一端切成3个电阻相等部分，另一端不切开，即成三相星形连接，如图11.10所

示。卧式炉中，也可将整个电热元件做成方盒子状，将其分成电阻相等的3部分，则成三相星形连接。

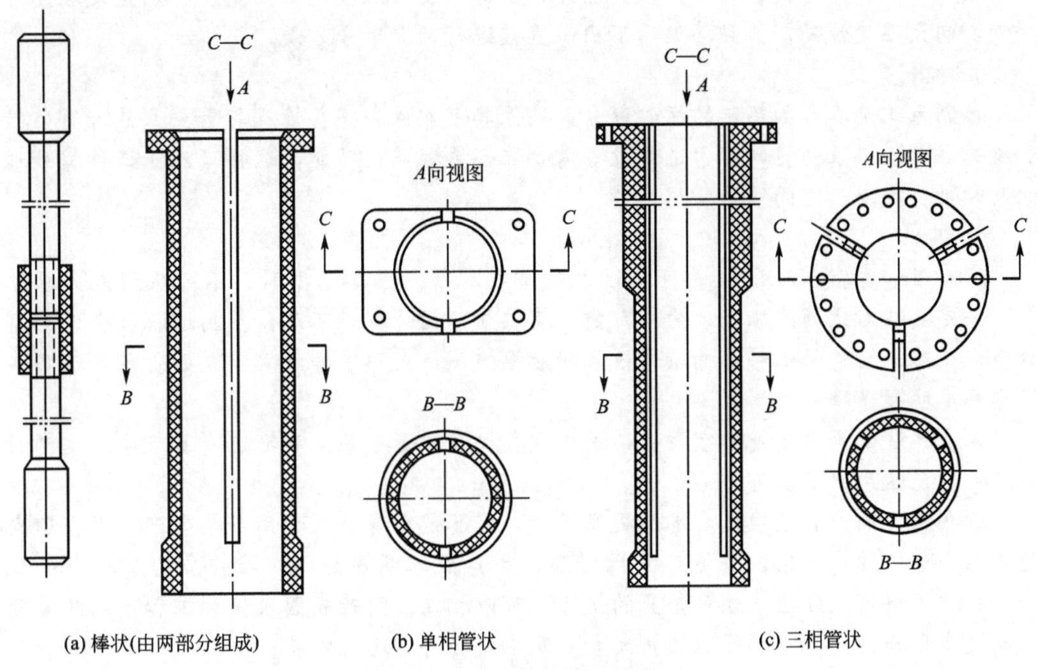

(a) 棒状(由两部分组成)　(b) 单相管状　(c) 三相管状

图 11.10　石墨电热元件的形状

阅读材料11-1

根据实践，真空加热炉的选择主要应考虑以下几个方面。

1. 真空度

真空度的选择要根据所要热处理的零件化学成分和加热温度，必须满足金属氧化物与一氧化碳平衡分解压的关系，并且要考虑一定的余地，不要追求高的真空度，真空度过高不仅会造成合金元素的挥发，而且会造成设备的配置提高，投资费用增加。一般认为，对于低合金钢、合金工具钢等淬火加热，真空度可以选择1.33～13.3Pa，高合金钢的高温度回火真空度可以选择1.33×10^{-3}Pa。一般情况下，真空达到一定程度后，要充入一定量的氮气(分压处理)，降低真空度，防止元素的挥发和粘接。

2. 冷却形式

真空炉的冷却有油冷和气冷。目前主要以气冷为主，因为气冷对热处理零件无任何污染和不良影响(油冷有表面微渗碳问题，对质量有影响)，处理后零件表面洁净不需要清洗，所以在满足冷却速度的条件下，一般以气冷淬火作为首选。

3. 加热元件形式

真空炉加热元件的形式和材料有一定的不同，一般以板式和棒式为多，材料为高质量石墨。近年来，CFC(碳碳复合材料)的出现表现出较大的技术优势，有取代石墨的趋势。同样功率的情况下，CFC材料厚度薄，相对蓄热小，有利于提高冷却速度。

4. 功能

购置炉子要考虑工艺的通用性，即淬火十回火使用温度范围要宽。特别是处理高合金钢，回火温度较高，并且淬火后不出炉直接进行回火十分方便。

5. 控制系统

控制系统是真空加热炉的核心部分，确保其可靠性和完善性及其重要。最好有监控和故障显示、记录功能，对于进口设备需要配备远程监控功能，这样可以保证故障处理的及时性，减少一定的维修费用。

6. 其他

密封性和真空系统配置的可靠性也是重要环节。设备选型时，不可从形式力求繁杂，一定要在对比的基础上，力求可靠。有些炉门设计刚性不足，使用过程结合密封部分会发生难以察觉的位移影响密封效果泄漏率提高，无形中增加真空泵的负荷，设备实际利用率明显下降。

真空系统配置主要是真空泵组，进口设备大多配置了莱宝和斯道克真空泵，这两种品牌目前已被用户所认可。

近年来，国产真空炉技术水平提高迅速，尤其是合资企业利用成熟生产技术合理配置或组合进行国产优化，质量可靠性提高，生产成本明显降低，推广应用有较大的优势，并逐步得到热处理炉生产企业的认可。可以相信，随着我国机械加工和产品质量的不断进步和提升，真空热处理的扩大和普及应用会得到迅猛发展。

资料来源：赵振东. 真空热处理设备的选择问题. 机械工人，2006，(6)

11.4 离子渗氮炉

离子化学热处理是置于低压容器中的工件，在辉光放电的作用下，带电离子轰击工件表面，使其温度升高，实现所需原子渗扩进入工件表层的一种化学热处理方法。与常规化学热处理相比，离子化学热处理具有许多非常显著的特点：渗层质量好，工艺可控性强，工件变形小，处理温度范围宽，易于实现局部防渗，渗速快，生产周期短，热效率高，工作气体消耗少，节能效果明显；处理后的工件与夹具洁净、无烟雾废气污染，符合环保要求。生产设备柔性好，便于组成和调整，实现自动化作业。因此，离子化学热处理一直是近年来热处理工艺技术发展的热点，越来越被得到广泛的应用。

11.4.1 离子氮化炉的工作原理

离子渗氮的工作过程是：将欲处理零件置于真空炉体内，在一定的真空条件下(13.3～1.33Pa)，往炉内充入少量氨、氮或氮、氢混合气，使炉内压力达到133～1333Pa。将零件接离子电源阴极，炉体接阳极，阴阳极接数百伏直流电压(图 11.11)。由于电场作用，炉内气体被电离，氮离子定向撞击阴极(零件)，零件表面产生辉光放电并被加热。同时，氮渗入零件表面，形成高浓度的含氮层并向心部扩散，经过一段时间，得到工艺要求所需要的氮化层。

图 11.12 为辉光放电的伏安曲线。当炉内气压一定时，逐渐增加电源电压，电压在

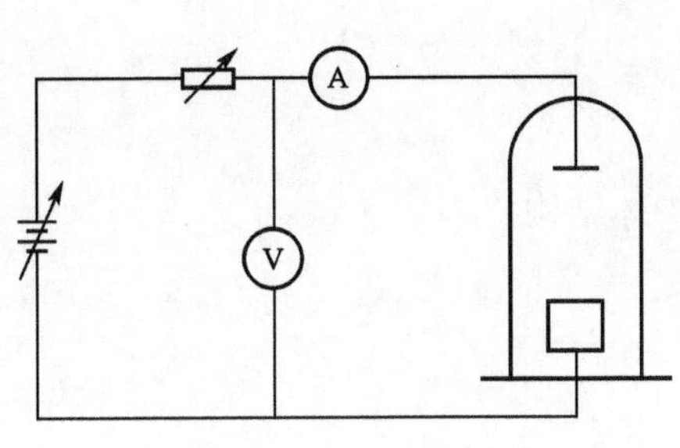

图 11.11 辉光放电电炉

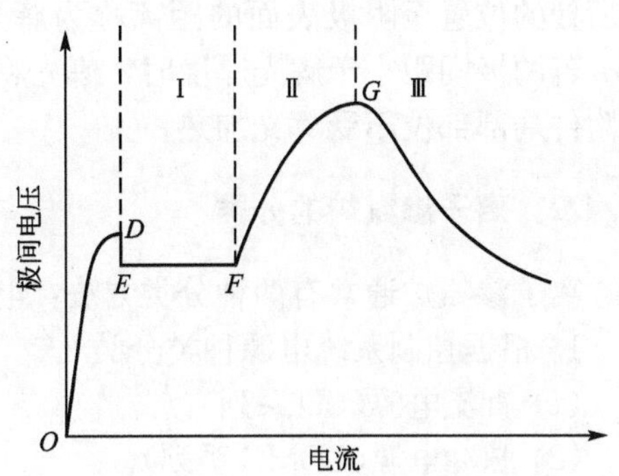

图 11.12 辉光放电伏安曲线

Ⅰ—正常辉光放电区 Ⅱ—异常辉光放电区

Ⅲ—弧光放电区

OD 段内，阴阳极间只有微弱电流，处于微安级。当电压增加到 *D* 点时，气体有绝缘体变成良导体，阴阳极间突然出现较大电流，此时在阴极表面出现了辉光。此现象称为起辉，*D* 点电压称为起辉电压。起辉后，极间电压和电流的关系即不服从欧姆定律，而成非直线关系，一旦起辉，极间电压即下降到 *E* 点，此时若增加电源电压或减少限流电阻，两电极间电压保持不变，此称为正常辉光放电区(图上 *EF* 段)。辉光覆盖面积随电流增大而增大，但电流密度不变，其值与气体压力有关，达到 *F* 点后，辉光覆盖全部阴极表面。若电流继续增加，两极间电压开始增大，直至 *G* 点，*FG* 段称为异常辉光放电区。当极间电压超过 *G* 点，电流急骤增大，电压也急速下降到几十伏，辉光放电发生质变，进入到强烈的弧光放电区。弧光放电是由于大量的正离子聚集在阴极表面而产生一个强电场，导致强电场电子发射引起的。因此辉光放电转变为弧光放电时，放电电流激增，而阴阳极极间电压很低，同时产生强烈弧光(称为打弧)。弧光放电会烧损工件，应立即灭弧。离子氮化主要是在异常辉光放电区进行。

气体的起辉电压是辉光放电的重要物性参数，当阴极材料和气体成分一定时，它决定于气体压强 P_0 与两极间距 d_0 的乘积，并存在着一极小值 V_{min}。以钢铁材料为阴极时，不同气体介质的起辉电压极小值见表 11-4。

表 11-4 一些气体的起辉电压极小值和 $P_0 d_0$ 值

气体	$P_0 d_0$/(Pa·mm)	起辉电压 V_{min}/V
O_2	933.1	450
H_2	1666.3	295
N_2	999.8	275
空气	759.8	330
NH_3	1333	400

辉光放电的两极间的电压降和辉光度是不均匀的，在阴极附近很窄的区域内，电压急剧下降，亮度最高，通常称此区域为阴极位降区，也称阴电辉光区。生产上常把阴电辉光

区所处的位置至阴极表面的距离称为辉光厚度。炉内气压越高，辉光厚度越小，亮度越强。若两极间距小于辉光厚度时，辉光将熄灭。实际操作时，常利用此特性保护工件和炉内附件局部部位不受辉光加热。

11.4.2 离子渗氮炉的分类

离子渗氮炉通常有两种分类方法：电源种类和炉体结构。

1. 根据控制系统电源种类分类

(1) 直流电源(LD系列)。

(2) 脉冲电源(LDMC系列)。

2. 根据炉体结构分类

(1) 钟罩式离子渗氮炉。炉座(底盘)固定，加热炉罩可以移动，工件以堆放为主要装炉方式；可以一套电源带两台炉体(简称“一拖二”)，可交替处理与冷却处理工件，缩短生产周期，提高生产效率。

(2) 井式离子渗氮炉。炉膛为井式，有炉盖，工件从炉子顶部装卸，也称吊挂式，工件以吊装为主要装炉方式，适合于处理轴状工件。

(3) 笼屉式离子渗氮炉。介于钟罩式和井式之间，可以一次堆装较多的工件，也适合吊装处理轴状工件。

(4) 卧式离子渗氮炉。在侧端开有炉门，对于细长工件的离子氮化处理非常方便。这种装置的特点是大型化和机械化，可以提高生产率和改善劳动条件。

11.4.3 离子渗氮炉的主要构件

成套离子渗氮设备示意图如图11.13所示，它是由离子电源、真空炉体、真空获得系统、测控温系统、供气系统等组成的。

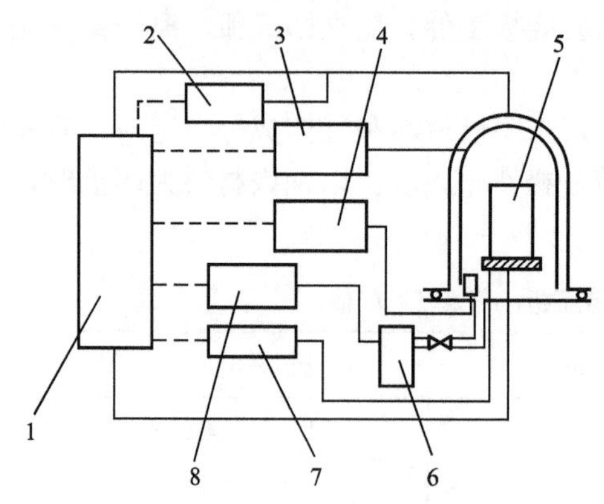

图11.13 离子氮化炉示意图

1—电源控制系统 2—灭弧控制 3—供气系统 4—炉压测量 5—工件 6—真空泵 7—温度控制 8—抽气控制

1. 钟罩式离子氮化炉炉体

钟罩式离子氮化炉是最常用的离子氮化装置。

钟罩式离子氮化炉体由炉盖、筒体、炉底盘和底架组成，其中炉盖、筒体、炉底盘夹层通冷却水，炉内设有不锈钢双层(或单层)隔热屏，炉体上设有双层钢化玻璃观察窗，以供离子氮化过程中观察炉内情况之用。

炉底设有堆放阴极一个，堆放阴极与阴极支承上安放着工作盘，工件可直接放在此盘上。

离子渗氮炉炉体分冷壁和热壁两类，通常的离子渗氮工艺过程温度均在650℃以下，大都采用炉壁夹层通水冷却的冷壁炉。采用脉冲电源，可以满足离子轰击工件单位面积上功率的需要。热壁炉是指除离子轰击形式的加热外，在炉内另行设置加热器件，它们同时(或预热后)加热工件，进行离子轰击处理。热壁炉有利于提高炉内温度的均匀度和减少处理开始期的“打弧”。热壁炉的典型结构如图 11.14 所示，这种热壁炉的加热元件采用电阻丝(板)，低压供电，以防在电阻丝上产生辉光放电。

由于热壁炉有保温层，降低了炉子的冷却速度，延长了生产周期，此外，还易造成 Fe_4N 相从固溶体中析出，降低渗氮层的抗蚀性能，所以热壁炉常需设置冷却风扇。

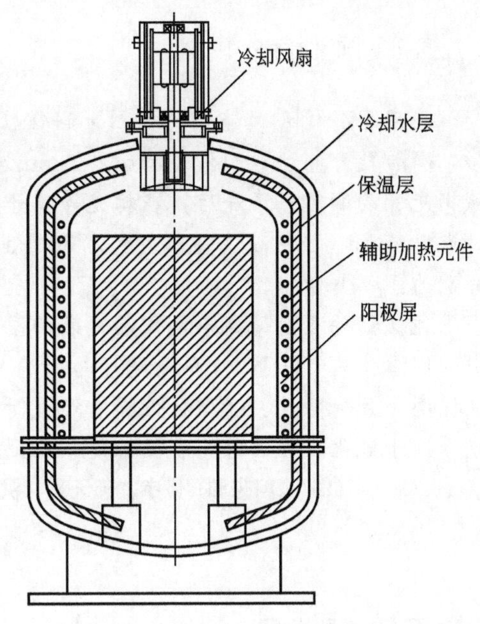

图 11.14 热壁炉的结构(电阻加热元件)

2. 隔热屏

隔热屏作为辉光放电的阳极，可以单独引线，或与炉壁共接阳极。另外在离子氮化炉内设置隔热屏有显著的节能效果。测试表明，有一层不锈钢隔热屏比无隔热屏的节省功率 40%，再加一层铝合金隔热屏，节省功率可达 55%。

3. 阴极输电装置

阴极输电装置起支承工件并将电流输入炉内的作用。同时还具有护隙保护结构，可起到阻断辉光，防止弧光放电的作用。为防止重型零件撞击阴极，大型设备均采用“软连接”阴极输电装置，一旦阴极盘发生移动，不会直接影响支柱和阴极，可防止破坏绝缘或真空密封，以保护炉子的正常运行。

4. 工件温度测量装置

由于在离子轰击处理过程中，工件带有高压电位，给准确测温带来困难。在辉光离子氮化炉内，最准确的测温方法是采用封闭内孔带有护隙套管的热电偶埋入试样内，用电位差计或高精度数字电压表读出毫伏值。其他测温方法都应与埋偶测温进行比较，以确定其测温精度。此外，还采用红外光电高温计、双波段比色高温计测温。

通常热电偶经阴极插入炉内，进行模拟测量，由控温仪表记录温度，进行 PID 调节控温。

5. 真空系统

离子渗氮炉的真空系统要求一般低于真空炉，通常由旋片式机械真空泵、真空电磁阀、真空蝶阀组成，通过真空管道与真空炉体连接，用低真空计测量真空炉体真空度。

6. 供气系统

供气系统由氨气瓶、氨气减压器、转子流量计(或质量流量计)、氨稳压器、过滤罐、氨干燥器、管式氨加热炉和输气管道组成，供气进口管设在炉壳筒体上。设备有时配有两只流量计，一只用于氨气流量调节，一只用于渗碳气流量调节，两种气体经过流量计后混合通入炉内，通过调节流量比例还可实现氮碳共渗工艺(软氮化)。

阅读材料11-2

应用 LZ-2 型真空压力离心牙科铸钛机，以正硅酸乙醋和锆英石内包埋，氧化铝挂砂，磷酸盐外包埋，制作 10mm×10mm×3mm 的纯钛铸件。钛铸件依次进行喷砂、机械抛光、丙酮超声清洗后，在辉光等离子氮化炉中进行渗氮处理，设置辉光电压 700V，辉光电流 13～15A，炉内真空度为 300Pa，渗氮温度为 700℃，气体为 NH_3，渗氮时间分别为 1～4h。

纯钛铸件表面等离子氮化后，表面呈淡黄色，主要有 TiN 相、Ti2N 相以及氮在钛中的固溶体 α-Ti(N)，显微硬度与耐磨性均显著提高，在人工唾液中的耐腐蚀性亦明显提高，且耐磨性、耐腐蚀性随着渗氮时间的增加逐渐增强。因此，义齿钛支架经过辉光等离子氮化，可改进其表面性能，提高使用寿命。

资料来源：佟宇，郭天文，洪春福等. 辉光等离子渗氮对纯钛铸件表面性能的影响. 真空科学与技术学报，2010，(1)

习题与思考题

1. 试说明真空热处理炉的工作特点、炉内构件和炉型结构与空气介质炉有何差别。
2. 真空炉的炉型有哪些？试分析各种真空炉炉型的优缺点。
3. 试分析说明真空系统的基本参数。
4. 试述真空炉所用材料及其性能。
5. 试说明离子氮化炉的加热原理。
6. 说明离子氮化炉的分类方法和钟罩式离子氮化炉的结构特点。

第12章 感应热处理设备及其他表面加热设备

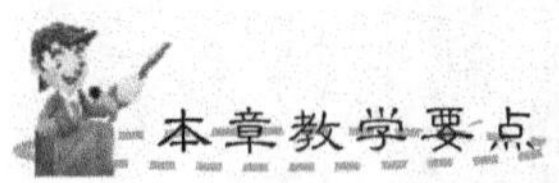

知识要点	掌握程度	相关知识
感应加热设备	熟悉各种感应加热电源的特性和使用范围；掌握感应器的设计要点和方法；了解淬火机床的结构、类型和使用特点	电磁感应；集肤效应；热传导
火焰表面加热	熟悉火焰加热的特点；了解火焰加热的方法和装置	气体燃料燃烧的特点；工件加热时颜色的变化与温度的关系(维恩定律)
激光表面加热	熟悉激光加热的原理和特点；了解激光器的种类、用途和激光加热装置的组成	“受激辐射”；激光的特性

导入案例

随着新的知识和设备的发展，人们可以期待感应加热将更广泛地应用于炉内渗碳和其他化学热处理占主导地位的领域。

举一个大件局部淬硬的例子，这是重型冶金设备中的零件，如下图所示。该零件的整个椭圆形内孔的表面必须有≥4mm 的硬化层，以保证其有足够的强度和耐磨性。

传统工艺的操作步骤如下。

(1) 对孔内表面以外的所有部位进行防渗处理。

(2) 长时间渗碳以获得超过 4mm 的渗层。

(3) 为使组织完全转变，采用特殊淬火工序进行炉内加热、淬火。

(4)深度磨削以校正零件的热处理畸变。

新技术不需要任何辅助工序。用多匝感应器扫描处理，用喷水圈淬火后就可获得所需的硬度和淬硬层深度。感应圈装有用 Fluxtrol A 制作的 C 形导磁体(下图中箭头 4 所指)。

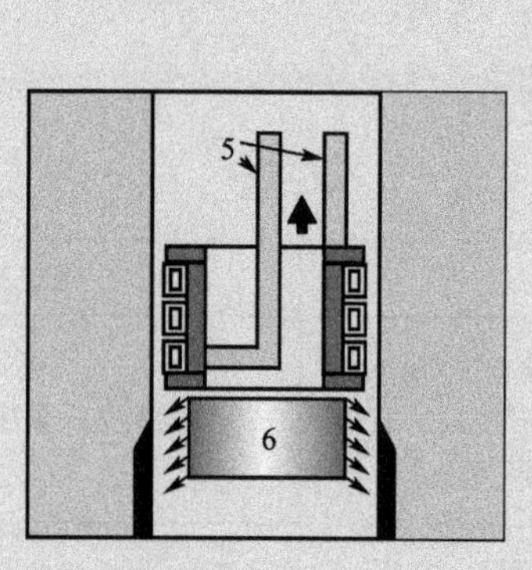

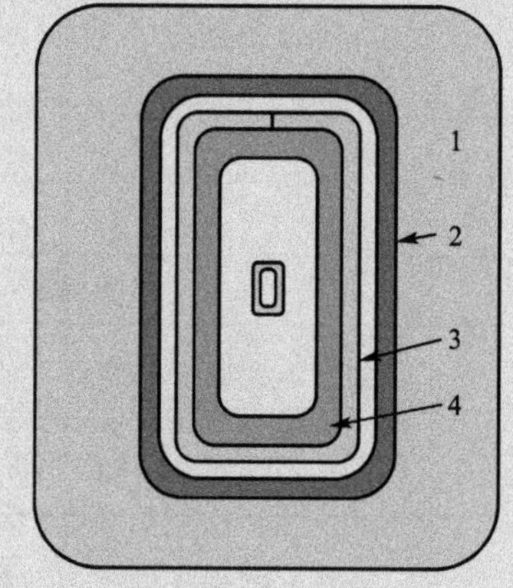

大零件内孔表面的扫描硬化

1—零件　2—硬化层　3—感应器　4—导磁体　5—线圈导板　6—喷水圈(Fluxtrol 公司提供)

工艺和线圈系采用虚拟原型设计技术，对两个垂直截面进行一维模拟，已足以处理这种二维作业。计算机模拟表明，这种线圈即使没有任何导磁体，其效率也高达 80% 左右。导磁体的作用是减小线圈中的电流和与之匹配的变压器的千伏安数。在运行功率 300kW、频率为 3kHz 的情况下，没有导磁体时变压器容量必须达到 2500kVA，而有铁心时仅需 1000kVA 从而可以采用标准变压器，而不必配置专用变压器。采用计算机模拟成功地解决了零件引出端的硬度分布问题。这种技术的实际应用证实了预测的工艺参数，零件的热处理畸变也很小。

新技术的优点：能采用价格较低廉的钢种，大大缩短处理时间和减少所需要的电能，减小零件的畸变，从而不必进行昂贵而费力的深磨削。

资料来源：涅姆科夫，瓦伦丁．先进的感应热处理技术和设计方法．热处理，2010，25(4)

感应热处理可以应用于表面热处理和整体热处理，但是主要应用于表面热处理。它的工艺简单，工件畸变、氧化脱碳小，生产效率高，节能，环境污染少，可以实现局部、快速处理，工艺过程容易实现机械化和自动化等一系列优点，因此得到了极其广泛的应用。

12.1 感应加热热处理设备

感应加热热处理设备是由感应加热电源、淬火机床、感应器、设备冷却和淬火介质循环系统所组成的。

12.1.1 感应加热电源的分类和特点

感应加热电源装置按频率不同分为超高频、高频、超音频、中频和工频；按变频方式分为电子管变频、机式变频、晶体管变频、固体电路逆变及工频加热装置。各种不同电源装置的特性可参见表12-1。

表12-1 各种电源装置的特性与应用范围

加热装置类别	频率范围/(kHz)	功率范围/kW	设备效率/(%)	特征及应用范围
逆变固体电源	超高频 10×10^3～27×10^3	小于30		电流透入深度极浅，常用于刀片，针布尖部淬火，ϕ2.5mm以下微型工件淬火
电子管变频	高频200～350	5～500	50～75	电流透入深度浅，约0.5～3mm。用于小模数齿轮淬火、较小轴类零件淬火
	超音频20～35	5～500	50～75	电流透入深度介于高频与中频之间，如用于机床导轨淬火
晶体管变频	高频100～400	2～200	75～92	应用与电子管高频相同，功率小于电子管变频
	超音频50～100	50～800		
晶闸管变频	中频1～8	50～2000	最大95	电流透入深度较大，约为高频的10～20倍；用于中、小模数齿轮淬火，轴类零件的深层淬火或透热淬火，轴类零件调质
机式变频	中频2.5～10	15～500	70～85	
工频变频	工频50Hz	50～4000	70～90	电流透入深度很大，约为高频的100～200倍，用于零件的透热加热淬火、大型轧辊和柱塞的淬火、锻件的加热

12.1.2 感应加热电源选择

感应加热电源是实现感应加热工艺的关键设备之一，它输出所需要频率的交流电能传给工件，以完成感应加热过程。各种感应加热电源均有自身特点，可以根据热处理工艺要求和使用条件进行选择。

1. 高频感应加热电源装置

1）电子管式高频电源装置

电子管式高频电源装置一般由晶闸管调压器、升压变压器、高压整流器和电子管振荡器等构成主回路及微机控制调压电源系统所组成。电子管高频加热电源在高频率，甚至超高频率、大功率方面有着独特的优势；但是它耗能高，体积大，相对效率低。危险性大也是它的缺点。

2）晶体管式高频变频装置

晶体管式高频变频装置体积小，重量轻，整机效率高，节能节水，随时可以启动和停机，输出功率调节方便，反应迅速，准确可靠，故障率低，整机使用寿命长。

晶体管式高频变频装置由整流器、逆变器和控制电路所组成。目前，晶体管式高频变频装置所用器件大都是 MOSFET(功率场效应晶体管)和 IGBT(绝缘栅双极型晶体管)，所对应的高频变频装置型号分别为 HKSP 型和 HKPS 型。

2. 超音频感应加热电源装置

1）电子管式超音频电源装置

电子管式超音频电源装置与电子管式高频电源装置原理和组成基本相同，只是主控电路的电感和电容有些不同。

2）晶体管式超音频变频装置

从 20 世纪 80 年代起，电子管式超音频电源装置就逐渐被晶体管式超音频变频装置所代替。它主要采用了新型的电子电力器件绝缘栅双极型晶体管 IGBT，IGBT 晶体管式超音频变频装置由可控桥式整流器、逆变器和控制保护电路所组成。

3. 中频感应加热电源装置

中频感应加热电源装置主要由机械式、晶闸管式两种。

1）机械式中频变频装置(简称机式中频发电机)

机械式中频变频装置在 20 世纪 20 年代研究成功的，是最早用于工业生产的中频电源，至今在生产线上仍有使用。它能把 50Hz 工频电流转变成 1000～8000Hz 的中频电流，最大优点是运行可靠耐用，除工作几年要更换轴承外，几乎不需要维修保养，维护费用很低；它还可以集中供电，一台机组可以供几台淬火机床轮流使用，变频机组利用率高；数台性能相近的中频装置除可以单台使用外，还可以并联使用，提高输出功率。它的缺点是频率固定，使用范围受到限制，占地面积大，噪声大，耗水量大，电效率较低，约为 70%～75%。

机械式中频变频装置由机械式变频机组、电容器柜、配电柜、控制台和淬火变压器组成。机械式变频机组实际上是一台共轴的电动机和发电机合成的机组，运行中需要水冷，功率在 250kW 以上的大功率机组通常采用内冷式冷却。

2）晶闸管式(SCR)中频变频装置

晶闸管(SCR)中频电源也称可控硅中频电源，它主要由整流、滤波、逆变、控制及保护电路所组成。感应淬火用的晶闸管中频电源频率一般为 2.5～8kHz。它与机式中频相比具有很多优点：体积小，重量轻；无机械运动，噪声小；启动、停止方便；频率可以根据零件需要调整，并在运行中自动跟踪，保持在最高的功率因数下运行；安装容易，不需要特殊基础；淬火设备的单机功率可达 1000kW；电效率可达 90%。

4. 工频感应加热电源装置

工业电力频率为 50Hz，因此工频感应加热无需变频装置。它的电流穿透能力大，失磁后在钢中可透入 70mm，适用于冷轧辊、大型柱塞、大车轮等大截面的工件的表面淬火加热，也被广泛用于熔炼钢铁、铸铁及有色金属，还可以用于锻件锻造前的加热，热处理的正火或调质，工频感应加热速度低不易产生过热，整个加热过程比较容易控制。由于是感性电路，功率因数低，需要使用大功率的功率补偿电容。

工频感应加热电路主要由电源变压器、功率补偿电容器、工频感应器、电流保护装置和检测仪表控制电路所组成。

应该注意的是：工厂电网的电压有时波动较大，而感应器的功率与电压的平方成正比，电压稍许增减，感应器的输出功率变化就很大，极易造成加热工艺的不稳定。因此，应该在电源变压器的高压侧接稳压器进行稳压。另外，工频加热所需要的功率较大，一般需要配置专用的电源变压器而不要与工厂其他设备共用，以免相互影响。

12.1.3 感应器设计概要

感应器是感应加热的主要工装，它的设计与感应加热工艺密切相关，表面淬火质量及设备的使用效率，很大程度上取决于感应器的设计与制作质量。感应器的设计要求是确保工件表面被均匀加热，电热效益高自身损耗小，具有一定的强度和使用寿命，制作简单，工作稳定可靠，操作方便，装卸便捷。

1. 感应器分类和结构组成

感应器的种类按照其电源分为超高频、高频、超音频、中频和工频感应器；按照加热方法分为同时加热和连续加热感应器；按照形状分为外圆柱表面加热、内孔表面加热、平面表面加热和特殊形状表面加热感应器。

感应器是由产生磁场加热工件的有效部分(有效圈)、将电源电流输向有效部分的汇流排、将前二者与淬火变压器夹紧的连接板(夹持装置)和冷却前两者或喷水冷却工件的供水装置所组成，如图 12.1 所示。有时感应器还装有导磁体、磁屏蔽环(片)、定位圈和防止感应器变形的支撑装置。

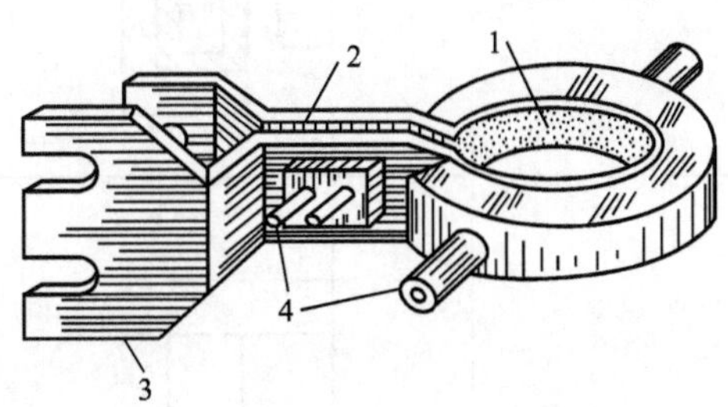

图 12.1 感应器

1—有效感应部分 2—汇流排 3—连接板 4—供水装置

2. 感应器的结构尺寸设计

感应器的结构外形应该根据工件的形状、尺寸、技术要求和加热方式来确定。

1) 感应器有效圈的宽度

(1) 外圆柱面加热时，加热感应器有效圈的宽度与工件高度差见表 12-2。

表 12-2 外圈同时加热时有效圈宽度与工件高度差

频率/Hz	有效圈与工件的高度差 h/mm		
	示意图	间隙<2.5mm	间隙>2.5mm
2500～10000		0～3	0～3

（续）

频率/Hz	有效圈与工件的高度差 h/mm		
	示意图	间隙＜2.5mm	间隙＞2.5mm
20000～400000	h	1～3	0～2

（2）工件内孔加热时，加热感应器有效圈的宽度与工件高度差见表12-3。

表12-3　内圈同时加热时有效圈的宽度与工件高度差

频率/Hz	示意图	有效圈与工件的高度差 h/mm
2500～10000	h	2～4
20000～400000	h	3～6

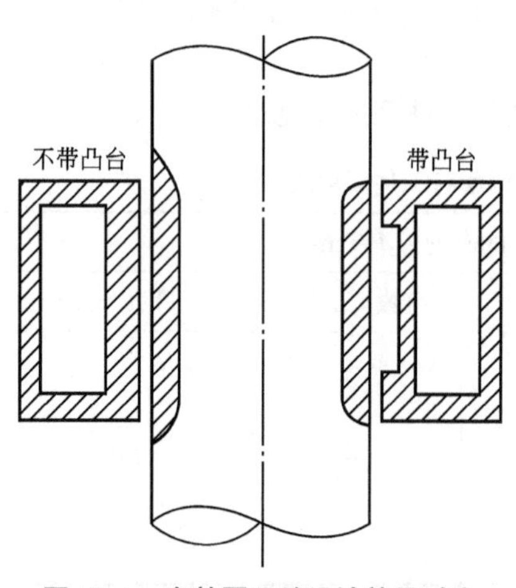

图12.2　有效圈两端设计效果对比

（3）为避免淬硬层在工件的截面上呈月牙状，有效圈两端设计成凸台状，凸起高度0.5～1.5，宽度3～8，如图12.2所示。

（4）当对长轴的中间一段加热时，要考虑轴两端的吸热情况，有效圈的宽度应该比加热区的宽度大10%～20%。

2）感应器有效圈的壁厚

考虑到电流在铜质导体中的集肤效应，以及感应器自身的强度要求确定其壁厚，感应器有效圈壁厚当通水冷却时，按表12-4选取，没有通水冷却时其厚度应该为8～10。

感应器的冷却出水温度不能大于60℃，当其截面积比较小时，为了保证感应器有效圈得到

表 12-4 感应器管壁厚度的选择

频率/Hz	感应器管壁厚度	频率/Hz	感应器管壁厚度
1000	3.0～4.0	8000～10000	1.5
2500	2.0	250000～4000000	1.0

充分冷却，可采用高压水冷。

3）感应器有效圈与工件的间隙

从提高加热效应的角度出发，感应器有效圈与工件的间隙越小越好，但是在实际中应该考虑各种不同的因素，如感应器制造精度，淬火机床的工作精度，工件的尺寸波动、毛刺和受热后的膨胀或变形等，通常可以参考表 12-5。

表 12-5 加热时感应圈与工件的间隙

频率/Hz		工件直径	同时加热间隙	连续加热间隙
外圆加热	2500～10000	30～100	2.5～5.0	3.0～5.5
		100～200	3.0～6.0	3.5～6.5
		200～400	3.5～8.0	4.0～9.0
		>400	4.0～10.0	4.0～12.0
	20000～400000	10～30	1.5～4.0	2.5～4.0
		30～60	2.0～5.0	2.5～4.5
		60～100	2.5～5.5	3.0～5.0
		>100		3.5～5.5
内孔加热	2500～10000		2.5～5.0	3.0～5.5
	20000～400000		1.5～4.0	2.5～4.0
平面加热	2500～10000		1.5～2.0	
	20000～400000		2.0～3.5	

对于形状不规则的工件加热时，带尖角或凸起部分的加热速度会比其他部位快，极易造成这一部分温度过高或者淬硬层过深。为了克服这一现象，感应器在设计时应将尖角或凸起部分的间隙适当加大，使各部位的加热温度趋于一致。图 12.3 是凸轮轴加热感应器的形状改变示意图。

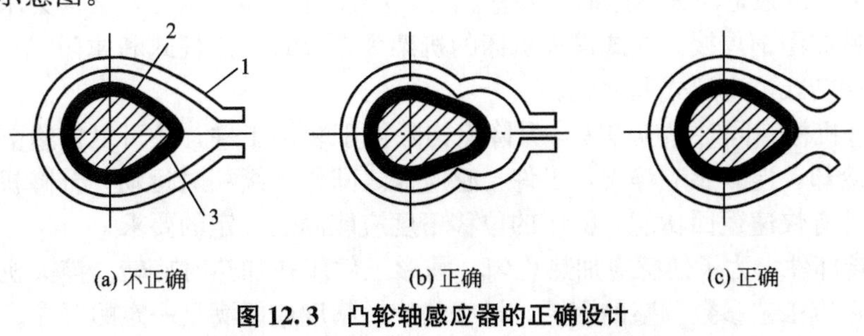

图 12.3 凸轮轴感应器的正确设计

1—感应器 2—凸轮工件 3—感应硬化层

4) 汇流板尺寸

汇流板用厚2～3mm紫铜板制成，一端焊在感应圈上，另一端接到变压器次级线圈上，以向感应圈输入电流，汇流板的间距在1.5～3mm之间，为防止接触短路，中间塞入云母片或黄蜡布包扎好。其长度取决于工件形状、尺寸、夹具等具体条件，以小为宜。

12.1.4 淬火机床的选择

感应淬火机床是感应热处理设备的重要组成部分，感应热处理要实现机械化、自动化，要保持稳定的处理质量，减轻劳动强度，改善作业环境，就必须配备合适的感应淬火机床。现代淬火机床已经形成系列产品，采用了可编程序控制器(PLC)和微电脑数控(CNC)技术，并有从传统的单机作业向通用设备柔性化、感应热处理自动线方向发展的趋势，并实现与感应电源系统的联机控制。

淬火机床的传动系统广泛采用滚珠丝杠、滚动托板和直线导轨，旋转速度与位移采用伺服数控或变频调速等技术，使得淬火机床向移动速度均匀、定位准确、重复精度高、适应面广等方面发展。现代淬火机床还装有控制淬火液流量的流量监控仪、控制加热工艺的能量监控器，更加安全的接地保护器等，进一步稳定和提高了感应热处理工件的质量和生产安全性。

1. 感应机床的分类

(1) 按生产方式分为通用型、专用型和生产线3种。通用型适用于单个或小批量生产；专用型适合于批量或大批量生产；生产线适合于将多种热处理工艺组合在一起、生产效率高的大规模生产。

(2) 按感应电源的不同分为高频淬火机床、中频淬火机床和工频淬火机床。

(3) 按处理工件类型不同分为轴类淬火机床、齿轮淬火机床、导轨淬火机床、平面淬火机床、棒料生产线等。

(4) 按照主要传动形式分为液压式和全机械式。其中机械式又分为滑板式和导柱式两种，滑板式是我国使用量最多的结构形式。其机架为铸造件，承载大刚性好，可以处理大、重的工件，使用范围广。导柱式我国目前也有生产，这种结构机架轻、运动灵活，易于实现与淬火介质循环系统的一体化设计。液压式淬火机床具有结构简单、驱动力大、移动速度快等特点。

(5) 按处理工件的装夹方式分为立式淬火机床和卧式淬火机床。

2. 淬火机床的结构

(1) 机架。机架是淬火机床的主要基础件，必须有足够的刚性，结构力求简单，制造材料为铸铁件或型钢焊接。立式淬火机床的机架为框架式、立柱式和龙门式；卧式淬火机床的机架为回转式、车床式和台式。

(2) 升降机构。同时感应淬火，升降机构除便于装卸工件，还可以快速下降进入淬火液中将工件冷却；连续感应淬火，工件与感应器之间作连续相对运动，升降机构速度可以连续可调，并有快速返回功能，机床的位移精度应能满足一定的要求。

(3) 旋转部件。为了使感应加热均匀，圆形工件应在加热时旋转。淬火机床的转速连续可调，以适应工艺参数调整的需要。机床的旋转精度应能满足一定的要求。

(4) 工件夹紧装置。操作简便、安全可靠，减少被处理工件(如细长轴)的淬火变形。

大批量生产时，应考虑使用多工位装夹结构；在全自动淬火机床上还应配有自动装卸工件装置，以提高设备电源的利用率和生产效率。

(5) 工艺参数及程序控制。淬火机床工作台有位移表、转速表、淬火液流量计、水压水温计和测温计等。

(6) 淬火介质管路及循环冷却系统，必要的抽油烟、挡水和照明装置。

图 12.4 为通用立式淬火机床的传动系统。

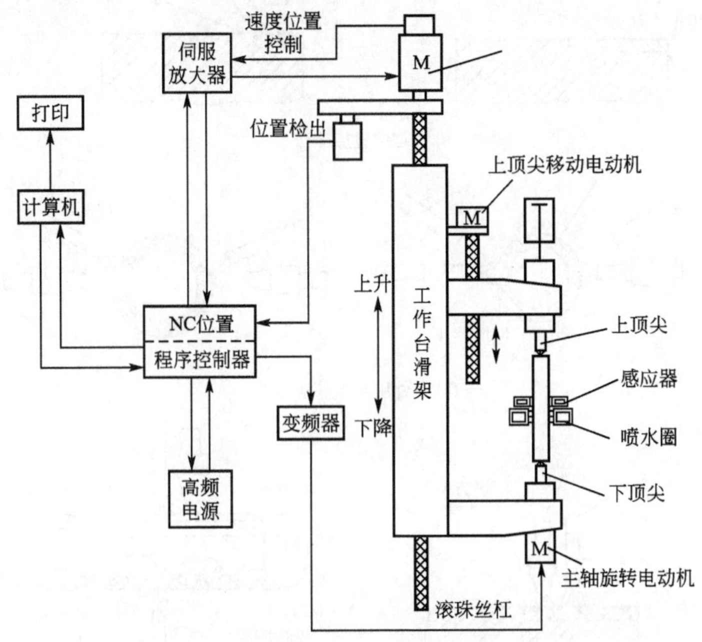

图 12.4　通用立式淬火机床的传动系统示意图

12.2　其他表面加热装置

其他表面加热主要有火焰表面加热、激光表面加热、电子束表面加热、电解液表面加热、电接触表面加热和盐浴(或金属浴)表面加热等，常见的有火焰表面加热和激光表面加热。

12.2.1　火焰表面加热装置

用火焰加热工件的某些部位，使零件表面迅速被加热到预定温度，然后根据零件技术要求进行不同速度的冷却，以获得所需的组织和性能，这就是火焰表面的加热热处理。

火焰表面加热温度高、速度快、时间短，设备简单、对操作场地要求不高(防火条件必须符合要求)、使用方便。但是工艺参数不易控制，往往要依靠经验，因此热处理质量不易保证，容易出现过热，不适合处理重要的零件。近年来，采用新型的温度测量仪器和机械化、自动化的火焰淬火机床工件的热处理质量有所提高。另外在操作中使用易燃易爆气体，在操作中更需要注意安全。

1. 火焰表面加热方法

加热方法主要有固定(静止)位置加热法、工件旋转加热法、推进加热法和联合加热法，如图 12.5 所示。

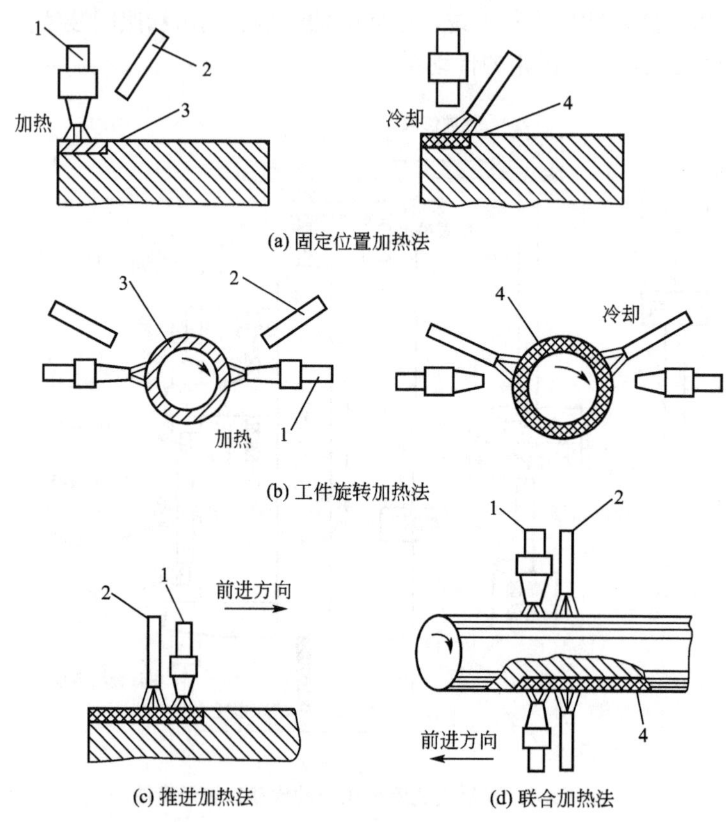

图 12.5　火焰加热法（淬火）示意图

1—火焰喷嘴　2—淬火液喷管　3—加热层　4—淬硬层

2. 火焰表面加热气源

火焰表面加热气源通常是氧/乙炔混合气体，通过喷嘴燃烧对工件表面加热，除使用乙炔气外，也可以采用人工煤气、液化石油气、天然气、丙烷等。

常见火焰加热气源见表 12－6。

表 12－6　火焰加热常用气体燃料性质

气体燃料名称	发热量 /(MJ/m³)	气体密度 /(kg/Nm³)①	相对密度 (与空气比)	火焰温度/℃		氧与气体燃料体积比	空气与气体燃料体积比
				氧助燃	空气助燃		
乙炔	53.4	1.1708	0.91	3105	2325	1.0	12
甲烷(天然气)	37.3	0.7168	0.65	2705	1875	1.75	9.0
丙烷	93.9	2.02	1.56	2635	1925	4	25

（续）

气体燃料名称	发热量/(MJ/m³)	气体密度/(kg/Nm³)①	相对密度(与空气比)	火焰温度/℃		氧与气体燃料体积比	空气与气体燃料体积比
				氧助燃	空气助燃		
人工煤气	11.2～33.5	*	*	2540	1985	*	*
液化石油气	81.3～121.6	—	1.5	2300	1930	4～6	20～30

注：① Nm³ 表示标准状态下的气体体积。
* 依实际成分及发热值而定

除人工煤气外，市场均有其他钢瓶装气体供应，这些钢瓶是专门用于存储经压缩、液化、溶解的各类高压气体。

3. 火焰表面加热淬火的主要装置

火焰表面加热主要设备是喷射器、喷嘴和淬火机床以及冷却装置。其中喷嘴的形状直接影响火焰淬火的质量。为了获得加热均匀的表面，通常火焰的外形和尺寸应该与淬火位置的外形尺寸相一致。

1）喷射器

喷射器是使可燃气体与氧按一定比例混合，并形成火焰的工具，一般分为射吸式和等压式两种。常用的淬火喷射器或焊炬多为射吸式，其结构主要由带有导气管和调节阀的手柄、混合室和喷射器的导管以及能够形成火焰的多焰式或缝隙式喷嘴三大部分组成。

2）喷嘴

喷嘴是火焰加热的主要工装。由用户根据工件淬火部位的形状、尺寸及淬火方法设计制造，接到喷射器的接管上。火焰喷嘴在高温下长期使用，因此需要用高熔点合金或陶瓷材料制造。

喷嘴形成的火焰应该与淬火部位的外形相一致，常见的有以下几种。

(1) 平形。适用于不同尺寸零件的平面加热。

(2) 翘形。适用于凹槽表面的加热。

(3) 环形。适用于滚轮、轴类及其他外圆表面或内圆表面的加热。

(4) 角形。适用于机床、导轨等角形工件的表面加热。

(5) 钳形。专门用于加热齿轮及类似形状的零件。

3）淬火机床

火焰表面淬火时，为了满足产品的技术要求，火焰必须稳定的沿着工件的表面移动，因此要配备专门的淬火机床，特别是在大批量生产时尤为重要。火焰淬火机床的各种工艺动作以及传动、转动系统与高频感应淬火机床基本相似。在实际生产中，相当部分的火焰淬火机床是用普通的金属切削机床改装的，往往也能够满足工艺要求。

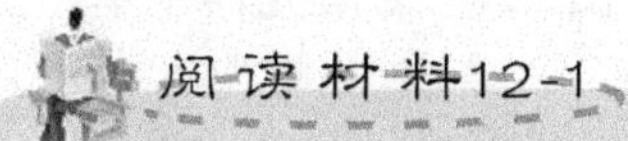

氧炔火焰的种类。

淬火用火焰通常采用的燃气是乙炔。乙炔在同时喷出的氧气中燃烧形成氧炔火焰。它的外形构造以及火焰的温度分布是由氧气体积与乙炔体积的混合比(β_0)确定的，根据混合比值的大小，可得到以下性质不同的3种火焰。

(1) 中性焰：$1.1 \leqslant \beta_0 \leqslant 1.2$ 时，得到中性焰，这种中性焰燃烧后的气体，既无过剩的氧，也无过剩的乙炔，其火焰外形如图 12.6(b)所示，中性焰由焰心、内焰和外焰 3 部分组成，焰心是光亮的蓝白色锥形。焰心外面内焰，颜色较暗，呈淡橘红色。长度一般是从焰心伸展出 10～20mm 左右。内焰距焰心 2～4mm 处的温度最高约为 3150℃，内焰外面呈淡蓝色的是外焰，温度约为 1200～2500℃。

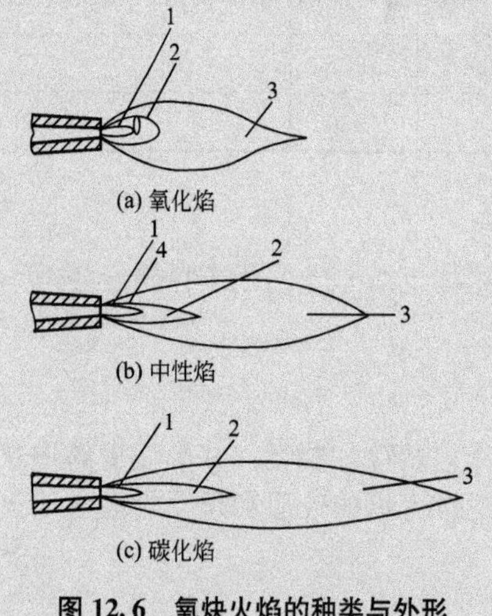

图 12.6　氧炔火焰的种类与外形

1—焰心　2—内焰　3—外焰　4—炭粒层

(2) 碳化焰：当 $\beta_0 < 1.1$(一般为 0.8～0.95)时，得到碳化焰［图 12.6(c)］，其燃烧后的残气中，尚有部分过剩的乙炔未曾燃烧。碳化焰不能用于淬火。

(3) 氧化焰：当 $\beta_0 > 1.2$(一般为 1.3～1.7)时，得到氧化焰，氧化焰燃烧后的气体中，残留部分过剩的氧［图 12.6(a)］。氧化焰焰心呈淡紫蓝色，轮廓也不太明显，内外焰均呈蓝紫色。燃烧时带有噪声，内焰距焰心处温度最高，可达 3100～3500℃。

资料来源：杨凌平，杨有才. 火焰淬火技术及模具火焰淬火. 模具制造，2002，(5)

12.2.2　激光表面热处理装置

激光热处理是一种表面热处理技术，即利用激光加热金属材料表面实现表面热处理。激光加热具有极高的功率密度，激光的照射区域的单位面积上集中极高的功率。当它辐射到工件表面时，可使其表面温度瞬时上升到相变点、熔点甚至沸点、气化以上，由于功率密度极高，工件传导散热无法及时将热量传走，结果使得工件被激光照射区迅速升温到奥氏体化温度实现快速加热。当激光加热结束时，因为快速加热时工件基体大体积中仍保持较低的温度，被加热区域可以通过工件本身的热传导迅速冷却，从而实现淬火的热处理效果。

激光热处理特点是加热速度快，温度高，无氧化，变形小，晶粒超细化，疲劳强度高，可以实现自冷淬火，特别适用于局部热处理，如尺寸很小的工件、盲孔的底部等用普通热处理加热很难实现的部位，并可以配置在生产线上。

激光表面热处理装置主要由激光器、导光系统、加工机床、控制系统、辅助设备以及安全防护装置组成。

1. 激光器

激光器由工作物质、激励系统和光学谐振腔 3 部分组成。图 12.7 为激光器基本组成示意图。

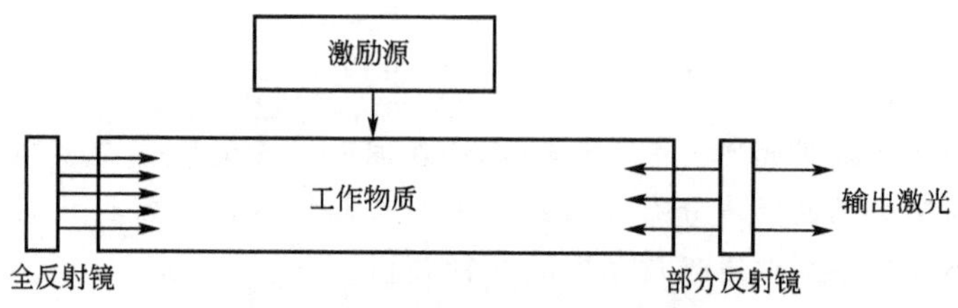

图 12.7　激光器基本组成示意图

工作物质有气体、固体、液体和半导体等，工业多使用气体(CO2)或固体(掺钕钇铝石榴石)。不同的工作物质产生不同波长的激光。谐振腔一般是放置在工作物质两端的一组平行反射镜，用以提供光学正反馈，其中一块是全反射镜，另一块是部分反射镜。激光从部分反射镜一端输出。激励系统的作用是将能量注入到工作物质中，保证工作物质在谐振腔内正常连续工作。常用的激励源有光能、电能、化学能等。

(1) 二氧化碳激光器。二氧化碳激光器发出的激光波长为 10.6 微米，“身”处红外区，肉眼不能觉察，它的工作方式有连续、脉冲两种，有比较大的功率和比较高的能量转换效率。它具有输出光束的光学质量高，相干性好，线宽窄，工作稳定等优点，在国民经济和国防上都有许多应用，可应用于焊接、切割、打孔等。CO_2 激光器分为封离式 CO_2 激光器、轴向流动式 CO_2 激光器、横向流动式 CO_2 激光器。

(2) YAG 激光器。YAG 激光器属于固体激光器，它是以钇铝石榴石晶体为基质的一种固体激光器 。钇铝石榴石的化学式是 $Y_3A1_5O_{15}$，简称为 YAG。它的输出波长比 CO_2 激光器的波长短一个数量级，量子效率高，受激辐射面积大，YAG 激光器与金属的耦合效率高，加工性能良好。还和能光纤耦合，借助时间分割和功率分割多路系统，能够方便地将一束激光传输给多个远距离工位，使激光加工柔性化，更加经济实用。YAG 激光器在工业中的应用主要是用于材料加工，如切割、焊接、打孔等，不仅使加工质量得到提高，而且提高了工作效率。

(3) 大功率半导体激光器。半导体激光器是用半导体材料作为工作物质的一类激光器，半导体激光器的优点是它的波长范围宽，体积小，重量轻，运转可靠，耗电少，效率高。大功率半导体激光器具有波长短、重量轻、转换效率高、运行成本低、寿命长等特点，是未来激光器发展的重要方向之一。半导体激光器的光束模式差，光斑大，功率密度低，虽然不适合于切割和焊接，但是可在表面热处理方面有着良好的应用前景。

2. 激光器选择的主要依据

选择激光器的技术指标，应该注意考虑以下因素。

(1) 输出功率。取决于加工的目的、加热面积及淬火深度等。

(2) 光电转换效率。CO_2 激光器整机效率一般在 7%～10%，YAG 激光器在 1%～3%。

(3) 输出方式。有脉冲式或连续式输出激光器，对于激光热处理，一般选用连续式。

(4) 输出波长。材料对不同波长的光有不同的吸收率，可在被处理的工件表面涂敷涂料，来增强对激光的吸收，提高加热效果。

(5) 光斑尺寸。它关系到导光、聚焦系统的设计。

(6) 模式。机模或低阶膜适合于切割、焊接和打孔；多模适用于表面热处理。

(7) 光束发散角 $\theta<5$mrad。

(8) 指向稳定度<0.1mrad。

(9) 功率稳定度<±(2%～3%)。

(10) 连续运行时间>8h。

(11) 运行成本。水、电、气和光学易损件。

(12) 操作功能。接口、联机控制和对话界面。

3. 激光光束的导光和聚焦系统

光束的导光和聚焦系统的作用是将激光器输出的光束经光学元件导向工作台，聚焦后照射到被加工的工件上。其主要部位包括关闸、光束通道、光转折镜、聚焦镜、同轴瞄准装置、光束处理装置及冷却装置等，如图 12.8 所示，激光聚焦系统如图 12.9 所示。

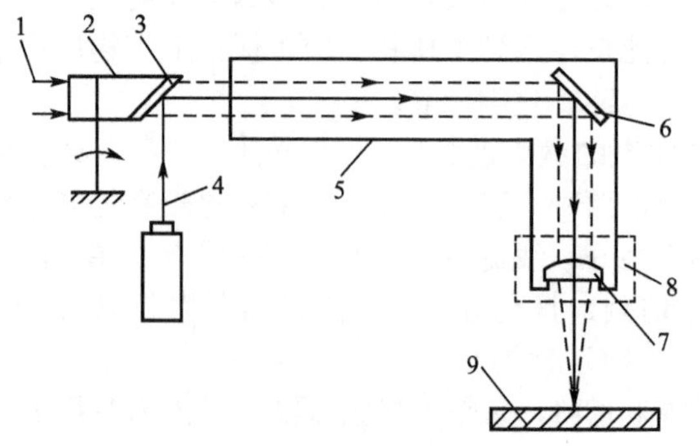

图 12.8　激光导光系统示意图

1—激光束　2—光闸　3—折光镜　4—氦氖光
5—光束通道　6—折光镜　7—聚焦透镜
8—光束处理装置　9—被加工工件

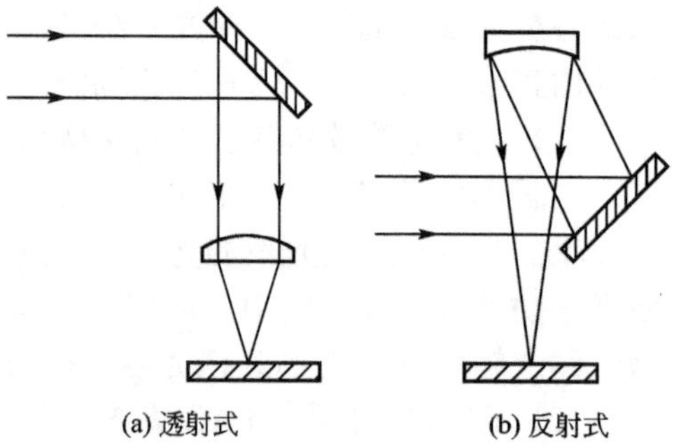

(a) 透射式　(b) 反射式

图 12.9　激光聚焦系统示意图

4. 加工机床

加工机床按用途可以分为专用机床和通用机床，按运动方式可分为飞行光束、固定光束和固定光束＋飞行光束 3 种。

1）飞行光束。此类加工机床的工作台支撑被加工工件不动，通过由聚焦头的移动来完成加工，这种加工机床适用于较重或较大工件的加工。

2）固定光束。此类加工机床的聚焦头不动，由机床工作台上的工件移动完成加工。这种机床的光路简单，便于调整维护，可实现多通道、多工位的激光加工。

3）固定光束＋飞行光束。此类加工机床的一个轴固定，另一个轴为飞行光束结构，可以使得加工机床的整机变得比较紧凑轻巧。

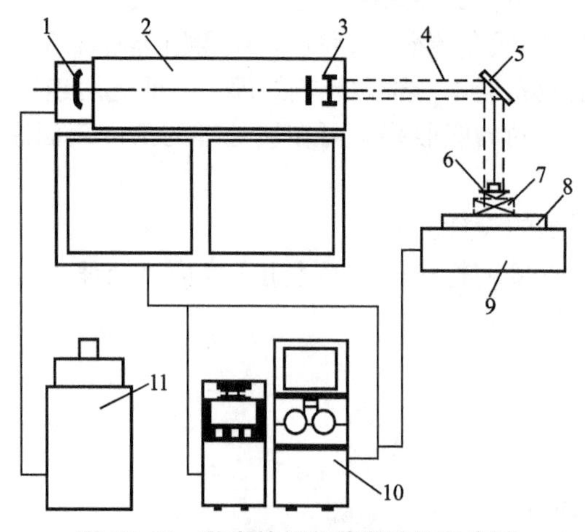

图 12.10　激光热处理装置结构示意图

1—全反射镜　2—谐振腔　3—半反射镜　4—激光束
5—反射镜　6—聚光镜　7—辅助气体喷雾　8—工件
9—工作台　10—控制系统　11—冷却装置　12—电源系统

随着激光在工业领域的应用不断扩大，要求加工机床的精度和效率提高。对于采用一些特殊要求激光加工，采用专用机床、机床的柔性化、激光加工生产线是加工机床未来的发展方向。

5. 控制系统

激光热处理装置的控制系统，可以通过计算机、光电跟踪或布线逻辑方式来实现，通过控制工作台或导光系统实现运行轨迹、移动动作、激光功率、扫描速度、导光、安全保护机构的正常工作。

激光热处理装置结构示意图如图 12.10所示。

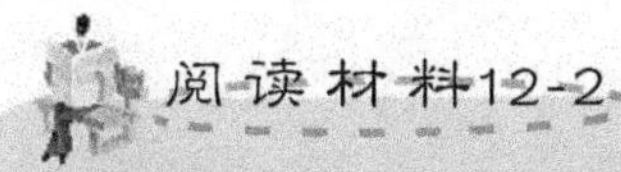

阅读材料12-2

近年来，不少学者进行了大量的高速钢激光表面强化处理研究，主要强化方法有激光相变硬化、激光重熔和激光合金化。

研究表明，高速钢激光处理后若加以适当温度的回火处理，可进一步提高其硬度。不少学者将激光处理技术与常规淬火回火工艺结合起来提高高速钢的性能。陈传忠等研究了 W18Cr4V 刀具经激光相变强化后的组织和耐磨性、切削性，结果表明，激光相变强化后刀具强化层峰值硬度达 906HV，经 640℃回火后强化层硬度提高到 1003HV 以上，耐磨性提高了 2～8 倍，刀具寿命提高了 3～5 倍。他还对比研究了 W18Cr4V 高速钢经激光重熔处理后的组织和性能，结果表明，常规淬回火组织经激光重熔后其硬度、韧性都有提高，熔化层的残余应力为拉应力，经 640℃回火后，由于残余应力的消除及重熔组织中马氏体的二次硬化和残余奥氏体的二次淬火效应，其耐磨性能有了进一步提高。

资料来源：张群莉，陈珂，姚建华. 高速钢刀具的强韧化处理的研究. 新技术新工艺，2005，(2)

习题与思考题

1. 试说明各类感应加热电源的频率范围、特点和用途。
2. 说明感应器的分类和结构组成。
3. 感应器的设计包括哪些内容？其设计依据是什么？
4. 火焰表面加热的加热方法、特点和用途是什么？
5. 激光表面加热的特点是什么？试述激光器的种类和激光加热装置的组成。

第13章 冷却设备及热处理辅助设备

知识要点	掌握程度	相关知识
冷却设备	了解各种冷却设备的工作原理、基本结构组成和用途；掌握淬火介质需要量的计算方法；熟悉确定淬火介质的需要量应该考虑的因素	淬火介质的冷却特性及其影响因素；钢材的C曲线
热处理辅助设备	了解各种热处理辅助设备的种类、工作原理和作用；能根据实际需要进行正确选择和使用	材料的氧化和氧化膜；热应力和组织应力

导入案例

淬火冷却技术的第一步是选择适合的淬火介质。一般说，合适的标准首先是在单件淬火条件下能满足热处理要求。仅仅作单件淬火时，淬火冷却的不均匀性主要表现在同一个工件上。通常采取选择合适的淬火介质，加上适当的淬火操作方式，特别是手工操作方式，来解决单件淬火的均匀性问题。现代的热处理生产则以大量、连续，以及长期不断生产为特点。相应地，淬火冷却的不均匀性也就增加到 4 个方面。第一，同一工件不同部位在淬火冷却上的差异，这是单件淬火存在的问题。第二，同批淬火的工件，因放置的部位不同，冷却环境不尽相同所引起的不均匀性。第三，不同批次淬火的工件，因淬火介质的温度和相对流速变化等原因引起的不均匀性。第四，长期生产中，因介质受污染，加上淬火介质本身的变化，所引起的不同时期的淬火效果上的差异。因此，现代热处理大生产的淬火冷却技术，要求在单件淬火冷却技术的基础上，通过采用高质量的冷却介质、与介质配套的设备，以及相关的用法技术，来消除或减小上述 4 方面的性能差异，以保证获得更高的和始终稳定的热处理质量。

通常，从淬火槽的结构设计、配备循环冷却以及加热系统、安设搅拌装置对介质做合理的搅动、使用工装具和有关的操作技术来改善前 3 类均匀性问题。而第四类，即介质冷却特性的长期稳定性问题，则要靠选择优良品质的冷却介质，并进行合理的使用维护来解决。

资料来源：http://www.hualibj.com.cn

热处理冷却设备有淬火冷却设备，包括淬火槽、淬火机、淬火压床和冷处理设备；热处理辅助设备包括清洗设备，清理及强化设备，矫正及矫直设备，起重运输设备，热处理用夹具等。

13.1 冷却设备

热处理淬火冷却设备是借助于控制淬火介质的成分、温度、流量、压力和运动状态等因素，满足淬火工件的冷却要求，以达到获得预期组织、性能的目的。热处理冷却设备在满足淬火工件冷却强度的前提下，应该还要考虑工件冷却的均匀性，操作的简单性和运行的自动化，因此冷却设备的设计就显得尤为重要。

13.1.1 淬火槽

淬火槽是盛装有淬火冷却介质，为工件淬火提供足够冷却能力的容器，槽体通常是由钢板焊接而成的，主要有淬火水槽、油槽和浴槽 3 种。淬火槽的设计和选用应该考虑一次最大淬火工件的重量或单位时间淬火工件的重量，工件的尺寸、形状，材料牌号，要求的力学性能指标和金相组织等，确定淬火槽的类型、结构、冷却介质种类和需要量，并确定需要配置的其他功能，如搅拌、喷液、热交换和循环储液槽等。还要确定完成淬火工艺过程中的机械装置，如摇摆机构、输送带、提升机等。最后还要考虑失落工件和淬火氧化皮清理、油烟排除、消防安全装置等。

常用淬火介质的种类有水淬火介质、盐类水溶液、聚合物类水溶液、油淬火介质和盐浴，下面仅以水淬火介质和油淬火介质为例说明。

1. 淬火介质的需要量计算

淬火工件放出热量按下式计算。

$$Q=G(Cs_1ts_1-Cs_2ts_2) \tag{13-1}$$

式中：Q为每批淬火件放出的热量(kJ/批)；G为淬火工件的重量(kg)；ts_1、ts_2为工件冷却开始和终了温度(℃)；Cs_1、Cs_2为工件冷却开始和终了比热容［kJ/(kg ·℃)］。

淬火介质需要量按下式计算。

$$V=Q/[\rho C_0(t_{01}-t_{02})] \tag{13-2}$$

式中：V为淬火介质的需要量(m^3)；C_0为淬火介质平均比热容［kJ/(kg·℃)］,对于20～100℃的油，C_0=1.88～2.09［kJ/(kg·℃)］；对于10%的NaOH，C_0=3.52［kJ/(kg·℃)］；对于水，C_0=4.18［kJ/(kg·℃)］；t_{01}、t_{02}为介质开始和终了的温度(℃)；ρ为淬火介质密度(kg/m^3)，油为870kg/m^3。

确定淬火介质的需要量还应该考虑以下几个因素。

(1) 水淬火介质的允许使用温度15～25℃范围之间，超过这个温度后，水的冷却能力就急剧下降，只有在良好的搅拌条件下，才可以适当放宽水的使用上限。油淬火介质的使用温度一般控制在50～90℃之间。过低的油温使得油的黏度增大，降低了流动性而导致冷却均匀性下降，也会使得淬火工件的变形量增加。油温很低时还会增加发生火灾的危险。油温过高会加快油质的老化和加大油烟而污染环境，从安全的角度考虑，油的最高使用温度应该低于其闪点温度50℃。

(2) 在计算介质需要量时还应考虑工件单位重量的表面积，相对淬火工件表面积比较大的，应该适当地增大所需介质的容积。

(3) 搅拌可以提高介质参与换热的速率，提高工件冷却的均匀性和介质温度的均匀性。在搅拌条件下可以将介质体积取较小的值。

(4) 若两次淬火之间间隔时间较短或连续式淬火槽，介质的温度无法靠自身的降温恢复到淬火的初始温度，除适当地增大淬火槽介质容量外，还应该考虑增加换热器或储液槽等措施。

2. 淬火槽的搅拌

通过对淬火槽的搅拌可以提高淬冷烈度，各种介质的流动状态与淬冷烈度的关系见表13-1。搅拌还同时提高了淬火介质的利用率和介质本身的温度均匀性，从而有利于减少工件的变形和避免淬火裂纹的产生，还可以避免局部油过热，缓解介质的老化，提高介质的使用寿命，降低油烟和油着火的可能性。

表13-1　各种介质的流动状态与淬冷烈度的关系

流动状态	空气	油	水	盐水
不搅拌	0.02	0.25～0.30	0.9～1.0	2.0
轻微搅拌	—	0.30～0.35	1.0～1.1	2.0～2.2

（续）

流动状态	空气	油	水	盐水
中等速度搅拌	—	0.35～0.40	1.2～1.3	—
良好搅拌	—	0.40～0.50	1.4～1.5	—
强烈搅拌	0.05	0.50～0.80	1.6～2.0	—
剧烈搅拌	—	0.80～1.1	4.0	5.0

淬火介质的常用搅拌方法有螺旋桨搅拌、循环泵、埋液喷射(图 13.1)等。其中循环泵搅拌时，介质在泵的出口速度大，搅拌效果明显，但离开泵一定距离介质的流速大大降低，搅拌效果差，因此循环泵难以提供均匀的搅拌。采用埋液喷射可以改进介质流动的均匀性，但是所需的泵功率很大。螺旋桨搅拌效果最好，它所需要的功率也只有埋液喷射泵的 1/10，因此被广泛应用。

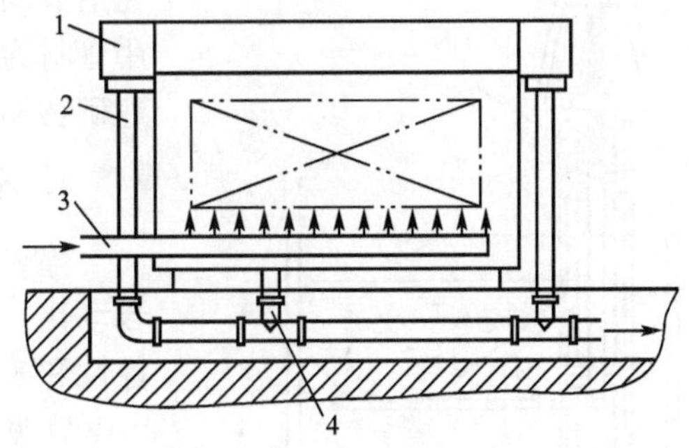

图 13.1　埋液喷射淬火槽

1—溢流槽　2—排出管　3—供液管　4—事故排出管

螺旋桨搅拌器的安装可以采取顶插式、侧插式和顶部斜插式，图 13.2 为顶部斜插式示意图。

螺旋桨搅拌器也可以加装导流筒，这样可以在淬火区域形成定向流体场，导流筒内壁还有整流片，减少涡流，提高流速的均匀性，进而提高工件的淬火质量。搅拌器根据需要可以配置一台或几台。图 13.3 就是带导流筒结构多台螺旋桨搅拌器的淬火油槽。

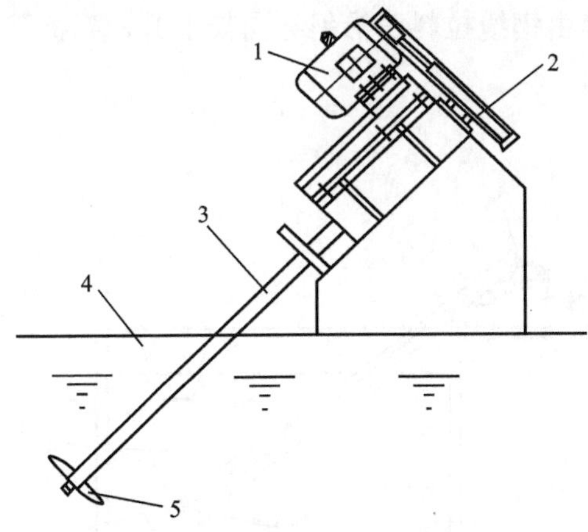

图 13.2　螺旋桨搅拌示意图

1—电动机　2—皮带轮　3—搅拌轴　4—淬火槽　5—螺旋桨

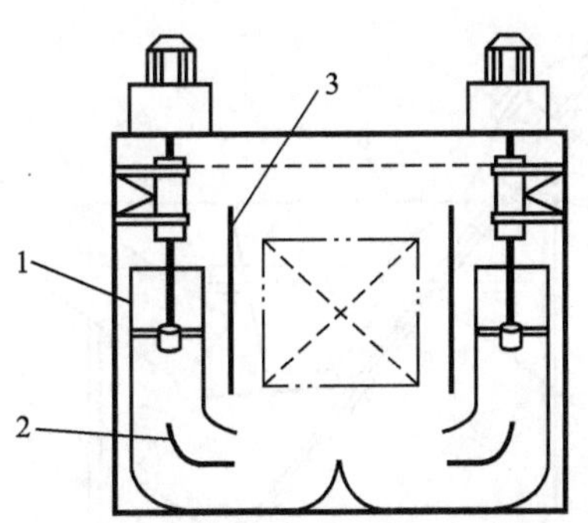

图 13.3　带导流筒结构多台螺旋桨搅拌器淬火槽

1—导流筒　2—整流片　3—溢流板

螺旋桨埋液的深度应与螺旋桨的转速相配合。如果螺旋桨的埋液深度不够，在工作时就会有气体被带入进淬火介质中，这将会影响淬火效果，使得出现淬火软点，还会在液面上产生泡沫，如果是油淬火剂则易导致发生火灾，对于聚合物水溶性介质则会大量泡沫聚集在液面，甚至会溢出淬火槽。

3. 淬火介质的加热

为保证淬火介质在规定的温度范围下工作，淬火槽应配置介质的加热装置，以满足工件淬火冷却的需要。一般采用管状电加热器。对于聚合物类水溶性和油类淬火介质，电加热器可以直接插入槽内；对于盐浴淬火槽，为减少对加热器的腐蚀，可以在槽子的外侧或底部设置加热器。应正确的选择淬火槽加热器的表面负荷功率，以免造成局部过热加热器烧毁。对于淬火油槽，不要选用管材为铜或铜合金制加热器，因为铜或铜合金会加速矿物油的氧化和聚合反应速度。

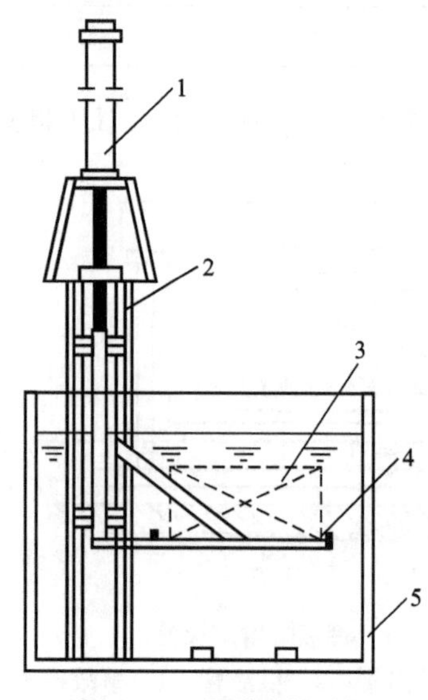

图 13.4 悬臂式提升机

1—提升机驱动油缸 2—垂直导向架
3—淬火工件 4—升降台 5—淬火槽

4. 淬火槽输送机械

淬火槽输送机械是可以实现淬火过程的机械化和自动化，并能提高淬火冷却的均匀性、冷却过程的可控性和减少淬火变形、避免淬火裂纹的发生。

常见的淬火槽输送机械如下。

(1) 悬臂式提升机。悬臂式提升机通常由提升汽缸或液压缸或电动推杆带动淬火升降台或料筐上下运动，如图 13.4 所示。

(2) 提斗式提升机。提斗式提升机由提升汽缸或液压油缸或电动推杆带动料筐托盘沿导柱上下运动，如图 13.5 所示。

(3) 反斗式缆车提升机。反斗式缆车提升机是由钢缆拉料筐沿斜导向架上升，到极限位置时反倒倒出淬火工件，如图 13.6 所示。

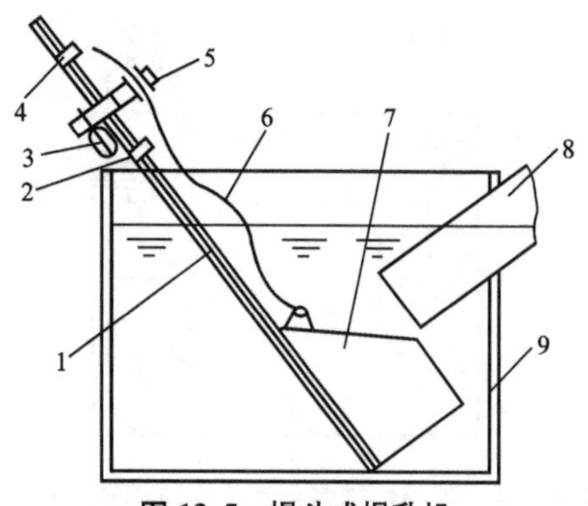

图 13.5 提斗式提升机

1—支架 2、4—限位开关 3—驱动机构
5—螺纹 6—丝杠 7—料斗
8—滑槽 9—淬火槽

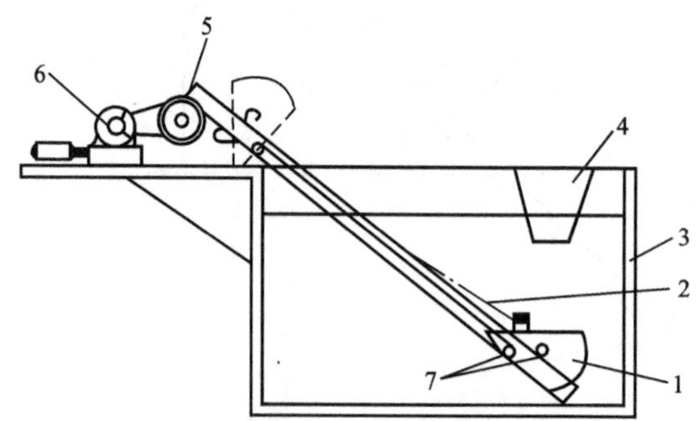

图 13.6 反斗式缆车提升机

1—料斗 2—钢缆 3—淬火槽 4—滑槽
5—支架 6—传动机构 7—滚轮

(4) 输送带式输送提升机。输送带式输送提升机的输送带分为水平和提升两部分。水平

部分主要完成冷却，而提升部分将工件提出淬火槽，输送提升的速度是可调的。在输送带上还装有横向挡板，以防工件下滑，如图 13.7 所示。输送带式输送提升机常用于连续式淬火热处理设备，被安装在生产线上使用。

13.1.2 淬火介质的循环冷却系统

随着工件的不断淬入淬火槽中，介质的温度将上升，通常采用淬火介质的冷却方法如下。

1. 自然冷却

依靠液面与大气的接触散热以及槽体钢板的散热，这种冷却油槽容积很大，常兼作集油槽、储油槽之用。整个油槽中的淬火油自然缓慢冷却，即使淬火槽有搅拌功能，这种散热效果也很差，这种方法只适用于小批量生产或不连续生产。

2. 水冷套式散热

在淬火槽外侧周围设置冷却水套，或向放置淬火槽的地坑中充水循环。这种方法的热交换面积很小，很难达到良好的冷却效果。

3. 蛇形管冷却

将冷却管布置在淬火槽内侧，通入冷却水来降低淬火介质的温度。这种方法能够增大换热面积，但由于冷却管通常只能布置在淬火槽的周围，所以只能冷却四周的介质，于槽中央的介质有较大的温差，造成槽内淬火介质的温度不均匀。图 13.8 为带蛇形冷却管的淬火槽示意图。

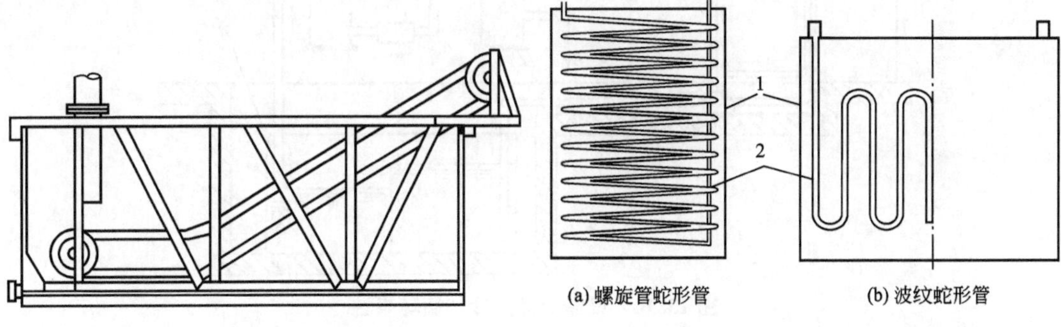

图 13.7 输送带式输送提升机

图 13.8 带蛇形冷却管的淬火槽
1—淬火槽 2—冷却管

4. 独立配置淬火槽循环冷却系统

淬火槽循环冷却系统结构紧凑，具有良好的降温冷却作用。这种循环冷却系统是将热交换器安装在淬火槽的旁边或侧面，在周期式或连续式淬火槽上被广泛的使用。图 13.9 为配有冷却系统淬火槽的示意图。

5. 设有储液槽的循环冷却系统

这种冷却循环系统设有一个钢板焊接制成的储液槽。储液槽内部被分隔成两至 3 部分，分别用作储液、沉淀和备用。储液槽的容积应根据淬火工件、淬火槽容积和热交换器的换热能力等因素综合考虑确定，通常应大于所服务的全部淬火槽及冷却系统中淬火介质体积的总和。泵将冷却介质从储液槽吸入，经过过滤器进入到热交换器冷却，然后输送到淬火槽中。淬火时，

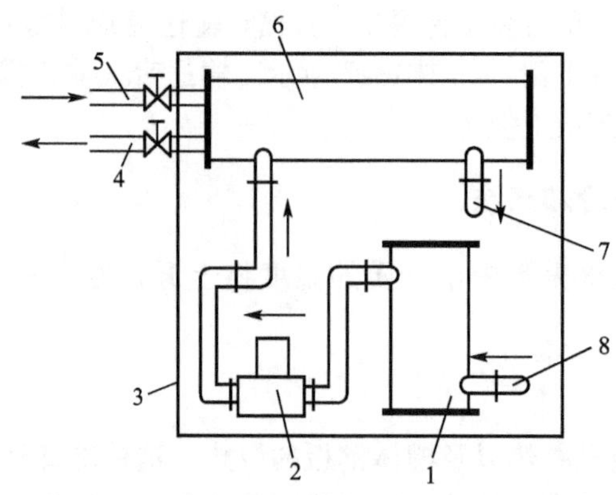

图 13.9 配有冷却系统的淬火槽

1—过滤器 2—泵 3—淬火槽 4—冷却水出口
5—冷却水进口 6—换热器 7—被冷却淬火
介质回淬火槽口 8—热介质由淬火槽
进入热交换器系统的接口

淬火槽中温度较高的介质通过溢流槽回流到储液槽，如此反复循环冷却，如图 13.10 所示。

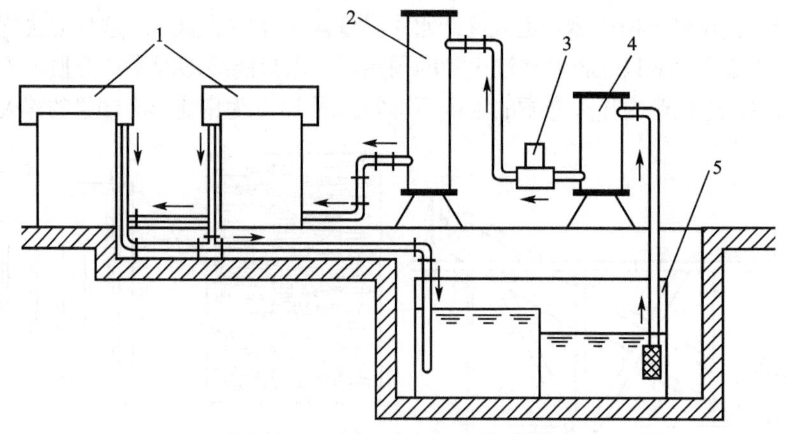

图 13.10 设储液槽的冷却循环系统

1—淬火槽 2—换热器 3—泵 4—过滤器 5—储液槽

6. 热交换器

常见的热交换器有制冷机、双液体介质换热器(列管式、平行板式、螺旋板式)、冷却塔式热交换器和风冷式热交换器。过滤器主要作用是隔离氧化皮、油渣和工件带有的其他污物，保护泵和热交换器，常用双筒网式过滤器，需定期进行清理以免影响通过流量。

1) 列管式热交换器

列管式热交换器外观为一钢制圆筒，可分为卧式和立式两种。圆筒内有许多沿圆筒轴线安装的铜管，铜管内可以通冷水进入和流出；桶内还有许多折流板，热的淬火介质由进油口流入桶内，由于折流板的作用而曲折流动与冷水管充分接触，最后降温后由出油口流出。

列管式热交换器的冷却能力大，占地面积小，还可以控制冷却水的流量调节淬火介质的温度，缺点是其内部结构复杂，不易清洗。图 13.11 是列管式热交换器的外形。

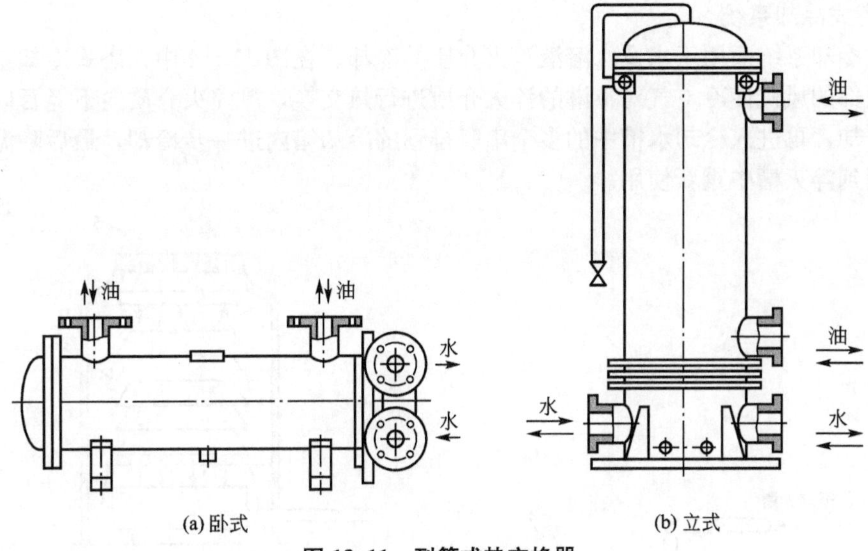

(a) 卧式　　(b) 立式

图 13.11　列管式热交换器

2）平行板式热交换器

平行板式热交换器是由许多一定厚度的普通钢板(或不锈钢板)重叠在一起组成，相邻板片之间有等距离的空隙，四周由端板连接，如图 13.12 所示。热淬火介质和冷却水交错进入相邻的空隙中，从而达到降低淬火介质温度的作用。它具有传热效率高结构紧凑占地面积小，可以拆卸清洗，维修简便等优点。平行板式热交换器也以控制冷却水的流量调节淬火介质的温度。

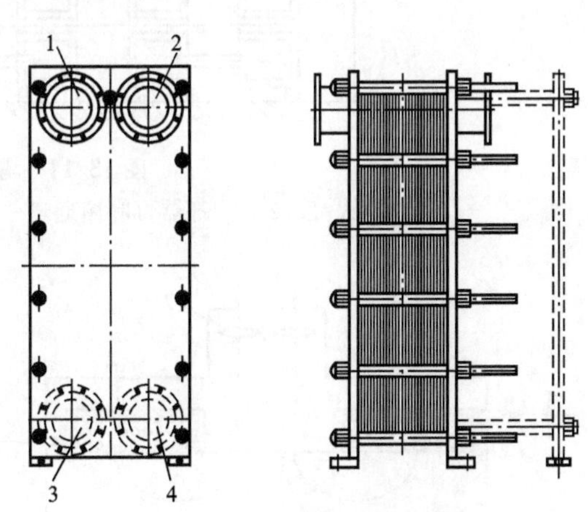

图 13.12　平行板式热交换器

1—热介质进口　2—冷却水出口　3—热介质出口　4—冷却水进口

3）螺旋板式热交换器

螺旋板式热交换器由两张钢板卷制而成，如图 13.13 所示，形成了两个均匀的螺旋通道，冷却水和热淬火介质可进行全逆流流动，大大增强了降温效果。螺旋板式热交换器在壳体上的接管采用切向结构，局部阻力小。由于螺旋通道的曲率是均匀的，液体在设备内流动没有大的转向，总的阻力小，因而可提高设计流速使之具备较高的降温能力。

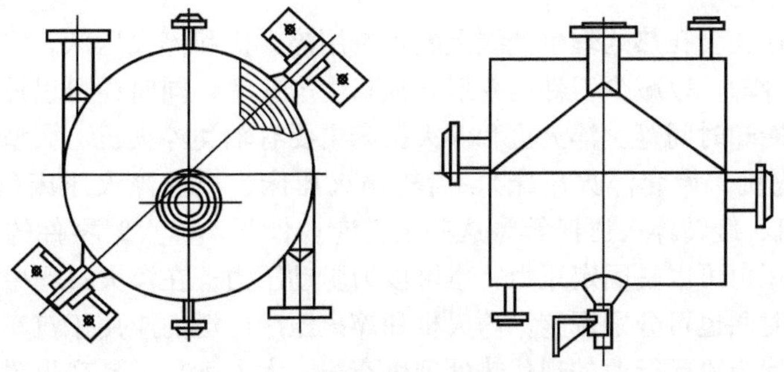
图 13.13　螺旋板式热交换器

4）塔式冷却系统

塔式冷却系统适用于水及水溶液淬火介质的冷却。在图 13.14 中，塔式冷却系统装置设置在顶部的风机使冷空气对下淋的淬火介质进行热交换，热淬火介质向下经百叶窗式冷却通道冷却，再进入冷却水槽中的多个串联排列的冷却箱内进一步冷却，最后降温的淬火介质再回到淬火槽中重新使用。

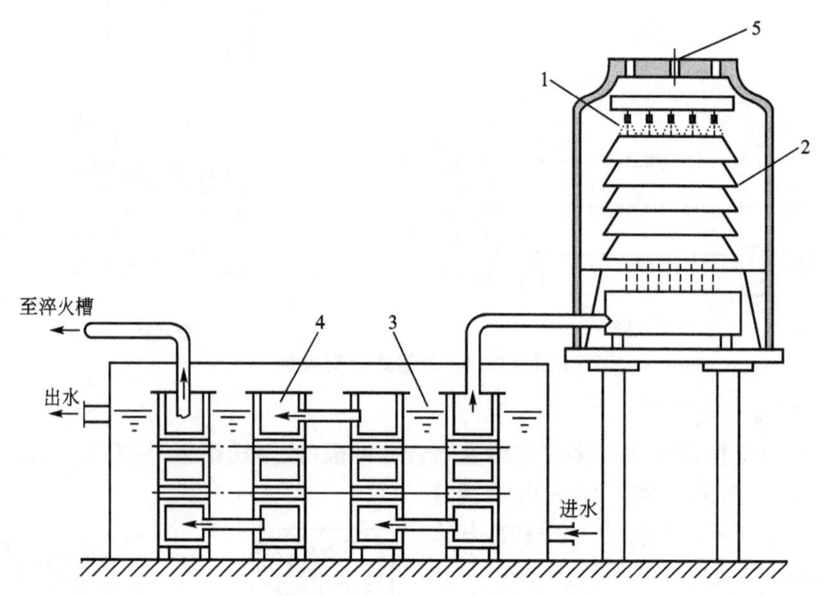

图 13.14 塔式冷却系统

1—热淬火液 2—冷却器百叶窗通道 3—循环冷水槽 4—冷却箱 5—风机

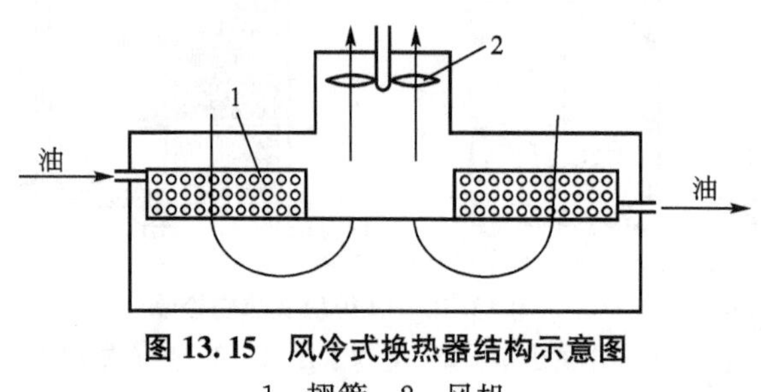

图 13.15 风冷式换热器结构示意图

1—翅管 2—风机

5）风冷式换热器

风冷式换热器是由换热翅片的管束构成的翅管和轴流风机组成。用风扇强制通风来冷却管内流动的热淬火介质，它适合于缺乏冷却水源的场合。优点是不会出现水-淬火介质渗漏的现象，缺点是风机会有较大的噪声。图 13.15 为风冷式换热器的结构示意图。

13.1.3 淬火机和淬火压床

规模化生产往往会在热处理生产线上配备专用淬火机和淬火压床。它可以使得工件在一定压力下淬火冷却，以减少工件的变形，提高生产效率，同时还可以控制冷却参数，如介质量、压力、冷却时间等。淬火机和淬火压床主要有轴类淬火机、大型环状工件淬火机(如轴承套圈淬火机、齿套淬火压床)、齿轮淬火压床、板件淬火压床(如圆锯片淬火压床)、板簧淬火机、旋转淬火压床等。这些设备专业性强，淬火时零件的不同部位可以分别施压，施加的压力可以是固定压力，也可以为脉动压力；在淬火过程中还可以实现分段喷液，喷液量和时间也可分别调整；淬火机和淬火压床广泛的应用于汽车与机车、工程机械、农用机械、冶金机械行业的现代热处理生产线，大大满足了易变形零件热处理淬火冷却的需要。

图13.16是气动齿轮淬火压床局部示意图，这种压床主要用于盘状齿轮的淬火。压床的上柱塞1下端安装上压模，上面有导杆和锥形体，下柱塞4与圆筒8相连，在其上部装有下压模，上面有若干扇形片组成的扩张器。当压床工作时，工件3放在下压模上，其内孔套在扩张器上，开动汽缸使上压模下降，导杆即插入扩张器中，锥形体使得扇形片向外扩张，压在工件孔的内侧，定好中心。同时两压模将齿轮压紧。柱塞继续动作，压模连同工件及圆筒8一起沉入油中冷却，当圆筒8上的输油孔5被掩盖以后，圆桶内的油受到压力的作用，由顶盖上的喷油孔喷射向齿面。冷油由供油管6进入圆筒8内，由输油孔5流入油箱7中，热油由排油管9排出，齿轮在这种状况下完成控制变形淬火操作。

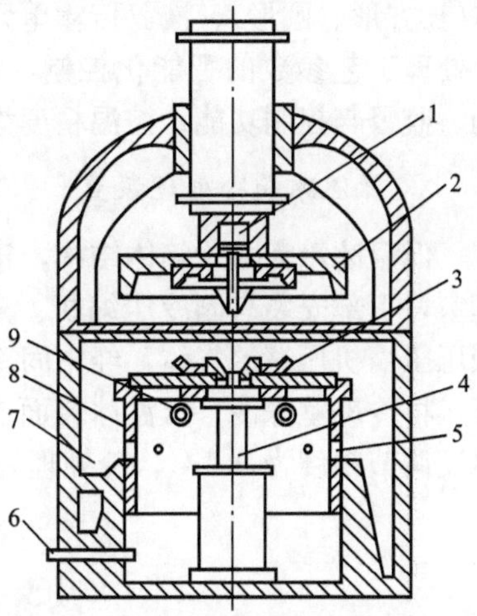

图13.16 齿轮淬火压床局部示意图

1—上柱塞 2—上压模 3—工件 4—下柱塞 5—输油孔 6—供油管 7—油箱 8—圆桶 9—排油管

13.1.4 冷处理设备

冷处理又称低温处理。冷处理可使热处理后钢(特别是高合金钢)中的残余奥氏体含量大幅度降低，进而在回火后析出均匀而弥散的碳化物，提高其组织稳定性和力学性能。例如高速钢刀具低温处理后，耐磨性提高了3倍。摩擦系数降低了20%，硬度提高了1～4倍，使用寿命提高了1～3倍。其他材料的实验也获得了使用寿命延长的类似结果。

冷处理设备分为普通冷处理(0～－80℃)设备和深冷处理(低于－80～－192℃)设备，常用的冷处理设备如下。

1. 干冰冷处理装置

该装置是利用干冰(固体CO_2)的溶解吸热来制冷，结构比较简单，只要制作一个具有隔热保温功能的加盖密封容器即可。放进干冰，再加入酒精或丙酮或汽油就可以进行冷处理，改变干冰的加入量，可以调节冷冻液的温度，最低可以获得－78℃的低温。

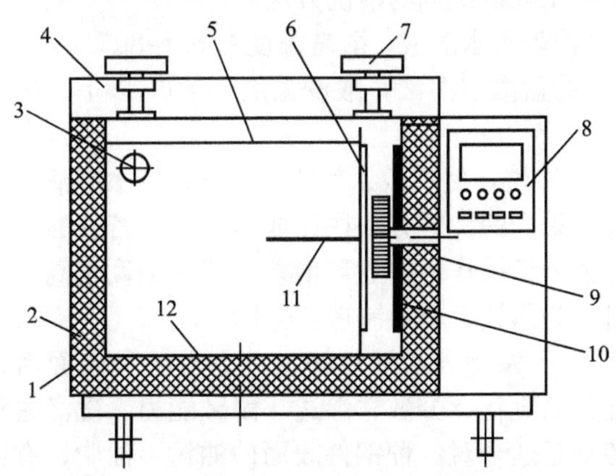

图13.17 SLX系列液氮深冷箱结构示意图

1—外壳 2—保温层 3—排气孔 4—箱盖 5—辐射板 6—导流板 7—箱锁 8—控制面板 9—风扇 10—液氮分散器 11—温度计 12—内胆

2. 液氮深冷装置

液氮本身的温度为－196℃，直接使用液氮或将液氮气化可对工件进行深冷处理。如果将工件直接放入到液氮中，冷速很大易使工件发生开裂。通常是在工作室内，让液氮气化使工件降温进行冷处理，这种装置称为液氮深冷箱。图13.17是SLX系列液氮深冷低温箱的结构示意图。这种深冷低温箱主要由箱体(长方形、圆形)、液氮传输单元、液氮容器、调节控制器和计算机等组成，能实施对深冷处理工艺参数的智能化控制，具有工艺设定、实时数据采集、显示、记录、保存和查询、监督与控制功能；控温精度为±1℃。

3. 低温冰箱冷处理装置

低温冰箱为立式箱体结构，箱体夹层采用聚氨酯泡沫塑料保温绝热，箱体上部为冷处理室，下部安装有制冷压缩机。通常采用双压缩机制冷(－120℃采用三级压缩机制冷)，低压压缩机压缩的气体，经中间冷却后再由高压压缩机压缩，进行第二级(第三级)制冷循环，将冷冻室深冷。低温冰箱面板有压力、温度指示控制仪表，可以自动控制制冷温度，温度调节精度为0.1℃。冷处理温度范围－65～－120℃。

13.2 热处理辅助设备

本节主要介绍的热处理辅助设备包括清洗设备、清理及强化设备、矫正及矫直设备、热处理用夹具等。

13.2.1 清洗设备

热处理前工件往往在机加工的过程中会沾有油渍、污垢、残留切削冷却液和研磨剂等，这些污物在化学热处理加热过程中会影响气氛的纯度，特别是需进行真空热处理的工件的清洁度，对于真空炉炉膛的使用寿命、真空度及处理工件的质量密切相关。热处理后的工件表面会留有残余冷却油、油渣、炭黑、残盐、铁屑等附着物，不但影响热处理零件的清洁度，还会引起工件的生锈或腐蚀。因此必须根据工件对清洁度要求、生产方式、生产批量及工件的外形和重量，配备相适应的清洗设备。

1. 清洗槽

清洗槽通常采用酸作为清洗剂或采用化学工业清洗剂的清洗方法。

(1) 硫酸酸洗法。采用浓度为5%～20%的硫酸水溶液，酸洗温度在60～80℃。

(2) 盐酸酸洗法。采用浓度为5%～20%的盐酸水溶液，酸洗温度在40℃以下。盐酸的腐蚀性很强，会腐蚀到金属的本体。

经酸洗的工件还必须在50℃以上的热水中冲洗，然后放入8%～10%苏打水溶液中中和，再用热水冲洗，最后还要做好防锈处理。采用酸洗的方法往往成本很高，若残酸清洗不干净，还极易产生工件的腐蚀。酸洗大都为人工操作，作业环境差，劳动强度也高。金属制清洗酸槽也容易发生腐蚀，常用耐酸材料为陶瓷、塑料制造。

(3) 化学工业清洗剂清洗，如高效零甲醛环保型表面活性清洗剂。与各种表面活性剂、助剂、添加剂、溶剂配合性好，具有优异的乳化、分散、渗透、耐碱能力、洗涤去污能力，并具有很好的抗氧化、防锈功效，特别是适合对各种钢件表面的油污、油脂，有极好的洗涤效果。它还含有高效表面活性剂，除油迅速、彻底；短期间防锈具有防锈功能，对环境污染小，不腐蚀工件，对皮肤无刺激。泡沫甚少，使用方便。

清洗槽工作环境差、劳动强度大，但清洗效果好。特别是对硝盐低温分级、盐浴等淬火工件具有明显的效果。对于盐浴淬火的零件要在清洗槽内煮沸，将表面的残盐去除干净，否则造成回火过程中残盐的腐蚀，使工件出现麻点、蚀坑等表面缺陷。采用清洗槽清洗还必须配备清洗液加热元件，槽的底部可安装气体喷头搅动，提高清洗效果；还应配备工件的提升运送装置，以提高作业效率，减轻劳动强度。

2. 清洗机

清洗机属于机械化程度较高的机械设备。它主要由喷淋室、水槽、升降台(或输送带)、油水分离器等几部分组成。喷淋室内壁上布满了许多喷淋头。工作时，从喷淋头喷出高速水流再加上喷淋头的旋转清洗，从而达到净化零件表面的目的。水槽又分为清水槽与水剂清洗剂槽，水剂清洗剂槽内盛着的是一定比例浓度的清洗液，用来清洗零件表面的油污、铁屑。清水槽盛着的是自来水(或加入防锈剂)，用来清洗零件表面的碱液；清洗槽的液体温度均由恒温加热器来控制。清洗机一般都加装油水分离器，其作用是把水剂清洗剂槽中的水剂清洗剂和油分离开，使水剂清洗剂重新流回槽中，分离出来的油排入专门容器。清洗机的喷淋室和槽体上另外有控制补水和液位的检测系统、发泡系统、翻板机构等。清洗干净的工件最后还要进入热风烘干系统去除水分。

1) 室式清洗机

室式清洗机使用于批量不大的中小型零件。室式清洗机升降台在水剂清洗剂槽中上下运动，以达到除残油和去除残留清洗液的目的。把清洗零件送入清洗室，关闭室门，启动程序后，升降台下降入水剂清洗剂槽，开始去油清洗。这时发泡系统启动，靠它吹出的高压空气搅动清洗液，使零件表面的油污脱离其表面浮在清洗液表面上。油污流入积油槽，并通过撇油泵排入专用容器。

水剂清洗剂清洗结束后，升降台上升到淋水位，开始淋碱水。淋水结束后，零件进入清水喷淋室，清水喷淋泵启动，开始清水喷淋。高速水流从喷头中喷出，将零件表面未淋干的清洗液用清水清洗干净。喷出的清水回清水槽。淋清水结束后，零件进入烘干室，烘干室内装有电加热管和风机，在热风的作用下去除工件的水分，清洗过程到此全部完成。

程序结束后，补水监控系统启动，检测水槽中清水和水剂清洗剂槽水液位。如果下降，监控打开补水电磁阀向清水槽中补水，直到把清水补满后。循环泵启动，将清水槽中的清水抽到清洗剂槽中以添补由于清洗工件和水汽蒸发而造成的清洗剂水槽液位下降。这样反复进行，直到清水和清洗剂水都补满为至。

图 13.18 为具有浸、喷淋、烘干功能的三室清洗机示意图。

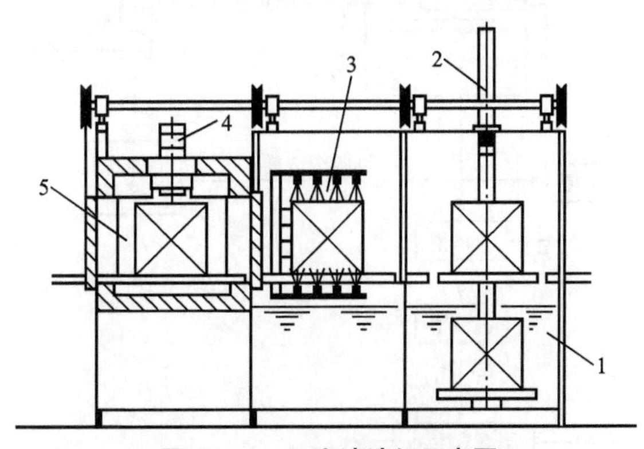

图 13.18 三室清洗机示意图

1—碱水槽 2—升降机构 3—喷淋室
4—风机 5—烘干室

2) 输送带式清洗机

输送带式清洗机可以配备在热处理自动生产线上，有悬挂输送链式、网带式、链板式和推杆式等，特别适用于清洗批量较大的小型零件。

输送带式清洗机主要由退磁系统、过滤循环系统、喷淋系统、变频电机、加热系统、烘干系统组成。通常采用不锈钢链网传送工件，传送速度变频可调，采用上下排列管螺旋角度喷淋清洗，辅助喷嘴使产品侧面得到清洗。变频电机通过无级调速可控制产品清洗时间的长短和工作效率。它还具有清洗液电加热、清洗液二级过滤、清洗液磁性过滤、自动吸雾排风等功能。烘干系统采用高压力的旋涡风机热风强力吹干。清洗液流入回液箱经油水分离器和过滤处理后，可以循环使用。

3）超声波清洗机

某些有盲孔、深槽等的特殊零件，普通的清洗难以达到理想的效果，应采用超声波清洗。超声波清洗机主要由超声波信号发生器、换能器及清洗槽组成。超声波信号发生器产生高频振荡信号，通过换能器转换成每秒几万次的高频机械振荡，在清洗液(介质)中形成超声波，以正压和负压高频交替变化的方式在清洗液中疏密相间地向前辐射传播，使清洗液中不断产生无数微小气泡并不断破裂，这种现象称为“空化效应”。气泡破裂时可形成1000个大气压以上的瞬间高压，产生一连串的爆炸释放出巨大能量，对周围形成巨大冲击，从而对工件表面不断进行冲击，使工作表面及缝隙中的污垢迅速剥落，从而达到工件表面净化的目的。

此外，超声波清洗机还有清洗液的加热、过滤、循环以及工件的输送装置等，并有单槽、多槽和连续输送式超声波清洗机。

4）真空清洗设备

因为液体在常压下溶解有大量空气，使超声波在液体中的空穴作用不能得以有效发挥，因而不能达到最佳清洗效果。真空清洗系统是在各清洗槽回路里设置一个真空脱气装置，流入脱气装置的溶液，经脱气后，再回到清洗槽，从而提高超声波清洗效果。

真空清洗能吸出盲孔、狭缝以及零件之间的空气，使清洗液容易流入，清洗能力大量提高。清洗液经脱气后，超声清洗效果更好，并可以将清洗液加热至闪点以上，使清洗液对污垢的溶解力倍增。在清洗工序中，利用高温清洗液传递给被清洗零件均衡的热量，使干燥工序得以顺利进行。在真空状态下，溶液沸点下降，蒸发速度加快，同时，因迅速形成真空，使附着在物体上的溶剂一同挥发，因此工件清洗干净彻底，干燥透彻。

真空泵将真空槽及干燥槽抽出的碳化水素溶剂及蒸汽，经气液分离器中冷冻冷凝回收，从而降低清洗液的消耗量，实现无气体排放，安全可靠。

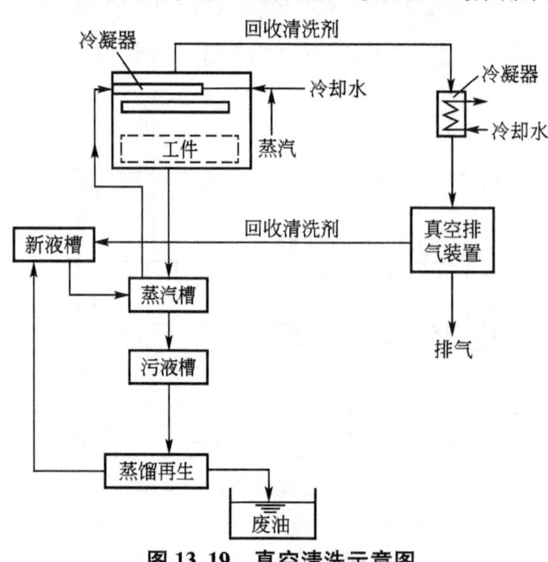

图 13.19　真空清洗示意图

真空清洗示意图和真空清洗机分别如图 13.19 所示。

13.2.2　清理及强化设备

用来清除热处理后工件表面氧化皮等污物所用的设备为清理设备。这类机械设备主要有清洗滚筒、抛丸机、喷砂(丸)机。

1. 清理滚筒

清理滚筒是内壁设有筋肋的转动滚筒。将待处理的工件装入桶内，连续不停地旋转，利用滚筒内工件与工件，工件与滚筒筋肋之间的相互碰撞，去除工件表面的氧化皮；也可以同时加入清洗剂、清水、防锈剂作去油污清洗防锈处理。

这种方法产量大，成本低，但去除氧化皮不够彻底，还会影响工件表面的刃口、螺纹、尖角等处，工作时噪音很大，工作环境恶劣。这种方法仅适用于半成品。

2. 喷砂(丸)机

喷砂(丸)机是利用高速运动的固体粒子(丸)撞击工件表面，使氧化皮脱落，固体粒子采用石英砂或铸铁丸。通常以压缩空气为动力，将砂(丸)从喷枪口喷出，形成每秒几十米的高速粒子流打击零件表面，完成清理或强化处理。喷砂(丸)机被加工工件摆放形式有手动式、转台式、滚筒式和往复式自动输送式。普通干式喷砂(丸)机工作效率高，但易产生大量粉尘而污染环境和危害健康。

(1) 喷砂(丸)机结构。喷砂(丸)机一般由喷砂(丸)装置、工件运送装置、弹丸循环输送装置、丸(砂)粉尘分离装置和清理(强化)室所组成。按工作方式它可分为吸入式、重力式和压出式 3 种，如图 13.20 所示。

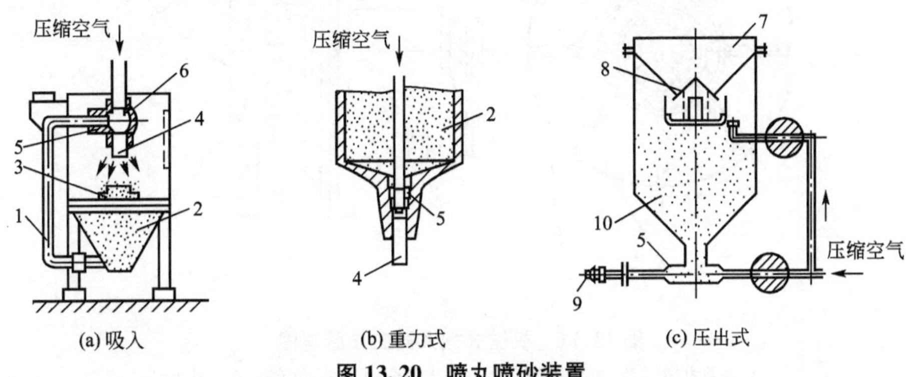

(a) 吸入　(b) 重力式　(c) 压出式

图 13.20　喷丸喷砂装置

1—输丸管　2—储丸斗　3—工件　4—工作喷嘴　5—混合室　6—空气喷嘴　7—顶盖　8—锥形阀门　9—接喷嘴　10—压力室

(2) 吸入式的工作过程是压缩空气从空气喷嘴 6 喷出，使混合室 5 内产生负压，丸(砂)经输丸管吸入到混合室 6，与空气混合后从工作喷嘴喷出。这种结构简单，无需输丸装置，对混合室的负压要求高，吸丸量少，丸的直径小，喷射力也较小。

(3) 重力式的储丸斗 2 在混合室 6 的上方，丸(砂)靠自己的重力落入混合室内，在压缩空气与空气的混合下，经工作喷嘴喷出。

(4) 压出式的丸砂料通过压缩空气对压力罐加压，压力室 10 里面的丸砂不断地落入混合室 5 中，再经与横向过来的压缩空气混合，得到一定的输送速度，至喷嘴出口时丸砂再次被加速后喷射出去。压力式喷砂量大，喷砂速度快，冲击力强，配有保压式自动出砂阀，可保持压力罐恒压，提高加工品质，减少压缩空气消耗，适合于喷砂效果强烈及高硬度工件的喷砂加工。

由于干式喷砂机在工作时产生大量粉尘而污染环境和危害健康，采用液体喷砂机则可以避开这一缺陷。液体喷砂机不会产生粉尘，工件清理后表面细洁，特别适合于精细加工，但是工作效率不如普通干式喷砂机。

(5) 液体喷砂机工作原理是将磨料置于水中，利用高压空气将水雾化，然后水雾包裹着砂(丸)一起喷向物体表面，此时喷砂(丸)枪中喷出来的是水雾和砂(丸)，如此可以起到无尘无土的作用。如果在水箱中放一点防锈剂，在喷砂(丸)时就不产生锈蚀。

3. 抛丸机

抛丸机是利用抛丸器将弹丸高速抛向零件表面，用钢丸的冲击作用，清除工件表面的氧化皮和其他附着物，还可以提高表面的疲劳强度。抛丸机根据其结构特点，可分为滚筒式、履带式、转台式、台车式和悬挂输送链式等。抛丸机通常由抛丸器、零件运输装置、丸粉分离装置、清理与强化室几部分组成。

(1) 抛丸器有机械式和风力式两种。机械抛丸器有单圆盘、双圆盘、曲线叶片和管式叶片等。它的工作原理如图 13.21 所示。弹丸依靠自重，经分丸轮 3 和定向套 4 进入叶片，当弹丸和叶片接触时，沿叶片表面向外作加速度运动并抛出。

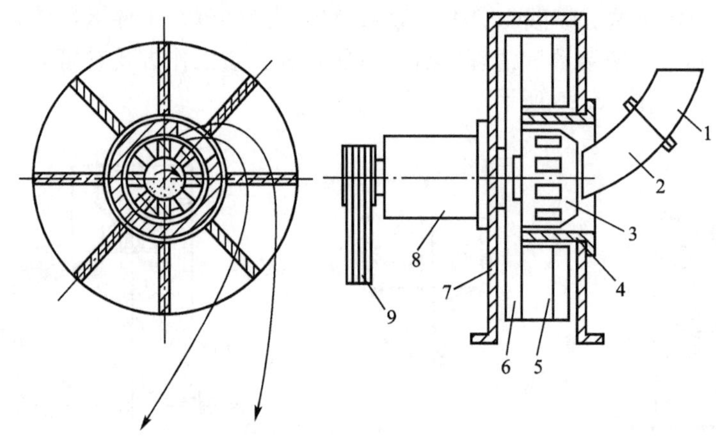

图 13.21　机械式抛丸器工作原理图

1—进丸斗　2—输丸管　3—分丸轮　4—定向套　5—叶片
6—圆盘　7—壳体　8—轴承座　9—传动带

风力式抛丸器有鼓风送丸和压缩空气送丸两种。风力式抛丸器没有机械抛丸器的分丸轮和定向套，采取风力送丸，弹丸通过气流进入叶片根据喷嘴出口的位置被抛出。其工作原理如图 13.22 所示。

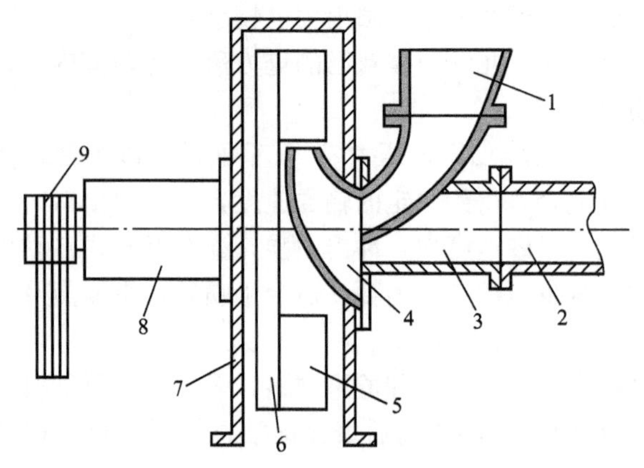

图 13.22　风力式抛丸器工作原理图

1—进丸斗　2—进风管　3—加速管　4—喷嘴　5—叶片
6—圆盘　7—壳体　8—轴承座　9—传动带

(2) 弹丸可分为金属丸和非金属丸。金属丸有铸铁丸、铸钢丸和钢丝切丸；非金属丸主要为玻璃丸。在热处理生产中尤以铸钢丸为多。

弹丸颗粒的大小选择也很重要。弹丸颗粒过大，打击痕深降低了工件表面的粗糙度，打击密度低清理效果不好；弹丸颗粒过小打击力小，也会降低清理效率。弹丸的硬度也应该比较恰当，过硬的弹丸易碎，弹丸的回收利用率低；过软的弹丸打击效果差，影响清理效率。表 13-2 为各类弹丸的用途。

表 13-2 弹丸材料、粒度与主要用途

弹丸直径/mm	弹丸材料	用途
2.0～3.0	铸铁丸、铸钢丸	大型毛坯零件的清理
0.8～1.5		中小型零件及渗碳件的清理及强化
0.6～1.2	钢丝切丸	强化
0.08～0.5	玻璃丸	
0.08～0.15		轻金属零件的强化

(3) 抛丸室在正常的工作状态下应该处于负压，并同时通风除尘，以保证丸粉分离器的正常工作和减少对作业环境的污染。

(4) 抛出的弹丸会磨损和破碎，连同被清理的污物形成沙尘，影响清理零件的质量和清理效率，还会恶化作业环境，并增大叶片等其他抛丸机部件的磨损，必须经过筛子风选分离器进行丸粉分离处理，回收后由弹丸输送装置输送到丸储存斗得以重复利用。

13.2.3 矫正及矫直设备

矫正及矫直设备用于矫正工件热处理后的变形。矫正有热矫和冷矫两种。

热矫又可以有两种方法，一是利用工件处于热处理的余热状态下进行矫正，这种方法适合于大尺寸的轴类板件或矫正时容易发生断裂的工件；二是用焊枪进行局部加热，使工件的应力得以释放或重新分配，或再敲击或施压从而矫正工件的变形。

冷矫则是在热处理后，应用手工机械、工具或压力机(矫正矫直机)来进行的矫正。

1. *手动矫直机*

常用的手动矫直机有螺旋式和齿条式两种，适用于小型工件的矫正。外形如图 13.23 和图 13.24 所示。

2. *液压矫直机*

液压矫直机适用于中、大型工件的矫正，其外形如图 13.25 所示。

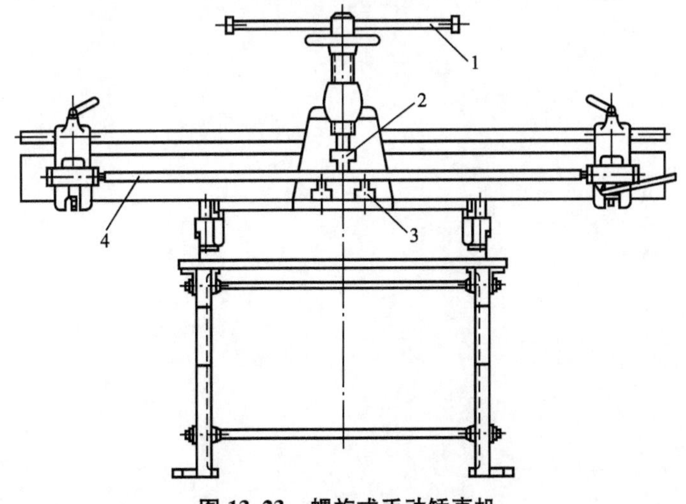

图 13.23 螺旋式手动矫直机

1—手柄 2—压头 3—支撑 4—工件

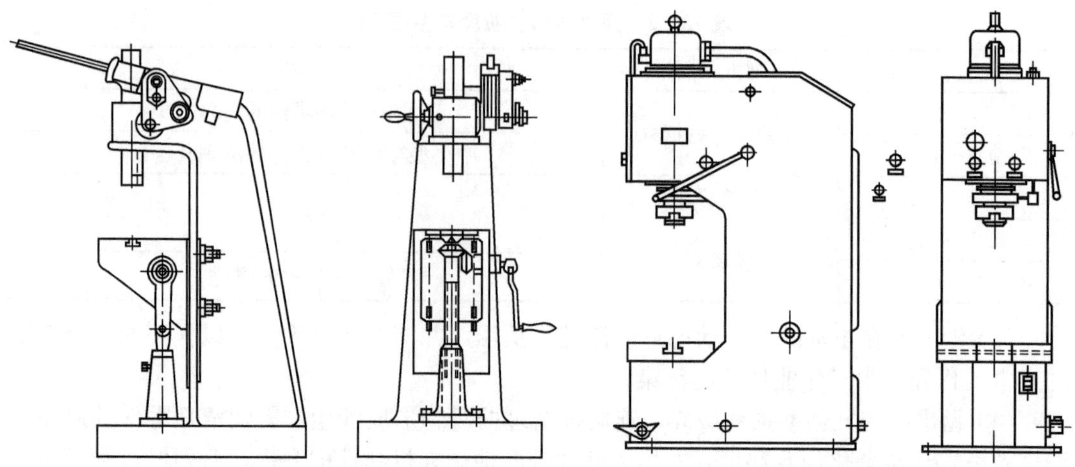

图 13.24　齿条式手动矫直机　　　　图 13.25　单柱液压矫直机

新型矫直设备已向机械化、自动化、智能化方向发展，包括自动上料装置、变形自动检测装置、矫正量自动识别判断、矫正后复查判断、自动卸料装置等，全部过程可以通过计算机进行控制，大大提高了矫正的质量和效率。

习题与思考题

1. 输送式连续淬火槽的设计要点是什么？
2. 试述淬火槽搅拌的作用，常用的搅拌方式及它们的特点。
3. 淬火介质的冷却方法有哪些？说明它们各自的工作原理。
4. 试述冷处理的作用，常用冷处理的设备和方法。
5. 热处理件的清理方法有哪些？其原理有何不同？如何选择？
6. 为什么要对工件进行清洗？清洗方法有哪些？其原理有何不同？
7. 试说明矫正热处理变形的意义，并指出热处理矫正设备的种类和选择设备的依据。

参考文献

[1] 戴起勋. 金属组织控制原理 [M]. 北京：化学工业出版社，2009.
[2] 崔忠圻，刘北兴. 金属学与热处理原理 [M]. 哈尔滨：哈尔滨工业大学出版社，1998.
[3] 李松瑞，周善初. 金属热处理(再版) [M]. 长沙：中南大学出版社，2005.
[4] 夏立芳. 金属热处理工艺学 [M]. 2版. 哈尔滨：哈尔滨工业大学出版社，2005.
[5] 王能为，孙艳. T8钢形变球化退火工业 [J]. 南方金属，2009，(1)：23～25.
[6] 安运铮. 热处理工业学 [M]. 北京：机械工业出版社，1982.
[7] 彭其凤，丁洪太. 热处理工业及设计 [M]. 上海：上海交通大学出版社，1994.
[8] 陆兴. 热处理工程基础 [M]. 北京：机械工业出版社，2007.
[9] 蔡兰. 机器零件工艺性手册 [M]. 2版. 北京：机械工业出版社，2007.
[10] 王广生，等. 金属热处理缺陷分析及案例 [M]. 2版. 北京：机械工业出版社，2007.
[11] 钢铁热处理编写组. 钢铁热处理 [M]. 上海：上海科学技术出版社，1977.
[12] 井口信洋，等. 日本金属学会志 [J]. 1975，(39)：1～3.
[13] 王忠诚. 钢铁热处理基础 [M]. 北京：化学工业出版社，2008.
[14] 李泉华. 热处理实用技术 [M]. 2版. 北京：机械工业出版社，2007.
[15] 杨柳青，丁阳喜. 激光相变硬化技术的研究现状及进展 [J]. 热加工工业，2006，35(4)：68～71.
[16] 王家金. 激光加工技术 [M]. 北京：中国计量出版社，1992.
[17] 潘邻. 化学热处理应用技术 [M]. 北京：机械工业出版社，2004.
[18] 樊东黎. 现代热处理节能技术和装备(上) [M]. 机械工人(热处理)，2008，(1)：55～59.
[19] 戴起勋. 金属材料学 [M]. 北京：化学工业出版社，2005.
[20] 樊东黎. 材料热处理新技术集锦 [J]. 金属热处理，2009，34(1)：108～117.
[21] 唐殿福，卯石刚. 钢的化学热处理 [M]. 辽宁：辽宁科学技术出版社，2009.
[22] 胡明娟. 钢铁化学热处理原理(修订本) [M]. 上海：上海交通大学出版社，1996.
[23] 姚寿山，李戈扬，胡文彬. 表面科学与技术 [M]. 北京：机械工业出版社，2005.
[24] 王金兰，罗新民，等. Cr18Ni9奥氏体不锈钢表面粉末渗硅层精细结构研究 [J]. 热加工工业，2008，37(2)：57～59.
[25] 樊东黎. 强烈淬火——一种新的强化钢的热处理方法 [J]. 热处理，2005，20(4)：1～3.
[26] 王鸣华. 强烈淬火技术 [J]. 工艺与装备，2004，(6)：72～74.
[27] 刘菊东，王贵成，陈康敏. 砂轮特性对钢磨削淬硬层的影响 [J]. 金属热处理，2006，31(12)：56～58.
[28] 中国机械工业学会热处理分会. 热处理手册. 第3卷 [M]. 4版. 北京：机械工业出版社，2008.
[29] 王秉铨. 工业炉设计手册 [M]. 北京：机械工业出版社. 2010.
[30] 曾祥模. 热处理炉 [M]. 西安：西北工业大学出版社，1919.
[31] 孟繁杰. 热处理设备 [M]. 北京：机械工业出版社. 1987.
[32] 吉泽升. 热处理炉 [M]. 哈尔滨：哈尔滨工程大学出版社，1999.
[33] 蒋乔方. 加热炉 [M]. 北京：冶金工业出版社，2007.
[34] 吴光英. 新型热处理电炉 [M]. 北京：国防工业出版社，1993.
[35] 陈永勇. 可控气氛热处理 [M]. 北京：冶金工业出版社，2008.
[36] 薄鑫涛，郭海洋，袁凤松；上海热处理协会. 实用热处理手册 [M]. 上海：上海科学技术出版社，2009.

[37] 樊东黎，徐跃明，佟晓辉．热处理工程师手册［M］．2版．北京：机械工业出版社，2005.
[38] 王忠诚．热处理操作简明手册［M］．北京：化学工业出版社，2008.
[39] 阎承沛．真空热处理工艺与设备设计［M］．北京：机械工业出版社，1998.
[40] 马鹏飞，李美兰．热处理技术［M］．北京：化学工业出版社，2009.
[41] 沈庆通，梁文林．现代感应热处理技术［M］．北京：机械工业出版社，2008.
[42] 张惠荣，王国贞，张秀芳．热工仪表及其维护［M］．北京：冶金工业出版社，2005.
[43] 樊东黎．中国热处理的过去、现状和未来［J］．热处理，2004，19(3)：1～11.
[44] 刘又红，林信智．感应热处理设备的发展［J］．热处理，2006，21(3)：55～57.
[45] 沈庆通．感应热处理技术发展六十年［J］．会属加工：热加工，2010(7)：1～5.
[46] 陈永勇．感应热处理技术的进展［J］．热处理，2004，19(4)：7～11.
[47] 阎承沛．真空热处理技术的新近进展及其发展趋势［J］．热处理，2006，21［2］：7～13.
[48] 阎承沛．我国真空热处理技术的现状和未来［J］．热处理，2000(2)：1～8.
[49] 张宏康．关于真空油淬气冷炉的安全运行［J］．热处理，2009，24(1)：70～72.
[50] 曾耀新．离子化学热处理及其发展［J］．中国表面工程，2000(1)：15～18.
[51] 潘邻．我国离子化学热处理技术的现状与展望［J］．机械工人：热加工，2005(11)：8～11.
[52] 田昭洁，杨利，刘承仁，等．极具竞争力的离子渗氮设备［J］．机械工人：热加工，2005(2)：22～23.
[53] 严才富，朱家兴．新型离子渗氮炉研制［J］．热处理，2003，18(4)：25～27.
[54] 何翔，孙奉娄，陈首部．离子渗氮计算机控制系统［J］．金属热处理，2003，28(4)：50～52.
[55] 卢金生，顾敏．深层离子渗氮工艺及设备的开发［J］．金属加工：热加工，2009(1)：29～33.
[56] 吴光英．现代热处理炉［M］．北京：机械工业出版社，1998.